大型电化学储能关键材料

骆文彬 高宣雯 刘朝孟 编著

科学出版社
北京

内容简介

大型电化学储能关键材料的研究是实现"双碳"目标的必要条件，掌握钠/钾离子电池等储能体系涉及的理论知识、关键材料及科学问题对基础研究和应用推广具有重要意义。本书主要介绍了大型电化学储能的发展进程和关键材料的制备方法、理化性能及对电池性能的影响。全书共10章，包括概述，钠离子电池发展进程、工作原理及基本组成，钠离子电池正极材料，钠离子电池负极材料，钠离子电池液态电解质，钠离子电池固态电解质，钠离子电池非活性材料，钾离子电池，机器学习和未来储能电池展望。

本书可供高等学校、科研院所、相关企业从事大型电化学储能器件研发的科研人员、生产技术人员和管理工作者等阅读，也可作为相关专业师生的学习参考用书。

图书在版编目（CIP）数据

大型电化学储能关键材料 / 骆文彬，高宣雯，刘朝孟编著. —北京：科学出版社，2024.5
ISBN 978-7-03-078586-2

Ⅰ. ①大… Ⅱ. ①骆… ②高… ③刘… Ⅲ. ①电化学–储能–功能材料 Ⅳ. ①TB34

中国国家版本馆 CIP 数据核字（2024）第 103520 号

责任编辑：霍志国 / 责任校对：杜子昂
责任印制：赵 博 / 封面设计：东方人华

科学出版社 出版
北京东黄城根北街 16 号
邮政编码：100717
http://www.sciencep.com

三河市春园印刷有限公司印刷
科学出版社发行 各地新华书店经销

*

2024 年 5 月第 一 版 开本：720×1000 1/16
2025 年 1 月第二次印刷 印张：19 1/2
字数：393 000
定价：138.00 元
（如有印装质量问题，我社负责调换）

前　言

在全球能源结构转型的大背景下，实现碳达峰与碳中和的"双碳"目标已成为世界各国的共同目标。作为这一目标的关键支撑，大型电化学储能技术的发展在平衡电网负荷，提高可再生能源的利用率、应对极端天气事件和紧急电力供应以及促进能源结构的优化升级中发挥着举足轻重的作用。历史见证了钠离子电池等储能技术研究的起伏波折，在经历过发展低谷后，随着全球对可再生能源的渴求不断升温，以及对环境挑战的深刻觉醒，钠离子电池因其丰富的资源和巨大的应用潜力，再次回到了科研前沿和产业关注的中心。近年来，众多企业和研究机构纷纷投身于钠离子电池电极材料的创新浪潮，共同加速其商业化进程，展现出勃勃生机。在我国，政府对储能技术的发展展现出了前所未有的支持力度，一系列有力政策和战略部署为钠离子电池的技术研发、产业创新和市场化应用注入了强大动力，使我国在全球储能技术的竞争中占据了有利地位。钠离子电池储能技术的崛起，不仅彰显了中国在新能源领域的技术突破，也为构建绿色、可持续的能源未来贡献了中国智慧和中国方案。

《大型电化学储能关键材料》一书正是在广泛研究和开发新型钠离子电池电极材料的时代背景下而编撰，本书内容共 10 章，从钠离子电池的关键部件、其他新型大规模储能电池体系和新兴材料设计技术三个方面对大型电化学储能技术关键材料的基础研究和工业应用进行了概述。重点介绍了钠离子电池的正负极材料的制备、结构与性能之间的构效关系以及储能机制；同时，还对钾离子电池等新型大规模储能电池体系的进展进行了概述，并对未来大型储能电池的发展趋势进行了展望。作者在大型电化学储能领域拥有丰富的研究和实践经验，这些经验优势为本书的编写提供了坚实的基础。多年来，作者与国内外科研机构和企业进行了广泛的交流与合作，深入研究了钠离子电池的关键电极材料，对材料的微观结构、电化学性能及其在实际应用中的表现有深刻的理解。通过这些丰富的理论研究和实践经验，作者积累了宝贵的第一手资料和深刻的行业见解，这些都为本书内容的丰富性和实用性提供了有力保障。因而本书既注重基础理论的阐述，又关注前沿技术的介绍，力求为读者提供全面、深入的知识体系。本书可供高等学校、科研院所、相关企业从事大型电化学储能材料和器件研发的科研人员、生产技术人员和管理工作者等阅读，也可作为相关专业师生的学习参考用书。我们希望通过本书的出版，能够为推动钠离子电池等大型储能技术的研发和应用贡献一份力量。

在本书的编撰之旅中，我们的研究团队成员——陈红、赖青松、杨东润、任天真、石旭、穆建佳和赵鲁康等博士研究生发挥了不可或缺的作用，他们不仅投入了大量的时间和精力进行文献的搜集与整理，还精心整理了图表和数据，并参与了书稿的撰写与修订。对于他们的不懈努力和贡献，在此表达最深切的感激之情。同时，我也要向在本书撰写和校对阶段建言献策、提供无私帮助和支持的同事们表达诚挚的谢意。他们的专业意见和细致工作确保了本书的质量与严谨性。此外，本书的顺利完成也离不开国家自然科学基金（基金号：52272194，52204308）、中组部国家级青年人才引进项目支持（02180074021000）、中央高校基本科研业务费（N2025018，N2025009）、辽宁省"兴辽英才计划"（XLYC2007155）、辽宁省自然科学基金面上项目（No. 2023-MSBA-101）、中国博士后科学基金面上项目（ZX20220158）等项目的持续资助与支持，这些项目的慷慨资助为我们的研究工作提供了坚实的后盾。对于他们的信赖与支持，我表示由衷的感谢。最后，我要特别感谢科学出版社的编辑团队，他们在出版过程中提供了宝贵的建议和帮助，使得本书得以顺利面世。对于他们的专业精神和辛勤工作，我致以崇高的敬意。

由于钠离子电池等新型大型储能技术涉及的科学原理和理论知识极为深广，加之该领域正以惊人的速度不断进化，本书在编撰过程中难免存在遗漏与不足。我们衷心期待并欢迎学术界的专家和广大读者不吝赐教，提出宝贵的批评意见与建议。我们期望通过大家的共同努力和智慧碰撞，携手推进大型电化学储能技术的持续进步与繁荣发展。

编 者

2024 年 3 月

目　录

前言
第1章　概述 ……………………………………………………………………… 1
　1.1　电化学储能的种类和作用 ………………………………………………… 1
　1.2　电化学储能基础 …………………………………………………………… 6
　　参考文献 ……………………………………………………………………… 19
第2章　钠离子电池发展进程、工作原理及基本组成 …………………………… 22
　2.1　发展进程 …………………………………………………………………… 22
　2.2　工作原理及基本组成 ……………………………………………………… 24
　2.3　钠离子电池的应用 ………………………………………………………… 36
　　参考文献 ……………………………………………………………………… 38
第3章　钠离子电池正极材料 ……………………………………………………… 40
　3.1　概述 ………………………………………………………………………… 40
　3.2　聚阴离子类正极材料 ……………………………………………………… 46
　3.3　普鲁士蓝类正极材料 ……………………………………………………… 58
　3.4　层状氧化物正极材料 ……………………………………………………… 63
　3.5　有机类正极材料 …………………………………………………………… 69
　3.6　富钠正极材料 ……………………………………………………………… 72
　　参考文献 ……………………………………………………………………… 73
第4章　钠离子电池负极材料 ……………………………………………………… 80
　4.1　概述 ………………………………………………………………………… 80
　4.2　有机类负极材料 …………………………………………………………… 82
　4.3　碳基负极材料 ……………………………………………………………… 88
　4.4　钛基负极材料 ……………………………………………………………… 104
　4.5　合金类负极材料 …………………………………………………………… 114
　4.6　转换类及其他负极材料 …………………………………………………… 122
　4.7　负极材料产业化流程及案例分析 ………………………………………… 124
　　参考文献 ……………………………………………………………………… 126

第 5 章 钠离子电池液态电解质 ······ 134
5.1 概述 ······ 134
5.2 电解液基础理化性质 ······ 135
5.3 电解质盐 ······ 140
5.4 有机溶剂 ······ 143
5.5 界面与有机电解液添加剂 ······ 148
5.6 新型电解液体系及应用 ······ 151
参考文献 ······ 154

第 6 章 钠离子电池固态电解质 ······ 156
6.1 概述 ······ 156
6.2 固体电解质基础理化性质表征 ······ 160
6.3 无机固体电解质 ······ 165
6.4 聚合物电解质 ······ 176
6.5 复合固体电解质 ······ 178
6.6 固态钠电池中的界面 ······ 181
参考文献 ······ 186

第 7 章 钠离子电池非活性材料 ······ 191
7.1 概述 ······ 191
7.2 隔膜材料 ······ 191
7.3 黏结剂材料 ······ 196
7.4 导电剂材料 ······ 205
7.5 集流体材料 ······ 207
参考文献 ······ 208

第 8 章 钾离子电池 ······ 214
8.1 概述 ······ 214
8.2 正极材料 ······ 214
8.3 负极材料 ······ 225
8.4 电解质 ······ 239
参考文献 ······ 246

第 9 章 机器学习 ······ 260
9.1 概述 ······ 260
9.2 机器学习流程 ······ 261

9.3	机器学习在电池中的应用	270
参考文献		281

第10章　未来储能电池展望 … 283
10.1	储能二次电池商业深度调研	283
10.2	储能电池规模分析	285
10.3	储能行业面临的挑战	294
10.4	储能电池发展趋势及展望	299
参考文献		300

后记　蓬勃发展的大规模电化学储能器件 … 301

第1章 概　　述

随着全球能源结构转型、新能源发电规模扩大、电力需求日益增长等因素的推动，电化学储能技术得到了快速发展。电化学储能具有效率高、寿命长、安全可靠等优点，在电网调峰、新能源发电消纳、应急电源等领域具有广泛的应用前景。在电网调峰方面，电化学储能可以利用其快速充放电能力，为电网提供调峰服务，满足电网的供需平衡。在新能源发电消纳方面，电化学储能可以利用其储能能力，消纳不稳定的风电、光伏等新能源发电，提高新能源发电的利用率。在应急电源方面，电化学储能可以为电力系统、通信系统等提供应急电源，保障关键系统的正常运行。随着技术的不断发展，电化学储能技术将在未来能源系统中发挥越来越重要的作用。因此，本章针对当前各类型电化学储能装置的类别及其作用机理进行了介绍。

1.1　电化学储能的种类和作用

储能技术主要分为热储能、电储能、氢储能三大类。电储能指电能的储存和释放的循环过程，又可分为电化学储能和机械储能。电化学储能是近年来迅速发展的新兴技术，是解决清洁能源利用、转换和储存的关键。

1.1.1　电化学储能的理论基础

电化学储能指利用电化学反应，将电能转化成化学能，存储在电极上，当需要时利用反应将化学能转换成电能，释放到电路中。电化学储能过程中，参与运行的物质主要是电介质和电极：电介质是电化学反应夹带的物质，包括氧化还原物质、电解质和酸碱等；电极则是负责将电介质中的电子和离子迁移到另一个储能器中的金属材料，其中包括铝极、钛极、钴极、锌极等。电化学反应包括电极电解质的交换电子过程和电极反应物的化学变化过程。电极电解质的交换电子过程指当电极电解质被放入电路中，电解质的离子会在电极间迁移，在此过程中会发生电子的交换，从而产生正电荷或负电荷。此外，电极反应物的化学变化过程也是电化学储能的基本过程，即电极反应物在受到电场作用时，会发生化学变化，从而存储或释放能量。

1.1.2　电化学储能的种类

储能器中的电子和离子可以产生各种不同的电化学反应，从而产生不同的电化学储能效果，比如锂离子电池、铅酸蓄电池、钠硫电池、液流电池等电池储能。

锂离子电池储能主要根据锂离子浓度差实现充放电过程。根据正极、负极材料的不同，锂离子电池可以分为多种类型，典型商用的正极材料有磷酸铁锂、钴酸锂、锰酸锂等，负极材料有石墨类、钛酸锂等。锂离子电池具有高充电效率、高能量密度及长寿命的特点，极具发展潜力，由于在过冲、短路、冲压、穿刺等滥用条件下极易发生爆炸，安全性是其最大的缺点。

铅酸蓄电池以二氧化铅作为正电极，铅为负电极，中间介质是水和硫酸，在充放电时发生氧化还原反应，于电池内部形成电流，过程是可逆的，其结构如图1-1 所示。传统铅酸蓄电池技术成熟，价格较低，广泛应用于电动车及新能源发电的储能系统，其制造技术成熟，可大规模生产，但体积较大、寿命短、温度适应性不高，环境污染大，由于目前全球对于可持续发展的追求，铅酸蓄电池将会逐渐被其他高性能的电池取代。

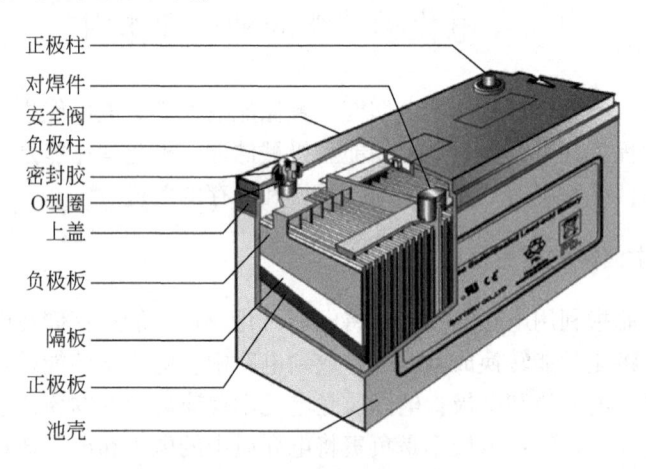

图 1-1　铅酸蓄电池的构造图

钠硫电池系统以钠为阳极，硫为阴极，β-氧化铝陶瓷为电解质，其结构如图1-2 所示。钠硫电池具有很多优异的性能，如能量密度很大、循环寿命长、系统效率高。但受到综合技术壁垒、安全性、成本等多方面因素制约，钠硫电池在我国应用程度有限。

液流电池是一种新型蓄电池，其储能系统由反应堆、电解液及控制系统等组成，功率密度、能量密度分别决定于电堆、电解液储罐，因此液流电池的功率和

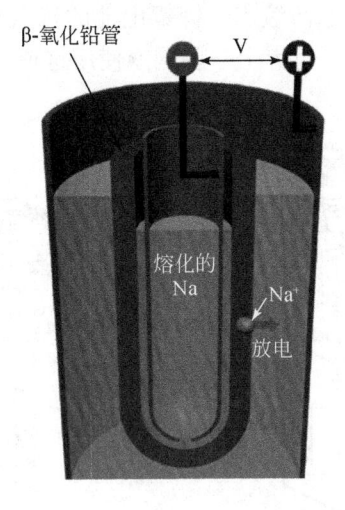

图 1-2 钠硫电池的构造图

容量可以单独设计。全钒液流电池以其效率高、容量配置选择灵活、寿命长等优点成为研究热点,其工作原理如图 1-3 所示,但同时其能量密度较低和工作温度范围较小,制约了其在储能领域的进一步发展。

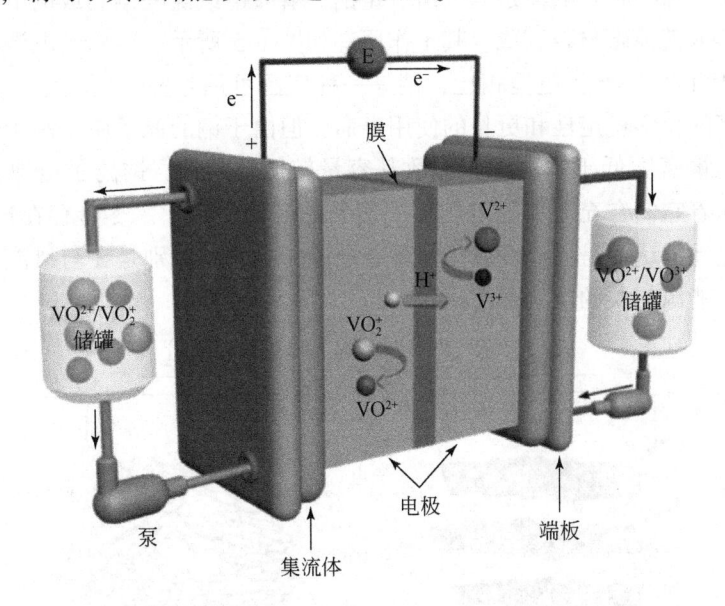

图 1-3 全钒液流电池工作示意图

镍镉(Ni-Cd)电池包含两个电极,其中阳极由金属镉制成,阴极由镍氧化物制成[1],其电极构造如图 1-4 所示。这种电池中的电解质是 20%~30% 的氢氧化钾（KOH）或氢氧化钠（NaOH）水溶液[2]。镍镉电池的特点是能量密度约为50~60Wh/kg，但镉阳极的毒性限制了世界上一些国家使用这种类型的电池。

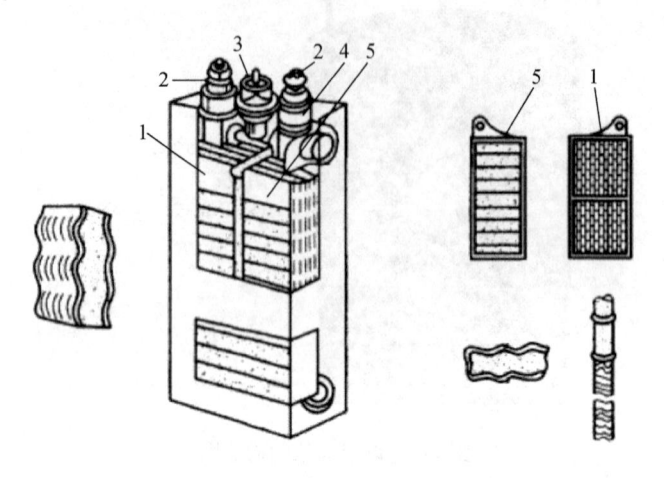

1—正极板；2—接线柱；3—加液口盖；4—绝缘导套；5—角极板

图1-4 镍铬电池基本构造图

钠离子（Na-ion）电池是阴极由氧化钠、磷酸钠或硫酸钠制成的电池，阳极通常由石墨或其他碳材料制成，其工作原理如图1-5所示。钠离子电池的能量密度高达160Wh/kg。与锂电池相比，钠是一种广泛可用且廉价的元素，钠离子电池具有更高的化学稳定性和更长的使用寿命，但由于钠的原子质量高于锂，钠离子电池的能量密度低于锂电池，导致其容量较低。此外，钠离子电池的效率较低，这意味着它们在充电和放电循环中损失的能量更多[4]。尽管存在这些限制，但钠离子电池被认为是储能领域的一种有前途的技术，特别是在与风能和光伏发电等可再生能源相关的应用中[1]。

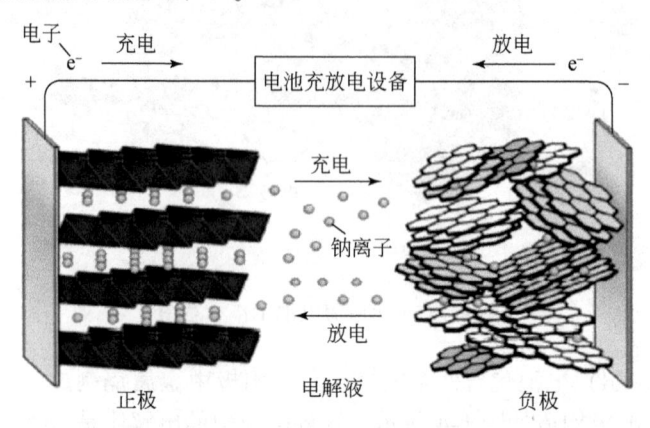

图1-5 钠离子电池工作原理图

锂离子电池、铅酸蓄电池、钠硫电池等电池储能的技术经济指标现状如图1-6所示。为了进一步提高电化学储能的技术经济指标，以及满足安全性、可靠性等方面的要求，新型电池储能技术包括全固态锂离子电池、半固态电池、锂硫电池、液态金属电池、钠离子电池等正处于研发阶段，可以期待未来电化学储能技术的突破。

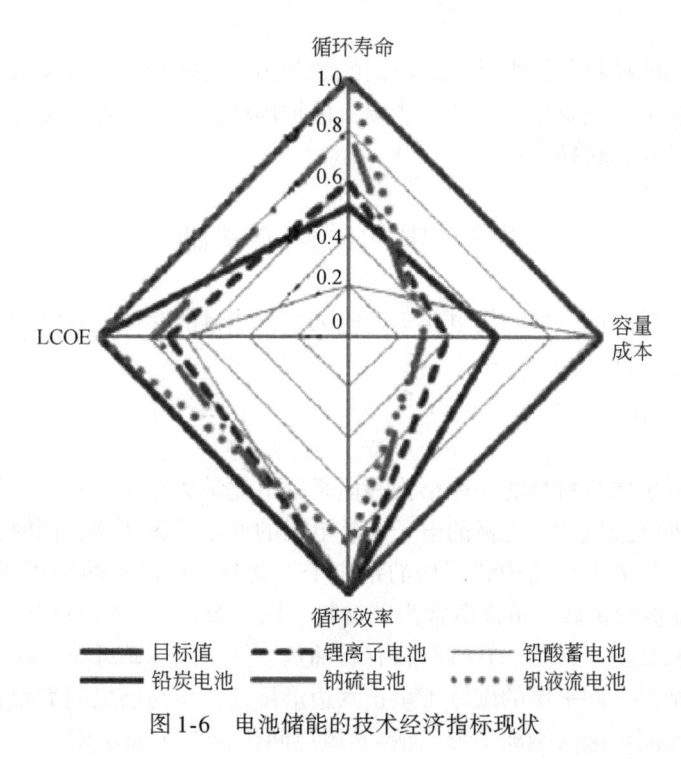

图1-6 电池储能的技术经济指标现状

1.1.3 电化学储能在可再生能源利用中的作用

随着传统化石燃料的消耗殆尽，能源短缺问题在国防事业、民生领域等方面日益突出。因此，高安全性、高环境适应性、高比能量、轻量化及小型化的能源及储能设备已成为不可或缺的一部分，引起了国内外科研者们的广泛关注。我国"双碳"目标推进能源供给将实现以煤电为主到以新能源为主的系统性变革，储能装置与风能、太阳能等联用构成的全绿色新能源系统也已成为研究热点。

电化学储能技术是当今很多新能源技术的重要组成部分，如太阳能电池、风能发电机等。通过一系列物理和化学反应过程，电化学储能可以将非电能转换为电能，帮助实现更高效的能量转换，可以将太阳能、风能等可再生能源转化成电能，并通过电化学储能技术进行储存，以满足不同时间的能源需求、以满足不断增长的能源需求。

电化学储能具有许多优点，如体积小、质量轻、可以长期储存、环境友好、节能环保、安全可靠，经济方便等，具有广泛的应用前景。不管是在能源、节能环保、新能源汽车、医疗保健、电力设备等多个领域，电化学储能都可以提供有效的能源转换服务，满足人们不断变化的能源需求，实现绿色可持续发展。因此，电化学储能技术受到越来越多的关注，它将成为未来可再生能源技术发展的重要方向。

电化学储能材料与技术是解决清洁能源利用、转换和储存的关键，电化学储能在未来将会发挥重要作用，节约能源，保护环境，为人们提供更绿色、更安全可靠的能源储存和转换服务。

1.2 电化学储能基础

所谓电化学储能，即利用电化学反应来进行能量的存储，其细化后的反应机制主要有以下几种。

1.2.1 脱嵌反应

离子脱嵌主要与材料的晶体结构和体系的电化学势相关。对于含钠的正极材料，充电时外电路做功，正极的电子在外电场的作用下先转移，同时，含钠材料发生分解，产物为框架结构和穿梭的钠离子。此时，正极侧的钠离子浓度更高，使得 Na^+ 向负极侧扩散。负极侧常为碳材料。以石墨化程度的差别通常可以分为软碳、硬碳和石墨。常见的软碳材料有石油焦、针状焦、碳纤维及碳微球等。石墨具有层状结构，同一层的碳原子呈正六边形排列，层与层之间靠范德瓦耳斯力结合。石墨层间可嵌入钠离子形成钠-石墨层间化合物（Na-GIC）。

1.2.2 合金化反应

合金化反应指能和钠生成合金的反应，以达到存储钠的目的。据报道，常温下钠能与许多金属反应（如 Sn、Au、Hg 等）；充放电的化学本质为合金化及逆合金化的反应。合金化型负极材料的理论比容量及电荷密度高于嵌入型负极材料。同时，这类材料的嵌钠电位较高，在大电流充放电的情况下也很难发生钠的沉积，不会产生枝晶导致电池短路，对高功率器件有很重要的意义。但考虑电池在长久使用后会产生不可逆的物流老化等现象及实际使用过程中电池包有受到挤压等风险，目前未大规模量产使用。

1.2.3 转换反应

已知的电池正负极反应大都涉及两相的结构变化，而作为一种专门的描述术语，电化学转换反应（electrochemical conversion reaction）一词特指多相参与的氧化还原电极反应，即在电极过程中涉及多组分的可逆结构转化[3]。通常，转换反应可以表述为：

$$mnA^{z+}+zM_nX_m+mnze \Longleftrightarrow mA_nX_z+nzM^0 \tag{1-1}$$

式中，M 主要为可变价过渡金属离子（如 Fe^{3+}、Ni^{3+}、Cu^{3+} 和 Co^{3+} 等）；X 为 F^-、Cl^-、O^{2-}、S^{2-}、N^{3-} 和 P^{3-} 等阴离子；A 可以是 Li^+、Na^+ 和 Mg^{2+} 等碱（土）金属离子。式（1-1）表明，在碱（土）金属离子的参与下，过渡金属化合物可以发生多价态的可逆结构转换，释放出通常难于实现的多步骤氧化还原容量[4]。更重要的是，这类反应对阳离子的尺寸并无特殊要求，因而转换反应并不局限于钠离子电池材料，同样也适用于其他离子的电极反应[5]。在放电过程中，高价过渡金属化合物与钠离子反应生成不同结构的钠盐和金属单质，表观上为储钠过程；反之在充电过程中，钠离子从纳米尺度紧密接触的"钠盐/金属单质"两相界面脱出重新生成过渡金属化合物。显然，相比于嵌入型电极反应，这类转换反应在电化学储钠方面具有以下优势：首先，转换反应不要求主体晶相结构保持不变，允许多步骤的结构可逆变化，因而可以利用过渡金属元素的多种氧化态实现高容量储钠。其次，转换反应对于主体晶格没有严格的结构限制，可用作转换电极的金属化合物种类繁多，为发展高容量的电极体系提供了丰富的选择。此外，原则上转换反应对于阳离子的种类与尺寸没有明确限制，许多难于实现可逆嵌入反应的阳离子（如 K^+、Zn^{2+}、Mg^{2+} 等）均可用作转换电极反应。正是由于这些显著的优点，电化学转换反应近年来引起相当高的研究兴趣，许多类型的化合物尝试用于构建高容量电极材料。

1.2.4 其他反应机理

多电子反应指在电化学反应中涉及多个电子的转移过程，指在电极材料（正极或负极）与电解质之间发生的氧化还原反应，其中每个反应步骤涉及多个电子的转移。一般来说，单电子反应指每个氧化还原反应步骤只涉及一个电子的转移，例如，单电子的氧化还原反应可以表示为：

$$Ox+e^- \longrightarrow Red \tag{1-2}$$

式中，Ox 代表氧化态物质，Red 代表还原态物质，e^- 表示电子。

然而，在一些反应中，一个氧化还原反应步骤可能涉及多个电子的转移，这被称为多电子反应。例如，四电子的氧化还原反应（ORR）可以表示为：

$$O_2+4e^-+4H^+ \longrightarrow 2H_2O \tag{1-3}$$

在这个反应中，每个氧气分子接受了四个电子和四个质子，最终形成了两个水分子。

多电子反应在电化学储能中具有重要意义，因为它们通常与高能量密度和高功率输出相关。了解和控制多电子反应的机理、动力学和催化过程对于优化电池材料、提高储能系统的效率和循环寿命非常重要。因此，研究多电子反应的机制和寻找高效催化剂是电化学储能领域的研究热点之一。

1.2.5 电化学储能电池的种类及优缺点

1. 铅酸电池

图 1-7 为铅酸电池的发展历史。早在 1859 年，法国物理学家 Planté 将两块铅板浸泡在硫酸中组成简单的电池装置，该装置可进行多次重复充放电实验[6]。连接在电解槽阳极侧的铅板作为正极，发生阳极氧化反应，生成 PbO_2。铅板上的 Pb 单质和 PbO_2 的厚度较薄，导致该电池体系的能量密度较低。这种简单的 PbO_2 制备方法为之后铅电池的大规模应用奠定了理论基础。1881 年，Camille Fauré 利用氧化铅膏体作为活性材料的起始材料，首次制备了膏体电极。该技术使铅酸电池（LAB）的能量密度提高到 8Wh/kg，为之后铅酸电池的可连续生产奠定了工艺基础。1882 年，Gladstone 和 Tribe 提出了电极活性物质双硫酸盐化理论，总结出铅酸电池充放电过程的可逆反应方程式：$PbO_2+Pb+2H_2SO_4 \Longleftrightarrow 2PbSO_4+2H_2O$。1986 年，Lucas 设计了 Pb 和 PbO_2 电极对[7]。

进入 20 世纪，铅酸电池历经了多次重大的技术改进，有效地提升了能量密度，延长了循环寿命并改善了高倍率放电等性能。史密斯于 1910 年使用有槽橡胶管负载铅氧化物活性物质制备了管状板。同年，美国的 Exide 公司正式推出管式正极板。Sonnenschein 品牌于 1957 年采用 Dryfit 胶体技术，首次制造了阀控式密封铅酸电池（VRLA）。1970 年，Deviff 首创具有贫液式结构的铅酸电池体系。1971 年美国盖茨（Gates）公司发明了一种吸液式超细玻璃棉隔板（AGM），即阀控式密封铅酸电池体系的 AGM 技术。利用 AGM 及气体再化合原理，阀控式密封铅酸电池可以将充电过程中所产生的氧气在电池内部再化合为水。同时，该结构具有良好的密封性，解决了电池漏酸、腐蚀和日常维护难等问题，大大提高了电池的性能。该技术在铅酸电池发展历史上具有里程碑式的意义。20 世纪 70 年代之后，铅酸电池技术更是迎来了爆发式的发展，各种新型技术如切拉板栅技术、塑料/金属复合材料板栅和玻璃纤维、改良型隔板等相继涌现[8]。20 世纪 90 年代，Czerwiński 等采用电沉积方法在网状玻璃态碳（RVC）基体表面分别生成 Pb 和 PbO_2 材料。RVC 是一种具有较为稳定化学性质的导体材料，在电化学过程中不参与反应，其表面电沉积的 Pb 和 PbO_2 可用作铅酸电池体系的活性物质。因此，RVC 材料经表面处理后可以作为正负极板栅集流体使用[9]。

第1章 概 述

```
1859年,法国物理学家Planté将两块铅板+硫酸组成简单电池装置
  │
1881年,Camille Fauré首次制备了氧化铅膏体电极
  │
1882年,Gladstone和Tribe提出了电极活性物质双硫酸盐化理论
  │
1910年,史密斯使用有槽橡胶管负载铅氧化物活性物质制备了管状板
  │
1910年,美国Exide公司正式推出管式正极板
  │
1957年,Sonnenschein品牌首次制备了阀控式密封铅酸电池
  │
1970年,Devif首创具有贫液式结构的LAB体系
  │
1971年,美国盖茨(Gates)公司发明了一种吸液式超细玻璃棉隔板(AGM)
  │
20世纪70年代后,切拉板栅技术、塑料/金属复合材料板栅和玻璃纤维、改良型隔板
  │
1986年,Lucas设计了Pb和$PbO_2$电极对
  │
1990年,Czerwinski等发明了网状玻璃钢态碳(RVC)板栅
  │
2004年,美国Firefly公司申请了以石墨泡沫作为集流体的电池技术专利
  │
2012年,美国Advanced Battery Concept公司成功推出了一个稳定可行的双极性铅酸电池商业化制造过程
```

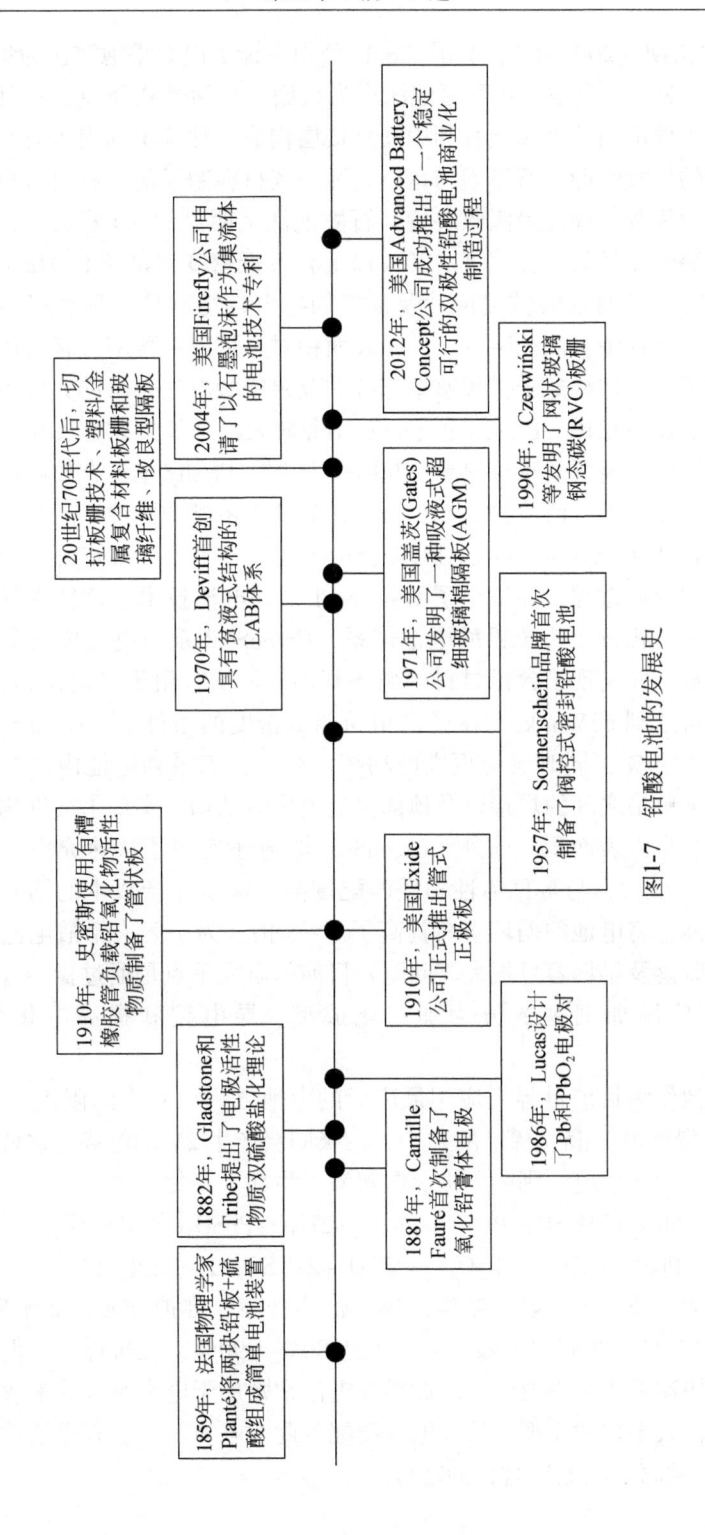

图1-7 铅酸电池的发展史

21世纪初期（2004年），美国Firefly公司申请了以石墨泡沫作为集流体的电池技术专利。Firefly电池采用石墨泡沫作为板栅，将活性物质负载在其表面。石墨泡沫板栅主要由两片泡沫炭片和中间黏接层构成，粘接层的引入有助于提高石墨泡沫基体的机械性能。石墨泡沫是由高纯载碳材料制成的一种复合材料，常用于制造导弹喷嘴及其他能量吸收装置。石墨泡沫呈明显的3D蜂窝状，具有多级孔结构。石墨泡沫具有高孔隙率（90%以上）及低密度（低于0.04g/cm³）等特点，而且具有极强的耐酸碱侵蚀性及良好的导电性能，是一种理想的集流体材料。在充放电过程中，高孔隙率、大比表面积材料可以显著缩短自身内部电子和离子的迁移路径，加快离子扩散速率，有效改善铅酸电池自身的充放电效率。与传统铅酸电池体系相比，Firefly电池的循环寿命大幅延长，并且展现出优异的耐高温及快充性能，能源效率可提高至90%。同时，Firefly电池在放电过程中电流分布更加均匀，既提升活性物质的利用率又降低了板栅的腐蚀速度[10]。2012年，美国Advanced Battery Concept（ABC）公司成功推出了一个稳定可行的双极性铅酸电池商业化制造过程，并推出了GreenSeal系列电池技术，该技术具有多个显著优点。首先，相较于传统铅酸电池体系，GreenSeal系列电池成功降低了超过46%的铅含量，并实现了含铅材料的循环利用。其次，由于电池体积相对较小，其能量密度可达到67Wh/kg。在提供相同能量密度的条件下，GreenSeal电池在体积上减少了30%，同时具有更大的功率。此外，该系列电池内部摒弃了传统的板栅、内部单格之间的焊接以及顶部铅汇流排等结构，实现了活性物质更均匀地分布，具有更大表面积。此外，GreenSeal电池还实现了快速充电，充电时间减少了50%。最后，与常见活性物质匹配度高，降低生产成本的同时，提供更好的储能性能，将电池的循环寿命提高了2~6倍。为了解决铅酸电池领域中活性物质软化脱落及早期容量损失等问题，目前的研究重点是通过掺杂各种添加剂来实现。这些添加剂主要分为加速化成型、导电型和提高电化学性能型三类[11-14]。

铅酸电池作为目前世界上应用最广泛的电池之一，其内的阳极（PbO_2）及阴极（Pb）浸到电解液（稀硫酸）中，两极间会产生2V的电势，这就是铅酸电池的原理。经由充放电，则阴阳极及电解液发生如下变化：

$$PbO_2 + 2H_2SO_4 + Pb \longrightarrow PbSO_4 + 2H_2O + PbSO_4 (放电反应) \quad (1-4)$$

$$PbSO_4 + 2H_2O + PbSO_4 \longrightarrow PbO_2 + 2H_2SO_4 + Pb (充电反应) \quad (1-5)$$

其优点为①技术很成熟，结构简单、价格低廉、维护方便；②循环寿命长，可达1000次左右；③充放电效率高，可达80%~90%，性价比高。但是其不适用于深度、快速及大功率放电。因此铅酸电池常常用于电力系统的事故电源或备用电源，以往大多数独立型光伏发电系统配备此类电池。目前有逐渐被其他电池（如锂离子、钠离子电池）替代的趋势。

2. 锂/钠离子电池

锂/钠离子电池实际上是一个锂/钠离子浓差电池，正负电极由两种不同的锂/钠离子嵌入化合物构成。充电时，Li$^+$或Na$^+$从正极脱嵌经过电解质嵌入负极，此时负极处于富锂/钠态，正极处于贫锂/钠态；放电时则相反，Li$^+$或Na$^+$从负极脱嵌，经过电解质嵌入正极，正极处于富锂/钠态，负极处于贫锂/钠态。

目前，锂离子电池因其能量密度较高，循环稳定性较好，被广泛应用于电动汽车及3C数码产品。但是由于锂在地壳中含量有限且分布不均，导致其二次电池价格过高，且因其过充时热稳定性较差，存在一定安全风险，故锂离子电池技术还需要进一步的研发。钠离子电池因为较低的成本，较高的安全性以及优异的快充性能，近几年来发展迅速，有望与锂离子电池形成互补。但其目前存在能量密度较低等问题，因而若将其广泛应用于大规模储能领域，后续研究主要集中在提升其能量密度以及稳定性上。

3. 钠硫电池

钠硫电池的阳极由液态的硫组成，阴极由液态的钠组成，中间隔有陶瓷材料的β-氧化铝管，其工作原理是通过将熔盐加热至高温状态，使钠和硫在其中离子化，然后通过电解作用将离子彼此分离，并形成电流。故电池的运行温度需保持在300℃以上，以使电极处于熔融状态。其充放电过程的反应如下所示：

$$2Na \Longleftrightarrow 2Na^+ + 2e^- （负极反应） \tag{1-6}$$

$$xS + 2Na^+ + 2e^- \Longleftrightarrow Na_2S_x （正极反应） \tag{1-7}$$

其循环周期约4500次，能量密度较高，但是其充放电效率一般，同时因为其负极使用的是金属钠，且需要在高温下运行，故存在一定的风险。当前日本的NGK公司是世界上唯一能制造出高性能的钠硫电池的厂家。目前采用50kW的模块，可由多个50kW的模块组成MW级的大容量的电池组件。在日本、德国、法国、美国等地已建有200多处此类储能电站，主要用于负荷调平、移峰、改善电能质量和可再生能源发电。

目前，为避免高温钠硫存在的安全性问题，室温钠硫的发展得到了广泛的关注。室温钠硫电池正极也是采用硫材料，负极为钠金属。然而其在室温环境下，最终放电产物为Na$_2$S，因此相较于高温钠硫电池，其具有更高的理论能量密度(1274Wh/kg)[15,16]。并且其室温的运行环境不需要额外的保温箱，不仅降低了成本，同时也避免了高温带来的安全隐患。尽管如此，室温钠硫电池也面临许多挑战：例如硫正极放电终产物生成Na$_2$S之后体积膨胀约160%，容易造成电极材料的脱落[17,18]；中间产物多硫化物会溶解于电解液，穿梭至负极发生不可逆的副反应，造成容量快速衰减[19-21]；并且钠金属负极在循环过程中产生的钠枝晶会刺穿隔膜，造成短路[22-24]。因此发展稳定、安全的电极材料对于室温钠硫电池至关重要。基于此，利用室温钠硫电池的放电终产物 Na₂S 作为正极，不仅可以消除硫正极的体积膨胀问题，还可以提供钠源，使之与其他安全的负极（如硬碳、锡金属等）配对（图1-8），避免直接采用钠金属负极引起的安全隐患。

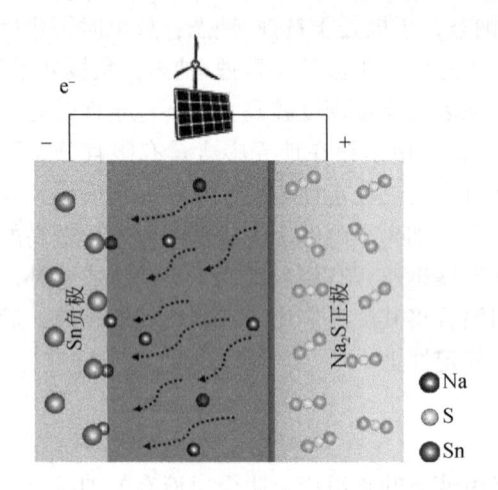

图1-8 Na₂S 正极-Sn 负极的全电池结构示意图

Na₂S 的晶体结构为立方晶系，空间群为 $Fm3m$ [图1-9（a）]，其能带结构带隙为 2.44eV，导电性较差。图1-9（b）为商业 Na₂S 正极半电池（负极为钠金属）前两圈的充放电电压时间曲线。由于采用商业 Na₂S 正极的粒径较大（约为 1mm），因此完成第一次充电所需的时间约为第二圈的两倍。同时，Na₂S 正极在首圈充电时也需要克服较大的过电位，这主要是由于商业 Na₂S 颗粒尺寸较大，在被钠化成多硫化物时，其成核能比较大，而一旦多硫化物在初始势垒后成核之后，会在未反应的 Na₂S 周围形成高度局部化和黏性的多硫化钠，使得钠离子的扩散速率降低，这种动力学势垒也解释了第一次的长充电时间。与第一次充电曲线不同，随后的充电曲线显示出两个完整的充电平台，分别对应 Na₂S 转化生成多硫化物及单质硫，同时也表明此时的放电产物比原始的 Na₂S 更为活跃。其放电曲线也展现出两个平台，分别对应硫单质被还原生成多硫化物，以及多硫化物被还原生成 Na₂S。图1-9（c）为商业 Na₂S 正极在半电池中的循环伏安（CV）曲线，从开路电位扫描至 3.2V 过程中，显示出明显的初始势垒；而在负扫过程中，也表现出两个平台，与其放电平台一致。

尽管 Na₂S 正极材料有许多优点，然而目前 Na₂S 作为室温钠硫电池正极材料的研究尚处于起步阶段，其本征导电性差，并且在充放电过程中，Na₂S 与多硫化物的转化动力学缓慢，中间产物多硫化物会溶解到电解液中，穿越至负极表面，发生自放电现象，导致活性物质的流失，容量的快速衰减，即"穿梭效

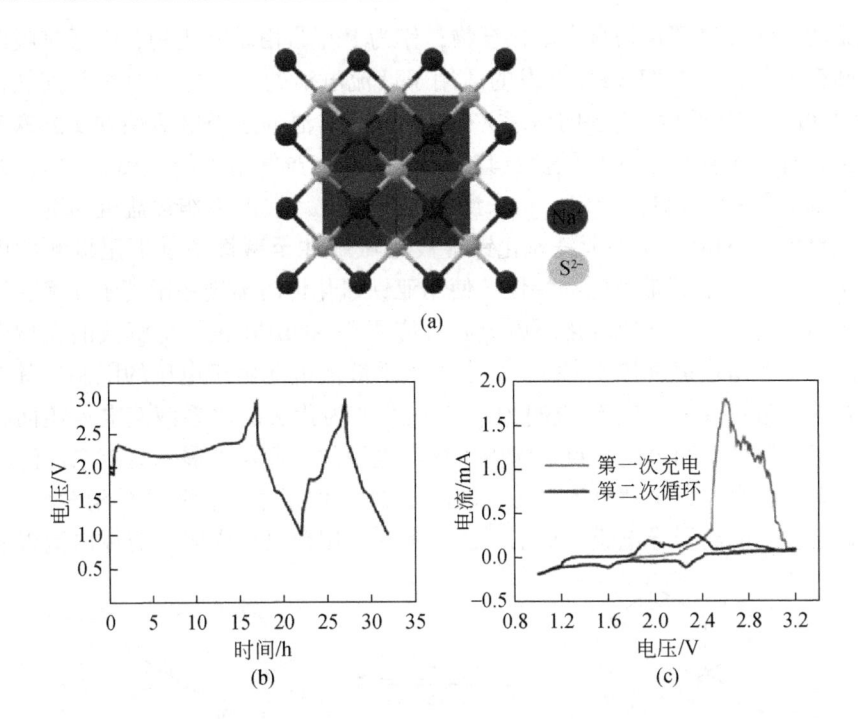

图1-9 (a) Na$_2$S结构示意图；(b) 商业Na$_2$S正极半电池的电压-时间曲线和 (c) 循环伏安曲线[25]

应"，限制其实际应用[25-27]。

4. 液流电池

液流电池是一种新型、高效的电化学储能装置。其电解质溶液（储能介质）存储在电池外部的电解液储罐中，电池内部正负极之间由离子交换膜分隔成彼此相互独立的两室（正极侧与负极侧），电池工作时正负极电解液由各自的送液泵强制通过各自反应室循环流动，参与电化学反应。充电时电池外接电源，将电能转化为化学能，储存在电解质溶液中；放电时电池外接负载，将储存在电解质溶液中的化学能转化为电能，供负载使用。

液流电池以其特殊的工作模式，在大规模储能方面吸引了越来越多的关注，许多液流电池的大型示范系统近年来在世界各地出现。另一方面，液流电池的研究力度在过去5年中变得更大，许多新的体系和研究手段不断被报道。液流电池主要分为水系液流电池和有机系液流电池。目前在水系/有机系液流电池中应用的正极电活性物质的研究极为有限，主要集中在以2, 2, 6, 6-四甲基哌啶-1-氧自由基（TEMPO）衍生物为代表的P型有机物和铁离子的络合物。TEMPO是一类常见的六元环氮氧化物自由基化合物，作为 P 型自由基有机物，它通过吸附阴离子储存电荷，基于 TEMPO 开发的适用于液流电池的电活性有机物及其氧化还原过程如图 1-10 所示。应用于水系/有机系液流电池的正极电活性物质的铁基衍生物主要有六氰合铁（Ⅱ）酸盐及其类似物以及二茂铁衍生物（图 1-11）。六氰合铁（Ⅱ）酸钾 [$K_4Fe(CN)_6$] 来源广泛、廉价，常被用作食盐抗结剂、普鲁士蓝原料等。AORFB 中，亚铁氰化钾常被用做中性至碱性条件下正极侧的电活性物质[28-30]。由于其带负电的特性，使用亚铁氰化钾时需选用阳离子交换膜以抑制其跨膜渗透。基于其他氧化还原核心且应用于 AORFB 正极电解液的新型电活性有机物也见诸报道（图 1-12）。大多数水系液流电池由于电压的限制，其单个储液罐的能量密度一般低于 50Wh/L。以钒电池为代表的水系液流电池还面临成本高和工作温度区间窄的缺点，阻碍了这类电池的产业化发展。近年来广泛研究的非水系液流电池，虽然电池电压一般高于 2V，但由于活性物质的溶解度较低，并且缺乏合适的离子导电膜，短期内还看不到应用前景。半固态流体电池以悬浮

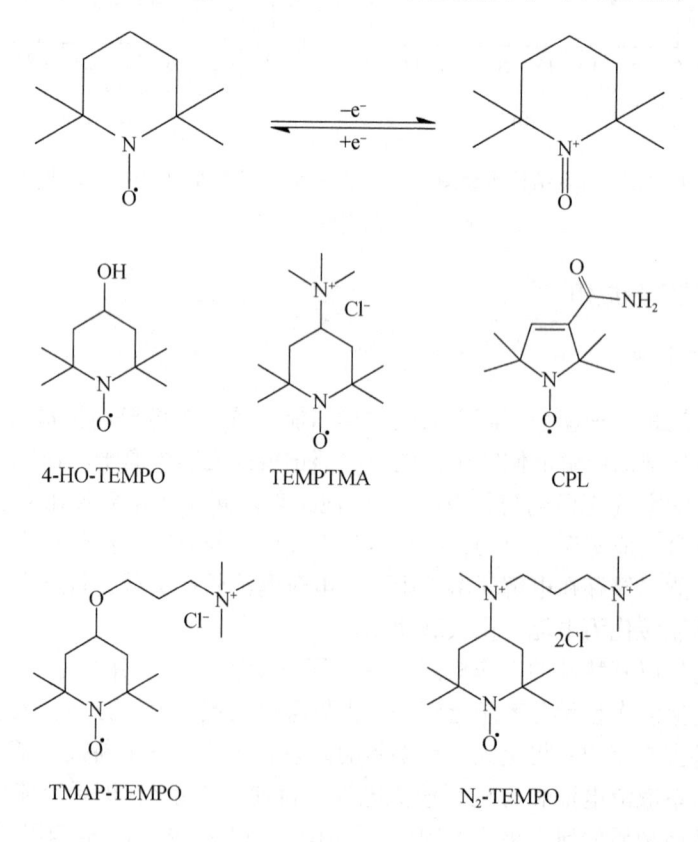

图 1-10　TEMPO 类有机物氧化还原示意图以及应用于 AORFB 中的紫精类材料[32]

的固体物质浆料作为活性材料，具有发展高能量密度流体电池的潜力，但由于浆料的流动性差，有很多工程上的问题需要解决。基于"氧化还原靶向反应"的液流电池体系结合了传统液流电池和半固态流体电池的优点，为发展高能量密度的液流电池提供了一个新途径。这种电池独特的工作原理，使得它可应用于不同电池体系，从而发展出更接近实用的液流电池系统。有望在较短的时间内完成从基础研究到工程展示的转化[31]。

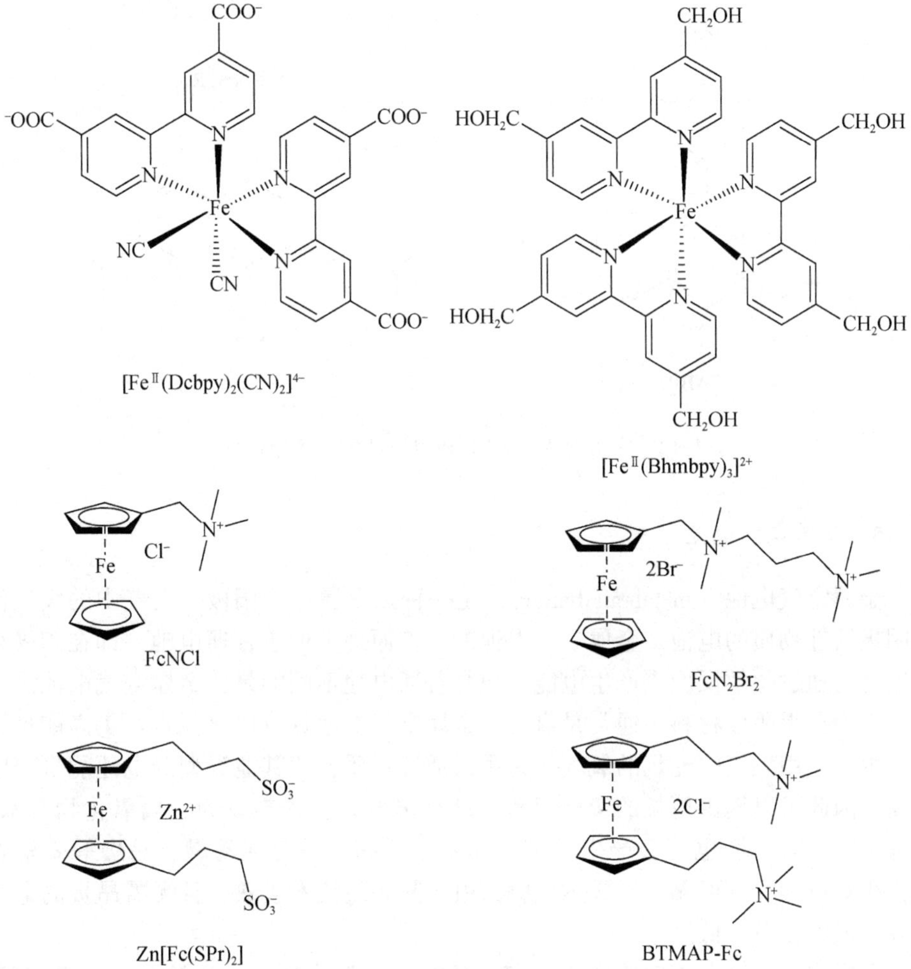

图 1-11 应用于 AORFB 中的铁基有机材料[32]

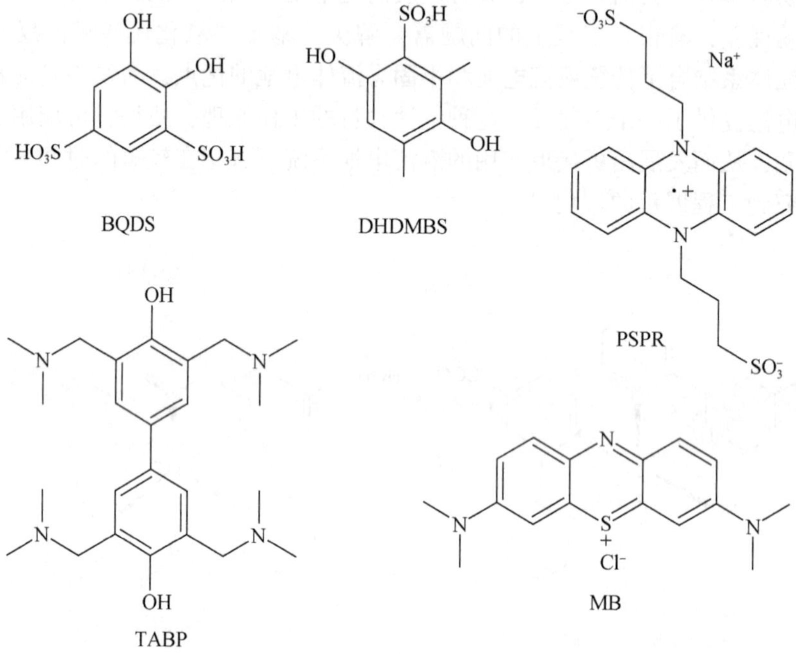

图1-12 应用于AORFB正极电解液中的部分材料[32]

5. 金属空气电池

金属空气电池（metal-air battery）是一种以金属作为阳极、空气中的氧气作为阴极活性物质的电池。金属空气电池的工作原理类似于普通电池，即在阳极和阴极之间通过化学反应来产生电能。但与普通电池不同的是，金属空气电池需要从空气中获得阴极材料，通常是氧气。金属空气电池具有以下优点：①高能量密度，由于使用大气中充足的氧气作为阴极活性物质，比其他类型的电池能量密度更高，因此可以提供更长的续航里程。②环境友好，废弃物为金属氧化物和水，无毒无害，对环境也不会产生危害。③安全性高，不存在易燃、易爆等安全隐患，相对较为安全可靠。④成本低廉，由于其底层技术成熟，且无需昂贵的金属资源，成本相对较低。

金属空气电池的正极通常为氧气，负极为过渡金属：铁、锌、镁、铝、锂、钠、钾等。其中，锂空气电池的理论能量密度最高。根据电解质的区别，可分为水系和非水系。水系电解质锂空气电池，电解质是不同酸碱度的各种水溶液，在酸性和碱性不同的电解质中，电池发生的化学反应也不同。

$$2Li+\frac{1}{2}O_2+2H^+ \longrightarrow 2Li^+ +H_2O（酸性溶液） \tag{1-8}$$

$$2Li+O_2+2H_2O \longrightarrow 2LiOH \cdot H_2O（碱性溶液） \tag{1-9}$$

由于金属锂能与水发生剧烈氧化还原反应，故需要在金属锂表面包覆一层对水稳定的锂离子导通膜，即 NASICON 型的超级锂离子导通膜（LTAP）$Li_3M_2(PO)_4$。但它与锂接触并不稳定，反应产物会使二者的界面阻抗增大。锂金属在水系电解质中腐蚀严重，自放电率特别高，使得电池循环性和库仑效率都非常低。

水系锂空气电池的概念提出较早，不存在有机体系中空气电极反应产物堵塞空气电极的问题，但在锂负极保护上还没有得到较好的解决，包括 LTAP 在水溶液中的稳定性问题，这都仍然是该体系研究的方向。

在有机系锂空气电池中，金属锂片作为负极，氧气做正极，聚丙烯腈（PAN）基聚合物作为电解质（溶剂 PC、EC），开路电压（OCV）在 3V 左右，比能量（不计入电池外壳）为 250～350Wh/kg。

由于使用有机溶剂作为电解液，解决了金属锂的腐蚀问题，该电池展现了良好充放电性能。空气电极由碳、黏结剂、非碳类催化剂、溶剂混合均匀后涂覆在金属网上制成。制备好的空气电极应具备良好的电子导电性（>1S/cm）、离子导电性（>10～2S/cm）和氧气扩散系数。对电池性能影响最明显的因素是空气电极的电极材料、氧气还原机理以及相应的动力学参数。

$$2Li+O_2 \longrightarrow Li_2O_2 \quad E=2.96V \tag{1-10}$$

$$4Li+O_2 \longrightarrow 2Li_2O \quad E=2.91V \tag{1-11}$$

上述反应产物中，只有过氧化锂 Li_2O_2 的反应是可逆的，也就是说，研究者需要尽力提高反应中过氧化锂的比例，而降低氧化锂的比例，才能实现锂空气电池的循环充放能力。而具体决定产物类型的因素，没有统一意见。有的认为空气电极的极化水平影响过氧化物的比例，有的认为催化剂影响比较大，也有的认为电解质材质在发挥主要作用。

锂空气电池的研究动力主要来自于其极高的理论比容量，相比传统的锂离子电池，锂空气电池的能量密度达 5200Wh/kg，不计算氧气的质量其能量密度更是能达到 11140Wh/kg，高出现有电池体系一个数量级。同时其成本低，正极活性物质采用空气中的氧气，不需要存储，也不需要购买成本，空气电极使用廉价碳载体。但其存在的问题极多，最基本的氧化还原机理目前还并没有清晰的论证。

①锂空气电池放电过程中氧化还原（ORR）和充放电产物分解反应，反应过程很难发生，需要催化剂协助。效果较好的贵金属催化剂，成本太高；大环化合物也能发挥近似作用，但由于生产过程复杂，成本也不低。高效低价的催化剂是重要的研究对象。

②空气电极载体形貌、孔径、孔隙率、比表面积等因素对锂空气电池能量密

度、倍率性能以及循环性能都有很大影响。有机系锂空气电池，放电产物存在堵塞氧气扩散通道的风险，可能因此导致放电结束。空气电极载体的物理特性优化可能是解决这方面问题的方向。

③电解质中有机溶剂稳定性问题，碳酸酯和醚等有机溶剂虽然具有较宽的电化学窗口，但是在有活性氧的条件下，很容易被氧化分解，反应生成烷基锂、二氧化碳和水等物质。有机溶剂的分解直接导致电池容量衰减以及循环寿命迅速下降。因此，寻找稳定、兼容性好的有机溶剂是锂空气电池的一个迫切问题。

④发展高性能导电聚合物电解质，来提高锂空气电池的倍率性能以及循环性能。电解质需要具有更高的锂离子电导率、更好的阻氧能力、阻水能力以及宽的电化学窗口。

⑤由于锂空气电池在敞开环境中工作，空气中的水蒸气以及二氧化碳等气体对锂空气电池危害极大。水蒸气渗透到负极腐蚀金属锂，从而影响电池的放电容量、使用寿命；二氧化碳能和放电产物反应生成碳酸锂，而碳酸锂的电化学可逆性非常差。因此，需要研制氧气选择性好的膜来防止水蒸气的渗透以及电解液的挥发[33-36]。

镁空气电池主要是以金属镁作为阳极，金属镁理论电位为 3.1V，理论比能量为 6800Wh/kg，电化学当量为 2.20Ah/g。镁空气电池具有比能量高、原料来源广泛、成本低的特点。相较锂空气电池，镁空气电池主要以水相电解液为主，但镁金属活性较高，在碱性或中性溶液中容易发生腐蚀，引起放电现象，另外腐蚀产物附着在阳极表面影响电池阳极反应的进一步进行，通常采用合金化法提高镁阳极的抗腐蚀性能。

铝空气电池主要是以铝作为阳极，金属铝理论电位为 2.7V，理论比能量为 8100Wh/kg，电化学当量为 2.98Ah/g，且金属铝储存丰富、成本较低，是金属空气电池的首选材料。金属铝容易发生氧化在表面形成一层致密的氧化膜，使电极电位提高，而氧化层一旦破坏，由于氧化膜与金属铝存在电位差异，又会加速金属铝的腐蚀，最终影响铝空气电池寿命，甚至失效。合金化法是解决铝空气电池阳极材料腐蚀问题的有效途径，一般是以 Al-Ca、Al-In、Al-Ca-In 合金为基体，添加 Pb、Bi、Sn、Zn、Mg、Mn 等元素形成铝合金材料。

锌空气电池是以金属锌作为阳极，金属锌理论电位为 1.6V，理论比能量为 1350Wh/kg，电化学当量为 0.82Ah/g，金属锌电位和能量密度要低于锂、镁、铝等金属，但是其在水相电解液中更安全，成本更低、经济性能更好，具有更长的搁置寿命，并且绿色环保，因此受到广泛关注。在水相电解液中，锌空气电池阳极金属锌也同样面临腐蚀和放电问题。除阳极腐蚀问题外，充电过程中产生枝晶也是锌空气电池需要关注的问题。研究表明，枝晶的生长和电解质溶液的浓度、充电方式及电极结构有很大关系。首先，锌极板出现枝晶受锌原子沉积速率影响所致，而锌原子沉积速率与电解液中 Zn^{2+} 浓度关系密切，当电解液中 Zn^{2+} 浓度降低到某一个特定值以下时锌极板容易出现枝晶生长，因此在锌空气电池充电过程中必须调整合理的电流密度，确保电解液中的 Zn^{2+} 浓度不低于该特定值[37]。另外通过改变充电方式，如采用脉冲电流沉积可提高锌极板表面附近的 Zn^{2+} 浓度，使得该处 Zn^{2+} 浓度远高于特定值，从而延迟其表面出现枝晶生长。

除上述金属空气电池外，还有钠空气电池、铁空气电池等。钠空气电池起步较晚，在2011年由Peled等提出[38]，采用液态熔融钠替代金属锂作为阳极，获得105~110℃正常工作的钠空气电池。理论上锂空气电池的能量密度比钠空气电池更高，但钠和氧生成物比锂更加稳定，使钠空气电池反应可逆性提高。铁空气电池[39]主要采用金属铁作为阳极，空气电极作为负极，以碱性或者中性盐溶液作为电解质，其阳极一般不采用块状铁，而是采用活性铁粉的形式制成袋式电极。为提高其活性，往往在铁粉中添加氧化物或其他元素，提高铁电极放电容量。

参 考 文 献

[1] Detka K, Górecki K. Selected technologies of electrochemical energy storage—a review [J]. Energies, 2023, 16: 5034.

[2] Leng F, Tan C M, Pecht M. Effect of temperature on the aging rate of Li ion battery operating above room temperature [J]. Scientific Reports, 2015, 5: 12967.

[3] Cabana J, Monconduit L, Larcher D, et al. Beyond intercalation-based Li-ion batteries: the state of the art and challenges of electrode materials reacting through conversion reactions [J]. Advanced Materials, 2010, 22: E170.

[4] Gao X P, Yang H X. Multi-electron reaction materials for high energy density batteries [J]. Energy Environment Science, 2010, 3: 174.

[5] Kim S W, Seo D H, Ma X, et al. Electrode materials for rechargeable sodium-ion batteries: potential alternatives to current lithium-ion batteries [J]. Advanced Energy Materials, 2012, 2: 710.

[6] Shin J, Choi J W. Opportunities and reality of aqueous rechargeable batteries [J]. Advanced Energy Materials, 2020, 10 (28): 2001386.1-2001386.10.

[7] Yin J, Lin H B, Shi J, et al. Lead-carbon batteries toward future energy storage: from mechanism and materials to applications [J]. Electrochemical Energy Reviews, 2022, 5 (3): 259-290.

[8] 邵勤思, 颜蔚, 李爱军, 等. 铅酸蓄电池的发展、现状及其应用 [J]. 自然杂志, 2017, 39 (4): 258-264.

[9] 陈冬, 程杰, 潘军青, 等. 碳作为铅酸电池集流体的研究进展 [J]. 现代化工, 2011, 31 (11): 25-28.

[10] 张永锋, 俞越, 张宾, 等. 铅酸电池现状及发展 [J]. 蓄电池, 2021, 58 (1): 27-31.

[11] 石沫, 朱溢慧, 章小琴, 等. 双极性铅酸蓄电池的研究及进展概述 [J]. 蓄电池, 2016, 53 (3): 146-150.

[12] 戴德兵, 付定华, 张琳, 等. 铅酸蓄电池正极添加剂的研究进展 [J]. 蓄电池, 2021, 58 (5): 246-250.

[13] 彭海宁, 程舒玲, 杨彤, 等. 铅碳电池关键材料研究进展 [J]. 化学研究, 2021, 32 (3): 255-266.

[14] 胡琪卉, 张慧, 张丽芳, 等. 铅酸蓄电池正极活性物质添加剂的研究进展 [J]. 蓄电池, 2015, 52 (2): 91-94.

[15] Xin S, Yin Y X, Guo Y G, et al. A high-energy room-temperature sodium-sulfur battery [J]. Advanced Materials, 2014, 26 (8): 1261-1265.

[16] Wang L F, Wang H Y, Zhang S P, et al. Manipulating the electronic structure of nickel via alloying with iron: toward highkinetics sulfur cathode for Na-S batteries [J]. ACS Nano, 2021, 15 (9): 15218-15228.

[17] Peng L L, Wei Z Y, Wan C Z, et al. A fundamental look at electrocatalytic sulfur reduction reaction [J]. Nature Catalysis, 2020, 3 (9): 762-770.

[18] Chen B, Zhong X W, Zhou G M, et al. Graphene-supported atomically dispersed metals as bifunctional catalysts for nextgeneration batteries based on conversion reactions [J]. Advanced Materials, 2022, 34 (5): 2105812.

[19] Zhang X Q, Jin Q, Nan Y L, et al. Electrolyte structure of lithium polysulfides with antireductive solvent shells for practical lithium-sulfur batteries [J]. Angewandte Chemie International Edition, 2021, 60 (28): 15503-15509.

[20] Zhang S P, Yao Y, Yu Y. Frontiers for room-temperature sodium-sulfur batteries [J]. ACS Energy Letters, 2021, 6 (2): 529-536.

[21] Zhao M, Peng H J, Zhang Z W, et al. Activating inert metallic compounds for high-rate lithium-sulfur batteries through in situ etching of extrinsic metal [J]. Angewandte Chemie International Edition, 2019, 58 (12): 3779-3783.

[22] Wang N N, Wang Y X, Bai Z C, et al. High-performance roomtemperature sodium-sulfur battery enabled by electrocatalytic sodium polysulfides full conversion [J]. Energy & Environmental Science, 2020, 13 (2): 562-570.

[23] Xia X M, Du C F, Zhong S E, et al. Homogeneous Na deposition enabling high-energy Na-metal batteries [J]. Advanced Functional Materials, 2022, 32 (10): 2110280.

[24] Zhao R Z, Elzatahry A, Chao D L, et al. Making MXenes more energetic in aqueous battery [J]. Matter, 2022, 5 (1): 8-10.

[25] EL-Shinawi H, Cussen E J, Corr S A. Selective and facile synthesis of sodium sulfide and sodium disulfide polymorphs [J]. Inorganic Chemistry, 2018, 57 (13): 7499-7502.

[26] Chung S H, Manthiram A. Current status and future prospects of metal-sulfur batteries [J]. Advanced Materials, 2019, 31 (27): 1901125.

[27] Zhou D, Chen Y, Li B H, et al. A stable quasi-solid-state sodium-sulfur battery [J].

Angewandte Chemie International Edition, 2018, 57 (32): 10168-10172.
[28] Lin K, Chen Q, Gerhardt M R, et al. Alkaline quinone flow battery [J]. Science, 2015, 349: 1529-1532.
[29] Kwabi D G, Lin K, Ji Y, et al. Alkaline quinone flow battery with long lifetime at pH 12 [J]. Joule, 2018, 2: 1894-1906.
[30] Ji Y, Goulet M, Pollack D A, et al. A phosphonate-functionalized quinone redox flow battery at near-neutral pH with record capacity retention rate [J]. Advanced Energy Materials, 2019, 9: 1900039.
[31] 瞿海妮, 马廷灿, 戴炜轶. 液流电池技术国际专利态势分析 [J]. 储能科学与技术, 2016, 5 (6): 1-3.
[32] 孔涛逸, 董晓丽, 王永刚. 水系有机液流电池活性材料研究进展 [J]. 中国科学: 化学, 2023, 53 (08): 1419-1436.
[33] 张涛, 张晓平, 温兆银. 固态锂空气电池研究进展 [J]. 储能科学与技术, 2016, 5 (05): 702-712.
[34] 王红. 可充锂空气电池关键材料研究 [D]. 上海: 上海交通大学, 2014.
[35] 冷利民. 锂/空气电池关键材料的制备及其性能研究 [D]. 广州: 华南理工大学, 2016.
[36] 张栋, 张存中, 穆道斌, 等. 锂空气电池研究述评 [J]. 化学进展. 2012, 24 (12): 2472-2482.
[37] RIEDE J C, TUREK T, KUNZ U. Critical zinc ion concentration on the electrode surface determines dendritic zinc growth during charging a zinc air battery [J]. Electrochimica Acta, 2018, 269: 217-224.
[38] PELED E, GOLODNITSKY D, MAZOR H, et al. Parameter analysis of a practical lithium-and sodium-air electric vehicle battery [J]. Journal of Power Sources, 2011, 196 (16): 6835-6840.
[39] FANG Q, BERGER C M, MENZLER N H, et al. Electrochemical characterization of Fe-air rechargeable oxide battery in planar solid oxide cell stacks [J]. Journal of Power Sources, 2016, 336: 91-98.

第 2 章 钠离子电池发展进程、工作原理及基本组成

2.1 发展进程

钠电池技术的研究可以追溯到 20 世纪 70 年代,略早于锂离子电池。Whittingham[1]于 1976 年首次报道了层状 Li/TiS$_2$ 电池中的可逆电化学嵌入反应,发现钠和锂能够顺利嵌入 TiS$_2$ 以及其他过渡金属二硫化物中。由于 TiS$_2$ 正极的开路电压较低(约为 2.2V),以及金属锂负极的不稳定性,Li/TiS$_2$ 电池无法开发成具有商业化良好前景的功能性电池。同时,软碳、石墨等碳基材料嵌锂性能较好,但嵌钠能力较弱,因此锂电池从技术成熟度上更快进入产业化阶段。

为了解决正极低电压的缺点,Goodenough 等[2]在 20 世纪 80 年代提出了使用层状金属氧化物作为电池正极。其化学成分对于锂离子电池是 LiMeO$_2$,对于钠离子电池是 NaMeO$_2$(Me 代表 Co、Ni、Cr、Mn 或 Fe)。NaMeO$_2$ 化合物的发现归功于 Delmas 等在 20 世纪 80 年代初期的工作。在电池电压方面,该发现具有突破意义。例如,LiCoO$_2$ 的开路电压为 4.0V,几乎是 TiS$_2$ 的两倍。一般来说,锂基化合物的电化学综合性能是优于钠基化合物的。

事实上,正极材料的锂/钠离子电池选择的负极仍然是金属锂或钠。这些活泼金属负极会与电解质反应,从而导致电池不稳定。此外,在嵌入和脱嵌过程中,金属负极的枝晶会不受控制地生长,这是引起电池内部短路和火灾的主要原因。出于安全原因,金属负极并不是一个好的选择。作为替代方案,Scrosati[3]提出了一种低压嵌入型负极来代替金属负极,这标志着"摇椅式"电池的诞生。Yazami[4]发现锂离子能够在理想的低电压和高重量容量下嵌入碳质材料,使用软碳负极和 LiCoO$_2$ 正极制造出相应的锂离子电池,该电池于 1991 年由日本索尼公司商业化。但是,由于钠离子的半径比锂离子大,钠离子在软碳和石墨难以发生嵌入和脱嵌,导致相同材料的钠离子电池的容量大约只有锂离子电池 1/10,这也使得钠离子电池的进一步发展遇到了瓶颈。

同时,20 世纪 90 年代消费电池(如笔记本、手机等)、动力电池(核心是汽车,以及部分两轮车)等品类对电池的要求聚焦在高能量密度和使用寿命,锂离子电池凭借更为优异的性能成功商业化,钠离子电池的发展一度陷入沉寂。

2000 年,Stevens 和 Dahn[5,6]发现了钠离子在硬碳材料中有良好的嵌入性能,从而重新引起了人们对常温钠离子电池的兴趣。钠离子电池中的硬碳负极具有低

电压和300mAh/g的高容量密度,接近锂离子电池中的石墨(372mAh/g)。尽管这一发现是人们对钠离子电池重燃研究兴趣转折点,但它并没有立即引发商业化研究的热潮。直到2012年,钠离子电池专利申请量才开始大幅上升。由此可以发现,钠离子电池取代锂离子电池的驱动力主要是锂离子电池的大规模应用带来的锂资源供应短缺。2010年以来,电化学储能的发展更关注经济性、安全性,而相对弱化能量密度,钠电池技术更加完整成熟,钠离子电池正极材料研究取得了前所未有的进展。2010~2013年报道的正极材料总数几乎等于之前存在的总数。钠离子电池正极材料的三个主要类型是层状金属氧化物、聚阴离子化合物和普鲁士蓝类化合物。选材的目标是制造廉价的钠离子电池,但需同时具有与锂离子电池相近的性能特征。事实上,正极材料的组成中尽量选择了地球上丰富的元素,如铁、锰和镁。至于负极,由于硬碳便宜且丰富的特点,其仍然是负极的主要选择。

近年来,钠离子电池逐渐出现一些示范项目,成本进一步下降,能量密度也有了明显的提升,并且获得工程可行性验证,同时锂离子电池核心原材料碳酸锂价格飞涨,80%的进口依赖度和高昂的成本,使得钠离子电池夺回关注焦点。钠的地壳丰度(2.6%)远高于锂(0.0065%),相比之下钠元素来源广泛,价格较低且受需求波动影响较小,可以满足大规模应用的需要,已逐步成为锂离子电池的优质替补和潜在竞争者。钠离子电池和锂离子电池的发展历程如图2-1所示。截至2020年,全球从事钠离子电池工程化的公司超过20家,包括松下、丰田等。2017年,我国首家钠离子电池公司中科海钠成立,依托中国科学院物理研究所的技术,目前在技术开发和产品生产上都初具规模。

图2-1 钠离子电池和锂离子电池的发展历程(数据来源:新能源车前沿技术电池发展分析报告)

2.2 工作原理及基本组成

钠离子电池作为一种新型的二次电池，近年来在新能源储存与转换领域引起了广泛关注。相比于已商业化使用的锂离子电池，它具有以下特点：①相似的工作原理。充电过程中，正极材料发生氧化反应，失去电子，并脱出钠离子；电子通过外电路到达负极，同时钠离子也经过电解液迁移到负极；负极材料得到电子，并嵌入钠离子，发生还原反应。放电过程与充电过程相反。②相似的嵌/脱化学性质。钠与锂属于同主族元素，物理化学性质相近，详见表2-1。锂离子和钠离子可以在相似的材料结构中进行可逆的嵌入与脱出。③低廉的资源成本。钠资源在地壳中的储量约为1%，广泛存在于海水中；而锂资源储量较低，且分布不均，70%集中在南美洲国家。

表2-1 元素锂和钠的比较

	Na	Li
丰度/%	2.75	0.0065
分布	分布广泛	70%分布在南美洲
价格（碳酸盐）/（元/吨）	2000	4万~16万
负极集流体	铝箔	铜箔
熔点/℃	97.7	180.5
离子半径/pm	113	76
原子量/（g/mol）	23	6.9
标准电极电位	-2.71V	-3.04V
A-O配位	八面体或棱柱体	八面体或四面体
金属容量/（mAh/g）	1165	3829

钠离子电池与商业化的锂离子电池具有相似的工作原理，可概括为以碱金属离子在正负极之间来回穿梭为基础的"摇椅式"电池。如图2-2所示，钠离子电池的组成包括正负极材料、黏结剂、导电添加剂、正负极集流体、电解液、隔膜。与锂离子电池相区别，钠离子电池中的负极集流体可以用铝箔替代铜箔，因为铝金属与钠金属不会反应形成合金，这可以有效降低钠离子电池的制作成本。

下面以层状氧化物（$NaTMO_2$）正极、碳（C）负极为例来说明钠离子电池在充放电过程中的工作原理，其电池反应式如下所示。

$$正极反应：NaTMO_2 \longleftrightarrow Na_{1-x}TMO_2 + xNa^+ + xe^- \tag{2-1}$$

$$负极反应：nC + xNa^+ + xe^- \longrightarrow Na_xC_n \tag{2-2}$$

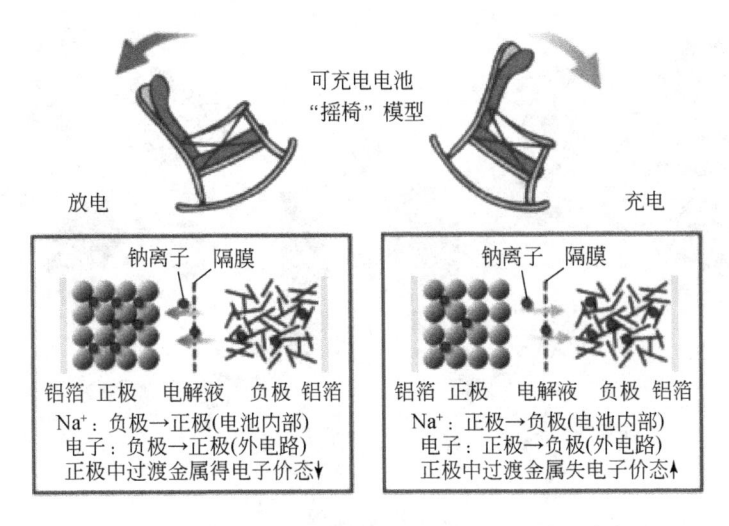

图 2-2 钠离子电池工作原理（数据来源：中科海钠官网）

电池反应式：$NaTMO_2 + nC \longrightarrow Na_{1-x}TMO_2 + Na_xC_n$ (2-3)

钠离子电池中的电荷转移主要是依靠钠离子在正负极材料中的可逆嵌入/脱出来实现的。充电时，钠离子从正极材料晶格中脱出，经过电解质和隔膜，迁移到负极化合物表面并嵌入负极化合物中，使正极处于贫钠态，负极处于富钠态，与此同时，为了保证极内部的电荷平衡，电子经外电路由正极供给到负极；放电过程则正好相反，钠离子从富钠态的负极中脱出，经过电解质和隔膜，迁移到正极并嵌入正极化合物的晶格中。在充放电过程中，钠离子在正、负极材料间来回迁移以实现能量的储存和释放，整个过程与锂离子电池的充放电过程非常相似（图2-3）。

理想情况下，钠离子的脱出和嵌入不影响正负极材料的晶体结构，这样会保持良好的循环稳定性。实用化的钠离子电池需要具有高能量密度、长循环稳定性、高倍率性能、价格低廉、安全性以及良好的高低温性能等优点，这一高标准的实现需要高性能的钠离子电池正极材料。

目前研究较多的正极材料主要是含钠离子的化合物，其结构中的部分或全部钠离子能够进行可逆的脱出和嵌入。已报道较多的钠离子电池正极材料按照结构组成可以归纳为过渡金属聚阴离子型化合物、金属有机框架型化合物以及过渡金属氧化物。为实现最佳电化学性能，一般对正极材料有以下几点要求[7]：①具有较高的可逆比容量，因此材料必须具有较高的理论容量，并有较好的离子/电子电导性；②具有较稳定的合适的电压平台，正极材料的工作电压是全电池工作电压的制约因素之一，高的工作电压能够实现更高的能量密度，合适的工作电压能够与现有的电解液匹配；③结构稳定，在电化学脱钠嵌钠过程中结构能够可逆演

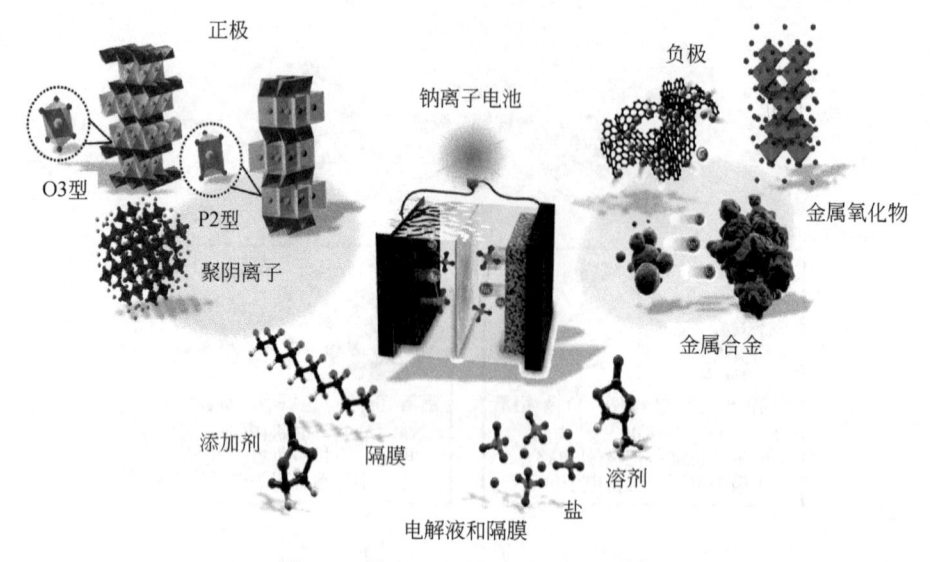

图 2-3　钠离子电池的组成示意图[6]

变,且体积变化较小;④具有较高的化学结构稳定性,不与电解液等电池组成物质发生副反应;⑤与电解液具有良好的电化学相容性,能被电解液充分润湿;⑥资源丰富,成本低,合成工艺简便,对环境污染小;⑦具有较高的压实密度,在制备成电池时,正极材料所占比重往往更高,更高的压实密度会使全电池的体积能量密度更高;⑧安全无毒。

目前钠离子电池正极材料主要包括过渡金属层状氧化物类、聚阴离子类化合物、有机类和普鲁士蓝类化合物等。过渡金属氧化物可以用 Na_xTMO_2 表示,其中 TM 为过渡金属元素,包括 Mn、Fe、Ni、Co、V、Cu、Cr 等元素中的一种或几种;x 为钠的化学计量数,范围为 $0<x\leqslant1$。过渡金属氧化物能量密度较高、制备简单,按照其晶体结构特性可分成层状金属氧化物(TMOs)和隧道结构氧化物。隧道结构氧化物材料初始钠浓度低,因此理论容量也不高。与之相比,层状氧化物理论容量更高、钠离子扩散更快和电极极化更小。层状氧化物电极材料制备方法简单、比容量高,加上其组成的多样性,即在过渡金属位置可以使用不同种类和不同比例的元素替代,能够为工业应用和基础研究提供较大探索空间。此外,层状氧化物正极材料的结构是可定制的,通过适当的组分调制和工艺条件,可以制备出具有目标结构的层状金属氧化物。TMOs 由于其高能量密度和循环稳定性,成为 SIBs 最有希望商业化应用的正极材料。层状氧化物的合成方法一般是传统的固相反应法、共沉淀法和溶胶-凝胶法,制备工艺简单且相对成熟,从而层状氧化物材料的制备具有一定的工业可行性。钠离子的标准电极电位(-2.71V)略高于锂离子(-3.01V),因而钠离子电池工作电压相对不高,可匹配分解电压

较低、安全性更好的电解液。对 SIBs 的层状金属氧化物正极材料，其化学式可总结为 Na_xMeO_2（Me 为过渡金属元素 Mn、Fe、Ni、Co、V、Cu、Cr 等，$0.5 \leq x \leq 1$，Me 也可以是一种或几种过渡元素的组合）。最常见的层状结构由 MeO_2 层形成，MeO_2 层由钠和共面的 MeO_6 八面体交替组成，通过研究钠离子的配位环境和氧原子的堆积方式，如图 2-4 所示，可将层状金属氧化物分为 O2、O3、P2、P3 四种类型。其中，数字 2、3 代表氧原子堆积形成的周期序列的最小层数分别为 ABBAABBA、ABCABC，O 和 P 对应钠离子在碱金属层的配位环境，O 代表八面体，P 代表三棱柱，其中 O3 型和 P2 型氧化物比较常见。O3 型相对来说有较大的钠浓度，拥有更高的初始容量，但是当钠浓度从 O3 型结构中转移时，就需要经过一个比较狭窄的截角四面体中间部位，使得其扩散的能垒很大，倍率性能较差。相反，在 P2 型结构中钠浓度所经过的则是在一个比较宽广的平面或圆外切四边形中心的中间部位，能垒相对较小，所以 P2 型结构可以显示出更高的倍率性能。在某些特定的合成条件下，P2 型和 O3 型氧化物会发生 O3/P3 型及 P2/O2 型结构转变。这种结构相变不仅会引起晶格常数的变化从而影响电池的能量效率和循环性能，而且会影响钠离子扩散，增加极化。

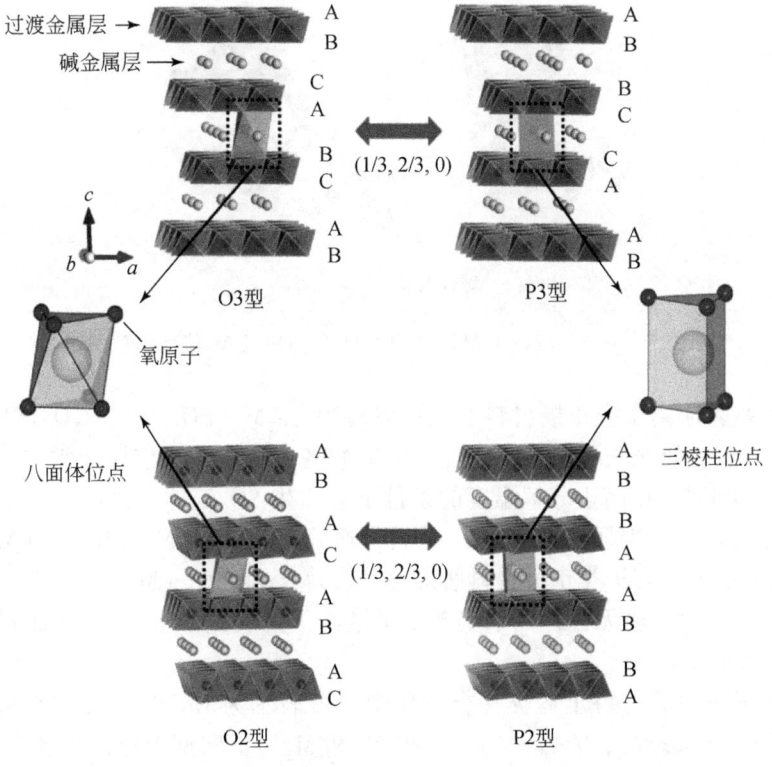

图 2-4 共边 MeO_6 八面体片的 $NaMeO_2$ 层状材料的分类[8]

钠基聚阴离子类化合物指由聚阴离子多面体和过渡金属离子多面体通过强共价键连接形成的具有三维网络结构的化合物，化学式为 $Na_xM_y(X_aO_b)Z_w$，其中 M 为 Ti、V、Cr、Mn、Fe、Co、Ni、Ca、Mg、Al、Nb 等其中的一种或几种；X 为 Si、S、P、As、B、Mo、W、Ge 等；Z 为 F、OH 等。聚阴离子类化合物主要包括磷酸盐［橄榄石结构 $NaMPO_4$、NASICON 型结构 $Na_3M_2(PO_4)_3$ 和焦磷酸盐结构 $Na_2MP_2O_7$］、硫酸盐［$Na_2M(SO_4)_2·2H_2O$，M 为过渡金属元素］、硅酸盐（Na_2MSiO_4，M 为 Fe、Mn）、硼酸盐、混合聚阴离子化合物（氟化聚阴离子化合物、磷酸根和焦磷酸根混合聚阴离子化合物、磷酸和碳酸根混合聚阴离子化合物）。

当前 $NaFePO_4$ 主要是由橄榄石型 $LiFePO_4$ 脱锂后通过电化学钠化的方法合成。橄榄石结构的 $NaFePO_4$ 属于正交晶系，钠离子在其中具有一维传输通道，充放电过程中钠离子能够在不破坏晶体结构的情况下脱出/嵌入。橄榄石型 $NaFePO_4$ 可以实现接近一个钠离子的可逆脱出/嵌入，放电平台电压在 2.75V 左右。NASICON 型结构的聚阴离子化合物具有较高的离子电导率，其中对 $Na_3V_2(PO_4)_3$ 进行了广泛的研究，其结构见图 2-5 所示。

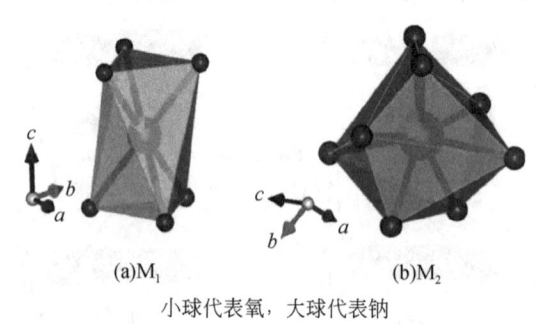

(a)M_1 (b)M_2

小球代表氧，大球代表钠

图 2-5　$Na_3V_2(PO_4)_3$ 晶体结构中 M_1 位点以及 M_2 位点示意图[9]

硫酸盐聚阴离子类正极材料通式可以写为 $Na_2M(SO_4)_2·2H_2O$（M 为过渡金属元素）。硫酸盐聚阴离子类化合物中硫酸基团热力学稳定性非常差，其分解温度低于400℃，在高于分解温度的条件下会产生 SO_2 气体，因此一般采用低温固相法合成硼酸盐聚阴离子类正极材料，通式可以写为 $Na_3MB_5O_{10}$（M 为 Fe、Co）。硅酸盐聚阴离子类正极材料通式可以写为 Na_2MSiO_4（M 为 Fe、Mn）。硅酸盐资源丰富且对环境无害，如果实现 2 个钠离子的脱出/嵌入，可逆比容量可达到278mAh/g。

钠离子电池的普鲁士蓝类化合物化学式可表示为 $Na_xM_1[M_2(CN)_6]_{1-y}·□_y·nH_2O$（$0 \leq x \leq 2$，$0 \leq y \leq 1$），其中 M_1 和 M_2 为不同配位过渡金属离子（M_1 与 N 配位、M_2 与 C 配位），如 Mn、Fe、Co、Ni、Cu、Zn 等；□ 为 $[M_2(CN)_6]$

空位。铁氰根的普鲁士蓝化合物结构稳定,前驱体价格低廉、简单易制,对其进行了大量的研究。这类化合物通常具有面心立方结构,其结构见图2-6[9]。目前报道的普鲁士蓝类化合物主要分为贫钠态和富钠态,在$Na_xM_1[M_2(CN)_6]_{1-y}$中$x \leqslant 1$称为贫钠态,$x>1$称为富钠态或普鲁士白。普鲁士白可以通过M^{3+}/M^{2+}和Fe^{3+}/Fe^{2+}氧化还原电对实现2个钠离子的可逆脱出/嵌入,理论比容量达到170.8mAh/g,工作电势[2.7~3.8V($vs.\ Na^+/Na$)]较高。另外,普鲁士蓝类化合物由于Fe-CN的配位稳定常数高,三维结构稳定,因此具有较长的循环寿命。普鲁士蓝类化合物虽然优点众多,但是在实际研究中却出现了倍率性能差、循环不稳定、库仑效率低(≤90%)等问题。主要原因是化合物中$Fe(CN)_6$空位和H_2O的存在。$Fe(CN)_6$空位会导致材料电化学性能降低、结构退化等问题,H_2O会与电解质发生副反应。

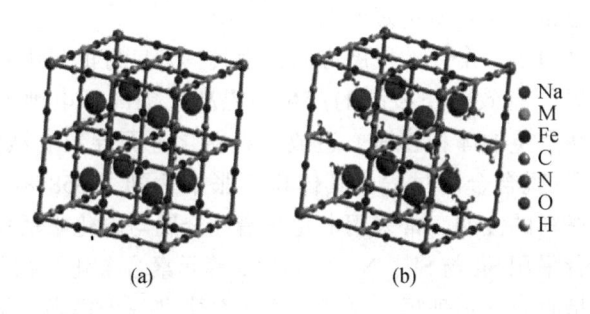

图2-6 普鲁士蓝类化合物$Na_2M[Fe(CN)_6]$的晶体结构示意图[9]
(a) 理想的无缺陷结构;(b) 含有$Fe(CN)_6$的缺陷结构

目前研究的钠离子电池负极材料主要有碳基材料、合金类材料、金属氧化物、金属碳化物、过渡金属硫化物、过渡金属磷化物、有机类材料及钠金属负极。其中,单一体相材料往往难以同时满足上述钠离子电池负极材料所需的性能要求,尤其面对高充放电容量与长循环稳定性之间的悖论。因此,从微观尺度的Na^+/e^-传输行为和耦合机理出发,采取合适的设计制备策略,深入探究电极材料的微观结构与表界面作用机制,发挥复合材料各组分之间的协同作用,对于综合提升钠离子电池负极材料的电化学性能具有重要意义[10-12]。目前围绕钠离子电池负极材料的主要设计制备策略可分为表面修饰和掺杂改性、构筑纳米多孔结构电极、多相材料复合构建功能型异质结构等三类。

碳基储钠负极材料由于具有嵌钠平台低、容量高、循环寿命长、制备简单等突出优势,近几年得到了广泛研究。常见的碳材料包括石墨、石墨烯、硬碳、软碳等。其中,石墨是目前应用最广泛、技术最成熟的负极材料,因其导电性好、结晶度高,加之良好的层状结构,非常利于锂离子的脱嵌,作为锂离子电池负极时，具有优异的循环性能和较高的比容量。然而，其在作为钠离子电池负极材料时，其比容量仅为35mAh/g，无法作为钠离子电池的负极使用。究其原因是，钠离子的半径为0.102nm，远大于锂离子的半径（0.069nm），导致钠离子在石墨层间的脱嵌过程极易破坏石墨的结构。目前，在钠离子电池上应用的负极材料主要为无定形的碳材料（硬碳），因其具有较大的层间距和纳米级尺寸的孔洞，非常利于钠离子的可逆脱嵌和存储，具有较高的克容量，可达到300mAh/g。然而，其倍率性能较差，并且其大部分的容量是在放电电压低于0.1V（$vs.$ Na/Na$^+$）的区域内实现的，该电位非常接近金属钠的析出电位，可能导致电极表面形成钠枝晶，带来严峻的安全隐患。与传统石墨相比，石墨烯作为新能源领域中的热门材料，其拥有完美二维结构且具有更大的比表面积，更加利于离子的脱嵌，从而保证电池具有更高的容量和能量密度。同时存在的边缘位点和缺陷很适合碱金属离子的存储，因此通常能够获得更好的电化学性能。

合金类负极材料是一个新的发展方向，因其具有良好的导电性和较高的比容量，且在充放电后能有效防止枝晶的产生，提高了钠离子电池的安全性能。然而，合金负极存在严重的体积膨胀，造成材料粉化进而导致电池性能迅速衰减，如锡基材料在合金/脱合金的过程中其体积膨胀率达到了358%。为了减轻体积膨胀，提高合金材料的性能，常采用电化学惰性金属与电化学活性金属进行合金化。例如，研究者采用Sn与Sb、Ni、Cu、Ag等元素合金化，在一定程度上改进了循环性能，但是收效并不理想，循环性能还有待进一步提高。纳米化、引入碳基体复合等方式对结构进行调控，打开了合金类材料改性的大门。金属氧化物材料因具有高理论容量、安全性好、电压平台稳定、廉价易得等优点，是一种极具发展潜力的钠离子电池负极材料活性物质，然而金属氧化物材料的导电性能较差，在氧化还原反应过程中不利于电子的传输，同时，金属氧化物负极材料在钠离子脱嵌过程中，存在严重的体积效应，很容易发生体积膨胀，引起粉化和团聚现象，导致材料首次不可逆容量大、循环稳定性较差。因此，通过较弱的范德瓦耳斯力连接，使其在c轴方向上的堆叠受到了抑制，降低了材料的厚度，进一步缩短了Na$^+$的扩散距离。过渡金属磷化物由于在石油催化脱硫加氢、磁制冷等工业领域具有极为重要的应用，又因较高的充放电理论比容量、稳定的循环可逆性、较好的安全性能，成为新型钠离子电池负极材料的理想之选。如磷源丰富的NiP$_3$、NiP$_2$、Ni$_3$P均已应用于电池负极材料。

钠离子电池中常用的电解质盐有高氯酸钠（NaClO$_4$）、六氟磷酸钠（NaPF$_6$）等。电解液溶剂则常用碳酸酯类与醚类，其中碳酸酯类溶剂主要有碳酸乙烯酯（EC）、碳酸二甲酯（DMC）、碳酸二乙酯（DEC）和碳酸丙烯酯（PC）等，而醚类溶剂以乙二醇二甲醚（DME）较为典型。

电池元件中隔膜的作用主要在于阻止正、负极材料直接接触导致短路，并为电解质中离子的迁移提供通路。不同于锂离子电池中常用的以聚烯烃薄膜为主的多孔隔膜，钠离子电池中一般选择玻璃纤维作为隔膜。另外，钠离子电池中正极与负极材料常用的集流体分别是铝箔与铜箔，其中铝箔也可以作为负极的集流体。

为开发优异性能的钠离子电池，电池材料至关重要。钠离子电池对这些材料有一定的要求，例如，正极材料要有高的工作电压、长的循环寿命，大的可逆容量；负极材料要具有好的安全性、稳定的结构且能够进行快速的充电或放电；电解液要求有好的安全稳定性、高的分解电压、高的离子电导率、低的黏度系数、稳定的电化学性能、丰富的资源和低廉的成本等；隔膜要求有一定的离子穿透性，一定的机械强度和耐氧化性等[13]。

2.2.1 钠离子电池基本概念

煤、石油、天然气是重要的自然资源，也是我们赖以生存的主要能源。开发和利用这些传统化石能源不可避免地会带来环境污染问题和能源危机问题。相比于传统能源，太阳能、风能、潮汐能、生物质能、地热能等新型能源具有环境污染少、大多数可再生、资源丰富等优点。开发利用这些新型能源不仅是缓解当今世界环境污染问题和能源枯竭问题的重要手段，对于解决由能源危机引发的战争问题也具有重要的战略意义。但是，这些新型的可再生能源基本上都具有间歇性、随机性等特点。要开发和利用这些新型能源，需要发展大规模储能技术。

钠离子电池主要关注问题见图2-7。

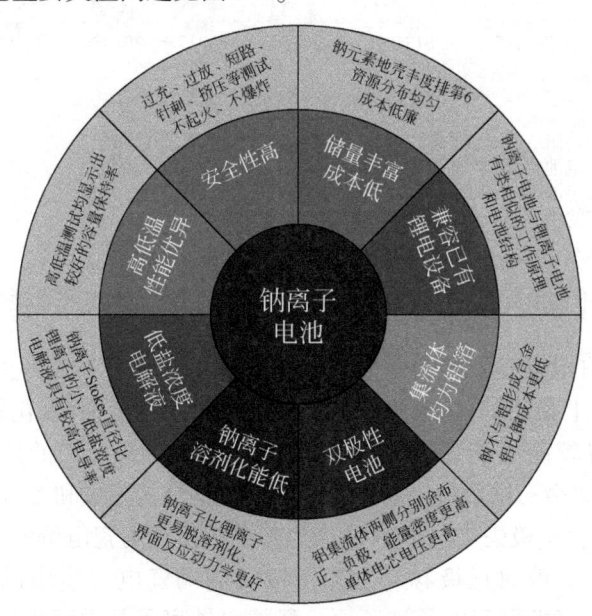

图2-7 钠离子电池主要关注问题（资料来源：中科海钠新闻资讯）

目前的大规模储能技术主要包括物理储能、电化学储能以及正在研究发展中的电磁储能（如超导电磁储能等）。电化学储能指以利用电化学反应的可逆性原理而实现电能和化学能之间相互转化的二次电池（可充电电池）储能。电化学储能具有投资少、效率高、使用灵活等优点，成为科学工作者的研究重点。其中，高温钠硫、全钒液流、锂离子电池三种技术最受关注。虽然锂离子电池由于具有比容量大、电压高、循环寿命长、放电性能稳定、自放电率低、工作温度范围宽、安全无污染、无记忆效应等优点而广泛应用于计算机、通信、电子设备、电动汽车中，但是其在大规模储能技术中的应用终将受到锂资源的制约。因此，开发资源丰富、价格便宜的新型储能电池体系是当今社会发展的关键。相比其他二次电池替代体系，如钙、镁、铝离子电池体系，钠离子电池的比容量相对较低，但其丰富的资源以及与锂离子电池相似的储能原理使其成为极具发展潜力的大规模储能电池技术，具有重要的研究价值。

2.2.2 钠离子电池的发展

钠离子电池发展历程见图2-8。

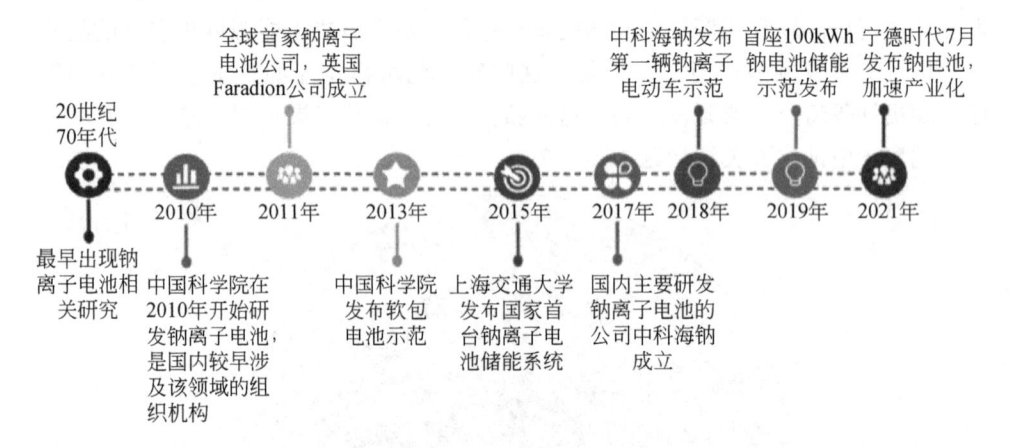

图 2-8　钠离子电池发展历程（资料来源：新能源车前沿技术钠离子电池发展分析报告）

20世纪70年代美国福特公司发明了以钠金属为负极、硫为正极的高温钠硫电池，这是世界上最早的钠电池。之后，人们又发明了钠/氯化镍高比能电池，两种电池均具有较高的能量密度，自问世以来就受到人们的广泛关注。钠硫（Na-S）电池由熔融态钠负极、单质硫及多硫化钠熔盐正极和β-氧化铝陶瓷电解质组成。放电时，负极失去电子，同时钠离子转移至陶瓷电解质并向正极移动，电子从外电路由负极向正极移动，硫正极得到陶瓷电解质中的钠离子，生成Na_2S_x；充电时，正极得到电子被还原，释放出钠离子并重新生成硫单质，与此同时，钠离子经过陶瓷电解质重新在负极生成金属钠。钠硫电池的主要优势为：①比能量高，其理论质量能量密度达760Wh/kg；②可以实现较高的功率密度，放电电流密度可达$2\sim3kA/m^2$；③充放电效率高、无自放电现象、使用寿命长、体积小、质量轻且无污染[14]。

钠/氯化镍电池最早由南非Zebra Power Systems公司的Coetyer博士发明，简称Zebra电池[15]，其结构与钠硫电池相似，但是正极采用熔融过渡金属氯化物，如$NiCl_2$、$FeCl_2$等材料。迄今为止，钠/氯化镍电池被研究得较为深入，其负极使用液态金属钠，电解质使用β-氧化铝管，正极由分散在$NaAlCl_4$熔盐中的固态Ni和$NiCl_2$构成。Zebra电池的工作原理同钠硫电池相似，在具有高功率密度和无自放电优势的同时，具有比钠硫电池更高的开路电压及更稳定的高温性能。

上述两种钠金属电池[16]都具有优异的性能，在实际应用中也展现出巨大的潜力。日本NGK公司生产的钠硫电池在2000年已进入商品化阶段，现已建成8MW的储能钠硫电池装置，有100多座电池储能站在全球运行。中国科学院上海硅酸盐研究所也成功研制出650Ah的钠硫电池单体，现已建成2MW的钠硫电池单体生产线，使我国成为继日本之后世界上第二个掌握大容量钠硫单体电池核心技术的国家。同时，Zebra电池是一种理想的电动汽车的车用电池，德国奔驰公司早在20世纪90年代就对Zebra电池进行了很长时间的车用测试，其各项指标已满足了USABC的中期目标，电池表现优异。目前，使用Zebra电池的电动汽车已经进行了超过320万千米的测试，其可行性在世界上很多国家得到了认可。2003年英国Rolls-Royce公司将Zebra电池的应用从陆地转移到海上，用作民用船舶和军用潜艇的内部动力。虽然钠金属电池的发展一直呈现上升态势，但是由于钠金属自身的高还原性，以及必须在高温下工作的特点，一旦发生意外，液态钠会发生剧烈反应，引发爆炸，同时，β-氧化铝管造价昂贵，技术要求较高。这些问题严重限制了钠硫电池和Zebra电池的进一步工业化发展。

针对上述问题，科学家提出使用可储存钠离子的材料替代金属钠，充分借鉴锂离子电池的经验，发展钠离子电池。钠离子电池和锂离子电池几乎是同时代产生的，但是钠离子电池的性能和研究条件制约了其发展。直到固态Al_2O_3导体被用于钠离子传输才使得钠离子电池的开发和应用成为可能[17]。20世纪80年代，在锂离子电池商业化之前，美国和日本一些公司开发了钠离子电池，其中钠铅合金和P2型Na_xCoO_2分别用作负极和正极。这种钠离子电池虽然可以稳定循环300周以上，但平均放电电压低于3.0V，而同样使用碳材料的$LiCoO_2$电池放电电压可以达到3.7V，因此这种钠离子电池并没有引起人们的广泛关注。与此同时，由于高比能、低成本和无自放电的优势，钠硫电池得到了一定发展。尤其是应用于储能方向，其单体电池最大容量可以达到650Ah[18]，功率达到120W以上，寿命达到$10\sim15$年。但是钠硫电池的安全问题仍然没有完全解决，其中固态陶瓷电解质的致密性非常关键，并且高温运行需要一定的保温条件。随后，快钠离子导体的发现为发展室温全固态钠离子电池提供了有力支持。直至 20 世纪 90 年代末，层状过渡金属氧化物应用于室温可逆储钠正极材料才使得钠离子电池重新回到人们的视野。2000 年，钠离子电池的研究发生了第一个转折点，Stevens 和 Dahn 将硬碳用作钠离子电池负极，材料的可逆循环比容量达到 300 mAh/g，这在当时几乎接近锂离子电池中石墨负极的可逆比容量。第二个转折点来源于 Okada 团队对 NaFeO$_2$ 的研究[19]，该团队发现 NaFeO$_2$ 中的 Fe^{3+}/Fe^{4+} 氧化还原电对在钠离子电池中具有电化学活性。这一材料的发现与锂离子电池中 LiCoO$_2$ 的发现具有相同的重要意义（LiCoO$_2$ 如今已成为商业化的锂离子电池正极材料）。基于这些重要发现，在过去的几年中，钠离子电池凭借潜在成本优势，重新引起了研究者的关注。最终，在 2010 年后钠离子电池的研究迎来了高潮。从某种电极的性能改善到钠离子电池组的开发，从寻找新的储钠电极材料到探索钠离子存储机理[20]，从研究电极材料与电解液的相容性到开发更安全、更高比能的全固态钠电池，钠离子电池的商业化具有无限的潜力。

2.2.3 钠离子电池工作原理

钠离子电池的工作原理类似于"摇椅式"锂离子电池工作原理，也是利用 Na$^+$ 在正负极材料之间的可逆脱嵌而实现充放电的。

如图 2-9 所示，充电时 Na$^+$ 在电势差的驱动下从正极材料的晶体结构中脱出经过电解质而进入负极材料，同时电子也经外电路流入负极与经过电解质过来的 Na$^+$ 结合发生氧化还原反应；而放电过程与之相反，电子从负极流入正极，将过渡金属还原到低价，Na$^+$ 也从负极材料中脱出经过电解质而嵌回正极材料中，此类模式俗称摇椅式电池。

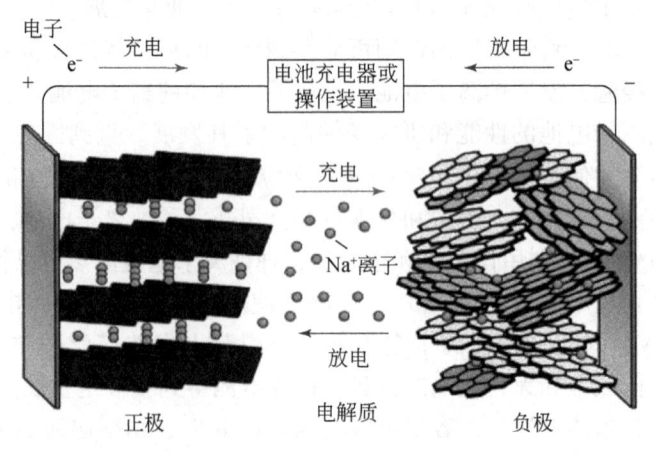

图 2-9 钠离子电池结构示意图[9]

2.2.4 钠离子电池的结构

与锂离子电池一样，钠离子电池也是由正极、负极、电解质、隔膜、集流体、密封材料、电池壳和一些安全保护的附属部件构成。从其工作原理可以看出，电池中每个部分具体不同的功能，应该具有相对应的性质。下面具体介绍主要部分的功能和性质。作为钠离子电池的重要构成部分，正负极材料是影响钠离子电池体系工作电压、能量密度、循环性能、倍率性能的关键。

正极材料主要包括层状氧化物、隧道型氧化物、聚阴离子型化合物、普鲁士蓝类化合物；负极材料主要包括无序碳材料、钛基嵌入型化合物、有机化合物、合金及转换类材料。

电解液作为电池中 Na^+ 传输的载体，与电极材料直接接触，是电池获得高容量、高电压、长循环等特点的重要前提。它应该具有的性质包括较高的离子电导率（一般大于 10^{-4} S/cm）和较低的电子电导率（一般小于 10^{-10} S/cm）；较宽的电化学窗口，电化学稳定性好；化学稳定性好，不与电极材料及其他配件发生反应，能在电极材料表面形成稳定的钝化膜；热稳定性好；毒性低。目前，液态有机电解液是钠离子电池的常用电解液。液态电解液由高纯度有机溶剂、电解质钠盐和必要的添加剂按一定比例配制而成。其中，常用电解质钠盐包括高氯酸钠（$NaClO_4$）、六氟磷酸钠（$NaPF_6$）、双三氟甲基磺酰亚胺钠（NaTFSI）、四氟硼酸钠（$NaBF_4$）等；常用有机溶剂包括碳酸乙烯酯（EC）、碳酸丙烯酯（PC）、碳酸二乙酯（DEC）、碳酸二甲酯（DMC）、四氢呋喃（THF）、2-甲基四氢呋喃（2MeTHF）、1,3-二氧环戊（DOL）及其混合溶剂等；常用添加剂包括氟化碳酸乙烯酯（FEC）、碳酸亚乙烯酯（VC）等。隔膜是电池结构中的重要组件之一，其作用是将电池正负极分开，阻止电子通过，允许离子通过。隔膜要具有良好的化学稳定性，不与电解液发生反应。玻璃纤维是实验室常用的钠离子电池隔膜。

扣式电池结构示意图如图 2-10 所示。

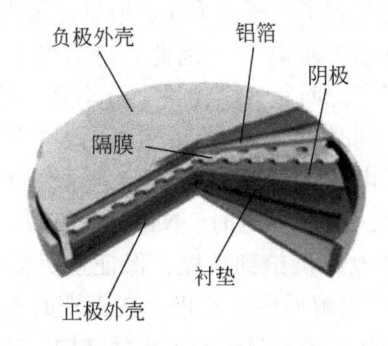

图 2-10 扣式电池结构示意图（资料来源：仪器信息网）

2.3 钠离子电池的应用

各大企业开发出的钠离子电池，再次引爆了这类电池在各个场景的应用。钠离子电池有望应用在储能、基站、电动自行车、低速电动车等领域。目前主要在储能方面以及电动车方面应用较多。

2.3.1 钠离子电池储能方面应用

能源是支撑整个人类文明进步的物质基础。随着社会经济的高速发展，人类社会对能源的依存度不断提高。目前，传统化石能源如煤、石油、天然气等为人类社会提供主要的能源。化石能源的消费不仅使其日趋枯竭，且对环境影响显著。因此改变现有不合理的能源结构已成为人类社会可持续发展面临的首要问题。目前，大力发展的风能、太阳能、潮汐能、地热能等均属于可再生清洁能源，由于其随机性、间歇性等特点，如果将其所产生的电能直接输入电网，会对电网产生很大的冲击。在这种形势下，发展高效便捷的储能技术以满足人类的能源需求成为世界范围内研究热点。

目前，储能方式主要分为机械储能、电化学储能、电磁储能和相变储能这四类。与其他储能方式相比，电化学储能技术具有效率高、投资少、使用安全、应用灵活等特点，最符合当今能源的发展方向。电化学储能历史悠久，钠硫电池、液流电池、镍氢电池和锂离子电池是发展较为成熟的四类储能电池。锂离子电池具有能量密度大、循环寿命长、工作电压高、无记忆效应、自放电小、工作温度范围宽等优点。但其仍然存在很多问题，如电池安全、循环寿命和成本问题等。随着锂离子电池逐渐应用于电动汽车，锂的需求量将大大增加，而锂的储量有限且分布不均，这对于发展要求价格低廉、安全性高的智能电网和可再生能源大规模储能的长寿命储能电池来说，可能是一个瓶颈问题[18,21]。金属空气电池由于其超高的理论比能量，也受到了广泛的关注．但是锂负极和电解液对环境敏感等问题使其离实际应用还有很长距离[22]。因此，急需发展下一代综合效能优异的储能电池新体系。相比锂资源而言，钠储量十分丰富，约占地壳储量的2.64%，且分布广泛、提炼简单，同时，钠和锂在元素周期表的同一主族，具有相似的物理化学性质，而且钠离子电池具有与锂离子电池类似的工作原理，正负极由两种不同的钠离子嵌入化合物组成。充电时，Na$^+$从正极脱出经过电解质嵌入负极，同时电子的补偿电荷经外电路供给到负极，保证正负极电荷平衡．放电时则相反，Na$^+$从负极脱嵌，经过电解质嵌入正极。在正常的充放电情况下，钠离子在正负极间的嵌入脱出不破坏电极材料的基本化学结构。从充放电可逆性看，钠离子电池反应是一种理想的可逆反应。因此，发展针对于大规模储能应用的钠离子电池技术具有重要的战略意义[23,24]。

2.3.2 钠离子电池动力领域

钠离子电池在交通方面的应用主要有钠离子电池两轮车、钠离子电池电动汽车。目前钠离子电池的能量密度可以做到150Wh/kg左右，与锰酸锂电池接近，循环寿命可以做到3000~6000次，与磷酸铁锂相当，优于锰酸锂和三元材料，热稳定性和安全性与磷酸铁锂基本相当。钠离子电池在低温性能、快充以及环境的适应性等方面拥有独特的优势，与锂离子电池相互兼容互补，钠离子电池会首先在储能和两轮电动车等对能量密度敏感度低的领域推广应用。

目前两轮车用锂离子电池对能量密度要求不高，普遍集中在20~40Wh/kg，不会超过100Wh/kg，低于钠离子电池的设计能量密度。

在其他电化学性质方面，两轮车用锂离子电池的工作温度最大范围要求为-40~85℃，循环寿命的最高要求为600次不低于80%，安全性方面要通过针刺、挤压以及外部火烧的测试。钠离子电池均可以满足这些需求，因此两轮车现在已经成为了钠离子电池重要的下游应用场景之一。

对于电动车来讲，比较了一些目前可用的量产电动汽车（五座乘用车）电池组，数据汇总充分考虑了电池组的比能量（Wh/kg）和根据全球轻型汽车统一测试程序（WLTP）标准计算的电动汽车的行驶里程。

目前，各公司的钠离子电池可以发挥150~160Wh/kg的能量密度，与比亚迪LFP电池的比能量相似。如果一个特别为移动应用设计的钠离子电池组能够达到80Wh/kg，那么基于此制造的电动汽车一次充电可以提供160英里（1英里=1.609km，后同）的行驶里程；如果钠离子电池组可以在近期内提升到120Wh/kg，则可以增加到240英里。

电动车发展进程见图2-11。

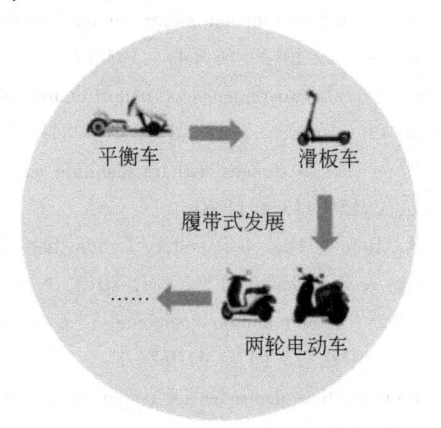

图2-11 电动车发展进程（资料来源：宁德时代官网）

宁德时代作为先进的国内电池生产厂家宣布研发出的钠离子电池能量密度已经达到世界最高水平 160Wh/kg，同时宁德时代拥有将其提高到 200Wh/kg 的专利。充电 15min 便可充到 80%，且其生命周期额定为超过 3000 次充电周期，相当于行驶 100 万英里。甚至可以和现在广泛使用的磷酸铁锂电池、三元锂电池相媲美。

参 考 文 献

[1] Whittingham M S. Electrical energy storage and intercalation chemistry [J]. Science, 2017, 192 (6): 1126-1127.

[2] Jean-Jacques Braconnier C D, Claude Fouassier Et Paul Hagenmuller. Comportement electrochimique des phses Na_xCoO_2 [J]. Mat Res Bull, 1980, 15 (12): 1797-1804.

[3] Scrosati B. Lithium rocking chair hatteries: an old concept? [J]. Journal of The Electrochemical Society, 1992, 139 (10): 2776.

[4] Touzain R Y a P. A reversible graphite-lithium negative electrpde for eletrochemical generators [J]. Journal of Power Sources, 1983, 9 (3): 365.

[5] Dahn D a S a J R. High capacity anode materials for rechargeable sodium-ion batteries [J]. Journal of The Electrochemical Society, 2000, 147 (4): 1271-1273.

[6] Hwang J Y, Myung S T, Sun Y K. Sodium-ion batteries: present and future [J]. Chem Soc Rev, 2017, 46 (12): 3529-3614.

[7] Kim S W, Seo D H, Ma X H, et al. Electrode materials for rechargeable sodium-Ion batteries: potential alternatives to current lithium-iIon batteries [J]. Adv Energy Mater, 2012, 2 (7): 710-721.

[8] Pu X, Wang H, Zhao D, et al. Recent progress in rechargeable sodium-ion batteries: toward high-power applications [J]. Small, 2019, 15 (32): 1805427.

[9] Qian J, Wu C, Cao Y, et al. Prussian blue cathode materials for sodium-ion batteries and other ion batteries [J]. Advanced Energy Materials, 2018, 8 (17): 352-358.

[10] Ellis B L, Nazar L F. Sodium and sodium-ion energy storage batteries [J]. Current Opinion in Solid State and Materials Science, 2012, 16 (4): 168-177.

[11] Mao J, Zhou T, Zheng Y, et al. Two-dimensional nanostructures for sodium-ion battery anodes [J]. Journal of Materials Chemistry A, 2018, 6 (8): 3284-3303.

[12] Sun W P, Rui X H, Yang D. Two-dimensional tin disulfide nanosheets for enhanced sodium storage [J]. ACS Nano, 2015: 11371-11381.

[13] Hueso K B, Armand M, Rojo T. High temperature sodium batteries: status, challenges and future trends [J]. Energy & Environmental Science, 2013, 6 (3): 348-352.

[14] Whittingham M S. Chemistry of intercalation compounds: metal guests in chalcogenide hosts [J]. Prog Solid St Chem, 1978, 12 (1): 41-99.

[15] Abraham K M. Intercalation positive electrodes for rechargeable sodium cells [J]. Solid State Ionics, 1982, 7 (3): 199-212.

[16] Worrell W B J a W L. Lithium and sodium intercalated dichalcogenides: properties and electrode applications [J]. Synthetic Metals, 1982, 4 (3): 225-248.
[17] Tarascon M a a J-M. Building better batteries [J]. Nature, 2008, 451 (3): 652.
[18] Palomares V, Serras P, Villaluenga I, et al. Na-ion batteries, recent advances and present challenges to become low cost energy storage systems [J]. Energy & Environmental Science, 2012, 5 (3): 1185-1192.
[19] Pan H, Hu Y-S, Chen L. Room-temperature stationary sodium-ion batteries for large-scale electric energy storage [J]. Energy & Environmental Science, 2013, 6 (8): 641-648.
[20] Yang Z, Zhang J, Kintner-Meyer M C, et al. Electrochemical energy storage for green grid [J]. Chem Rev, 2011, 111 (5): 3577-3613.
[21] Armand J-M T M. Issues and challenges facing rechargeable lithium batteries [J]. Insight Review Articles, 2001, 414 (6): 359.
[22] Cheng F, Chen J. Nanoporous catalysts for rechargeable Li-air batteries [J]. Acta Chimica Sinica, 2013, 71 (04): 745-751.
[23] Bruce Dunn H K, Tarascon J M. Electrical energy storage for the grid: a battery of choices [J]. Science, 2011, 334 (6): 928.
[24] Nam K, Hwangbo S, Yoo C. A deep learning-based forecasting model for renewable energy scenarios to guide sustainable energy policy: a case study of Korea [J]. Renewable and Sustainable Energy Reviews, 2020, 122 (2): 109725.

第3章　钠离子电池正极材料

钠离子电池正极材料是钠离子电池的核心部件之一，其性能直接影响电池的能量密度、循环寿命和安全性。钠离子电池正极材料的重要性主要体现在以下方面：①决定了电池的能量密度；②影响了电池的循环寿命；③决定了电池的安全性。因此，其研究是钠离子电池产业化的重要基础。本章从钠离子电池正极材料入手，对当前各类正极材料的合成方法及各自的发展进展进行了总结归纳和介绍。

3.1　概　　述

钠是地球上储量丰富的元素，在全球分布均匀。其前驱体 Na_2CO_3 相较于锂离子电池的前驱体 Li_2CO_3 的生产成本低，供应量大。到目前为止，已经报道了多种结构的钠离子正极材料，例如，氧化物类（层状结构氧化物和隧道结构氧化物）、过渡金属硫化物和氟化物、氧阴离子化合物、普鲁士蓝类似物和聚合物等。

3.1.1　常见典型正极材料的晶体结构

1. 氧化物类

二维层状氧化物的早期研究是由 Delmas 和 Hagenmuller[1] 在 20 世纪 80 年代进行的。根据 Delmas 等的研究，钠离子过渡金属氧化物 Na_xMO_2（M：过渡金属）被代表性地分为两大类：O3 型和 P2 型（图 3-1）。其中数字代表氧堆叠方式（2 对应 ABABAB，3 对应 ABCABC），英文字母 P 代表钠离子的配位构型为八面体，O 代表钠离子的配位构型为三棱柱。此外符号（'）表示单斜畸变。这些晶体结构包括边缘共享的 MO_6 八面体层，这些八面体层夹在钠离子层之间，其中钠离子和过渡金属离子处于八面体（O）或棱柱（P）环境中。

当 $Na_{1-x}MO_2$ 中 x 值较低（x 接近 0）时，O3 型稳定，其中 M 的平均氧化态接近 3+。O3 结构的电化学去/碱化过程是 O3↔O'3↔P3↔P'3 可逆结构转变的过程。当部分 Na^+ 离子从晶体结构中提取出来时，Na^+ 强烈地倾向于一个棱柱状的环境。同时，这种脱嵌在钠层中引起强烈的氧排斥，从而使层间距离扩大。由于层间距离比 O3 大，Na^+ 扩散在 P3 相中发生得更快。如 Delmas 等所提出的，这些转变之后是 MO_2 平板的滑动而不破坏 M—O 键。当 $Na_{1-x}MO_2$ 中 Na 含量在 0.3 ~

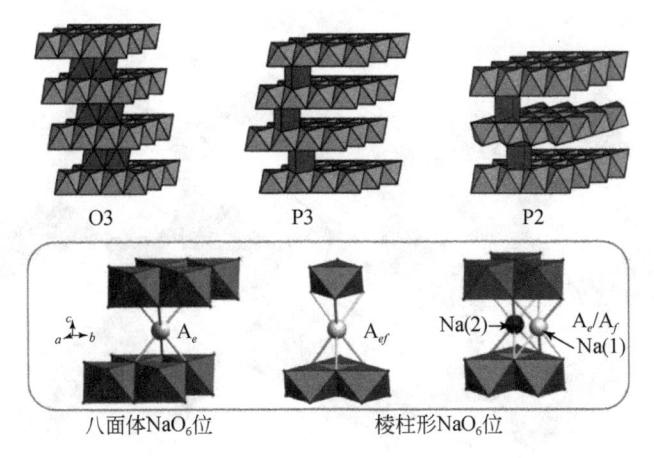

图 3-1　钠离子层状氧化物堆叠方式

0.7 时，其中 M 的平均氧化态大于 3.3+。结构中空位的存在（钠离子缺失）导致了 Na 层中氧的强烈排斥，从而导致层间距离的扩大。Na$^+$ 离子占据两种不同类型的三角棱柱位点：Naf [Na (1)] 沿其表面接触相邻板块的两个 MO$_6$ 八面体，而 Nae [Na (2)] 沿其边缘接触周围的六个 MO$_6$ 八面体。邻近的 Naf 和 Nae 位点太靠近（考虑到 Na$^+$ 离子半径）而不能同时占据。P2 相中大部分钠离子可以可逆脱嵌（最高可达 Na$_{0.46}$MO$_2$）。当钠离子进一步脱出时，由于 MO$_6$ 八面体的滑动和晶体结构的收缩会使结构向 O2 转变，减小了层间距离。值得一提的是，除非 M—O 键断裂，否则钠离子电池中不可能出现 O3/P3 到 P2/O2 (OP4) 型或相反的结构变化。

层状氧化物的优缺点：隧道相结构中所有的 M^{4+} 离子和一半的 M^{3+} 离子占据八面体位点 (MO$_6$)，而其他 M^{3+} 离子位于正方形锥体位置 (MO$_5$)，如图 3-2 所示，边缘共享的 MO$_5$ 单元通过顶点连接成一个三重和双重的八面体链，因而形成大的 S 形隧道（半填充）和较小的隧道（全填充）。大的 S 形隧道为 Na$^+$ 的可逆脱嵌提供了便利，所以它在电化学稳定性和热稳定性方面都表现优异。但是全填充的闭合隧道使得在其中的一半 Na$^+$ 无法动弹，半填充的隧道负责另一半 Na$^+$ 的活动，且每个单元允许 Na$^+$ 进行可逆脱嵌的上限为 0.44 个，所以隧道型氧化物较低的理论容量限制了其大规模发展。

2. 聚阴离子类

聚阴离子型材料是一些含四面体或八面体结构单元的阴离子化合物总称，其化学式为 NaM (XO$_4$)$_2$（M 为可变价的金属离子，X＝S、P、V 和 Si 等），其三维网络结构主要由聚阴离子多面体和过渡金属离子多面体通过强共价键连接而形成。聚阴离子化合物此类材料的优点也比较明显：其中，聚阴离子对晶体结构能

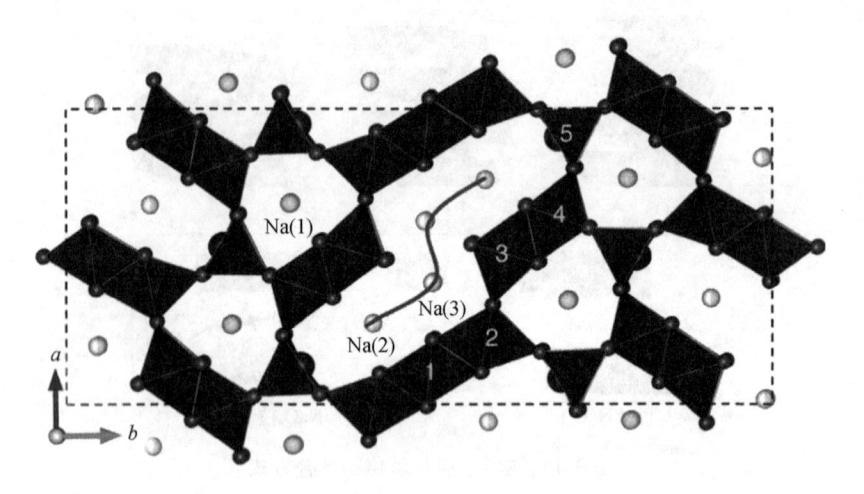

图 3-2　隧道相氧化物晶体结构示意图

起到支撑和稳定的作用，所以其热稳定性和电化学稳定性比较高；而过渡金属元素的种类较多，且存在多个中间价态，所以充放电的电压容易调节。反之，缺点则主要是由于聚阴离子基团较大导致的理论容量偏低。目前常见的主要有 $Na_3V_2(PO_4)_3$、$NaFePO_4$ 及衍生物。

3. 普鲁士蓝类似物

普鲁士蓝类似物（PBA）是一类材料，近年来因其独特的性质而重新引起人们的兴趣，其中一些材料在储能方面非常受欢迎。首先，它们具有通过可逆的双电子反应插入碱金属和碱土金属的高比容量。其次，它们的立方体几何形状和它们的纳米多孔、开放骨架结构的宽通道确保了高速率能力的快速离子传导。第三，在离子注入过程中，它们的几何形状发生了极小的变化，这使得它们的循环寿命很好。第四，这些化合物是通过水相前体之间简单而廉价的共沉淀反应制备的。最后，它具有高度的可调性和对不同应用的适应性的特性。

这些优秀的电化学性质来自于晶体结构与插入离子的相互作用。下面是碱金属插入 PBA 的一般电化学方程：

$$A_xP^j[R^k(CN)_6]_{1-y}wH_2O+A^++e^- \longrightarrow A_{x+1}P^j[R^{k-1}(CN)_6]_{1-y}wH_2O \quad (3-1)$$

式中，A 是碱金属离子；P 和 R 是过渡金属离子，分别通过氮原子和碳原子八面配位到六个氰化配体。y 值是六氰合铁酸盐配合物离子的空位分数（主晶格缺陷）。如图 3-3 所示，PBA 具有面心立方体几何结构和开放式骨架。这里的绿原子和深蓝原子分别是 R 位和 P 位的过渡金属离子。黄色原子正在插入离子。灰色原子是碳，浅蓝色原子是氮。当过渡金属离子改变氧化状态时，碱金属离子插入晶格的亚立方体中。在高浓度的锂或钠，结构可以扭曲到一个不太对称的菱形几何[图3-3(b)]。

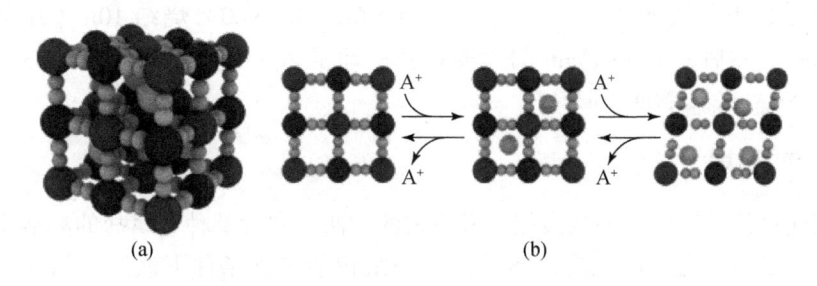

图 3-3 普鲁士蓝类似物材料的晶体结构

普鲁士蓝类似物材料在钠离子电池的应用前景毋庸置疑，但是在研究过程中也遇到了一些难题，例如高结晶性普鲁士蓝类似物材料的可控制备问题，由于普鲁士蓝类似物材料制备时存在反应速率极快的缺点，导致所获得的普鲁士蓝类似物材料含有大量的 $Fe(CN)_6$ 空位这类晶体缺陷，使得材料结晶性降低；该材料中的结晶水在有机系的电池里对电极材料、电解液都会带来严重的负面影响；在制备材料时 Fe^{2+} 极易被氧化，而根据电中性原则，氧化后出现 Fe^{3+} 又会排斥钠离子电池进入晶格，降低钠离子电池形成贫钠相结构；另外普鲁士蓝类似物材料储钠机制的正确揭示也是一个挑战性的问题。

3.1.2 正极材料常用的合成方法

1. 高温固相法

高温固相法（即陶瓷法）指在高温（1000～1500℃）下，固体界面间经过接触反应、成核、晶体生长反应而合成材料的方法。由于不需要溶剂，具有高选择性、高产率、工艺过程简单等优点，高温固相反应已成为制备新型固体材料的主要手段之一。然而对于多元材料，由于原料成分含有多种金属元素，用简单的机械手段得到的混合物混匀程度有限，导致原料微观分布不均匀，在后续处理过程中扩散难以顺利进行，造成产品在组成、结构、粒度分布等方面存在较大差异，所以采用固相法制备多元正极材料时要保证原料充分混匀，并且在烧结过程中保证原料中的多元离子充分扩散。由于固相反应过程涉及相界面的化学反应以及相内部和外部的物质传输等若干个环节，因此除反应物的化学组成、特性和结构状态以及温度、压力等因素外，凡是能够活化晶格、促进物质的内外传输作用的因素均会对反应起影响作用。另外烧结气氛一般有氧化性、还原性和惰性三种。

例如 Wang 等[2]通过固相反应合成 $Na_{0.612}K_{0.056}MnO_2$。利用 $NaCH_3COO$、

K_2CO_3、MnO_2在球磨机中球磨12h，将合成的前驱体在80℃下干燥12h，然后压入20MPa以下的托盘中。在空气中500℃烧结2h，900℃烧结10h（升温速度5℃/min）。然后，以5℃/min的速度将其冷却至200℃，最后自然冷却至室温，便得到$Na_{0.612}K_{0.056}MnO_2$粉末。

2. 沉淀法

沉淀法是一种常用的从液相合成粉末的方法。向含某种金属盐的溶液中加入适当的沉淀剂，当形成沉淀的离子浓度的乘积超过该条件下该沉淀物的溶度积时，就能析出沉淀。除了直接在含有金属盐的溶液中加入沉淀剂可以得到沉淀外，还可以利用金属盐或碱的溶解，通过调节溶液的酸度、温度使其产生沉淀，或在一定温度下使溶液发生水解，形成不溶性的氢氧化物、水合氧化物或盐类并从溶液中析出。最后将溶剂和溶液中原有的阴离子洗去，经热解或脱水即得到所需的粉体材料。沉淀法包括直接沉淀法、均匀沉淀法、共沉淀法、醇盐水解法。

沉淀法的形成一般要经过晶核形成和晶核长大两个过程。沉淀剂加入含有金属盐的溶液中，离子通过相互碰撞聚集成微小的晶核。晶核形成后，晶核就逐渐长大成沉淀微粒。

从过饱和溶液中生成沉淀时通常涉及3个步骤。①晶核生成，离子或分子作用，结果生成离子或分子簇，再形成晶核。晶核生成相当于生成若干新的中心，再自发长成晶体。晶核生长过程决定生成晶体的粒度和粒度分布。②晶体生长，物质沉积在这些晶核上，晶体由此生长。③聚结和团聚，由细小的晶粒最终生成粗晶粒，这个过程包括聚结和团聚。

Luo等[3]采用共沉淀法合成了$Na[Li_{0.05}Mn_{0.50}Ni_{0.30}Cu_{0.10}Mg_{0.05}]O_2$粉体。首先，将化学计量的$MnSO_4 \cdot H_2O$、$NiSO_4 \cdot H_2O$、$CuSO_4 \cdot H_2O$和$MgSO_4$均匀混合并溶于浓度为2mol/L的去离子水中。这种混合金属溶液被泵入一个连续搅拌槽式反应器。同时，分别以2mol/L Na_2CO_3溶液为沉淀剂，以适量的NH_4OH溶液为pH控制剂，在常压下进入反应器。在整个共沉淀过程中，混合溶液的温度、pH和搅拌速度都被仔细地控制。然后，将得到的粉末过滤、洗涤，并在120℃的空气中干燥。最后，将得到的碳酸盐前体与所需的Na_2CO_3和Li_2CO_3（Na/Li/过渡金属的摩尔比=1.05∶0.0525∶0.95）充分混合，并在850℃下在空气中煅烧10h。采用过量的5mol% Na_2CO_3和Li_2CO_3补偿焙烧过程中钠和锂的挥发。最终得到$Na[Li_{0.05}Mn_{0.50}Ni_{0.30}Cu_{0.10}Mg_{0.05}]O_2$粉体。

3. 溶胶-凝胶法

溶胶-凝胶法是作为制备玻璃和陶瓷等材料的工艺发展起来的合成无机材料的重要方法，是制备材料的湿化学方法中兴起的一种方法，目前也广泛用于钠离子电池电极材料的制备。溶胶-凝胶法是用含高化学活性组分的化合物作为前驱体，在液相下将这些原料均匀混合，并进行水解、缩合化学反应，在溶液中形成稳定的透明溶胶体系，溶胶经陈化，胶粒间缓慢聚合，形成三维空间网络结构的凝胶。凝胶经过干燥、烧结固化制备出分子乃至纳米结构的材料。胶体是一种非常奇妙的形态，它是一种分散相粒径很小的分散体系，分散相粒子的重力相对于液体张力几乎可以忽略，使得胶体可以稳定存在，分散相粒子之间的相互作用主要是短程作用力。溶胶是指微粒尺寸介于1~100nm的固体质点分散于介质中所形成的多相体系；当溶胶受到某种作用（如温度变化、搅拌、化学反应或电化学平衡等）而导致体系的黏度增大到一定程度时，可得到一种介于固态和液态之间的冻状物，它有胶粒聚集成的三维空间网状结构，网络了全部或部分介质，是一种相当黏稠的物质，即为凝胶。凝胶是溶胶通过凝胶化作用转变而成的、含有亚微米孔和聚合链的相互连接的坚实的网络，是一种无流动性的半刚性的固相体系。

Bo等[4]采用传统的溶胶-凝胶法合成了O3-$NaNi_{0.45}Al_{0.1}Mn_{0.45}O_2$（O3-NNAMO）。即在含有1.6g柠檬酸的50mL水溶液中，分别溶解了4mmol化学计量比的CH_3COONa（过量5mol%）、$Ni(CH_3COO)_2 \cdot 4H_2O$、$Mn(CH_3COO)_2 \cdot 4H_2O$和$Al(NO_3)_3 \cdot 4H_2O$。然后，在不断搅拌的情况下，将溶液转移到60℃的油浴盆中。溶剂蒸发后，所得凝胶在150℃干燥6h，然后经450℃ 6h加热，接着再经900℃ 15h烧结（在空气中加热速率为2℃/min），最终得到$NaNi_{0.45}Al_{0.1}Mn_{0.45}O_2$粉末。

4. 水热法

水热法是指在特别的密闭反应容器（高压釜）里，采用水浴液或蒸汽等流体作为反应介质，通过对反应容器加热，创造一个高温、高压反应环境，使得通常难溶或不溶的物质溶解并且重新结晶，实现无机化合物的合成和改性的湿化学合成方法。

水热法虽然具有许多优点并得到广泛的应用，但是因为它使用水作为溶剂，因而往往不适于对水敏感物质的制备，从而大大限制了其应用。溶剂热法是在水热法的基础上发展起来的，与水热法相比，它所使用的溶剂不是水而是有机溶剂。与水热法类似，溶剂热法也是在密闭的体系内，以有机物或非水溶媒作为溶剂，在一定的温度和溶液的自生压力下，原始反应物在高压釜内相对较低的温度下进行反应。在溶剂热条件下，溶剂的性质如密度、黏度和分散作用等相互影响，与通常条件下的性质相比发生了很大变化，相应的反应物的溶解、分散及化学反应活性大大地提高或增强，使得反应可以在较低的温度下发生。

Fu[5]用碳酸氢铵（NH_4HCO_3）作为沉淀剂通过水热法合成前驱体。首先，将一比例为1/10∶9/10的醋酸钴和醋酸锰化学计量溶液加入30mL去离子水中搅拌，形成均匀溶液，然后一定量的NH_4HCO_3加入上述溶液中搅拌均匀。将所得溶液放入反应器中，设置化学反应的温度。自然冷却后，将水热反应产物过滤，然后洗涤三次。80℃真空干燥24h，得到前驱体并在500℃煅烧6h。自然冷却后，将前驱体和过量5% mol的无水碳酸钠在玛瑙研钵中充分研磨，并在900℃煅烧10h，最终获得$Na_{0.67}Co_{0.1}Mn_{0.9}O_2$粉末。

5. 化学气相沉积法

化学气相沉积法是利用气态源物质在固体表面发生化学反应制备材料的方法。它是把含有目标材料元素的一种或几种反应物气体或蒸气输运到固体表面，通过发生化学反应生成与原料化学成分不同的材料。通常薄膜为最主要的淀积形态，单晶、粉体、玻璃（如光纤预制棒）、晶须、三维复杂基体的表面涂层也可通过化学气相沉积法获得。化学气相沉积法工艺一般可分为若干连续的过程，如气相源的输运、固体表面吸附、发生化学反应、生成特定结构及组成的材料。要得到高质量的材料，其工艺必须严格控制好几个主要参量：①反应室的温度，②进入反应室的气体或装气的量与成分，③保温时间及气体流速，④压强。

3.2 聚阴离子类正极材料

聚阴离子型电极材料$TMNa_xTM_y(XO_4)_n$（X=S、P、Si、As、Mo、W；TM=过渡金属）具有一系列四面体阴离子单元$(XO_4)^{n-}$及其衍生物$(X_mO_{3m+1})^{n-}$，其中$TMTMO_x$多面体中存在强共价键。聚阴离子型正极材料主要具有以下三个特点：

①高氧化还原电位：如图3-4所示，根据分子轨道理论，TMTM和O之间的共价相互作用导致分子轨道分裂并形成成键轨道和反键轨道。当TMTM—O之间的共价性变强时，反键轨道和成键轨道之间的分裂能将更高，电子倾向于填充成键轨道。这提高了反键轨道，并且反键轨道和真空态之间的能量差变得更小，因此将导致更低的氧化还原电势。但当引入另一个强电负性原子X形成TMTM—O—X键时，TMTM—O中的共价键会减弱，从而导致高电压[6]。进一步提高氧化还原电压，更引入强电负性基团（例如F^-、OH^-）以增加诱导效应，如广泛研究的氟化磷酸盐。

②高热稳定性氧原子通过聚阴离子型晶体结构中的强共价键连接。因此，聚阴离子型阴极比层状过渡金属氧化物具有更高的热稳定性，这确保了它们在大规模应用中具有更好的安全性能。

③低电导率聚阴离子型电极材料具有固有的低电导率。这一缺点是由它们独

特的结构引起的,其中涉及反应过程中 XO_4 阴离子单元的电子相互作用。以 NASICON-$Na_3V_2(PO_4)_3$ 为例,VO_6 八面体之间不共享氧原子,而 PO_4 四面体中共享氧原子。这使得电子转移遵循 V-O-P-O-V 模式,而不是更快的 V-O-V 模式。因此,大量的研究致力于通过各种策略来提高电导率,例如碳包覆、减小颗粒尺寸、设计最佳形貌等。

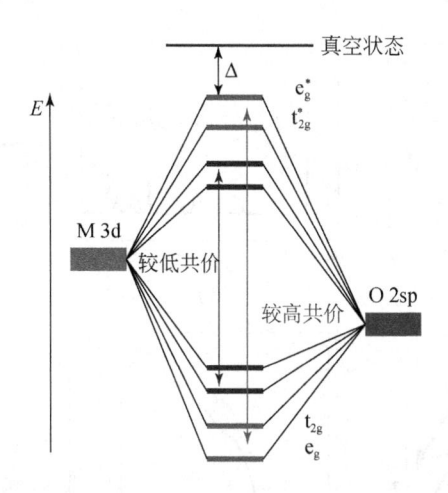

图 3-4 M—O 共价对轨道能级影响的示意图。Δ 是将一个电子驱动到真空态所需的能量。Δ 与电压成正比

3.2.1 硫酸盐

在追求高电压材料的设计中,硫酸盐具有重要意义,因为 SO_4^{2-} 比其他聚阴离子基团具有更强的电负性。$TMNa_2TM(SO_4)_2 \cdot nH_2O$ (TMTM = 过渡金属 Fe、Co、Ni、Cu、Cr、Mn,$n = 0、2、4$)为 SIBs 形成了丰富的宝库[7]。迄今为止,已探索出 $Na_2Fe(SO_4)_2$[8]、$Na_2Co(SO_4)_2$[9]、$Na_2Mn(SO_4)_2$[10] 和 $Na_2Mg(SO_4)_2$[11] 等许多材料。特别是,$Na_2Fe(SO_4)_2$ 可以提供 3.25V (Fe^{2+}/Fe^{3+}) 的相对较高工作电压,理论容量为 91mAh/g。DFT 计算表明,$Na_2TM(SO_4)_2$ 在 Na^+ 嵌入/脱出期间体积变化低于 5%,确保了长循环的良好结构稳定性[12]。需要注意的是,结构稳定性还与结构中的 H_2O 单元有关。例如,H_2O 单元的缺失导致 $Na_2Fe(SO_4)_2$ 和 $Na_2Fe(SO_4)_2 \cdot 2H_2O$ 之间发生不同的相变反应[13,14]。Pan 等[3]报道了 $Na_2Fe(SO_4)_2$ 的 3.6V 阴极 [图 3-5 (a)]。XRD 结果表明,该正极在高达 580℃ 的温度下具有出色的热稳定性。即使暴露在自然环境中两个月也没有形成水合物 [图 3-5 (b) 和 (c)]。如图 3-5 (d) 所示,非原位 XPS 表明 $Na_2Fe(SO_4)_2$ 的反应是基于 Fe^{2+}/Fe^{3+} 对的可逆氧化还原,Fe^{3+}/Fe^{4+} 的可逆性转变在

硫酸盐中一直难以实现,这限制了其电压和比容量[15,16]。Cr 掺杂的 $Na_2Fe_{0.8}Cr_{0.2}(SO_4)_2$ 具有较好的热稳定性,但由于结构中的 Cr^{2+} 是惰性的,因此其电化学性能较差[17]。基于 Fe^{2+}/Fe^{3+} 氧化还原反应,K 取代的 $Na_{0.97}KFe(SO_4)_2$ 表现出更高的氧化还原电位,为 3.27V [图 3-5 (e)],这得到了 XANES 的证实 [图 3-5 (f)][18]。

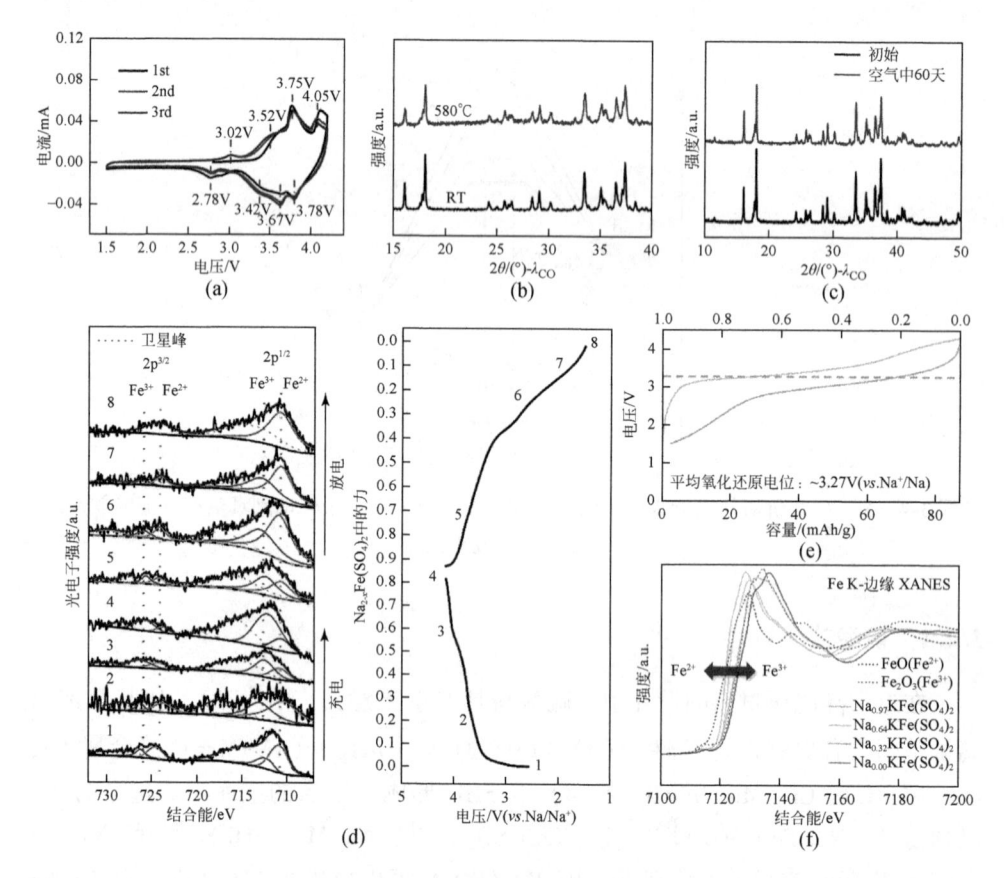

图 3-5 (a) $Na_2Fe(SO_4)_2$ 电极在扫描速率为 0.1mV/s 时的循环伏安图;(b) $Na_2Fe(SO_4)_2$ 在 N_2 中的温控 XRD;(c) 所制备的 $Na_2Fe(SO_4)_2$ 和暴露在空气中两个月的 $Na_2Fe(SO_4)_2$ 的 XRD 图谱;(d) 不同电压状态下 $Na_2Fe(SO_4)_2$ 的 XPS Fe 2p 谱[8];(e) $Na_{0.97}KFe(SO_4)_2$ 在 1.5~4.3V 的充电/放电曲线;(f) Fe K 边缘 XANES $Na_xKFe(SO_4)_2$ ($0<x<0.97$) 样品的光谱[18]

$Na_2Fe_2(SO_4)_3$ 中 Fe—Fe 的键长是铁基化合物中最短的,因此可以产生更高的电压。Chen 等[19]合成了 $Na_2Fe_2(SO_4)_3$@C@GO 电极,其表现出高压平台,中心电压为 3.8V,相应的能量密度超过 400Wh/kg。原位同步加速器 XRD 图谱 [图 3-6 (a)] 表明在钠嵌入/脱出过程中 $Na_2Fe_2(SO_4)_3$ 的储钠机制是一种单相转变。如图3-6（b）所示，键价计算结果证明部分钠离子可以从能垒低于其他晶面的 bc 面中提取出来。为了促进其晶体稳定性，Liu 等[20]获得了非化学计量的 $Na_{2+2x}Fe_{2-x}(SO_4)_3$，其中 SO_4 四面体将 Fe—Fe 键长缩短至 0.32nm 左右，并且电压可以达到 4.08V，这对应于钠插入到空的 Fe(1)/Na(1) 位点的过程。电化学测量表明 $Na_{2+2x}Fe_{2-x}(SO_4)_3$@GO 电极具有优异的低温性能，在 0℃ 下 700 次循环后容量保持率大于 98%［图3-6（c）］。Zhang 等[21]发现，首次充电后将 rGO 引入 $Na_{2+2x}Fe_{2-x}(SO_4)_3$ 中时，SEI 膜更厚［图3-6（d）］。Goñi 等[22]制备了 $Na_{2.5}Fe_{1.75}(SO_4)_3$/ketjen/rGO 复合材料并研究了碳涂层对 SEI 形成的影响。根据 XPS 和 TEM 结果，碳涂层有利于循环时在复合材料上形成稳定的 SEI，如图3-6（e）所示。此外，在 $Na_{2+2x}Fe_{2-x}(SO_4)_3$ 中添加 rGO 不仅可以增强 $Na_{2+2x}Fe_{2-x}(SO_4)_3$ 的电子电导率和倍率性能［图3-6（f）］，而且可以防止 Fe^{2+} 在暴露于外部环境时被氧化成 Fe^{3+}［图3-6（g）］[23]。其他导电碳材料，例如 CNT 也用于提高 $Na_{2+2x}Fe_{2-x}(SO_4)_3$ 的电化学性能[24]。为了获得更高电压的硫酸盐，基于 DFT 计算做出一些预测。基于 Co^{3+}/Co^{2+} 氧化还原，$Na_{2+2x}Co_{2-x}(SO_4)_3$［图3-6（h）］应该具有 4.76V 的高平台[7]，以及 $Na_{2+2x}Mn_{2-x}(SO_4)_3$ 应该具有基于 Mn^{3+}/Mn^{2+} 氧化还原的 4.4V 高电压[9]。Kim 等[25]报道 $NaFeSO_4F$ 阴极的氧化还原电位高达 3.7V，理论容量为 138mAh/g，明显高于 $Na_2Fe(SO_4)_2$［图3-6（i）和（j）］。

总而言之，铁基硫酸盐由于其低成本和丰富的原材料资源而引起了广泛的研究兴趣，但热稳定性差、湿度敏感性高、电子导电性差等不利因素阻碍了其发展和应用。尽管已经采用了各种方法（例如，形貌设计、金属离子掺杂、导电碳涂层）来提高硫酸盐的性能，但其商业应用还有很长的路要走。

3.2.2 磷酸盐

继 $LiFePO_4$ 成功商业化后，研究人员考虑将其钠类似物 $NaTMPO_4$（TMTM = Fe、Mn）中的 $NaFePO_4$ 用作 SIBs。人们发现 $NaFePO_4$ 具有两种不同的相：橄榄石和海云石[26,27]。两种多晶型物的框架均由稍微扭曲的 FeO_6 八面体和 PO_4 四面体构成。在橄榄石相中，共享角的 FeO_6 单元与 PO_4 连接，形成沿 b 轴的一维钠迁移隧道［图3-7（a）］。对于海云石相，相邻的 FeO_6 单元共享边，然后以共享角的方式与 PO_4 连接［图3-7（b）和（c）］。显然，海云石 $NaFePO_4$ 中不存在钠扩散通道，因此被认为是电化学惰性的。然而，海云石相已被证明在热力学上是有利的。

Moreau 等[27]研究了橄榄石 $NaFePO_4$ 的结构和热稳定性。原位 X 射线衍射图，如图3-7（d）表明，橄榄石相在高温区（500℃ ≤ T ≤ 600℃）转变为海云石相。由于直接合成橄榄石 $NaFePO_4$ 需要烦琐的过程，因此合乎逻辑且通用的策略是通过橄榄石 $LiFePO_4$ 进行阳离子交换[27,28]。然而，与 $LiFePO_4$ 中的锂嵌入/脱出不

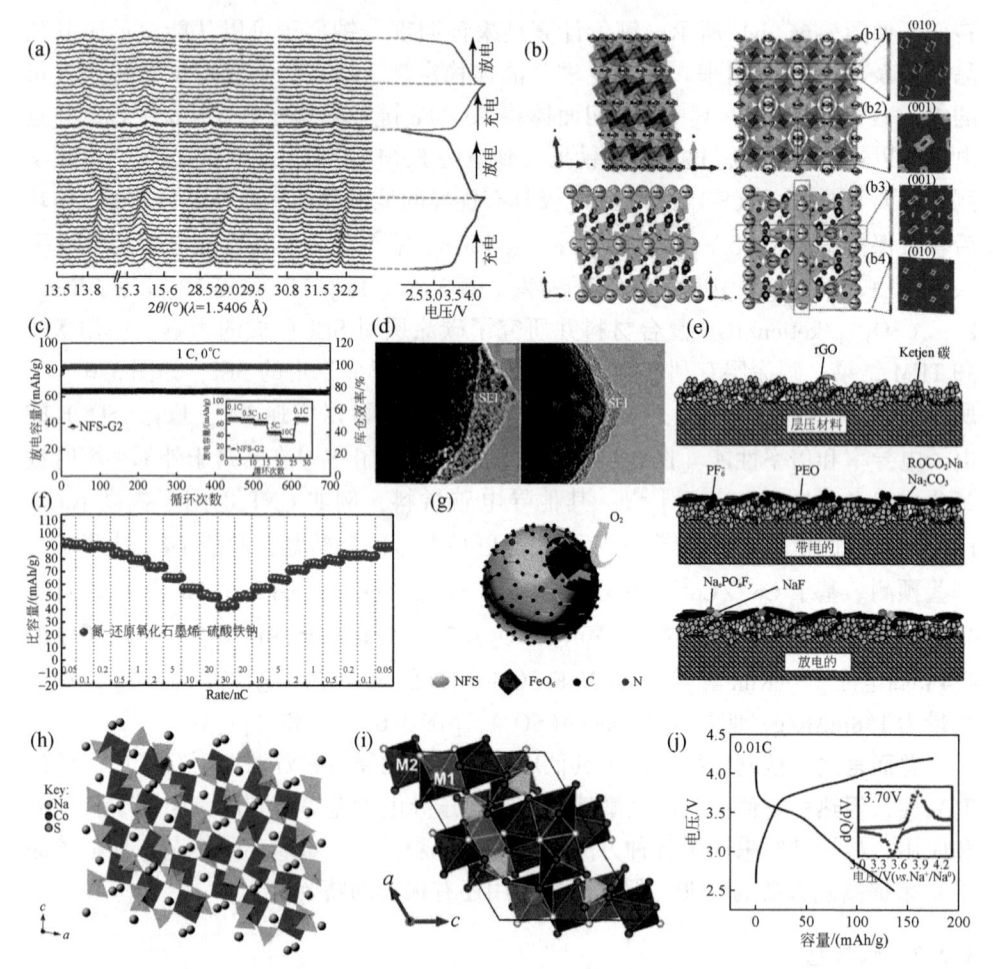

图3-6 (a) 最初两个循环中 $Na_2Fe_2(SO_4)_3$ 的原位 XRD 图谱；(b) 精制的 $Na_2Fe_2(SO_4)_3$ 材料分别从 (010) 和 (001) 方向的键价图[19]；(c) $Na_{2+2x}Fe_{2-x}(SO_4)_3$@GO 电极在 0℃ 时的 (1C=100mA/g) 电化学性能[20]；(d) 第一次充电后 $Na_{2+2x}Fe_{2-x}(SO_4)_3$ 的 TEM 图像，左：空白，右：使用 GO[21]；(e) 循环时电极表面和 $Na_{2.5}Fe_{1.75}(SO_4)_3$/Ketjen/rGO 复合材料表面上形成的 SEI 层的示意图[22]；(f) 在 $Na_{2+2x}Fe_{2-x}(SO_4)_3$ 的不同电流密度下获得的放电容量；(g) $Na_{2+2x}Fe_{2-x}(SO_4)_3$ 样品表面 N-rGO 层示意图[23]；(h) $Na_2Co(SO_4)_2$ 的晶体结构（四面体=SO_4；Co 位于八面体中心，球体=Na）[24]；(i) 三峰 $NaFeSO_4F$ 中过渡金属离子周围氟离子的晶体结构和位置。天蓝色球体：氟；橙色、蓝色、棕色多面体：金属八面体；黄色多面体：硫酸盐四面体；(j) 所获得的三峰 $NaFeSO_4F$ 在 0.01C 倍率下的电压曲线 [插图：$NaFeSO_4F$ 的微分容量图（$-dQ/dV$）][25]

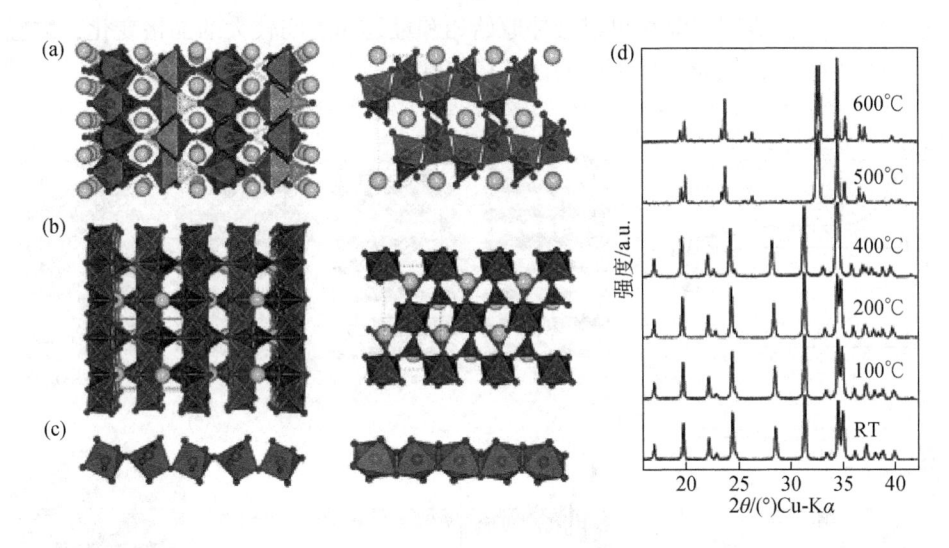

图3-7 (a) 橄榄石 NaFePO$_4$ 和 (b) 海云石 NaFePO$_4$ 的晶体结构。描绘了 FeO$_6$ 八面体（绿色）、PO$_4$ 四面体（蓝色）和 Na 原子（黄色）；(c) 相邻 FeO$_6$ 八面体之间的角共享和边共享协调；(d) 高温原位 X 射线衍射图显示 NaFePO$_4$ 体系中橄榄石到海云石的相变（400℃<T<500℃）。较低温度（RT<T<400℃）下的橄榄石相和较高温度（500℃<T<600℃）下的海云石相分别呈现黑色和蓝色[27]

同，FePO$_4$（橄榄石 $Pnma$）中的钠交换反应存在两个步骤，这可能与晶体结构中的 Na$^+$ 排序有关[图3-8 (a)][27,29]。Cabanas 小组详尽地研究了橄榄石 NaFePO$_4$ 的反应机理，将中间相出现 Na$_{2/3}$FePO$_4$ 归因于从 NaFePO$_4$ 到 FePO$_4$ 之间的强烈体积变化（17.58%）。并且计算了反应过程中 Na$_x$FePO$_4$（0<x<1）的相图，如图3-8 (b) 所示的密度泛函理论（DFT）计算结果还表明 Na$_x$FePO$_4$ 在 x=2/3 时稳定，这导致电荷分布中的电压增加0.16V。原位 X 射线衍射（XRD）证实橄榄石 NaFePO$_4$ 的典型不对称电压分布源自不同的反应路径[图3-8 (c)]。脱钠过程涉及单相反应，直到 Na$_{0.7}$FePO$_4$ 相出现电压不连续时，富钠 Na$_y$FePO$_4$ 相和缺钠 FePO$_4$ 相之间发生两相反应。然而，钠化过程更为复杂，同时存在具有不同混溶极限的三相。Nazar 团队[30] 进行的原子模拟表明，NaFePO$_4$ 的优异性能应与橄榄石骨架中 Na$^+$ 沿一维通道传导的低活化能垒有关，甚至低于 LiFePO$_4$ 中锂离子的迁移。最近，Xiang 等[31] 利用同步辐射粉末 X 射线衍射（PXD）和对分布函数（PDF）分析，提出了橄榄石 NaFePO$_4$ 的新应变调节机制，他们发现了第三种非晶相。之前的工作没有发现该相的原因可能是~1nm 以上的短程有序仅通过粉末衍射无法检测到。x_{Na}=0.3 和 x_{Na}=0.6 的 PDF 分析证明，三相结构模型可以很好地拟合数据[图3-8 (d)]，并且透射电子也检测到没有明显晶格条纹的非晶相

[图3-8（e）]。表明非晶相可以缓冲原始相和最终相之间较大的晶格变化，减轻较大的转变应变，从而实现更好的循环稳定性。

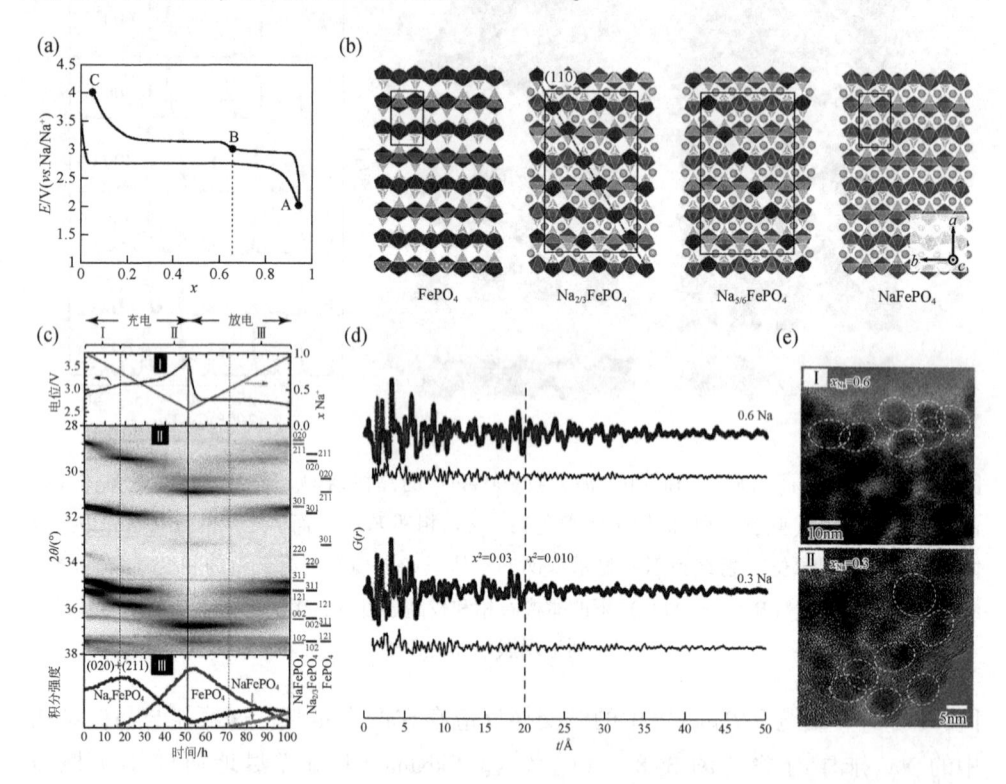

图3-8 （a）PITT模式下合成橄榄石NaFePO$_4$和Na$_{0.7}$FePO$_4$的电化学曲线[29]；（b）FePO$_4$、Na$_{2/3}$FePO$_4$、Na$_{5/6}$FePO$_4$和NaFePO$_4$最稳定结构的优化几何形状[31-33]；（c）橄榄石NaFePO$_4$的原位XRD实验，（Ⅰ）电压与时间曲线，（Ⅱ）包含完整循环的XRD图案的2θ与时间图，（Ⅲ）涉及的每个相的（020）和（211）反射的积分强度与时间的关系；（d）对具有三相结构的起始FP粉末进行首次钠化后，对$x_{Na}=0.3$和$x_{Na}=0.6$样品进行对分布函数（PDF）分析模型；（e）Na$_x$FePO$_4$在不同钠化阶段的TEM图像[31]

海云石NaFePO$_4$是一种热力学稳定相，被认为是电化学惰性相。2014年，Kim等[34]首次报道了海云石NaFePO$_4$作为一种优异的正极材料。该研究证明，可以从纳米级海云石NaFePO$_4$中提取Na离子，同时转化为无定形FePO$_4$。海云石NaFePO$_4$和无定形FePO$_4$提供了令人印象深刻的142mAh/g容量，并表现出优异的循环性能，200次循环后容量保持率为95%[图3-9（a）]。从海云石NaFePO$_4$到无定形FePO$_4$（α-FePO$_4$）的转变[图3-9（b）]对于增强电化学活性至关重要。量子力学计算表明Na离子在海云石骨架中的扩散具有相对高能垒，使得Na在室温下扩散非常困难［图3-9（d）］。而在α-FePO$_4$相中,沿着Na1-Na2-Na3-Na4/Na5路径的活化能低于0.73eV,大约是海云石NaFePO$_4$中能垒的1/4［图3-9（e）］。图3-9（f）示意性地展示了海云石NaFePO$_4$在充电/放电过程中的电化学机制。这项工作为提高正极材料的电化学活性提供了新策略。Li等[35]通过合成空心无定形NaFePO$_4$纳米球提高了NaFePO$_4$的动力学,其具有超过300个循环的长寿命和高达10C的良好倍率性能。最近,Fan等[20]使用静电纺丝将无定形NaFePO$_4$纳米粒子嵌入多孔N掺杂碳纳米纤维中［图3-9（j）］。当阴极充电并在4.7V下保持12h,XRD峰完全消失,这表明海云石相已转变为非晶相［图3-9

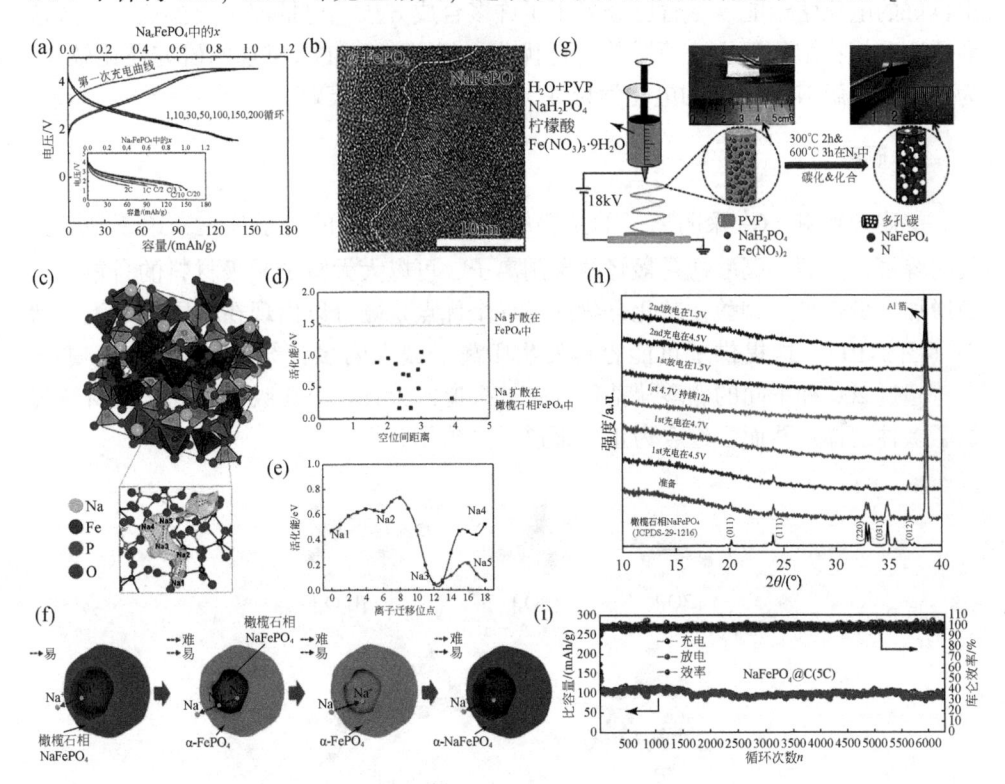

图3-9 （a）海云石NaFePO$_4$在C/20时的恒电流曲线（插图为海云石NaFePO$_4$在不同倍率下的放电曲线）；（b）第一次充电期间从海云石NaFePO$_4$转变为α-FePO$_4$时的两相反应；（c）α-FePO$_4$的合理Na位点和扩散路径；（d）Na位点之间Na跳跃的活化能与Na位点之间距离的函数关系,以及（e）Na沿Na1-Na2-Na3-Na4/Na5的扩散路径（超过10Å）[34]；（f）海云石NaFePO$_4$充电/放电循环过程中电化学机制的示意图；（g）NaFePO$_4$@C纳米纤维的制备过程示意图；（h）NaFePO$_4$@C电极在最初两个循环中选定的充电/放电阶段的非原位XRD图案；（i）NaFePO$_4$@C电极在5C倍率下的长期循环性能[20]

(h)]。NaFePO$_4$@C表现出卓越的电化学性能，在50C下具有61mAh/g的超高倍率能力，以及在6300次循环后容量保持率为89%的优异循环稳定性[图3-9(i)]。实际上，在发现纳米级非晶NaFePO$_4$之前，非晶FePO$_4$已在LIBs和SIBs中进行了研究，并表现出优异的电化学性能。与结晶FePO$_4$相比，非晶相FePO$_4$显示出自由体积，可减轻晶格畸变。

NaMnPO$_4$具有橄榄石相和海云石相，这两种结构都已被深入研究。在橄榄石相中，含Na八面体共享边缘并沿b轴形成Z字形链以进行Na$^+$扩散。然而，Na$^+$的迁移率在海云石结构中受到阻碍，海云石结构是热稳定相。橄榄石相没有表现出良好的电化学性能。尽管已经采用了许多合成方法，包括离子交换法、磷酸盐前体法和拓扑熔盐反应法等对其进行优化，但对NaMnPO$_4$机理的研究还比较少，为了充分了解NaMnPO$_4$的电化学特性，需要碳涂层等策略。

3.2.3 硼酸盐

上述SO$_4^{2-}$和PO$_4^{3-}$聚阴离子的主要缺点之一是它们的分子量大，这不利于正极的容量。然而，硼酸盐是最轻的聚阴离子，可以大大减少阴极材料的自重，从而增加重量容量。硼酸盐基化合物的另一个优点是硼可以出现在不同的氧配位状态（图3-10），这提供了可能容易发生阳离子嵌入的多种结构框架[36,37]。事实上，超过200种不同的硼酸盐基化合物被报道，为具有潜在吸引力的正极材料提供了多种选择。然而，迄今为止仅报道了少数化合物。

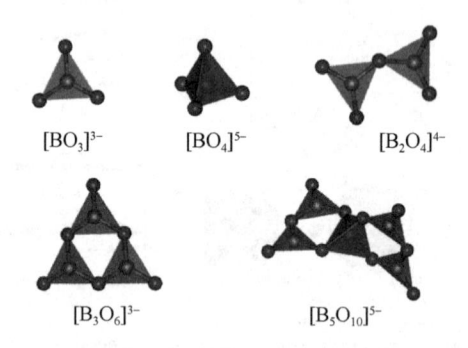

图3-10 硼酸盐聚阴离子的各种配位环境。氧和硼分别表示为红色和绿色球体[37]

尽管具有这些优点，但人们对硼酸盐电化学性质的研究却很少。2015年，第一个用于钠离子电池的硼酸盐化合物，即硼磷酸盐才被发表[38,39]。硼磷酸盐因其轻质BO$_4$和PO$_4$聚阴离子的强诱导效应的结合而受到关注。陶涛等[38]和Asl等[39]同时研究了三种结构式为Li$_{0.8}$Fe(H$_2$O)$_2$[BP$_2$O$_8$]·H$_2$O、NaFe(H$_2$O)$_2$[BP$_2$O$_8$]·H$_2$O和(NH$_4$)$_{0.75}$Fe(H$_2$O)$_2$[BP$_2$O$_8$]·0.25H$_2$O的化合物，通过水热合成方法进行稳定化,其空间群分别对应为 $P6522$、$P6122$ 和 $P6522$。它们的结构由围绕 c 轴扭曲的螺旋组成,由 [BP_2O_8] 单元形成。PO_4 通过氧顶点连接到两个 BO_4 四面体,而 BO_4 连接到四个 PO_4。螺旋通过 FeO_6 八面体桥接,其与四个 PO_4 和两个 H_2O 共享氧顶点。半电池中的电化学测量表明,在初始充电过程中,Li^+ 可以从 $Li_{0.8}Fe(H_2O)_2[BP_2O_8]\cdot H_2O$ 中脱出,并且在接下来的循环中,Na^+ 可以在平均电位为 2.76V 时可逆的脱出/嵌入,并且表现出的可逆容量为 66.5mAh/g[39]。$(NH_4)_{0.75}Fe(H_2O)_2[BP_2O_8]\cdot 0.25H_2O$ 和 $NaFe(H_2O)\cdot[BP_2O_8]\cdot H_2O$ 均在 2.9V 处显示出氧化还原平台[38]。前者表现出 80mAh/g 的可逆容量,后者在第一次充电时达到 66mAh/g 的容量,然后在接下来的循环中急剧下降。

一年后,Strauss 等[40] 报道了新型五硼酸钠 $Na_3TMB_5O_{10}$,其中 TM = Fe 和 Co,它们通过固态合成方法来稳定。$Na_3TMB_5O_{10}$(TM = Fe)的空间群为 $Pbca$,为正交晶系。$Na_3TMB_5O_{10}$(M = Co)的空间群为 $P2_1/n$,为单斜晶系。两种化合物具有相似的结构,由 MO_4 四面体构成,所有四个顶点与 [B_5O_{10}]$^{5-}$ 单元相连 [图 3-11(a)、(b)]。这些单元由连接到三个 BO_3 三角平面实体的 BO_4 四面体组成(图 3-10)。TMO_4-B_5O_{10} 网络在 ab 平面上形成层,这些层沿 c 轴堆叠。Na 阳离子位于层之间。Na 半电池中的电化学测试显示,$Na_3FeB_5O_{10}$ 的氧化还原电位为 2.5V [图 3-11(c)],而对于 $Na_3CoB_5O_{10}$,未检测到电化学响应。与基于硫酸盐和磷酸盐的聚阴离子材料相比,$Na_3FeB_5O_{10}$ 的电势较低并不令人意外,因为与 PO_4^{3-} 和 SO_4^{2-} 相比,硼酸盐的感应效应较弱。尽管 $Na_3FeB_5O_{10}$ 中 Na^+ 嵌入/脱出的可能性已被证明,但它不是合适的正极材料,因为它表现出较大的滞后现象,表明动力学有限。

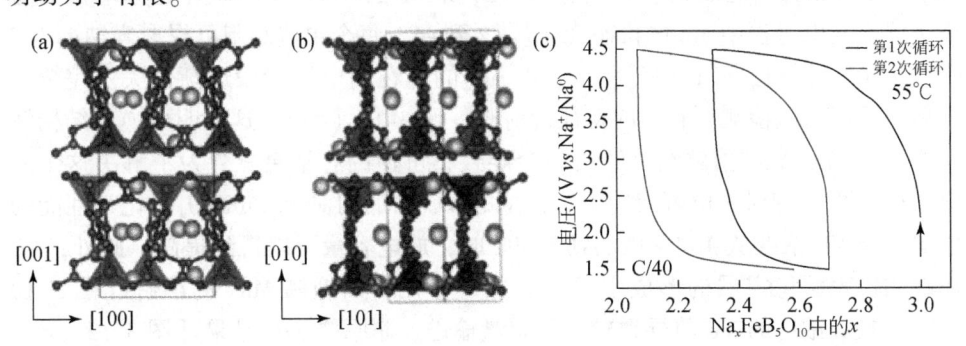

图 3-11 (a) $Na_3FeB_5O_{10}$ 和 (b) $Na_3CoB_5O_{10}$ 的结构。硼、氧和钠原子分别显示为绿色、红色和黄色球体。FeO_4 和 CoO_4 四面体呈粉红色和蓝色;(c) $Na_3FeB_5O_{10}$ 的成分-电压曲线从氧化开始[40]

3.2.4 硅酸盐

与其他类型的聚阴离子正极相比，原硅酸钠 Na_2TMSiO_4（TM = Mn、Fe、Co 和 Ni）通常具有更高的比容量，每个分子式单元表现出两次电子转移[41]。与原硅酸锂类似，Na_2TMSiO_4 晶胞的主要成分是 NaO_4、TMO_4 和 SiO_4 四面体。通过分析键长和键角，得出 Na_2TMSiO_4 四面体稳定性顺序为 $NaO_4 < TMO_4 < SiO_4$[42]。强的 Si—O 键使 Na_2TMSiO_4 在 1000℃ 以上具有热力学稳定性，平均键长为 Si—O 在脱钠过程中几乎没有变化，即使完全脱钠，体积变化也低于 5%[43]。原硅酸钠材料最突出的例子是 Na_2FeSiO_4，因为地球上 Na-Fe-Si 系资源丰富。

Na_2FeSiO_4 通过双电子反应表现出 276mAh/g 的高理论容量。如图 3-12（a）所示，Fe K 边缘 XANES 光谱有效地揭示了 Na_2FeSiO_4 中铁的价态为 Fe^{2+}。然而，在实际测量中，由于 Na_2FeSiO_4 的本征电导率较低，很难完全检测到双电子转移过程。图 3-12（b）的非原位 XRD 图表明，Na_2FeSiO_4 在充放电过程中没有发生相变，并且 XRD 峰移动的现象可以忽略不计，与零应变电极材料类似，这对长循环显著有利电池的性能[43]。非原位 XPS 结果 [图 3-12（c）] 表明，当从开路电压（OCV）充电至 4.1V 时，Fe^{2+} 完全氧化为 Fe^{3+}。当充电至 4.5V 时检测到 Fe^{4+}，证明 Na_2FeSiO_4 的储钠机制是双电子反应。当放电至 1.5V 时，Fe 2p 的结合能回到初始能区，证明 $Fe^{2+}/Fe^{3+}/Fe^{4+}$ 氧化还原电对具有优异的循环可逆性。Ali 等[44]合成了 Na_2FeSiO_4@CNT 电极以提高电子电导率，这表明在 0.5～20C 的电流密度下具有优异的比容量。Kaliyappan 等[45]采用固相法制备了碳包覆的 Na_2FeSiO_4 电极，该电极在 3.5C 的电流密度下表现出超长的寿命 [图 3-12（d）]。Na_2MnSiO_4 还因其高理论容量（278mAh/g）和较高的氧化还原电位而备受关注。充电过程中 Mn 的价态变化从 +2 到 +4，每个单位晶胞可提取容纳的 1.5 个钠离子。非原位 XRD 图显示 Na_2MnSiO_4 的峰在高电压阶段逐渐消失。完全放电后，可以再次检测到它们的特征衍射峰 [图 3-12（e）]，这表明可逆的结构演化[46]。然而，Mn^{2+} 溶解到电解质中会导致不可逆的容量衰减。为了解决这个问题，Law 等[47]探讨了电解液中不同含量的 VC 添加剂对 Na_2MnSiO_4 电化学性能的影响。当 VC 浓度从 0vol% 增加到 5vol% 时，放电容量可以得到提高。此外，VC 还在阴极表面稳定层的形成中发挥着关键作用，以抑制 Mn^{2+} 的溶解 [图 3-12（f）]。较高浓度的 VC 将导致较低的容量输送。非原位 XPS 结果 [图 3-12（g）] 证实 Na_2MnSiO_4 的高比容量源自 Mn^{2+}/Mn^{3+} 和 Mn^{3+}/Mn^{4+} 物质的连续氧化还原。最近，Renman 等[48]将 Mn 基硅酸盐家族扩展到 $Na_2Mn_2Si_2O_7$，这为设计新型硅酸盐提供了新线索。除了 Fe/Mn 基原硅酸盐电极外，还报道了 Na_2CoSiO_4 正极。双电子过程也可用于 Na_2CoSiO_4 正极，表明该材料的理论比容量为 272mAh/g。从图 3-

12（h）可以看到两对明显的氧化还原反应，揭示了两步氧化还原反应，这与晶体结构中不同的 Co 位点有关。原硅酸钠在成本和性能方面具有竞争力。但在商业应用之前还需要克服一些缺点。例如，需要精心控制反应条件和复杂的过程来避免杂质相的形成。此外，未来的纳米结构工程和优化电解质也应该是克服不良动力学问题所必需的。

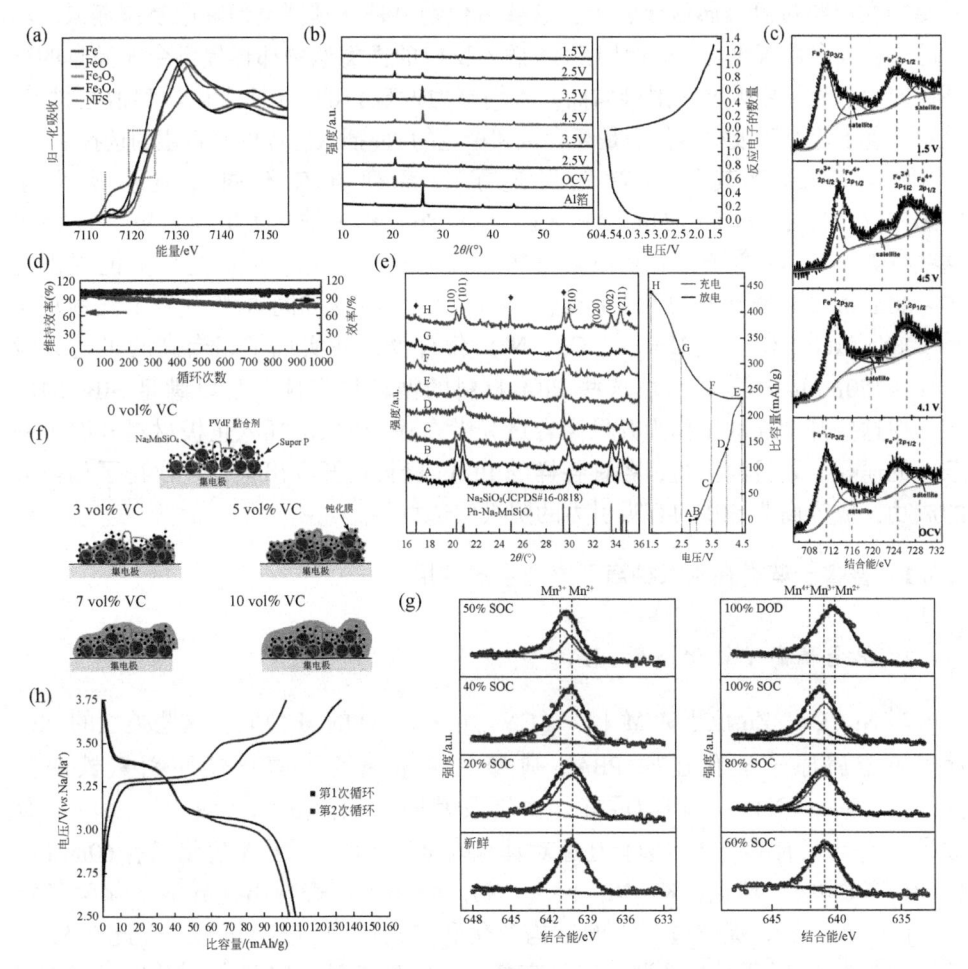

图 3-12 （a）Na_2FeSiO_4 与几种铁基块体参考样品的归一化 Fe K 边缘 XANES 光谱；(b) 不同充电/放电状态下 Na_2FeSiO_4/C 的非原位 XRD 图案；(c) 第一循环不同状态下 Na_2FeSiO_4 的非原位 Fe 2p XPS 光谱[43]；(d) Na_2FeSiO_4/C 电极在 3.5C 下、1.5～4.5V 电压范围内循环 1000 次的长期循环性能[45]；(e) 从不同状态的 Na_2MnSiO_4/C 复合阴极获取的异位 XRD 图案[46]；(f) 含 0vol%、3vol%、5vol%、7vol% 和 10vol% VC 的钝化膜形成示意图；(g) 在新鲜、20%、40%、50%、60%、80%、100% SOC 和 100% DOD 下在电极上获得的 Mn^{2+}/Mn^{3+}/Mn^{4+} 氧化还原对的非原位 XPS 谱[47]；(h) Na_2CoSiO_4 正极的充放电曲线[48]

3.3 普鲁士蓝类正极材料

由于对大规模和低成本电化学储能技术的需求不断增加，SIB 在过去十年中重新获得了强烈的研究兴趣。21 世纪 10 年代初，SIBs 阴极开发的开创性工作几乎集中在层状过渡金属氧化物上，这些氧化物只是从其锂类似物中复制而来。不幸的是，大多数氧化物不能像用于 Li 插入反应的锂类似物那样提供令人满意的循环稳定性。为了克服这一困难局面，人们努力发现新的 Na 插入化学和宿主材料，其中普鲁士蓝类正极材料似乎是高容量和稳定的 Na 插入主体的有希望的选择。

Goodenough 及其同事首先报道了一系列具有不同过渡金属离子 [KMFe (CN)$_6$，M=Fe、Mn、Ni、Cu、Co、Zn] 作为钠离子电池正极[49]。由于这些框架不含 Na 离子，而是被大量较大的 K 离子占据，因此它们只能提供约 30~80mAh/g 的非常低的可逆容量。不久之后，Yang 和同事[50]开发了几种富含 Na 的 Na$_2$MFe (CN)$_6$ (M=Fe、Co、Ni) 化合物，并实现了相当高的可逆容量 (110~120mAh/g)[41]。虽然这些 PBA 材料的循环稳定性不足以满足 SIBs 的应用，但这些开创性的工作为开发高容量和潜在廉价的 Na 插入正极材料开辟了一条新的途径。到目前为止，各种各样的 PBAs 材料被开发出来，并取得了相当大的成功，成为商业 SIB 的有吸引力的阴极候选材料。

3.3.1 普鲁士蓝类在水系钠离子电池中的应用

1. 单金属离子氧化还原 PBA

当 Ni、Cu、Zn 位于 A$_x$M [Fe (CN)$_6$]$_y$·nH$_2$O 的 M 位时，这些类型的 PBA 属于单金属原子氧化还原 PBA。典型的单金属原子氧化还原六氰铁酸镍 [K$_{0.6}$Ni$_{1.2}$Fe (CN)$_6$·3.6H$_2$O] 首先由崔及其同事通过在水溶液中自发沉淀合成[51]。作为只有 Fe^{3+}/Fe^{2+} 氧化还原对具有电化学活性，其放电容量只有 60mAh/g (0.8C 充放电)。然而，K$_{0.6}$Ni$_{1.2}$Fe (CN)$_6$·3.6H$_2$O 表现出优异的电化学稳定性，由于 Na 插入/提取过程中的结构变化和结构应力-应变很小，因此在 8.3C 下经过 5000 次循环后几乎没有容量衰减。但它处于钠缺陷状态，因此不可能用传统的无钠阳极构建实用的全电池。一般来说，Na 插入阴极应设计为富 Na 状态 (放电状态)，以便充当 Na 储液器，为缺 Na 负极提供可拆卸 Na，从而使摇椅 Na 离子电池成为可能。

Zhu 等[52]还合成了富含 Na 的 Na$_{1.45}$Ni [Fe (CN)$_6$]$_{0.87}$·3.02H$_2$O，并用 NaTi$_2$ (PO$_4$)$_3$ 组装一个全电池 (图 3-13)。此外，他们发现单斜 Na$_{1.45}$Ni [Fe (CN)$_6$]$_{0.87}$·3.02H$_2$O 在可逆容量和循环稳定性方面具有与立方 Na$_{1.21}$Ni [Fe

(CN)$_6$]$_{0.86}$·3.21H$_2$O 相比的优势。原因可以归结为三点。首先,单斜晶系结构具有较多的钠,使其晶格中的晶体缺陷较少;其次,在单斜 Na 的合成过程中 Na$_{1.45}$Ni[Fe(CN)$_6$]$_{0.87}$·3.02H$_2$O、螯合剂和表面活性剂的加入降低了结晶速率,使单斜晶系 Na$_{1.45}$Ni[Fe(CN)$_6$]$_{0.87}$·3.02H$_2$O 更均匀,从而增加了电极与电解质之间的接触面积,缩短了离子的迁移路径。第三,反应速率越慢,形成结晶度较高的产物,间隙水和空位越少,从而加快了钠的脱嵌速率。尽管 NiFe-PBA 在电化学稳定性方面表现出可接受的性能,但其低氧化还原电位不适用于水性储能应用。

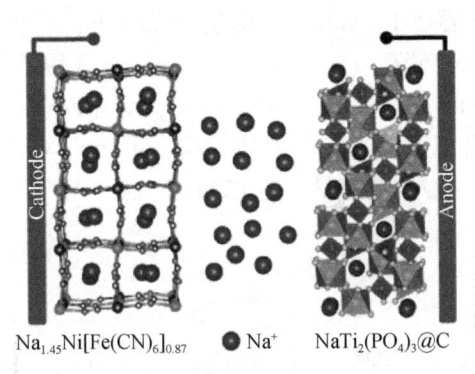

图 3-13 Na$_{1.45}$Ni[Fe(CN)$_6$]$_{0.87}$·3.02H$_2$O/NaTi$_2$(PO$_4$)$_3$ 全电池的示意图

与 NiFe-PBA 相比,CuFe-PBA 和 ZnFe-PBA 更适合作为氧化还原电位的阴极材料。由 Wu 等[53]合成了插入电位为 0.82V 的典型的 NarichNa$_2$CuFe(CN)$_6$,并用 NaTi$_2$(PO$_4$)$_3$ 构建了实用的全电池。令人印象深刻的是,Na$_2$CuFe(CN)$_6$-NaTi$_2$(PO$_4$)$_3$ 全电池由于 Na$_2$CuFe(CN)$_6$ 的高氧化还原电位而显示出高的工作电压(1.4V)。结合 NiFe-PBA 的高稳定性和 CuFe-PBA 的高氧化还原电位,Zhang 等[54]合成了 Ni 取代的六氰铁酸铜(Na$_2$Cu$_{1-x}$Ni$_x$[Fe(CN)$_6$])作为 ASIB 的阴极。对于这种 Na$_2$Cu$_{1-x}$Ni$_x$[Fe(CN)$_6$] 阴极,其放电容量为 56mAh/g,1000 次循环后容量保持率为 96%。令人印象深刻的是,随着铜含量的增加,其氧化还原电位可从 0.6V 调整到 1.0V。

2. 双金属原子氧化还原 PBA

显然,单金属原子氧化还原 PBA 的缺点是其容量不高。这个问题的根本原因是只有一个氧化还原活性偶合物(Fe^{3+}/Fe^{2+})释放其氧化还原能力。相比之下,双金属原子氧化还原 PBA 具有容量优势,因为 Fe^{3+}/Fe^{2+} 和 M^{3+}/M^{2+} 都能提供容量。作为典型的双金属原子氧化还原 PBA,NaFeFe(CN)$_6$[55] 和 Co$_3$[Fe(CN)$_6$]$_2$[56]最初被认为是 Na$^+$ 储存的主体材料。然而,其比容量接近

70mAh/g，远远低于理论容量。

　　双金属原子氧化还原 PBA 容量低的主要原因有四个。首先，合成方法的缺点导致了大量的 Fe（CN）空位。其次，其中含有较多的结晶水，阻碍了钠离子的插入。再次，电解质浓度低导致电压窗口狭窄，从而影响充放电容量。最后，与 N 原子连接的 M 原子的电化学活性较弱。上述四个因素在很大程度上限制了双金属原子氧化还原型的容量。

　　为了控制缺陷和间隙水的含量，Yang 等[57]采用多步结晶法合成了低缺陷、低含水量的 $Na_{1.33}Fe[Fe(CN)_6]_{0.82}$。与水合 FeFe-PBA 相比，$Na_{1.33}Fe[Fe(CN)_6]_{0.82}$ 在 2C 下表现出更高的比容量 125mAh/g，即使在 20C 下，它仍然可以 102mAh/g 的理想容量呈现高效的 Na 储存可逆性。进一步，Yang 采用了图 3-14 所示的类似结晶方法来实现无空位的 $Na_2CoFe(CN)_6$（$Na_{1.85}Co[Fe(CN)_6]_{0.99}·2.5H_2O$），其在图 3-15 中表现出完美的无空位晶体结构。由于 $Na_2CoFe(CN)_6$ 具有无空位结构和两个氧化还原中心，其容量可达 130mAh/g。

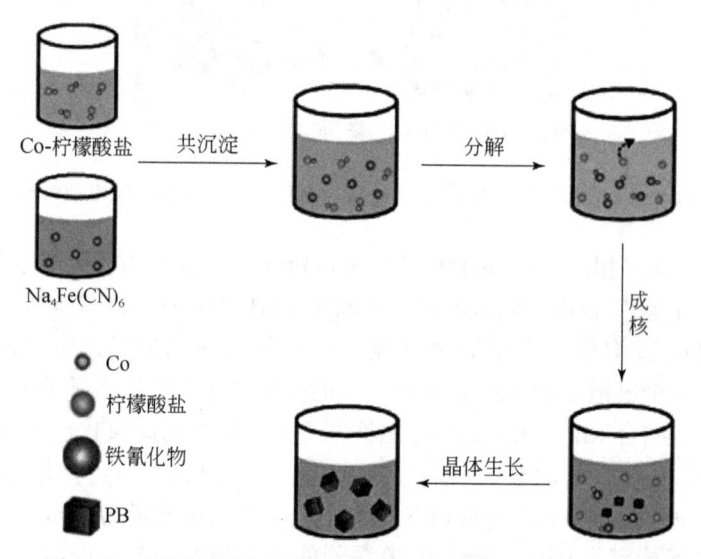

图 3-14　控制结晶反应中 $Na_2CoFe(CN)_6$ 形成机理的示意图

3.3.2　普鲁士蓝在有机系钠离子电池中的应用

1. 具有单个 Na^+ 插入位点的 PBA

　　PB 化合物（$Na_xFe[Fe(CN)_6]$，FeFe-PB）是最古老的配位材料之一，具有很强的电化学活性，已被广泛应用于电分析和电催化领域。由于两个不同配位的铁原子都可以发生电子转移反应，同时捕获/去除晶格中的碱性阳离子，理论

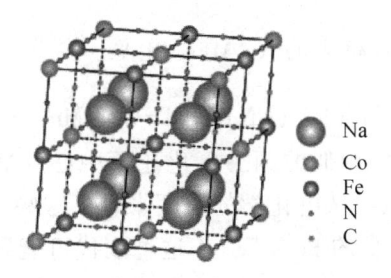

图3-15 Na$_2$CoFe(CN)$_6$的晶体结构

上,PB化合物可以充分利用其潜在的高容量的双电子氧化还原反应作为双Na$^+$插入阴极。然而,在早期的研究中合成的FeFe-PB材料具有相对较低的可逆容量和较差的循环稳定性。理论预期和实验结果之间的矛盾一直是困扰PBA插入阴极发展多年的难题。

Yang等首先合成了无空位的单晶FeFe-PB晶格,并以此为模型化合物研究了PB的电化学性能与晶体结构之间的关系[60]。这种高度结晶的FeFe-PB材料表现出120mAh/g的可逆Na$^+$插入能力,库仑效率为100%,在20C倍率下具有显著的倍率能力,并且具有优越的循环稳定性,在500个循环中保持87%的容量。最重要的是,本研究发现晶格空位和由此产生的配位水是导致FeFe-PB晶格电化学失活的主要原因,这是由于水分子占据和堵塞了用于Na$^+$插入和运输的氧化还原活性位点和离子通道。

Ong等[58]制定了不同的合成策略,以尽量减少晶格空位和水的含量,从而控制FeFe-PB材料的晶格结晶度。采用Na$_4$Fe(CN)$_6$作为铁源前驱体,制备了高质量的Na$_{0.61}$FeFe-PB晶格[Na$_{0.61}$FeFe(CN)$_{0.94}$]。这种FeFe-PB可以释放其170mAh/g的完全理论2Na$^+$插入能力,并且显示出优异的速率能力和约100%的高库仑效率,使得在150个循环中稳定的循环性而不会出现明显的容量衰减。FeFe-PB阴极的电化学性能之所以如此优异,主要是因为它具有高度的结构规则性,空位含量(6%)和水含量(15.7%)相当低,这使得Na$^+$客体离子可以进入活性中心,从而导致PB晶格中氧化还原活性Fe离子的电化学活化。然而,这种Na$_{0.61}$FeFe-PB处于缺钠状态,每个分子式只有0.6Na,不利于电池的应用。

为了消除晶格中的H$_2$O和空位,Goodenough等[59]几乎完全去除了晶格中的间隙水,制备了含有0.08H$_2$O的Na$_{1.92}$FeFePB[Na$_{1.92}$FeFe(CN)]菱形晶格。正如预期,制备的Na$_{1.92}$FeFe-PB表现出优异的电化学性能,具有160mAh/g的高容量,长期循环稳定性,800个循环中容量保持率为80%,并且具有100mAh/g在15C倍率下的良好速率能力。更重要的是,合成脱水FeFe-PB晶格的方法简单,可以容易地推广到其他PBA化合物,从而提供了一种简便的方法来提高PBA材料的电化学利用率。

2. 具有2个Na$^+$插入位点的Na$_x$MFe-PBA

许多PBA化合物如Na$_x$MFe(CN)$_6$（M=Co、Mn、V、Ti等）具有相似的晶格结构，与FeFe-PB晶格相似的两个氧化还原中心（M，Fe），可能作为具有2Na$^+$插入能力的SIB阴极。从电化学的角度来看，这些PBA可以被类似的氧化还原活性M^{2+}/M^{3+}取代一半的Fe^{2+}/Fe^{3+}，这种取代可能导致不同的电化学响应，从而为更好地设计高性能Na$^+$插入框架提供了更广泛的PBA晶格选择。

在过渡金属离子的各种氧化还原偶中，Mn^{2+}/Mn^{3+}偶以其低的材料成本和可逆的氧化还原行为，似乎是取代PBA晶格中Fe^{2+}/Fe^{3+}偶的理想选择。Moritomo等[59]首次采用电沉积法制备了Na$_{1.32}$Mn[Fe(CN)$_6$]$_{0.83}$·3.5H$_2$O薄膜电极。观察到3.2V和3.6V的两个电压平台，分别归因于Fe^{2+}/Fe^{3+}和Mn^{2+}/Mn^{3+}的氧化还原过程。该薄膜电极在0.5C时放电容量为109mAh/g，在20C时放电容量为80mAh/g，具有快速的Na$^+$插入动力学，因为1μm厚膜的离子扩散路径较短。Goodenough及其同事还报道了富钠的菱形MnFePBA（Na$_{1.72}$Mn[Fe(CN)$_6$]$_{0.99}$·2.0H$_2$O）晶格，其在3.5V的高电位下显示出相当高的130mAh/g容量和良好的速率性能。然而，这种材料循环性能差，容量不断衰减。

钴元素常用作锂离子插入阴极的结构稳定剂和电导增强剂，也被用作铁的替代物以提高PBA材料的结构稳定性。Wang等[59]发展了柠檬酸辅助共沉淀法制备低含水量的低缺陷Na$_2$CoFe(CN)$_6$（Na$_2$CoFe-PBA）。这种Na$_2$CoFe-PBA材料表现出可逆的2-Na储存反应，由于其高结晶度和抑制的Fe(CN)$_6$缺陷（图3-16），具有高比容量150mAh/g和约90%的容量保留超过200个循环。

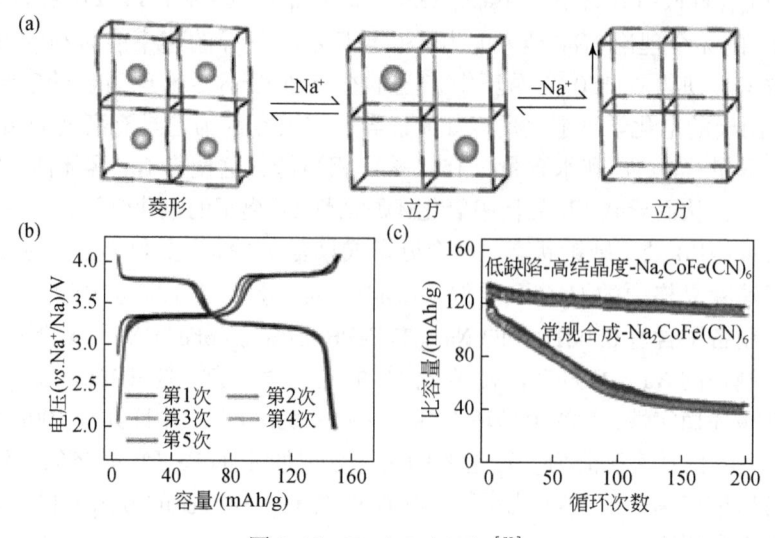

图3-16　Na$_2$CoFe(CN)$_6$[59]

受钛基磷酸盐纳米阴极骨架研制成功的启发，氧化还原活性 Ti^{3+}/Fe^{4+} 也被用来替代 Fe 原子制备钛取代的 PBA 骨架。$Na_{0.7}$ TiFe-PBA 材料（$Na_{0.7}$ Ti[Fe(CN)$_6$]$_{0.9}$）在 3.0V/2.6V 和 3.4V/3.2V 时，分别表现出约 90mAh/g 和两对分离良好的充放电平台的中等容量。与上面提到的其他 PBA 材料相比，TibasedPBA 框架对于 SIBs 应用程序没有竞争优势。

3.4 层状氧化物正极材料

钠层状氧化物的通式为 Na_xTMO_2，其中 Na 为碱金属，TM 为过渡金属。α-$NaFeO_2$ 是电池研究领域最知名的含钠的层状过渡金属氧化物之一，因为商业化锂离子电池中常用的 $LiCoO_2$、$LiNi_{0.8}Co_{0.15}Al_{0.05}O_2$、$LiNi_{1/3}Mn_{1/3}Co_{1/3}O_2$ 作为正极材料与 α-$NaFeO_2$ 是同构的，空间群为 $R\text{-}3m$ 的层状架盐型结构称为 α-$NaFeO_2$ 型。α-$NaFeO_2$ 型材料见于 $NaMeO_2$（Me = Co、Cr、Fe、Ti、Sc 等）中（图 3-17），而少数的 α-$NaFeO_2$ 型材料见于 $LiMe'O_2$（Me' = Co、Ni、Cr、V）中，这是由于 Li^+ 和 Na^+ 的离子半径不同造成的。Li^+ 的离子半径为八面体配位 0.76Å，与过渡金属离子相似。锂离子常与过渡金属离子混合，形成阳离子有序的盐相（γ-$LiFeO_2$ 型）或阳离子无序的岩盐相（NaCl 型）。而 Na^+ 的离子半径（1.02Å）大于 Li^+ 和过渡金属离子的离子半径，导致 NaCl 型结构中钠层和过渡金属层沿<111>方向明显分离，α-$NaFeO_2$ 型 $NaMeO_2$ 中可容纳多种过渡金属。这一事实证明，在 $NaMeO_2$ 的合成过程中，Na^+ 与过渡金属离子之间的阳离子混合受到抑制，同时采用多种过渡金属，也可优化钠离子电池的性能。

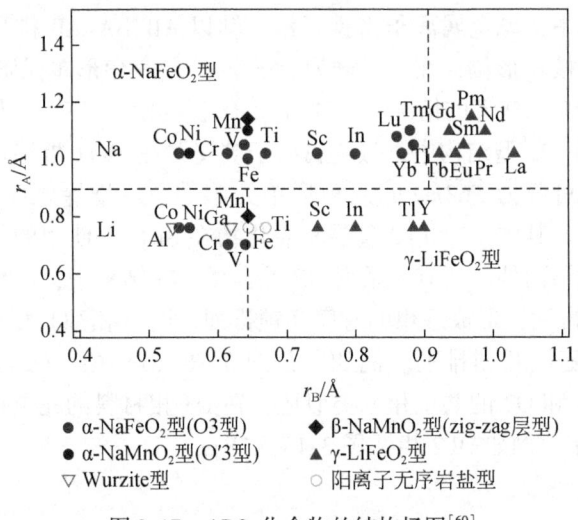

图 3-17 ABO$_2$ 化合物的结构场图[60]

Delmas 等对于含有碱金属的层状过渡金属氧化物提出了系统的标记体系，基于钠离子多面体配位环境和氧离子的堆叠模式对 Na_xTMO_2 结构进行了分类。α-$NaFeO_2$ 和 α-$NaCoO_2$ 被划分为 O3 型材料，β- 和 γ-Na_xCoO_2 分别是 P3（包括 P′3）和 P2 型材料，典型层状结构如图 3-18 所示。在 O3 型（α-$NaFeO_2$型）结构中，MeO_2 板由沿 c 轴排列的边共享 MeO_6 八面体组成，立方密排氧为 AB-CA-BC 阵列，板间空间的八面体位置容纳碱金属离子。在六边形晶胞中，MeO_2 板的数量为 3 块。即 O3 型中的 O 表示容纳碱金属离子的八面体位，后面的 3 表示六边形晶胞中包含的 MeO_2 板的数量。当六边形晶格有畸变时，在字母和数字之间加一个素数符号，但在伪六边形单元胞中计算 MeO_2 层数，如具有单斜晶格（空间群）的 O′3 型 $NaMnO_2$（C2/m），P′3 型 Na_xCoO_2（P21/m）和具有正交晶格的 P′2 型 Na_xMnO_2（Cmcm）。O3 型 $NaCoO_2$ 通过带电的电化学 Na 提取可逆转化为 P3 型 $NaCoO_2$。P3 型 Na_xCoO_2 也可以通过固相反应得到。在 P3 型层状结构中，碱金属离子占据了沿 c 轴以 AB-BC-CA 氧填充阵列堆叠的 MeO_2 板间空间的棱柱形位置，在空间群为 R3m 的六角形单元胞中，MeO_2 板的数量为 3 块。Na 萃取伴随着 MeO_2 板的滑动，O3 型生成 P3 型，而 Me—O 键没有断裂。P3 型材料通常是由 Na 萃取 O3 型材料转变而来的中间相，也被认为是相对于 P2 型材料的低温相。较低的合成温度导致样品的结晶度低，颗粒小，导致丝锥密度低。此外，钠缺乏（非化学计量）P3 型材料在初始放电时需要负极补偿 Na，而 O3 型材料具有足够的（化学计量）Na 含量，可在低温和高温合成条件下获得。与 P3 型相相比，P2 型相被认为是高温相，P2 型（γ-）Na_xCoO_2 实际上是在比 P′3–Na_xCoO_2 更高的温度下加热得到的。从 P3 型相（包括 P′3）到 P2 型相的相变伴随着高温加热破坏 Me—O 键，在室温下 Na（de）插层反应中不发生 P3/P2 型相变。在 P2 型（β-$RbScO_2$型）结构中，碱金属离子占据了沿 c 轴以 AB-BA-AB 排列氧填料叠置的 MeO_2 板间空间的棱柱形位，在空间群为 $P6_3/mmc$ 的六角形单元胞中 MeO_2 板数为 2 个。在不破坏 Me—O 键的情况下，通过 MeO_2 板的滑动，P2 型相可以电化学转化为 O2 型相。在 O2 型结构中，碱金属离子被安置在 MeO_2 板层之间板间空间的八面体位置在空间群为 $P6_3mc$ 的六角形单元胞中，氧堆垛顺序为 AB-AC-AB，MeO_2 板数为 2 块。其中 O3 和 P2 型层状氧化物在 SIBs 中使用的最为常见。除了单独的 P 和 O 相结构外，还有一系列 OP 混合相。在结构上，O 相和 P 相可以按一定的排列方式排列，形成理想的有序互锁排列，而 O 相和 P 相可以按不规则的排列排列，形成随机互锁排列。例如，在图 3-18（i）中，OP4 相也称为"Z"相，被认为是 P2 和 O2 的共生相。类似地，在 O3 相材料的充电过程中也会出现类似 OP 的混合相，例如 OP2 相［图 3-18（j）］。

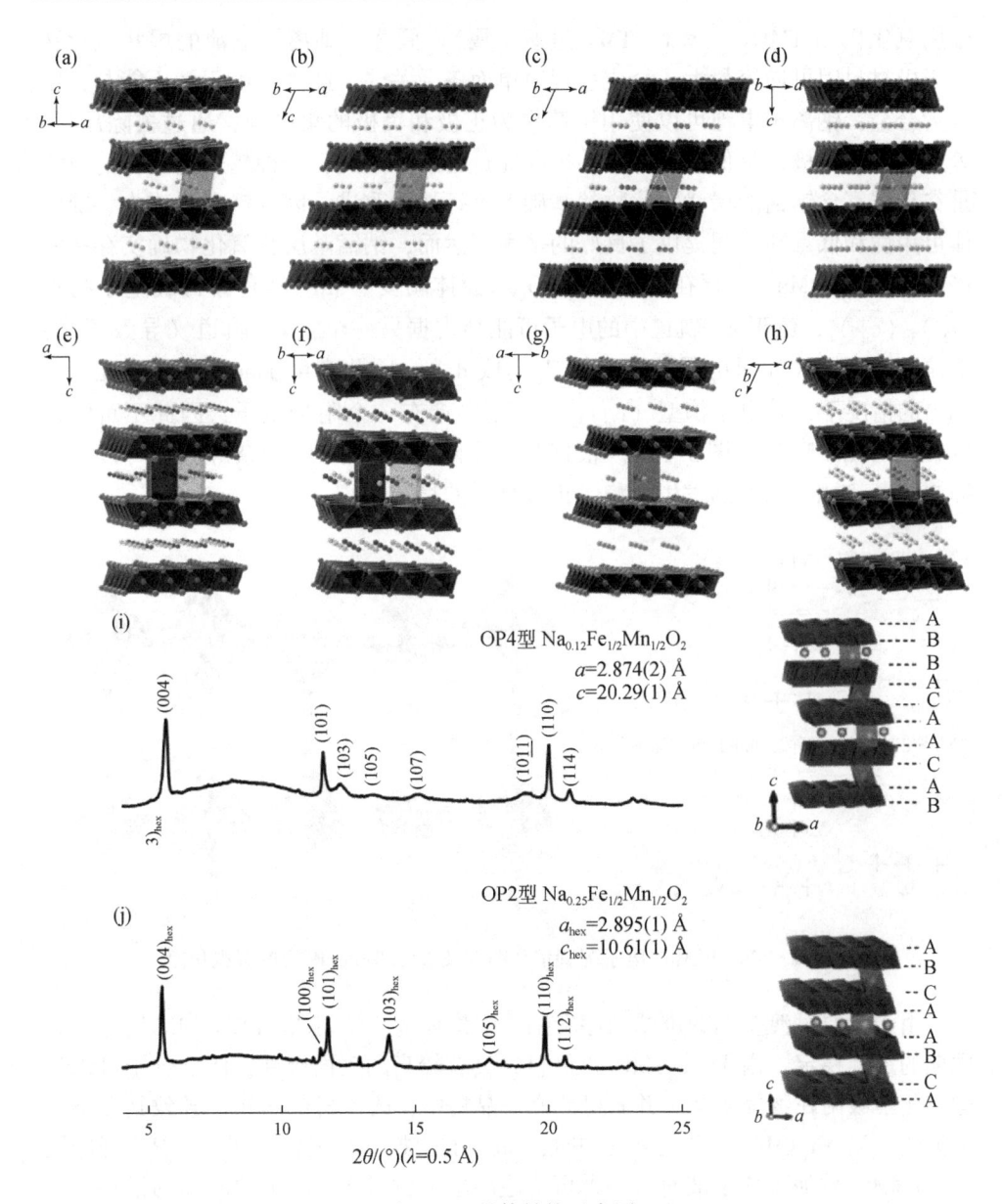

图 3-18 晶体结构示意图

(a) O3 相；(b) O'3 相；(c) O1 相；(d) O2 相；(e) P2 相；(f) P'2 相；(g) P3 相；(h) P'3 相。
$Na_x(Fe_{1/2}Mn_{1/2})O_2$ 样品的 SXRD 图谱：(i) OP4 型 $Na_{0.12}(Fe_{1/2}Mn_{1/2})O_2$（空间群：$P\text{-}6m2$）；
(j) OP2 型 $Na_{0.25}(Fe_{1/2}Mn_{1/2})O_2$（空间群：$P3m1$）[61]

鉴于锂离子电池（LIBs）的大量研究，从现有的 LIBs 电极开发钠类似物是 SIB 电极的典型设计技术。锂离子电池中最有前途的商业正极材料是层状锂过渡

金属氧化物 Li_xTMO_2（$x \leqslant 1$，TM = 过渡金属）。同样，钠离子电池的层状氧化物基正极材料因可逆容量大、合成过程简单而备受关注。此外，由于钠不能与铝箔合为合金，钠离子电池可以使用铝箔作为正极和负极的集电极，通过去除昂贵、笨重的铜集电极，降低电池成本并提高能量密度。因此，一种越来越流行的方法是在母体富含钠锰的层状氧化物的基础上进行迭代改进，因为锰在低成本、前驱体可用性和低毒性之间提供了良好的平衡。然而，钠锰基层状氧化物确实存在一些问题，例如 Mn^{3+} 的存在会导致 MnO_6 八面体畸变。Mn^{3+} 具有高自旋电子构型 $(t_{2g})_3 (e_g^*)_1$，位于 e_g^* 轨道中的电子可能会占据另一个空 e_g^* 轨道（导致压缩）或拉长八面体（如果电子分别占据 $d_{x^2-y^2}$ 或 d_{z^2}），因此产生 Jahn-Teller 畸变。在 Mn^{4+} 的情况下，其电子构型 $(t_{2g})_3 (e_g^*)_1$ 中拥有一个附加电子，因此不可能发生 Jahn-Teller 畸变（图 3-19）。根据相关文献，采用取代/掺杂等方法可以有效抑制 Jahn-Teller 畸变的发生，稳定正极材料的稳定性。

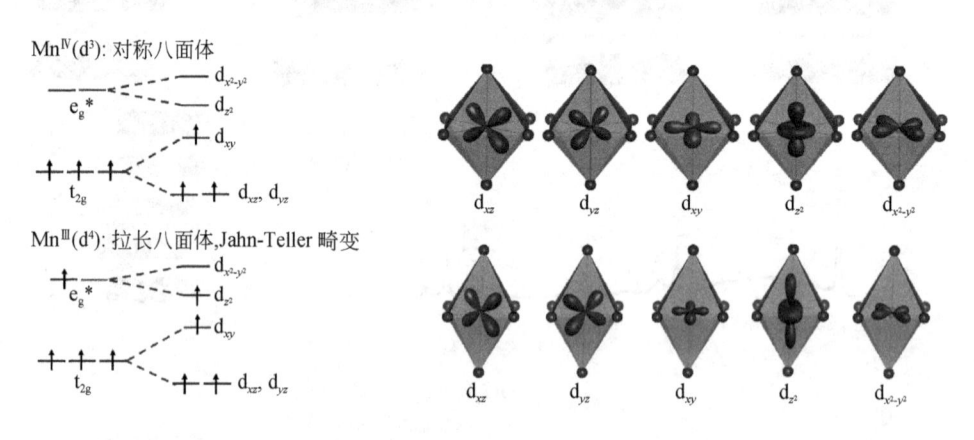

图 3-19 Mn^{3+} 和 Mn^{4+} 电子配置示意图以及 Jahn-Teller 畸变的可视化[62]

由于多层过渡金属的堆叠顺序和钠的配位环境，使得 Na_xTMO_2 的结构并不像预期的那样稳定。由于 Na_xTMO_2 正极材料具有较高的表面极性，H_2O 分子可以物理和化学吸附在物体表面，并有可能嵌入晶格中，改变材料结构，导致其在空气中失效。当 Na_xTMO_2 暴露在空气中时，Na^+/H^+ 交换导致表面产生 NaOH。当碱性的 Na_xTMO_2 被加工成浆液时，一种可浇注的墨水就形成了，随着时间的推移，它会变成一种果冻状的物质。浆液刚混合时可以流动，但当浆液达到凝胶状态时，浆液就无法均匀可靠地涂覆了，凝胶化是由于 PVDF 与碱性物质脱氢氟化所致。

Bissessur 等[63]将 O3 型 $NaFeO_2$ 样品浸泡在去离子水中，发现水溶液 pH 大于 12。更糟糕的是，由于表面产生的 NaOH 具有较强的亲水性，可以吸收大量的水，促进 Na^+/H^+ 交换，形成 NaOH、Na_2CO_3 等。Manthiram 等[64]证明 Ni^{2+} 离子从富镍体系 $NaNi_{0.7}Mn_{0.15}Co_{0.15}O_2$ 中逐渐溶解形成 NiO 并在颗粒表面积累。在更清楚地了解 O3 型材料的物种化学演化后。对于 P2 型的 Na$_x$TMO$_2$，水分子可能更倾向于插入层而不是交换质子。2001 年，Dahn 等[65]研究了将 H$_2$O 包埋到 P2-Na$_{2/3}$（Co$_x$Ni$_{1/3-x}$Mn$_{2/3}$）O$_2$化合物（x = 0、1/6、1/3）中。如图 3-20（a）-（e）所示，可以将一些水带入晶格中，并进一步对水合物 Na$_{2/3}$（Co$_{1/3}$Mn$_{2/3}$）O$_2$进行了 Rietveld 精细化，表明 H$_2$O 的 O 原子占据晶体结构的 2c 位置。Yang 等[66]阐明了水化相的结构和特征，表明 Na$_{0.67}$MnO$_2$样品具有代表性的 P2 相（$P63/mmc$），层间距为 5.5Å，而通常报道的水钠锰矿相的水化层间距更宽，约为 7.1Å。当 Na 层中存在额外的 H$_2$O 时，确定了 buserite 相（进一步插入 H$_2$O），层间距离为 9.1Å。特别是在水钠锰矿相中，插入的 H$_2$O 中的 O$_2$ 占据了与 Na$^+$ 相同的位置（2d 位置），但对于高度水合的 buserite 相，Na$^+$ 被插入的 H$_2$O 分子夹在中间，如图 3-20（g）所示。

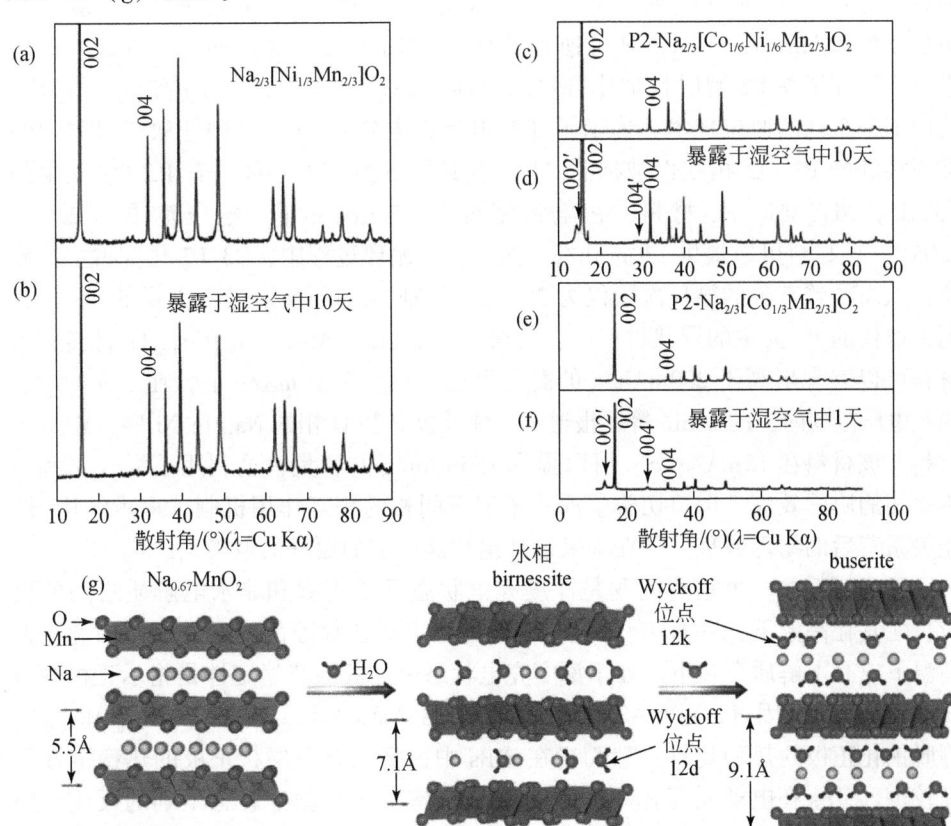

图 3-20 （a）P2-Na$_{2/3}$（Ni$_{1/3}$Mn$_{2/3}$）O$_2$的 XRD 图；（b）P2-Na$_{2/3}$（Ni$_{1/3}$Mn$_{2/3}$）O$_2$ 暴露在湿空气中 10 天；（c）P2-Na$_{2/3}$（Co$_{1/6}$Ni$_{1/6}$Mn$_{2/3}$）O$_2$；（d）P2-Na$_{2/3}$[Co$_{1/6}$Ni$_{1/6}$Mn$_{2/3}$]O$_2$ 暴露于湿空气中 10 天；（e）P2-Na$_{2/3}$[Co$_{1/3}$Mn$_{2/3}$]O$_2$ 和（f）P2-Na$_{2/3}$[Co$_{1/3}$Mn$_{2/3}$]O$_2$ 暴露在湿空气中 1 天[65]；（g）P2-Na$_{0.67}$MnO$_2$、水钠锰矿和 buserite 相的示意图[66]

钠离子电池电极材料的标准电化学电位相对较低（$\varphi^0_{Na/Na^+}=-2.71V$，$\varphi^0_{Li/Li^+}=-3.04V$），这要求 SIBs 在更广泛的电压范围去达到与锂离子电池相当的能量密度。先前对钠基层状氧化物的研究表明，O3 型正极材料在 4.0V 以下表现出相对较好的钠化/脱钠化可逆性。然而，一旦充电超过 4.0V，由于钠驱动的结构不可逆变化或钠基电解质催化分解的增加，这些材料将发生严重的降解，不可逆容量损失大。而由于 O3 相在钠萃取过程中可能经历一系列的板状滑动过程，因此通常认为 P2 相的结构比 O3 相更稳定。然而，由于大量未占用的 Na$^+$ 离子位点，P2 型材料提供了较低的初始钠含量和高于 100% 的初始库仑效率，这不利于全电池的循环性能。此外，最近的一项研究表明，如果从主体结构中提取大量的 Na，也可能从 P2 过渡到 O2，这意味着 P2 型层状氧化物在深度充电下结构不稳定。部分金属取代（Li、Mg、Zn、Ti 等）已被证明是大大提高 SIBs 正极结构稳定性的有效方法。Meng 和同事报道了一种新型的纯 O3 相 Li 取代 Na 层状氧化物 $NaLi_{0.07}Ni_{0.26}Mn_{0.4}Co_{0.26}O_2$，其可逆容量高达 147mAh/g、优良的速率性能。他们进一步研究了在 P2 型层状钠化合物的过渡金属位置添加锂离子的影响和作用，使用了一系列的原位技术，揭示了即使电极充电到 4.4V，这种锂取代材料中经常观察到的 P2-O2 相变也被抑制。Lee 及其同事报道了一种具有 P2/O3 互生的 $Na_{0.7}Li_{0.3}Ni_{0.5}Mn_{0.5}O_2$ 材料，在电流密度为 15mAh/g 下，电压范围为 2.0~4.05V，该材料可以提供 130mAh/g。然而，在循环过程中，O3-P3 相变占主导地位，从而导致有限的循环次数仅为 20 次，而 Zhou 和同事通过将少量的 O3 整合到锂取代的 P2 为主的层状材料中，获得了 $Na_{0.66}Li_{0.18}Mn_{0.71}Ni_{0.2}Co_{0.08}O_2$ 材料，该材料可以表现出高于 200mAh/g 的高度可逆容量。在 10mA/g 下，在 1.5~4.5V 的宽电压范围内，Passerini 等还报道了一种混合 P 和 O 相的 $Na_xMn_yNi_zFe_{0.1}Mg_{0.1}O_2$ 材料，该材料在 18mA/g 下，可以提供 155mAh/g 的容量，这利用了混合 P 和 O 相之间的协同效应，但迫切希望深入了解不同相的相互作用机制，揭示结构-性能关系背后的物理原理，并在未来设计出性能可控的更好的电极。

正极材料的一个重要问题是深度充电状态下的正极和非水电解质之间的反应，尤其在高温下，一直被认为是 LIBs 发生灾难性故障的主要原因。因此，在高温下或有电解质存在下，处于深度充电状态中正极的热稳定性是指示正极材料安全性能的重要因素。近年来，陆续报道了 O3-$NaCrO_2$ 和 O3-$NaNi_{0.6}Co_{0.05}Mn_{0.35}O_2$ 等脱钠化正极的热稳定性。然而，在 SIBs 中，高压充电层状正极的热稳定性研究较少，SIBs 在电解质存在和（或）高温暴露下可能发生意想不到的反应。因此，对这些反应有一个清晰的认识，以表明 SIBs 的高压充电正极的安全问题是至关重要的。

3.5 有机类正极材料

有机化合物具有资源丰富、高能量、功率密度、经济高效、循环性能好等优点，近年来受到广泛关注。有机化合物正极材料与无机类的反应机理不同，在正负极均为有机材料的电池中其阴阳离子均可参与电极反应[67]。与无机正极材料相比，有机物正极材料是一种理论比容量高、安全性更好、储量更为丰富的绿色能源材料。

按照不同的结构分类，有机电极材料可分为导电聚合物、含硫化合物、硫醚类、氮氧自由基化合物和羰基化合物等[68]。其中导电聚合物和含氧共轭羰基化合物在钠离子电池正极材料中研究较多。

3.5.1 导电聚合物

导电聚合物（CP）具有高电导率、低带隙能量、热稳定性好、质量轻、骨架强且易于低成本加工的特点，但由于刚性骨架，它们中的大多数是不溶的。CP通常被称为共轭聚合物，因为它们的主链具有交替的单键和双键，即结构中具有共轭π键，CP的导电性与高度离域的π电子相关联。CP具有不同的链结构，这决定了固有的电子和光电特性。已知的CP是聚苯胺（PANI）、聚吡咯（PPy）、聚噻吩（PTh）、聚乙烯吡咯烷酮（PVP）、聚（3,4-亚乙基二氧基噻吩）（PEDOT）、聚间苯二胺（PMPD）、聚萘乙胺（PNA）、聚对苯硫醚（PPS）、聚丙烯和聚萘（PN）[69]。

CP的本征电导率大多在 $10^{-16} \sim 10^{-5}$ S/cm，它们在未掺杂状态是半导态或者绝缘态，掺杂后呈现一定的金属导电性。掺杂技术有通过电荷转移的化学掺杂、电化学掺杂、酸碱掺杂、光掺杂，以及金属/聚合物界面的电荷注入等[70]。在这些聚合物中，只有PTh、PPy和PANI等少数导电聚合物足够稳定，能够耐受实际应用的加工条件[69]。

PANI是研究最多、用途最广泛的导电聚合物，它不仅具有导电性，而且具有电活性。聚苯胺具有独特的电气性能以及环境和热稳定性，可承受高达250℃的温度，而且具有极好的与热塑性塑料共混的能力。但它机械性能较差，可以通过将其与具有显著机械性能的聚合物共混来改善机械性能。聚苯胺正被有效地用于多种商业和技术应用，如EMI屏蔽、二次电池、传感器、太阳能电池、防腐蚀装置（聚苯胺作为缓蚀剂）和有机发光二极管[71-74]。Ahirrao等[75]通过原位化学氧化聚合技术在高柔性导电碳布（CC）衬底上同时合成和包覆了纳米结构多孔聚苯胺（PANI），形成PANI-CC材料，用于超级电容器柔性电极的制备。在电流密度为1A/g时，PANI-CC的比电容可达691F/g，2000次循环后，电容保持率为

94%，PANI-CC在140°最大弯曲角时，电容保持率仍达72%，显示出高电荷存储容量和出色的弯曲稳定性。

在杂环CP中，PPy是仅次于PANI的广泛使用的聚合物[69]。PPy在氧化（p掺杂）和氧化还原（n掺杂）形式下都是环境稳定的。它可以通过化学聚合和电化学聚合分别原位制备。在电化学聚合中，可以控制薄膜的质量、导电性和厚度。PPy薄膜根据合成条件和氧化程度表现出不同的颜色。随着氧化程度的增加，PPy薄膜的颜色从黄色变为蓝色，最后变为黑色。未掺杂或绝缘的PPy在空气中不稳定，而掺杂的PPy在空气中是稳定的，可以承受高达150~300℃的温度。未掺杂的PPy具有4eV的带隙能量且是绝缘体，而掺杂的PPy小于2.5eV（半导体）[76]。PPy可应用于聚合物基锂电池、镍镉电池和许多电子设备的制造。

为了提高聚吡咯的循环稳定性，可将聚吡咯与碳复合，Lota等在酸性介质中通过化学氧化聚合法合成了不同碳种类及碳含量的聚吡咯碳复合材料，聚吡咯碳复合材料可提供适应机械应力的柔性骨架，由碳材料制成的聚吡咯具有非常高的电化学稳定性，电流负载高达50A/g[77]。Hamidouche等[78]采用廉价的氧化剂$FeCl_3$通过原位化学聚合法制备了聚吡咯/二氧化锡复合材料，并研究了聚合条件对聚吡咯/二氧化锡材料电化学性质的影响，该复合材料最高的比容量可达450F/g，1500个充放电循环后，容量仍可保持94%，表现出较好的电化学性质。

PTh是一种环境友好和热稳定的共轭聚合物。它具有独特的氧化还原特性、良好的溶解性且易于合成。这些特性使其能够在许多领域中使用，包括发光二极管（LED）、显示器、光学和化学传感器、DNA检测、聚合物电子互连、太阳能电池、光伏器件和场效应晶体管等[79-81]。合成PTh的途径主要有电聚合，金属催化偶联，化学氧化聚合。

Patil等[82]采用简单廉价的连续离子层吸附反应（SILAR）法在室温下制备了聚噻吩薄膜。XRD表明形成了无定形的聚噻吩，而电学和光学研究表明聚噻吩薄膜分别具有p型导电性和2.90eV的带隙。采用循环伏安法（CV）和恒电流充放电测试评估了聚噻吩电极的电化学性能。在0.1mol/L $LiClO_4$溶液中得到252F/g的比电容。Zhang等[83]在离子液体（ILs）微乳液电解液中，通过恒电流法在碳纸基底上成功地电化学聚合了聚噻吩（PTh）膜。PTh薄膜作为超级电容器电极材料在0.3A/g的最低电流密度下可以达到103F/g的最高比电容，在电流密度为1A/g时库仑效率为91.63%，在500次循环后具有良好的循环稳定性，证明了在O/ILs微乳液中电化学组装PTh膜的可行性。

PEDOT是由EDOT聚合合成的导电聚合物，PEDOT氧化膜透明且高度稳定，在氧化形式下具有高导电性[69]。Ni等[84]通过简单的自组装胶束软模板法成功地合成了超细的聚（3，4-乙撑二氧噻吩）（PEDOT）纳米线（NWs）（10nm），然后通过真空辅助过滤获得了高度柔性的自支撑PEDOT NWs薄膜。薄膜具有非常高的电导率（1340S/cm），且在弯折200次后，薄膜的TE性能几乎保持不变，显示出优异的柔韧性。由六条（7mm×30mm）PEDOT NW薄膜串联组成的柔性热电器件在51.6K的温差下显示出157.2nW的输出功率。PVP是一种无定形导电聚合物，具有高介电强度、高效电荷存储容量、低散射损耗和可通过掺杂剂调节的电学性质[85]。PPS主链上没有共轭π键，是一种半结晶聚合物。PAC是CP家族中最简单的共轭聚合物。PAC是亲脂性的，热稳定性差，经常被保存在低温避光环境中。

3.5.2 有机共轭羰基化合物

共轭羰基化合物具有结构多样、理论比容量高、分子结构可设计性好、原料来源广泛及电化学反应动力学快速等优势，主要是因为其具有大的共轭体系且含有多个羰基官能团。羰基是一种常见的有机官能团，具有氧化能力[86]。羰基化合物的氧化还原反应机理为羰基（C=O）的烯醇化反应，每一个C=O单元对应于一个电子的得失[87]。与其他有机材料相比，羰基化合物有机电极材料是最有望发展成为新型绿色钠离子电池的电极材料。

作为正极材料的共轭羰基化合物可以分为小分子和聚合物两大类[68]。分子羰基化合物如苯醌（BQ），2，3，5，6-四氯-1，4-苯醌（chloranil），二吡啶并苯醌（PID或phenQ），均苯四甲酸酐（PMDA）等。由于小分子羰基化合物的高溶解性和低导电性，它用于钠离子电池正极时虽然放电比容量高，但在循环和倍率性能上较差。小分子共轭羰基化合物聚合形成共轭羰基聚合物，如聚氨基萘醌（PANQ）[88]。根据官能团差异，羰基化合物电极材料又可分为醌类、酰亚胺类和共轭羧酸类3大类[89]。醌类化合物理论比容量高，可以用作有机正极材料，酰亚胺类材料多用于二次电池正极材料，共轭羧酸盐类材料多作为二次电池的负极材料使用。

Zhao等[90]通过化学氧化聚合将具有吸电子功能的邻硝基苯胺基团接枝到聚苯胺链上，制备了苯胺/邻硝基苯胺共聚物，作为钠离子电池的高压正极材料。所制备的P（AN-NA）在~3.2V（$vs.$ Na$^+$/Na）的平均电位下可提供180mAh/g的可逆容量，50次循环后仍保持173mAh/g，表现出高的电位容量和强的容量保持率。Wenwen D等[91]制作了一种以对多巴多聚三苯胺为阴极、n型氧化还原活性聚蒽醌硫化物为阳极的全有机钠离子电池。该钠离子电池的电压输出为1.8V，比能量为92Wh/kg，在16C（3200mA/g）的极高倍率下释放60%的容量，在8C倍率下循环500次后，容量保持率为85%，表现出优异的循环稳定性。

然而，共轭羰基化合物存在高溶解度、低电子电导率、低工作电压等缺点，仍需调控优化。我们相信在未来的储能领域中共轭羰基化合物能够构建高性能、低成本、绿色可持续的钠离子电池。

3.6 富钠正极材料

层状氧化物的通式为 Na_xMO_2，M 指过渡金属，当 $x \geq 1$ 时可认为是富钠正极材料。而具有阴离子氧化还原活性的富钠阴极被认为是解决钠离子电池容量低的突破口之一。

1996 年，Rouxel 等的开创性工作揭示了高共价硫化物中 ARR 的存在，如 TiS_3 [$Ti^{4+}S^{2-}-(S_2)^{2-}$]、FeS_2 [$Fe^{2+}(S_2)^{2-}$]，并声称此 ARR 起源于材料中的配位-空穴机制，但在当时并没有得到其他研究者的关注。不久之后，研究人员在高度脱锂的 Li_xCoO_2 和 $LiAl_{1-y}Co_yO_2$ 电极样品中发现了 O 离子参与氧化还原反应的证据。另一具有代表性的材料则是富锂 Li_2MnO_3 [也表示为 $Li(Li_{1/3}Mn_{2/3})O_2$]，表现出由纯 O 离子氧化还原贡献的电化学活性[11]。此后，研究人员报道了一系列具有 O 离子氧化还原活性的富锂层状氧化物 $xLiMO_2 \cdot (1-x)Li(Li_{1/3}Mn_{2/3})O_2$（M 指 Mn、Co、Ni、Fe 等）材料，开启了一个层状氧化物正极材料研究的新时代。简而言之，这些 O 离子氧化还原材料的 ARR 活性起源于其结构中的 O 2p 非键态[92,93]。

基于对 LLOs 相关的 ARR 化学的理解，我们提出一个简单的猜想，是否存在具有 ARR 活性的富钠层状氧化物材料。迄今为止，研究者发现，富钠层状氧化物材料中仅 4d/5d 金属基 O3 型材料具有 ARR 活性[73]。而更常见的 3d 金属基（主要是 Mn）富钠层状材料尚未被合成出来，这可能是因为 Na^+（1.06Å）具有比 3d 金属离子大得多的半径。

Assadi 等[92]通过综合密度泛函计算，证实了在 $Na_{2-x}RuO_3$（$0 \leq x \leq 0.75$）阳离子无序六方和有序单斜晶型中氧参与氧化还原反应。在这两种多晶态中，当氧离子与 3 个以上的钠离子配位时，未杂化的孤立 O 2p 态被提升到更接近费米能级，因此可以进行氧化还原反应。在整个循环过程中，O 2p 态对电荷补偿机制的贡献几乎是 Ru 4d 态的两倍。Tarascon 课题组[93]首次报道了 $O3\text{-}Na_2IrO_3$ 材料，其结构类似于 $\alpha\text{-}Li_2IrO_3$。在进行 4.0~1.5V（vs. Na^+/Na）的电化学循环时，该材料能够可逆脱嵌 1.5 个 Na^+ 且不会发生阳离子迁移和 O_2 释放等副反应。第一个电压平台期间（~2.7V）（脱去 1 个 Na^+），Ir 离子和 O 离子的氧化还原均参与电化学反应，而在第二个电压平台期间（~3.7V）（脱去 0.5 个 Na^+）却只有 O 离子的氧化还原对电荷补偿有所贡献。通过中子衍射（neutron diffraction，NDs）和 STEM 表征证明，0.5 个 Na^+ 的脱出就能导致 IrO_6 八面体的畸变，从而生成 O—O 二聚体。

由于 4d/5d 金属的成本问题，尽管富钠 4d/5d 金属基 O3 相层状材料中 ARR

的相关研究已经取得了显著进展，但这些 Ru 和 Ir 基 O3 型层状材料的实际应用价值极其有限。因此，人们通常使用较为廉价的金属（如 Mg、Mn 等）部分取代来降低成本，并优化和稳定材料中的 ARR，如 $Na_2Ru_{1-x}Mn_xO_3$、$O3-NaMg_{2/3}Ru_{1/3}O_2$、$NaMg_{0.5}Ru_{0.5}O_2$ 和 $O3-Na_{1.2}Mn_{0.4}Ir_{0.4}O_2$。

参 考 文 献

[1] (a) Delmas C, Braconnier J J, Fouassier C, et al. Electrochemical intercalation of sodium in Na_xCoO_2 bronzes [J]. Solid State Ionics, 1981, 3-4: 165-169; (b) Delmas C, Fouassier C, Hagenmuller P. Structural classification and properties of the layered oxides [J]. Physica B+C, 1980, 99: 81-85.

[2] Wang C, Liu L, Zhao S, et al. Tuning local chemistry of P2 layered-oxide cathode for high energy and long cycles of sodium-ion battery [J]. Nature Communications, 2021, 12: 2256.

[3] Deng J, Luo W B, Lu X, et al. High energy density sodium-ion battery with industrially feasible and air-stable O3-type layered oxide cathode [J]. Advanced Energy Materials, 2018, 8: 1701610.

[4] Peng B, Chen Y, Zhao L, et al. Regulating the local chemical environment in layered O3-$NaNi_{0.5}Mn_{0.5}O_2$ achieves practicable cathode for sodium-ion batteries [J]. Energy Storage Materials, 2023, 56: 631-641.

[5] Fu C C, Wang J, Li Y, et al. Explore the effect of Co doping on P2-$Na_{0.67}MnO_2$ prepared by hydrothermal method as cathode materials for sodium ion batteries [J]. Journal of Alloys and Compounds, 2022, 918: 165569.

[6] Barpanda P, Lander L, Nishimura S i, et al. Polyanionicinsertion materials for sodium-ion batteries [J]. Advanced Energy Materials, 2018, 8 (17): 1703055.

[7] Driscoll L L, Kendrick E, Knight K S, et al. Investigation into the dehydration of selenate doped $Na_2M(SO_4)_2·2H_2O$ (M = Mn, Fe, Co and Ni): stabilisation of the high Na content alluaudite phases $Na_3M_{1.5}(SO_4)_{(3-1.5x)}(SeO_4)_{1.5x}$ (M = Mn, Co and Ni) through selenate incorporation [J]. Journal of Solid State Chemistry, 2018, 258: 64-71.

[8] Pan W, Guan W, Liu S, et al. $Na_2Fe(SO_4)_2$: an anhydrous 3.6 V, low-cost and good-safety cathode for a rechargeable sodium-ion battery [J]. Journal of Materials Chemistry A, 2019, 7 (21): 13197-13204.

[9] Dwibedi D, Gond R, Dayamani A, et al. $Na_{2.32}Co_{1.84}(SO_4)_3$ as a new member of the alluaudite family of high-voltage sodium battery cathodes [J]. Dalton Transactions, 2017, 46 (1): 55-63.

[10] Dwibedi D, Araujo R B, Chakraborty S, et al. $Na_{2.44}Mn_{1.79}(SO_4)_3$: a new member of the alluaudite family of insertion compounds for sodium ion batteries [J]. Journal of Materials Chemistry A, 2015, 3 (36): 18564-18571.

[11] Bejaoui A, Souamti A, Kahlaoui M, et al. Chehimi, spectroscopic investigations on vanthoffite ceramics partially doped with cobalt [J]. Ionics, 2018, 24 (9): 2867-2875.

[12] Ri G C, Choe S H, Yu C J. First-principles study of mixed eldfellite compounds Na$_{1-x}$ (Fe$_{1/2}$ M$_{1/2}$) (SO$_4$)$_2$ ($x = 0 \sim 2$, M = Mn, Co, Ni): a new family of high electrode potential cathodes for the sodium-ion battery [J]. Journal of Power Sources, 2018, 378: 375-382.

[13] Watcharatharapong T, Thienprasert J T, Barpanda P, et al. Mechanistic study of Na-ion diffusion and small polaron formation in Krohnkite Na$_2$ Fe (SO$_4$)$_2$ · 2H$_2$O based cathode materials [J]. Journal of Materials Chemistry A, 2017, 5 (41): 21726-21739.

[14] Barpanda P, Oyama G, Ling C D, et al. Krohnkite-type Na$_2$ Fe (SO$_4$)$_2$ · 2H$_2$O as a novel 3.25 V insertion compound for Na-ion batteries [J]. Chemistry of Materials, 2014, 26 (3): 1297-1299.

[15] Singh P, Shiva K, Celio H, et al. Eldfellite, NaFe (SO$_4$)$_2$: an intercalation cathode host for low-cost Na-ion batteries [J]. Energy & Environmental Science, 2015, 8 (10): 3000-3005.

[16] Yahia H B, Essehli R, Amin R, et al. Sodium intercalation in the phosphosulfate cathode NaFe$_2$ (PO$_4$) (SO$_4$)$_2$[J]. Journal of Power Sources, 2018, 382: 144-151.

[17] Nisar U, Gulied M H, Shakoor R A, et al. Synthesis and performance evaluation of nanostructured NaFe$_x$Cr$_{1-x}$ (SO$_4$)$_2$ cathode materials in sodium ion batteries (SIBs) [J]. Rsc Advances, 2018, 8 (57): 32985-32991.

[18] Ko W, Park T, Park H, et al. Na$_{0.97}$KFe (SO$_4$)$_2$: an iron-based sulfate cathode material with outstanding cyclability and power capability for Na-ion batteries [J]. Journal of Materials Chemistry A, 2018, 6 (35): 17095-17100.

[19] Chen M, Cortie D, Hu Z, et al. A novel graphene oxide wrapped Na$_2$Fe$_2$(SO$_4$)$_3$/C cathode composite for long life and high energy density sodium-ion batteries [J]. Advanced Energy Materials, 2018, 8 (27): 1800944.

[20] Liu Y, Rajagopalan R, Wang E, et al. Insight into the multirole of graphene in preparation of high performance Na$_{2+2x}$ Fe$_{2-x}$ (SO$_4$)$_3$ cathodes [J]. Acs Sustainable Chemistry & Engineering, 2018, 6 (12): 16105-16112.

[21] Zhang M, Qi H, Qiu H, et al. Reduced graphene oxide wrapped alluaudite Na$_{2+2x}$Fe$_{2-x}$(SO$_4$)$_3$ with high rate sodium ion storage properties [J]. Journal of Alloys and Compounds, 2018, 752: 267-273.

[22] Goni A, Iturrondobeitia A, Gil de Muro I, et al. Na$_{2.5}$ Fe$_{1.75}$ (SO$_4$)$_3$/Ketjen/rGO: an advanced cathode composite for sodium ion batteries [J]. Journal of Power Sources, 2017, 369: 95-102.

[23] Wang W, Liu X, Xu Q, et al. A high voltage cathode of Na$_{2+2x}$ Fe$_{2-x}$ (SO$_4$)$_3$ intensively protected by nitrogen-doped graphene with improved electrochemical performance of sodium storage [J]. Journal of Materials Chemistry A, 2018, 6 (10): 4354-4364.

[24] Li S, Song X, Kuai X, et al. A nanoarchitectured Na$_6$Fe$_5$ (SO$_4$)$_8$/CNTs cathode for building a low-cost 3.6V sodium-ion full battery with superior sodium storage [J]. Journal of Materials Chemistry A, 2019, 7 (24): 14656-14669.

[25] Kim M, Kim D, Lee W, et al. New class of 3.7 V Fe-based positive electrode materials for Na-ion battery based on cation-disordered polyanion framework [J]. Chemistry of Materials, 2018, 30 (18): 6346-6352.

[26] Avdeev M, Mohamed Z, Ling C D, et al. Magnetic structures of NaFePO$_4$ maricite and triphylite polymorphs for sodium-ion batteries [J]. Inorganic Chemistry, 2013, 52 (15): 8685-8693.

[27] Moreau P, Guyomard D, Gaubicher J, et al. Structure and stability of sodium intercalated phases in olivine FePO$_4$ [J]. Chemistry of Materials, 2010, 22 (14): 4126-4128.

[28] Oh S M, Myung S T, Hassoun J, et al. Reversible NaFePO$_4$ electrode for sodium secondary batteries [J]. Elecrochemistry Communications, 2012, 22: 149-152.

[29] Gong Z, Yang Y. Recent advances in the research of polyanion-type cathode materialsfor Li-ion batteries [J]. Energy & Environmental Science, 2011, 4 (9): 3223-3242.

[30] Tripathi R, Wood S M, Islam M S, et al. Na-ion mobility in layered Na$_2$FePO$_4$F and olivine Na[Fe, Mn]PO$_4$ [J]. Energy & Envirnonmental Science, 2013, 6 (8): 2257-2264.

[31] Xiang K, Xing W, Ravnsbaek D B, et al. Accommodating high transformation strains in battery electrodes via the formation of nanoscale intermediate phases: operando investigation of olivine NaFePO$_4$ [J]. Nano Letters, 2017, 17 (3): 1696-1702.

[32] Galceran M, Saurel D, Acebedo B, et al. The mechanism of NaFePO$_4$ (de) sodiation determined by *in situ* X-ray diffraction [J]. Physical Chemistry Chemical Physics, 2014, 16 (19): 8837-8842.

[33] Saracibar A, Carrasco J, Saurel D, et al. Casas cabanas, investigation of sodium insertion-extraction in olivine Na$_x$FePO$_4$ (0 ≤ x ≤ 1) using first-principles calculations [J]. Physical Chemistry Chemical Physics, 2016, 18 (18): 13045-13051.

[34] Kim J, Seo D H, Kim H, et al. Unexpected discovery of low-cost maricite NaFePO$_4$ as a high-performance electrode for Na-ion batteries [J]. Energy & Environment Science, 2015, 8 (2): 540-545.

[35] Ling C, Zhang R, Mizuno F. Phase stability and its impact on the electrochemical performance of VOPO$_4$ and LiVOPO$_4$ [J]. Journal of Materials Chemistry A, 2014, 2 (31): 12330-12339.

[36] Becker P. Borate materials in nonlinear optics [J]. Advanced Materials, 1998, 10 (13): 979-992.

[37] Rowsell J L C, Taylor N J, Nazar L F. Structure and ion exchange properties of a new cobalt borate with a tunnel structure "templated" by Na$^+$ [J]. Journal of the American Chemical Society, 2002, 124 (23): 6522-6523.

[38] Tao L, Rousse G, Chotard J N, et al. Preparation, structure and electrochemistry of LiFeBO$_3$: a cathode material for Li-ion batteries [J]. Journal of Materials Chemistry A, 2014, 2 (7): 2060-2070.

[39] Asl H Y, Stanley P, Ghosh K, et al. Iron borophosphate as a potential cathode for lithium-and

sodium-ion batteries [J]. Chemistry of Materials, 2015, 27 (20): 7058-7069.

[40] Strauss F, Rousse G, Sougrati M T, et al. Synthesis, structure, and electrochemical properties of Na$_3$MB$_5$O$_{10}$ (M = Fe, Co) containing M^{2+} in tetrahedral coordination [J]. Inorganic Chemistry, 2016, 55 (24): 12775-12782.

[41] Bianchini F, Fjellvag H, Vajeeston P. First-principles study of the structural stability and electrochemical properties of Na$_2$MSiO$_4$ (M = Mn, Fe, Co and Ni) polymorphs [J]. Physical Chemistry Chemical Physics, 2017, 19 (22): 14462-14470.

[42] Yu S, Hu J Q, Hussain M B, et al. Structural stabilities and electrochemistry of Na$_2$FeSiO$_4$ polymorphs: first-principles calculations [J]. Journal of Solid State Electrochemistry, 2018, 22 (7): 2237-2245.

[43] Zhu L, Zeng Y R, Wen J, et al. Structural and electrochemical properties of Na$_2$FeSiO$_4$ polymorphs for sodium-ion batteries [J]. Electrochimica Acta, 2018, 292: 190-198.

[44] Ali B, ur-Rehman A, Ghafoor F, et al. Interconnected mesoporous Na$_2$FeSiO$_4$ nanospheres supported on carbon nanotubes as a highly stable and efficient cathode material for sodium-ion battery [J]. Journal of Power Sources, 2018, 396: 467-475.

[45] Kaliyappan K, Chen Z. Facile solid-state synthesis of eco-friendly sodium iron silicate with exceptional sodium storage behaviour [J]. Electrochimica Acta, 2018, 283: 1384-1389.

[46] Zhang D, Ding Z, Yang Y, et al. Fabricating 3D ordered marcoporous Na$_2$MnSiO$_4$/C with hierarchical pores for fast sodium storage [J]. Electrochimica Acta, 2018, 269: 694-699.

[47] Law M, Ramar V, Balaya P. Na$_2$MnSiO$_4$ as an attractive high capacity cathode material for sodium-ion battery [J]. Journal of Power Sources, 2017, 359: 277-284.

[48] Renman V, Valvo M, Tai C W, et al. Manganese pyrosilicates as novel positive electrode materials for Na-ion batteries [J]. Sustainable Energy & Fuels, 2018, 2 (5): 941-945.

[49] Wessells C D, Huggins R A, Cui Y. Copper hexacyanoferrate battery electrodes with long cycle life and high power [J]. Nature Communications, 2011, 2: 550.

[50] Kim H, Kim H, Ding Z. Working principles of lithium metal anode in pouch cells [J]. Advanced Energy Materials, 2016, 6: 2202518.

[51] Wessells C D, Peddada S V, Huggins R A, et al. Nickel hexacyanoferrate nanoparticle electrodes for aqueous sodium and potassium ion batteries [J]. Nano Letters, 2011, 11: 5421-5425.

[52] Shen L, Jiang Y, Liu Y, et al. High-stability monoclinic nickel hexacyanoferrate cathode materials for ultrafast aqueous sodium ion battery [J]. Chemical Engineering Journal, 2020, 388: 124228.

[53] Wu X Y, Sun M Y, Shen Y F, et al. Energetic aqueous rechargeable sodium-ion battery based on Na$_2$CuFe(CN)$_6$-NaTi$_2$(PO$_4$)$_3$ intercalation chemistry [J]. ChemSusChem, 2014, 7: 407-411.

[54] Li W, Zhang F, Xiang X, et al. Nickel-substituted copper hexacyanoferrate as a superior cathode for aqueous sodium-ion batteries [J]. ChemElectroChem, 2018, 5: 350-354.

[55] Zhao F, Wang Y, X Xu, et al. Cobalt hexacyanoferrate nanoparticles as a high-rate and ultra-stable supercapacitor electrode material [J]. ACS Applied Materials & Interfaces, 2014, 6: 11007-11012.

[56] Fernández-Ropero A J, Piernas-Muñoz M J, Castillo-Martínez E, et al. Casas-cabanas, electrochemical characterization of NaFe$_2$(CN)$_6$ Prussian blue as positive electrode for aqueous sodium-ion batteries [J]. Electrochimica Acta, 2016, 210: 352-357.

[57] Wu X, Luo Y, Sun M, et al. Low-defect Prussian blue nanocubes as high capacity and long life cathodes for aqueous Na-ion batteries [J]. Nano Energy, 2015, 13: 117-123.

[58] You Y, Wu X L, Yin Y X, et al. High-quality Prussianblue crystals as superior cathode materials for room-temperature sodium-ion batteries [J]. Energy & Environmental Science, 2014, 7: 1643-1647.

[59] Wang L, Song J, Qiao R, et al. Rhombohedral prussian white as cathode for rechargeable sodium-ion batteries [J]. Journal of the American Chemical Society, 2015, 137: 2548-2554.

[60] Kanno R, Shirane T, Inaba Y, et al. Synthesis and electrochemical properties of lithium iron oxides with layer-related structures [J]. Journal of Power Sources, 1997, 68 (1): 145-152.

[61] Yabuuchi N, Kajiyama M, Iwatate J, et al. P2-type Na$_{1-x}$[Fe$_{1/2}$Mn$_{1/2}$]O$_2$ made from earth-abundant elements for rechargeable Na batteries [J]. Nature Materials, 2012, 11 (6): 512-517.

[62] Zarrabeitia M, Gonzalo E, Pasqualini M, et al. Unraveling the role of Ti in the stability of positive layered oxide electrodes for rechargeable Na-ion batteries [J]. Journal of Materials Chemistry A, 2019, 7 (23): 14169-14179.

[63] Monyoncho E, Bissessur R. Unique properties of alpha-NaFeO$_2$: De-intercalation ofsodium via hydrolysis and the intercalation of guest molecules into the extract solution [J]. Materials Research Bulletin, 2013, 48 (7): 2678-2686.

[64] You Y, Dolocan A, Li W, et al. Understanding the air-exposure degradation chemistry at a nanoscale of layered oxide cathodes for sodium-ion batteries [J]. Nano Letters, 2019, 19 (1): 182-188.

[65] Lu Z H, Dahn J R. *In situ* X-ray diffraction study of P2-Na$_{2/3}$[Ni$_{1/3}$Mn$_{2/3}$]O$_2$ [J]. Journal of the Electrochemical Society, 2001, 148 (11): A1225-A1229.

[66] Zuo W, Luo M, Liu X, et al. Li-rich cathodes for rechargeable Li-based batteries: reaction mechanisms and advanced characterization techniques [J]. Energy & Environmental Science, 2020, 13 (12): 4450-4497.

[67] 游济远, 曹永安, 孟绍良, 等. 钠离子电池正极材料研究进展 [J]. 石油化工高等学校学报, 2022, 35 (02): 1-8.

[68] 盛琦. 钠离子电池用有机共轭羰基正极材料与希夫碱类负极材料的制备及性质研究 [D]. 南京: 南京航空航天大学, 2016.

[69] Meer S, Kausar A, Iqbal T. Trends in conducting polymer and hybrids of conducting polymer/carbon nanotube: a review [J]. Polymer-Plastics Technology and Engineering, 2016, 55 (13): 1416-1440.

[70] Jaymand M. Recent progress in chemical modification of polyaniline [J]. Prog. Polym. Sci., 2013, 38: 1287-1306.

[71] Saini P, Choudhary V, Singh B P, et al. Enhanced microwaveabsorption behavior of polyaniline-CNT/polystyrene blend in 12.4~18.0 GHz range [J]. Synth. Met, 2011, 161: 1522-1526.

[72] Nakajima T, Kawagoe T. Polyaniline: structural analysis and application for battery [J]. Synth. Met, 1989, 28: 629-638.

[73] Wei X, Jiao L, Sun J, et al. Synthesis, electrochemical, and gas sensitivityperformance of polyaniline/MoO_3 hybrid materials [J]. J. Solid. State. Electrochem, 2010, 14: 197-202.

[74] Choi M R, Han T H, Lim K G, et al. Soluble self-dopedconducting polymer compositions with tunable work function as hole injection/extraction layers in organic optoelectronics [J]. Angewandte Chemie, 2011, 123 (28): 6398-6401.

[75] J D A, Kumar A P, Vikalp S, et al. Nanostructured porous polyaniline (PANI) coated carbon cloth (CC) as electrodes for flexible supercapacitor device [J]. Journal of Materials Science & Technology, 2021, 88: 168-182.

[76] Vernitskaya T V, Efimov O N. Polypyrrole: a conducting polymer: its synthesis, properties and applications [J]. Russ. Chem. Rev, 1997, 66: 443-457.

[77] Lota K, Lota G, Sierczynska A, et al. Carbon/polypyrrole composites for electrochemical capacitors [J]. Synthetic Metals, 2015, 203: 44-48.

[78] Fahim H, M S M S, Zohra G, et al. Effect of polymerization conditions on thephysicochemical and electrochemical properties of SnO_2/polypyrrole composites for supercapacitor applications [J]. Journal of Molecular Structure, 2022, 1251: 131964.

[79] Chen L I U R, Ping L I U Z. Polythiophene: synthesis in aqueous medium and controllable morphology [J]. Chin. Sci. Bull., 2009, 54: 2028-2032.

[80] Ho H, Najari A, Leclerc M. Optical detection of DNA and proteins with cationic polythiophenes [J]. Acc. Chem. Res, 2008, 41: 168-178.

[81] Zou Y, Wu W, Sang G, et al. Polythiophene derivative with phenothiazine-vinylene conjugated side chain: synthesis and its application in field-effect transistors [J]. Macromolecules, 2007, 40: 72310-7237.

[82] Patil B, Jagadale A, Lokhande C. Synthesis of polythiophene thin films by simple successive ionic layer adsorption and reaction (SILAR) method for supercapacitor application [J]. Synthetic Metals, 2012, 162 (15-16): 1400-1405.

[83] Zhang H, Hu L, Tu J, et al. Electrochemically assembling of polythiophene film in ionic liquids (ILs) microemulsions and its application in an electrochemical capacitor [J]. Electrochimica Acta, 2014, 120: 122-127.

[84] Ni D, Song H, Chen Y, et al. Free-standing highly conducting PEDOT films for flexible thermoelectric generator [J]. Energy, 2019: 170.

[85] Ravi M, Bhavani S, Pavani Y, et al. Investigation on electrical and dielectric properties of PVP: $KClO_4$ polymer electrolyte films [J]. Ind. J. Pure Appl. Phys., 2013, 51: 362-366.

[86] Liang Y L, Tao Z L, Chen J. Organic electrode materials for rechargeable lithium batteries [J]. Advanced Energy Materials, 2012, 2: 742.

[87] 刘梦云, 谷天天, 周敏, 等. 共轭羰基化合物作为钠/钾离子电池电极材料的研究进展 [J]. 储能科学与技术, 2018, 7 (06): 1171-1181.

[88] Häringer D, Novák P, Haas O, et al. Poly (5-amino-1, 4-naphthoquinone), a novel lithium-inserting electroactive polymer with high specific charge [J]. Journal of The Electrochemical Society, 1999, 146 (7): 2393-2396.

[89] 古丽巴哈尔·达吾提, 卢勇, 赵庆, 等. 可充锂电池醌类化合物电极材料 [J]. 物理化学学报, 2016, 32 (07): 1593-1603.

[90] Zhao R, Zhu L, Cao Y, et al. An aniline-nitroaniline copolymer as a high capacity cathode for Na-ion batteries [J]. Electrochemistry Communications, 2012, 21: 36-38.

[91] Deng W W, Liang X M, Wu X Y, et al. A low cost, all-organic Na-ion battery based on polymeric cathode and anode [J]. Scientific Reports, 2013, 3 (1): 2671.

[92] Assadi M H N, Okubo M, Yamada A, et al. Oxygen redox promoted by Na excess and covalency in hexagonal and monoclinic $Na_{2-x}RuO_y$ polymorphs [J]. Journal of the Electrochemical Society, 2019, 166: A5343.

[93] Perez A J, Batuk D, Saubanère M, et al. Strong Oxygen participation in the redox governing the structural and electrochemical properties of Na-rich layered oxide Na_2IrO_3 [J]. Chemistry of Materials, 2016, 28: 8278-8288.

第4章 钠离子电池负极材料

4.1 概　　述

根据锂离子电池的发展经验，负极材料的物理化学性质对锂离子电池的性能具有极大的影响。随着商业化石墨的挖掘并在锂离子电池负极上的稳定应用，克服了金属锂负极枝晶生长导致的安全问题，推动了锂离子电池由一次电池到二次电池的转变及进步，促进了锂离子电池在交通运输以及储能电站等领域的大规模商业化应用。与正极材料相比，钠离子电池负极材料的研究进展相对缓慢，石墨作为负极在碳酸酯电解液中不具备储钠性能，极大限制了钠离子电池的实际应用[1-3]。

与锂离子电池体系相同，金属钠作为负极材料，电池在循环过程中，在负极表面析出钠枝晶，其极易刺破隔膜导致电池短路，从而影响电池安全性。金属钠活性较高，需储存在煤油等溶液中，同时其较低的熔点（~97.7℃），难以承受较高的温度，极大增加了在运输和电池组装中的成本和工艺[3]。同时其在极低温度和高温条件下的电池稳定性均有待提高，难以满足特殊条件下的性能要求[4]。因此迫切需要开发价格低廉、合成工艺简洁且性能稳定的新型负极材料。近些年，钠离子电池负极的发展取得长足进步，如图4-1所示，目前主要分为有机类材料、碳基材料、钛基材料和合金类材料及其他材料等[5]。

①有机类负极材料主要是由有机化合物及其复合材料组成，具有资源丰富、成本低廉、易制备、电化学窗口可调等优点，在钠离子电池负极中具有广泛的应用。然而，有机类负极的电子导电性极差，且易溶于电解液。当前对有机类负极材料的改性措施主要包括通过调控分子结构、表面包覆及复合等方式，提高材料的电子导电性，从而改性有机类负极的电化学性能[6-8]。

②碳基材料从材料来源来讲，碳基材料资源丰富，例如石墨烯、软碳、石墨、硬碳等。碳类材料的研究主要集中在石墨类碳材料、无定形碳材料及纳米碳材料等，其中硬碳被认为是较有前景的负极材料。由于硬碳材料结构通常为无序性，钠离子脱嵌较容易。此外通过掺杂B、N、S和P等元素，能够扩大层间距离，改善材料表面润湿性能，从而达到提升硬碳材料的电化学性能，图4-2为多种负极材料性能对比图[9-12]。

③合金类材料作为钠离子电池负极材料，其理论容量可达到370~2600mAh/g，

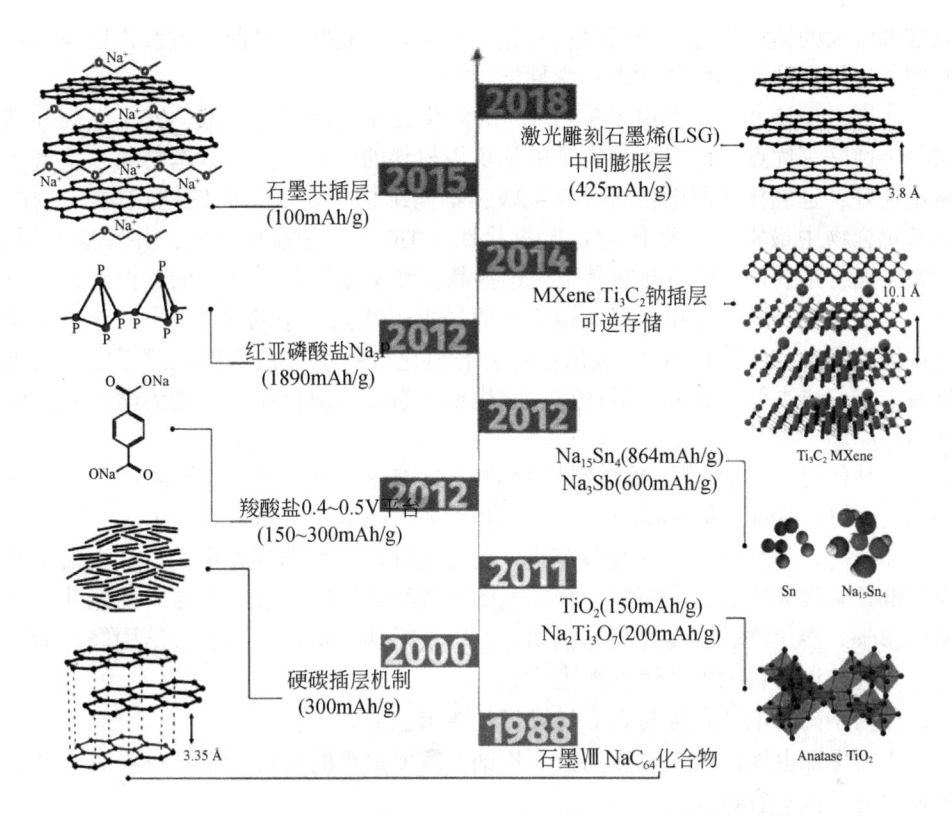

图 4-1 钠离子电池负极在关键里程碑上的简要发展时间表[5]

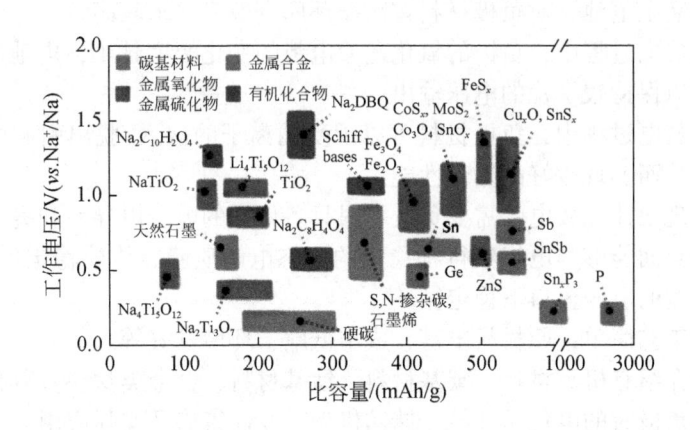

图 4-2 钠离子电池负极材料容量及电压[11]

同时其储钠电位较低。因其高容量和低输出电压被研究者广泛关注。该类材料脱嵌机理是通过多电子反应形成二元金属化合物。在脱嵌过程中多个钠离子参与反应带来较大的体积变化,导致材料粉化,引起容量衰减。目前通过修饰以及表面处理方法来提升此类材料的电化学性能[13-15]。

④嵌入型钛基化合物由于Ti^{3+}/Ti^{4+}的氧化还原电位相对较低、安全性高和结构稳定性好等优点,已成为钠离子电池负极材料的研究热点。钛基材料在空气中稳定性好,且氧化还原电位处在 0~2V,不同结构中表现出的储钠点位不一样。钛基化合物中最常见的氧化物是二氧化钛(TiO_2),它容易合成,并且成本低。TiO_2在自然界中有三种不同的晶型,这些晶型在室温下都是稳定的,但它们的电化学性能各不相同。在钠离子电池中,通过TiO_6八面体中的Ti^{4+}/Ti^{3+}氧化还原来实现钠离子在TiO_2中的嵌入/嵌出。此外有机化合物也可被用作钠离子电池负极材料。它们成本低,结构灵活性高,结构动力学好,但存在反应动力学差和溶解度高等问题[16-18]。

⑤其他材料包括转化基材料硫化物(如MoS_2、SnS 等)、金属氧化物(如Fe_2O_3、CoO、MoO_3和$NiCo_2O_4$等)、磷化物(如M_xP_y,M = Fe、Co、Ni、Cu、Sn、Mo 等)。硫化物比氧化物具有更好的导电性能,其循环稳定性以及大倍率的充放电具有很大优势。金属氧化物导电碳来进行修饰以改善电子传导性能并缓冲体积膨胀。磷化物具有良好的储钠功能,以及循环稳定性能,通过结构修饰能够进一步提升该材料的电化学性能[19-21]。

作为钠离子电池负极材料需要满足的要求主要如下:

①为保证电池的输出电压高且不析钠,需要负极的氧化还原电势要高于钠的沉积电势,但不宜过高。

②具有合适的比表面积,活性位点多,便于实现较高比容量和钠离子存储。

③为组装全电池,对负极材料首次循环库仑效率要求较高。

④在充放电过程中,负极的氧化还原电势的变化幅度越小,电池的电压越稳定,从而可以保持较平稳的电压输出。

⑤在充放电过程中,负极材料可以承受钠离子的嵌入/脱出引起的结构变化而不坍塌,从而实现较好的循环性能。

⑥为实现快速充放电,需要负极材料具备优异的电子电导率和离子电导率。

⑦负极界面能够与电解液行程稳定的固态电解质膜,构建稳定的循环环境,可以实现在宽的电压窗口下稳定循环。

⑧合成工艺简单,原材料丰富,成本低廉,环境友好等。

本章将介绍有机类材料、碳基材料、钛基材料、合金类材料及其他材料作为钠离子电池负极时的电化学性能、储钠机理、改性策略及实际应用案例。

4.2 有机类负极材料

有机材料是一类常见的钠离子电池负极。与无机材料相比,有机类负极的合成方法简单、原料在自然界中含量丰富且成本较低；同时，有机类负极的钠离子嵌入/脱出机制非常特殊，可以实现较快的钠离子迁移速率；有机负极的结构较为灵活，可以通过调节活性基团数量实现多电子反应，从而调节比容量和氧化还原电势。然而，有机类负极材料也存在如下缺点：有机类负极材料极易溶于电解液中，造成电极活性物质的损失，所以循环稳定性较差；且大部分有机类负极材料的本征电子导电率低，需要在制备电极的过程中加入大量炭黑等导电剂，因此电池体系的能量密度降低，同时添加的导电剂会影响首次库仑效率。

4.2.1 有机类负极材料的分类

无机材料作为钠离子电池负极在大规模应用中的成本过高。与之相反，有机类材料可以直接从可再生的生物质资源中获取，制备方法简单、成本低、易于回收处理。除此之外，有机材料还可以利用不同的合成方法来调整分子的结构，使其具有充放电稳定性、结构多样性和多电子反应等优点。因此，有机材料作为钠离子电池的负极越来越受到重视。在有机自由基化合物、含氮杂环化合物和羰基化合物等不同基团有机类材料中，羰基化合物因具有高的比容量和倍率性能，成为目前研究最多的有机材料。

4.2.2 羰基化合物

共轭羰基化合物是羰基化合物的主要代表，其价格低廉，合成方法简单，分子结构多样，晶体结构框架相对稳定且理论比容量较高（一般大于200mAh/g）和动力学性能较好。

共轭羰基化合物从所含官能团角度区分，主要包括羧酸盐类和醌类等。其中，羧酸盐主要包括对苯二甲酸二钠及其衍生物，研究发现，由于在羰基旁边直接连有供电子基团—ONa，电压一般低于1V，适合作为负极；而醌类化合物的电压一般高于1V，理论比容量也相对较高，同时可以避免SEI膜的形成。通过调整取代基和苯环的数量可以得到具有不同电压和比容量的电极材料。因此，羧基化合物的研究较为广泛。

2012年，胡勇胜等第一次报道了一种羧化物对苯二甲酸二钠（$Na_2C_8H_4O_4$），可以作为一种新型的可充电室温钠离子电池负极材料[22]。$Na_2C_8H_4O_4$为正交结构，对应空间群$Pbc21$，其晶胞参数为$a=3.5480Å$，$b=10.8160Å$，$c=18.9943Å$。$Na_2C_8H_4O_4$分子中两个羰基可以允许两个钠离子嵌入和脱出。该材料的钠离子插入电压为0.29V，具有250mAh/g的可逆容量。此外，通过原子层沉积法（ALD）在电极表面覆盖一层Al_2O_3薄膜可以增强其倍率性能和循环性能，这是因为Al_2O_3层可以通过电解液的还原分解来抑制电极表面SEI膜的形成。通过不溶性对苯二甲酸二钠（Na_2TP）与氧化还原石墨烯杂交，形成不含导电添加剂和黏结剂的独立电极，在醚基电解质中可以获得 245mAh/g 的高可逆容量，初始库仑效率高达 82.3%。通过静电纺丝工艺得到纤维状的 Na$_2$TP，其中空纤维直径为 189nm±32nm，粒径为 76nm±27nm。在 255mA/g 电流密度下，经过 100 次循环，粉末状 Na$_2$TP 的容量为 48mAh/g，而纤维状 Na$_2$TP 的容量为 70mAh/g，这是因为在高电流密度下，纤维状的纳米结构可以使 Na$_2$TP 具有较大的比表面积，能增强钠离子的吸附，使其具有更高的放电容量和更好的循环稳定性（图 4-3）。

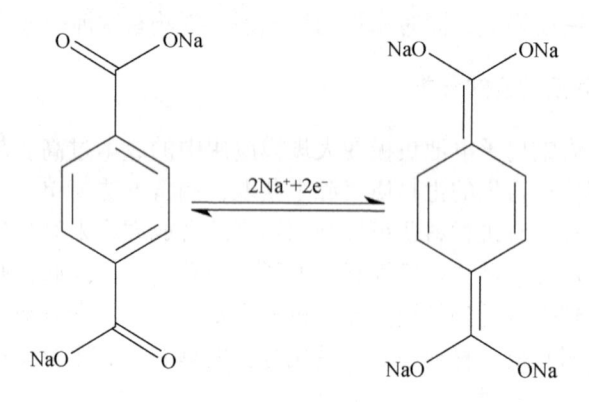

图 4-3 对苯二甲酸二钠储钠机制示意图[23]

除了羰基化合物外，醌和酸酐也已被证实可以作为钠离子电池负极高性能材料。醌指分子中含有六元环状共轭不饱和二酮结构的一类化合物，是一种具有良好电化学活性的典型有机羰基化合物，其氧化还原机制可以归结为一种烯醇化反应和羰基的逆反应。实际上，许多其他的共轭羰基化合物也与醌一样表现出类似的电化学性质。一般情况下，1V 以上的储钠电位就可以减少 SEI 膜的生成，但是较高的负极储钠电位又会降低全电池的输出电压，从而降低能量密度。因此，储钠电位在 1V 左右的负极材料是比较理想的选择。因此，有科研工作者以 2,5-二羟基-1,4-苯醌（C$_6$H$_2$O$_4$）为前驱体，采用喷雾干燥法制备了 Na$_2$C$_6$H$_2$O$_4$/CNT 复合材料。碳纳米管均匀分布在多孔球体结构中，在粒子内外之间构建导电网络。复合材料的平均储钠电压为 1.4V，可逆容量为 259mAh/g，首周库仑效率高达 88%，在 7C 的充电倍率下，可逆容量为 142mAh/g。由于没有 SEI 膜形成和钠枝晶沉积，使其在应用中具有高安全性[24]。

通过控制二甲基酰胺（DFM）的使用，制备出纳米片状（NS-Na$_2$TP）和块状（B-Na$_2$TP）的对苯二甲酸二钠。与 B-Na$_2$TP 相比，NS-Na$_2$TP 纳米片均匀分散在炭黑纳米颗粒组成的导电网络中，其电极的初始可逆容量为 248mAh/g，非常接近 Na$_2$TP 的理论容量，在 250mA/g 的电流密度下循环 100 周，容量保持率也可维持在 81%。如图 4-4 所示，通过研究 NS-Na$_2$TP 和 B-Na$_2$TP 的储钠机制发现，NS-Na$_2$TP 的储钠过程是两个钠离子转移的一步反应，直接由 Na$_2$C$_8$H$_4$O$_4$ 相转变为 Na$_4$C$_8$H$_4$O$_4$ 相。而 B-Na$_2$TP 的储钠过程是一个两步反应，每个步骤转移一个钠离子，在相变过程中经历了一个中间相 Na$_3$C$_8$H$_4$O$_4$，相比而言，改性后的 NS-Na$_2$TP 缩短了储钠进程。

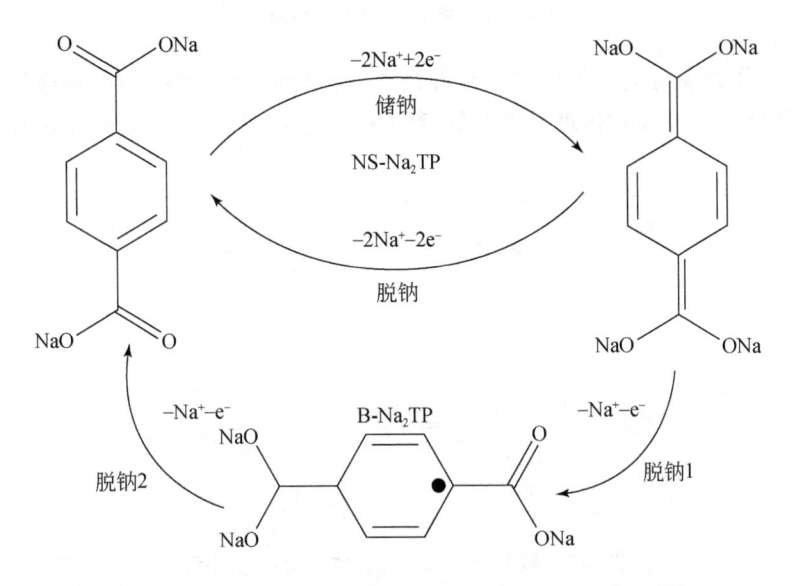

图 4-4 两种 Na$_2$TP 材料可能的充电/放电机制示意图[24]

同时，较多报道关于 3，4，9，10-四羧酸二酐（PTCDA）作为负极材料，应用于钠离子电池体系。非原位 XRD 和 FTIR 显示，在充放电过程中，四个羰基双键的烯醇化不会破坏 PTCDA 的晶体结构，说明整个储钠过程是可逆的，而 C═C 双键不会发生断裂则表明 PTCDA 分子具有足够的结构稳定性。PTCDA 具有足够高的比容量和良好的倍率性能，在 25mA/g 下可获得 361mAh/g 的容量，在 2000mA/g 的大电流密度下也可获得容量 67.7mAh/g[25]。

席夫碱化合物是指含有碳双键的（甲）亚胺团的一有机化合物的统称，可通过等当量的醛和胺缩合反应制备而成。席夫碱化合物对金属离子具有很好的络合能力，易与多种金属离子形成配合物。相比于羰基基团，席夫碱化合物的甲亚胺基团更容易被还原，典型席夫碱聚合物的结构式和充电曲线如图 4-5 所示，其中—C═N—的杂化轨道上的 N 原子具有孤对电子，具有独特的光、电和热等性质。

4.2.3 有机类负极的储钠机理研究

共轭羰基化合物的结构特点是具有大的共轭体系和偶数个羰基官能团

图 4-5 席夫碱化合物结构示意图[24]

(C—O)，作为参与电化学反应的活性位点。传统的羰基可逆断裂重建机理认为共轭羰基化合物的储钠机理是羧基的烯醇化反应及其逆反应，如图4-6所示。

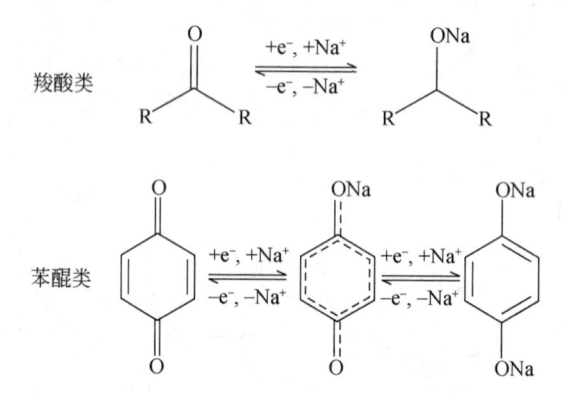

图 4-6 羧酸类及苯醌化合物结构示意图[26]

苯醌或共轭羰基发生还原反应时，先得到一个电子生成自由基负离子，再得到第二个电子生成二价阴离子；发生氧化反应时，失去两个电子还原成苯醌或共轭羰基的结构。这种传统机理是从分子水平对电化学反应机理的认识。从更微观的晶体结构方面对电化学反应机理进行研究有利于提高对该类有机化合物储钠机理的认识。

以四氨基苯醌（TABQ）和六酮环己烷八水合物（HKH）、2,5-二羟基-1,4-苯醌（DHBQ）为原料分别制备了支链共轭聚合物和线性共轭聚合物，从分子尺度上调控了聚合物的形态结构［图4-7（a）][27]。两种聚合物用于储钠时，在低电流密度下均表现出优异的电化学性能，但支链共轭聚合物的倍率性能远高于线性聚合物，主要是由于支链结构有利于电解质的渗透和离子传输。除含羰基结构聚合物外，通过$FeCl_3$氧化偶联［图4-7（b）]、Stille交叉偶联［图4-7（c）]等反应制备的共轭微孔聚合物，具有高导电性的网络骨架与丰富的氧化还原活性位点，也表现出高储钠容量和优异的循环稳定性[28,29]。其中，通过Stille交叉偶联制备的网络聚合物呈纳米片状，通过优化单体结构和合成路线，可以有效控制纳米片的比表面积和自组装形态。加强聚合物主链的平面性可提高纳米片的电子电导率。优化的材料在0.1A/g的电流密度下，循环30圈后可逆比容量为

250mAh/g[30,31]。

此外,自由基是有机电极进行电化学反应过程中不可避免的中间产物,控制自由基中间体的氧化还原活性和稳定性是获得高比容量、高倍率和稳定电极的关键。卢等成功制备了一系列基于β-酮胺的二维共价有机框架材料(COFs)[图4-7(d)]。研究发现,COFs 在氧化还原过程中发生了 C—O 自由基和α—C 自由基中间体的形成和转化。COFs 层间相互作用对电化学性能影响显著,降低 COFs 的堆积厚度可以在保证自由基中间体贡献容量的同时,提高其稳定性[31]。

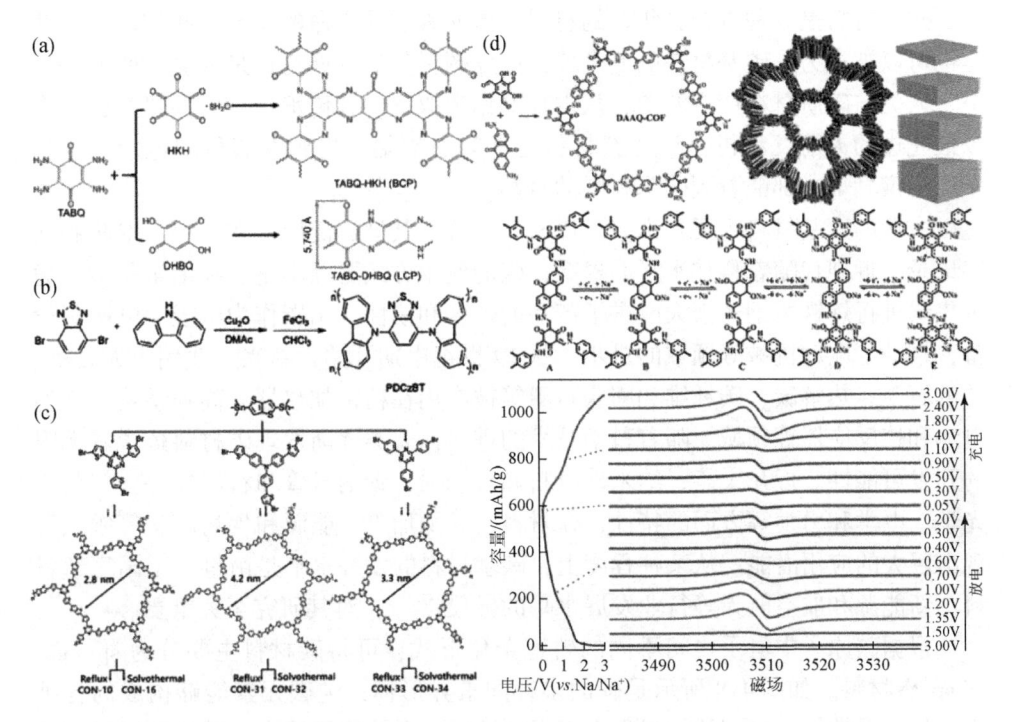

图4-7 (a) TABQ 与 HKH、DHBQ 的化学结构与聚合反应过程;(b) FeCl$_3$氧化偶联与 (c) Stille 交叉偶联制备共轭微孔聚合物;(d) 基于β-酮胺的二维 COFs 合成及储钠机理[27-30]

除将有机类材料及其复合材料直接应用于钠离子电池负极外,有机类材料可调节的孔隙结构和杂原子掺杂水平,使其本身可以作为理想的碳材料前驱体。其本征多孔结构通常在碳化后可以得到保持,丰富的 C、N、O、S 等原子在热解后仍有部分保留。杂原子掺杂、高比表面积和大层间距使得这一类材料通常具有高比容量和高倍率性能[32]。

与无机负极材料相比,有机负极材料的来源广泛,具有循环可再生的优点。此外,有机材料还具有分子结构灵活可调的优势,通过调整合成方法可以实现官能团的添加与消除,实现多电子的可逆氧化还原反应,这些优势有利于产生高电化学性能。因此，有机材料在开发可持续性的、柔性的、低成本的绿色电池方面值得重点关注。

4.3 碳基负极材料

4.3.1 碳基负极材料的分类及发展

碳基材料是一种古老又年轻的材料，碳元素还是生命的基石，我们的身体甚至也可以被视为是碳基材料的复合体，因此碳材料的发展史也是人类文明的进步史。人类与碳质材料产生渊源，从古代的钻木取火，到传承千百年的铅笔，到当今最先进的火箭发动机，到"新材料之王"石墨烯，再到充满科幻色彩的碳量子点和富勒烯，都能看到碳基材料的身影。

古代的碳基材料主要是木炭、煤和石墨等，其被广泛应用在燃料、取暖和文字记录。近现代随着科技水平的提高，碳的使用方式更加丰富。在冶金领域，通过焦炭进行炼铁炼钢，极大改进了产品的硬度和韧性。用碳作为电极、电刷等设备，推动了电动机械等领域的进步。从19世纪中期开始，新兴工业用碳如石墨、热解石墨、热解碳、碳纤维和膨胀石墨等被应用在精密加热器、高强结构、新型电池和核反应器等领域。随着科学技术的进步，人类逐渐发现碳材料蕴含着无限的开发可能性。近几十年，纳米碳材料如富勒烯、碳纳米管和石墨烯等凭借其在光学、电学和力学等方面的特性，在材料、微纳加工、能源和生物医学等领域展现出巨大的应用潜能。从某种程度上，碳基材料的发展水平是衡量一个国家新材料、新能源和航空航天等行业发展水平的标尺[33-35]，对其研究至关重要。

根据碳原子中电子之间不同的轨道杂化形式，可将碳材料主要分为 sp、sp^2 和 sp^3 碳材料。如图4-8所示是碳的多种同素异形体，纯碳元素能够构成的各种不同的分子结构，得到的材料具有不同的性质。在储能领域中，碳基负极材料的 sp^2 杂化包括石墨、无定形碳和纳米碳材料等。由于结晶度和碳层排列方式的不同，它们的物理性质、化学性质和电化学性质等都呈现出不同的特点[36]。探究并挖掘出适宜作为钠离子电池负极的碳类材料具有重要意义。

在多种碳基材料中，根据其晶格结构和碳层排列方式的不同，可以分为石墨类与无定形类，如图4-9所示。其中，石墨具有明显的结晶峰，而软碳在25°左右出现尖锐的宽峰。硬碳则在25°和43°出现两个明显的宽衍射峰，分别对应石墨的（002）和（100）晶面，随着材料石墨化程度的降低，（002）峰位置逐渐左移，对应碳层间距增大。还原氧化石墨烯的XRD图与软碳较为相近，表明对石墨烯后处理，可以使其无序性增大，层间距扩大[37]。由于结构不同，石墨类和无定形类碳材料在储能体系中的电化学性能和储能机理各不相同。

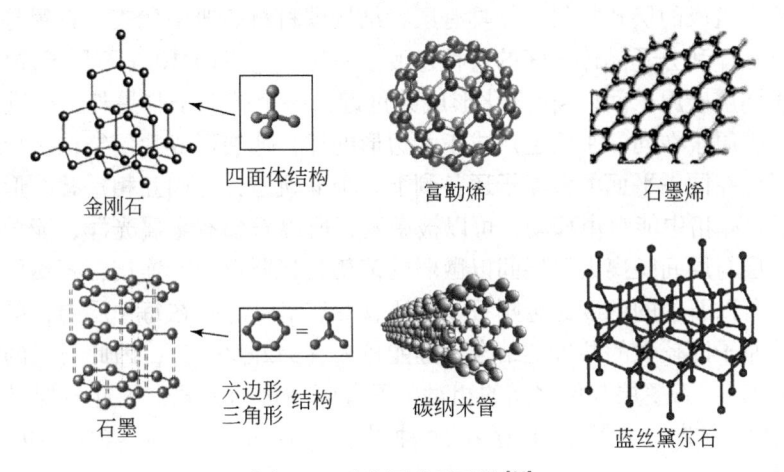

图 4-8 碳的同素异形体[36]

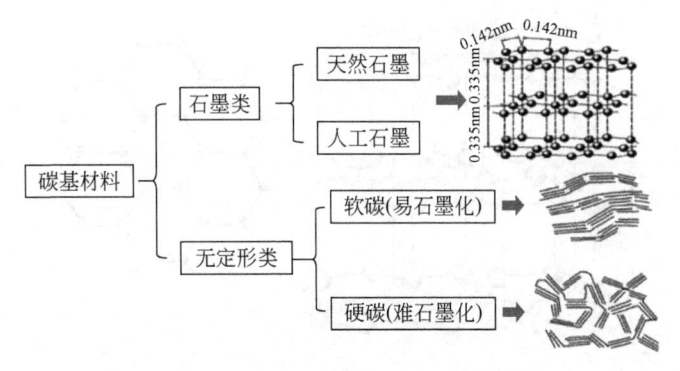

图 4-9 碳类材料的分类[36]

碳基材料不仅具有来源广泛、制备简单和价格低廉等商业应用的特点，而且拥有形貌可控、结构稳定等材料优势。碳材料因为类别以及合成方法的不同，所形成的材料尺寸和形貌各有差异，其所应用的领域也有很大区别。通过调控孔径分布和比表面积等改善离子的存储动力学，从而实现极佳的电化学性能和循环稳定性。因此，深入分析碳材料的物理化学特性，调控其结构和形貌，从而实现碳材料在钠离子电池储能体系中的应用是非常必要的。

4.3.2 石墨类碳材料负极

1. 石墨的晶体结构

石墨类碳材料主要包括天然石墨、人造石墨和改性石墨。石墨，一种由六方网状碳原子组成的层状材料，是具有层状结构碳材料的典型代表。石墨是原子晶体、金属晶体和分子晶体之间的一种过渡型晶体[38]。图4-10是石墨的晶体结构。在晶体中同层碳原子间以 sp² 杂化形成共价键，每个碳原子与另外三个碳原子相联，六个碳原子在同一平面上形成正六边形的环，伸展形成片层结构，形成二维的石墨层。在同一平面的碳原子还各剩下一个 p 轨道，它们互相重叠，形成离域 π 键电子在晶格中能自由移动，可以被激发，所以石墨有金属光泽，能导电、传热。由于层与层间距离大，层间以微弱的范德瓦耳斯力相互连接，石墨层容易产生滑移，所以石墨的密度比金刚石小，质软并有滑腻感。在每一层内，同一石墨层内的碳原子以较强的共价键结合，键能较大（342kJ/mol），因此石墨的熔点很高（3850℃）。石墨层与层之间的相对位置有两种排列方式，因此石墨晶体在石墨片层堆积方向（c 轴）上存在两种结构：六方形结构（2H）和形结构（3R）[39-41]。

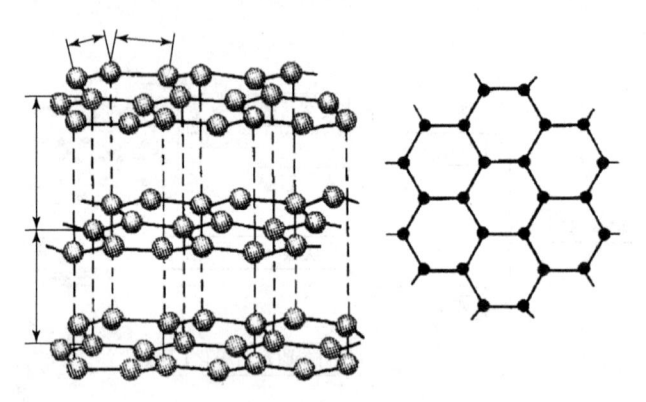

图 4-10 石墨晶体结构示意图[41]

在理想状态下，石墨由层间距为 0.334nm 的规则石墨烯薄片堆叠而成。一网层中碳原子的间距为 0.142nm，由于同一平面层上的碳原子间结合很强，极难破坏，所以石墨的熔点也很高，化学性质也稳定。鉴于其特殊的成键方式，不能单一地认为是单晶体或者多晶体，现在普遍认为石墨是一种混合晶体。在六方形结构中，六角网状平面呈 ABAB 重叠，每层的碳原子与隔一层的碳原子相互重叠，每层的碳原子不是直接排列在下一层的碳原子之上，而是排列在下一层的碳原子所组成的六元环的中心之上。而在菱形结构中，六角网状平面呈 ABCABC 重叠，即第一层的位置与第四层相对应[42]。

石墨具备较好的导电性和导热性，同时兼具优异的化学稳定性和可塑性，因其制备方法不同可分为天然石墨和人造石墨。石墨又可分为天然石墨和人造石墨两大类，天然石墨来自石墨矿藏，天然石墨还可分成鳞片石墨、土状石墨及块状石墨。天然开采得到的石墨含杂质较多,因而需要选矿,降低其杂质含量后才能使用,天然石墨的主要用途是生产耐火材料、电刷、柔性石墨制品、润滑剂、锂离子电池负极材料等,生产部分碳素制品有时也加入一定数量的天然石墨。图4-11为天然石墨的结构和形貌图。石墨属六方晶系,具完整的层状解理。解理面以分子键为主,对分子吸引力较弱,故其天然可浮性很好[43]。

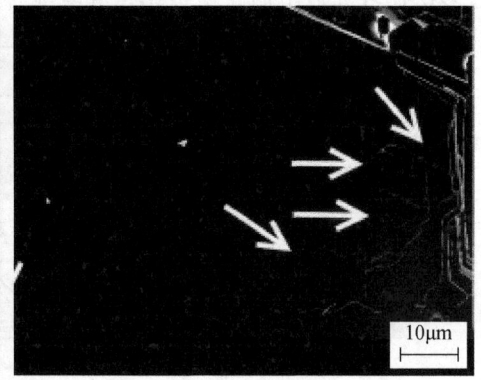

图 4-11 石墨的 SEM 图[43]

2. 石墨的储钠性质

作为电极材料,石墨可以实现活性离子在石墨片层间存储,从而完成电能和化学能转化。由于石墨展现的极低且平稳的充放电平台,使其成为了 LIBs 负极材料的最佳选择,石墨负极组装锂离子电池,展现出优异的电化学性能,包括 372mAh/g 的理论比容量以及超长的循环寿命。然而,由于 Na^+ 半径较大,当石墨应用于钠离子电池中,会导致电离势高且伸展的 C—C 键长变化极大,难以嵌入石墨层间形成稳定的 Na—C 化合物。Kisuk Kang 教授比较不同电解液($NaPF_6$-EC/DEC、$NaPF_6$-DMC 和 $NaPF_6$-DEGDME)中石墨的储钠行为,证明碳酸盐基电解液中钠离子的电化学活性很低;但在醚基电解液中,石墨电极展现出较好的循环稳定性,稳定循环 2500 次无明显容量衰减[44]。Adelhelm 等认为钠在石墨中难以形成稳定的二元插层化合物是限制石墨储钠的关键问题,而通过利用二乙二醇二甲醚基电解质在石墨中的共插层效应,可实现三元插层化合物的构造,解决 Na^+ 与石墨晶格尺寸不匹配的问题,进而在石墨负极中实现稳定的钠存储[44]。据此,他们对比了在 1mol/L $NaPF_6$ 的 EC∶DMC 溶液中石墨储钠和 1mol/L NaOTf 的二乙二醇二甲醚溶液中石墨储钠的电化学行为的差异。研究表明,如图 4-12 所示,在前面一种电解液中,由于无法形成稳定的三元插层化合物,电池比容量几乎为 0mAh/g。而后者比容量能达到 100mAh/g,即使循环 1000 圈,库仑效率仍能保持为99.87%。

此外，通过氧化和部分还原的后处理方式改性石墨以制备膨胀石墨，可以在保持石墨长程有序结构的前提下，实现石墨层间距的扩张，充放电曲线如图4-12所示。可以通过还原时间的优化来调控部分还原氧化石墨的层间距，制备的层间距为0.43nm的材料在20mA/g电流密度下可以表现出260mAh/g的比容量，且经过多次循环充放电后，电极结构和电池容量都能得到很好地保持[45,46]。

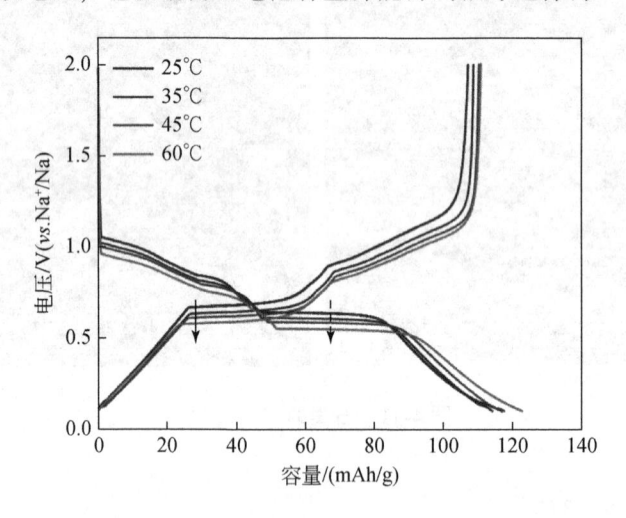

图4-12 石墨作为钠离子电池负极的充放电曲线图[46]

4.3.3 无定形碳材料负极

钠离子在硬碳（石墨作为钠离子电池负极材料）中的存储性能不尽如人意，但研究人员却发现石墨化程度较低的软碳和硬碳材料具备较高的储钠容量。无定形碳包括软碳和硬碳两类，它们没有石墨的长程有序和堆积有序的结构，主要是由随机分布的类石墨微晶构成。

软碳由于其可在2800℃高温以上石墨化，也可称为石墨化碳，多由沥青、焦炭等制得。与硬碳相比，软碳的结晶度相对较高，缺陷较少。无序区和石墨化区组成的结构可以使软碳具有良好的电子导电性，在作为钠离子电池负极材料时可以表现出优异的倍率性能。与硬碳相比，软碳的结晶度相对较高，缺陷较少，但是直接碳化的软碳材料在钠离子电池中表现出较低的可逆容量[47]。

通过对沥青基软碳掺杂磷来改善其电化学性能。XPS和EELS结果表明，磷均匀地掺杂在软碳之中。电化学测试表明，恒电流充放电（GCD）中的三个电压区域分别对应缺陷引起的钠离子储存、钠离子插入石墨烯层中和钠离子填充到碳纳米孔中。在100mA/g的电流密度下拥有高达251mAh/g的可逆容量，200次循环后的容量为201mAh/g，容量保持率为80.1%[48]。利用微波辅助剥离法成功制备了微孔软碳纳米片。与块状软碳相比，可逆容量从134mAh/g提高到232mAh/g，在1000mA/g下的可逆容量达到103mAh/g[49]。进一步研究表明，纳米碳片边缘的微孔和缺陷除了能增强钠离子的扩散速度外，还能提供额外的储钠位点。碳基材料展现出不同的电化学性能可归因于改性方式的差异。一般来说，纳米多孔的结构能增大比表面积，含氧官能团和N掺杂可以引起缺陷，为钠储存提供更多的活性位点和高的吸附容量。拥有大比表面积和缺陷的碳基材料在储钠过程中主要受到表面电容效应的控制，表现出高的伪电容贡献量，有利于电极倍率性能的提升。碳化温度的升高及纳米结构的调控，则可使材料中的缺陷和比表面积减少，使短程有序石墨层增加，这时碳基材料的储钠过程主要受到扩散插层的控制，且不可逆容量降低[50]。

硬碳也称为不可逆石墨化碳，因其高比容量和易合成而得到广泛关注。硬碳是一种石墨微晶随机取向排列形成的"纸牌屋"结构，存在较多的纳米孔隙适合半径较大的钠离子嵌入和脱出。图4-13是不同前驱体热解过程中的结构转变示意图和石墨、软碳、硬碳和还原氧化石墨烯的XRD对比图[36]。硬碳相比软碳结构无序度和碳层间距相对更大，其微观结构的特点导致硬碳储钠能力相对更佳；通常温度、预氧化、掺杂等方式都可以改变无定形碳材料的微观结构。随着热解温度的提升，含碳前驱体的热解过程可分为热解、碳化和石墨化三阶段。碳材料最终结构的形成是前驱体的种类和最高处理温度共同决定的。热解过程中（1000℃以下），软碳前驱体会发生由固相到液相的转变；硬碳前驱体分子结构发生重排，但依旧为固相。碳化（1000~2000℃）过程中，软碳前驱体在碳化过程中便已出现明显的石墨化趋势；硬碳前驱体的石墨烯层在相对较大的尺度上，其取向随机度是很大的，会导致大小和形态各异的孔洞产生[51]；石墨化（2000℃以上）过程中，软碳前驱体石墨层继续长大，有序堆叠形成石墨结构，孔隙消失，真密度逐渐增大并趋于稳定（2~2.25g/cm³）；硬碳前驱体石墨微晶进一步长大，局域石墨化度提高，闭孔大量形成。在空气/氧气中对样品进行低温加热处理，实现沥青基碳结构从有序到无序的转变，主要针对软碳使用。

得益于硬碳较大的层间距离和晶格缺陷，其在钠离子电池中表现出较高的可逆容量。2000年，J R Dahn教授首次报道了钠离子可以在硬碳中可逆地嵌入和脱出，并获得超过300mAh/g的比容量，且展示出良好的循环稳定性[51]。随后，各种结构和形貌的硬碳材料被相继合成和报道，并展示出明显提升的电化学性能。然而，用于生产硬碳的前驱体如生物质、树脂、有机聚合物等，通常表现出较低的碳收率和较差的倍率性能，不利于发挥钠离子电池的低成本优势。通常，钠离子在硬碳中的存储位置主要分为以下三个方面：①硬碳表面的边缘和缺陷；②石墨层之间的空隙；③随机取向的石墨之间形成的微孔。在放电时，钠离子首先通过表面吸附储存在硬碳表面的孔壁和缺陷中,这个过程对应充放电曲线中的斜坡区,当进一步放电至0.1V以下,这时钠离子通过石墨层间插入和微孔填充形成平台区。

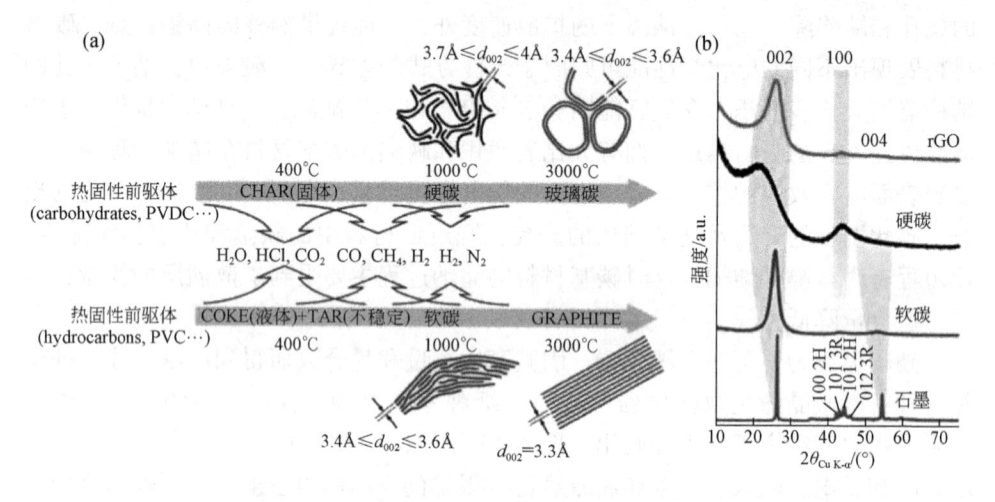

图4-13 (a) 不同前驱体热解过程中的结构转变示意图;(b) 石墨、软碳、硬碳和还原氧化石墨烯的XRD对比图[36]

通过对低温退火硬碳(LT-HC)进行简易的微波处理,设计了一种高缺陷硬碳(MV-HC)。实验表明微波处理6s后的MV-HC由高度有序的石墨化条纹组成,拥有独特的非均相结构,保留了高缺陷又拥有优异的电导率,具有最佳的电化学性能。其可逆容量为308mAh/g,高于LT-HC的204mAh/g和常规硬碳(HT-HC)的274mAh/g,在200mA/g的电流密度下循环1000次后的容量保持率为85%[52]。以柠檬酸钠和硫脲为前驱体进行碳化处理,制备出了有利于钠离子储存的氮、硫共掺杂的纳米碳颗粒(NSCs)。氮、硫共掺杂的协同效应使其具有优异的倍率性能和长循环稳定性,在50mA/g的电流密度下可逆容量为280mAh/g,当电流增加至10A/g时,可逆容量仍维持在102mAh/g,在1A/g下循环2000次后展现出了高达223mAh/g的可逆容量[53]。采用非原位XRD研究其储存机制发现,钠离子在整个放电过程中主要存储在材料的表面、边缘或纳米孔洞中,是一个以电容行为为主的"吸附-插层"过程。近些年来,生物质由于其丰富的储量和较低的成本逐渐成为钠离子电池硬碳材料的潜在前驱体。根据生物质来源的不同,衍生的硬碳可能有不同的材料性能。Senthil等以生物质海藻为原料,通过简单地碳化和活化制备了海藻氮自掺杂多孔碳(SAC-750)。SAC-750的比表面积高达1641m²/g,氮含量为1.67%,平均孔径达到3.2nm,且电极电阻相对较低[54]。碳的多孔性质以及自掺杂氮产生的空隙和缺陷提供了更多的电荷存储,有利于材料电化学性能的提升。在100mA/g电流密度下循环100次后的可逆容量为303mAh/g，库仑效率大于98.4%，即使在200mA/g下循环500次后也能拥有192mAh/g的可逆容量[55]。Tonnoir等通过控制缩聚和热解合成了单宁衍生硬碳，并研究了热解温度对材料性能的影响。实验结果表明，热解温度为1600℃时能获得最佳的存储性能，在0.05C的电流密度下，具有较高的可逆容量306mAh/g和出色的初始库仑效率87%[56]。

为了优化调整钠离子电池碳负极材料的性能，杂原子掺杂碳（软碳、硬碳）被大量研究，掺杂元素主要包括氮、硼、硫、磷。对于碳材料，在低温下，杂原子掺杂能够改善其储钠性能，但在高温下，杂原子会逸出，减弱掺杂的效果[57]。

4.3.4 其他纳米碳材料

除石墨、软碳和硬碳材料之外，钠离子电池碳基负极材料还包括纳米碳材料（石墨烯、碳纳米管等）。下面介绍几种常见的钠离子电池纳米碳负极材料。

1. 石墨烯

石墨烯是二维材料研究领域中的"领头羊"，被认为是一种能够引起新一代技术变革的材料，一出现就引起了科研界极大的轰动。Geim和Novoselov因开创性的分离出单层石墨烯而共同分享了2010年的诺贝尔物理学奖，同时将石墨的同素异形体——石墨烯，引进了碳类材料的大家庭中，从而开创了影响至今的"石墨烯时代"。石墨烯的出现首先否定了关于二维材料热力学不稳定的、无法稳定存在且容易破碎的理念。如图4-14所示，完美石墨烯是由单层完美结晶的碳原子层结构组成。石墨烯的碳原子通过sp^2杂化，与相邻的三个碳原子以共价键方式连接，而剩下的一个价电子则形成离域大π键，最终实现六方对称性晶格排列的结构。石墨烯的电学性质极其特殊，是一种独特的带隙为零的半金属材料。将石墨烯归为半金属，是因为石墨烯中的导带和价带有一小部分是重叠的。

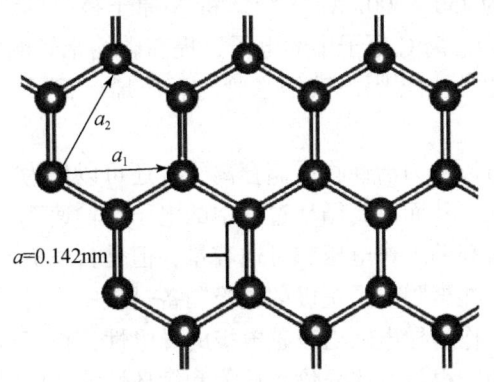

图4-14 石墨烯的微观晶格结构[58]

石墨烯具有超高的电子导电性，最高可达 10^6 S/m，且在杂原子掺杂后可进一步提高。这种超高的导电性为石墨烯作为电极材料及添加剂材料提供了极大的潜力和应用价值。由于石墨烯独特的二维结构特性，石墨烯材料具有超高的比表面积，其理论值可达 2630 m^2/g，可以为活性物质提供更多的活性位点，从而具有极大的离子存储能力。同时，石墨烯具有超高的导热特性，其理论值可达 530W/(m·K)，远高于常用的高导热材料铜和多壁碳纳米管，其作为电极材料可以有效改善电池体系中的放热问题。石墨烯因为独特的结构，具有大范围离域的电子、原子级的厚度、二维连续性等优点，赋予了其与传统材料截然不同的物理化学性质，使其作为新型电池体系电极材料的首选[58]。

石墨烯具有平面结构，存在较大的比表面积和较多的表面缺陷，从而为钠离子的吸附提供储存位点。石墨烯储钠的充放电曲线呈斜坡状，无明显电势平台，说明钠在石墨烯上的储存表现出类似表面吸附的行为。受制备方法和元素掺杂等诸多因素的影响，石墨烯的储钠比容量分布在 150～350mAh/g[59]。由于以石墨烯为代表的碳纳米材料普遍存在首周库仑效率低、反应电势高、成本昂贵以及制备复杂等缺点，因此难以成为钠离子电池碳基负极材料的理想选择。

2. 碳纳米管

1991 年，日本 NEC 公司实验室的饭岛澄男发现了由管状的同轴纳米管组成的碳分子，即碳纳米管。碳纳米管是一维管状碳材料，包括单壁碳纳米管（SWCNTs）和多壁碳纳米管（MWCNTs）。作为石墨的同素异形体，其径向尺寸和轴向尺寸相差多个数量级。多壁碳纳米管的管壁上通常分布着很多的缺陷，而单壁碳纳米管则具有很高的均匀一致性。商业化生产的 SWCNTs 管径约为 0.6～2nm，MWCNTs 的管径则可由 0.4nm 变化到几百纳米，一般分布在 2～100nm。因其独特的一维结构，碳纳米管具有极佳的导电性。碳纳米管作为 LIBs 负极展现出极高的锂离子存储能力。SWCNTs 可贡献 300～600mAh/g 的可逆容量，MWCNTs 的容量约为 450～600mAh/g[60]。将 N 原子掺杂到碳纳米管结构中，电负性较高的 N 原子会抽离 C 原子中的电子，提高碳纳米管的电导率和反应活性，改善碳纳米管的电化学性能[61]。碳纳米管与石墨烯、石墨的关系示意图如图 4-15 所示。

碳纳米管不仅可以作为活性物质储存离子，还可以作为电极材料的添加剂改善活性材料的导电性，从而提高循环过程中的电子传输速率。聚阴离子正极材料作为电极材料具有极高的工作电压和可逆容量，但是自身极差的导电性阻碍了其进一步应用。因此，在聚阴离子正极的电极制备过程中，将碳纳米管作为导电剂添加到电极材料中，作为导电网络改善电极的导电性，提高电池的反应动力学和电子传输速率，从而获得具有优异倍率性能和循环性能的电极材料[62]。

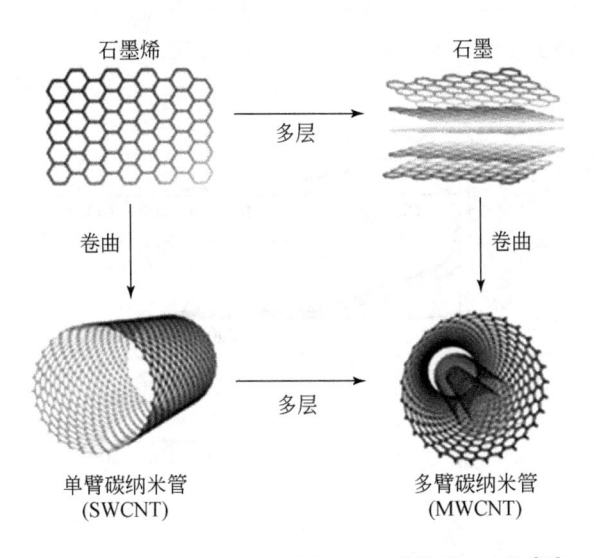

图 4-15　碳纳米管与石墨烯、石墨的关系示意图[61]

4.3.5　硬碳材料的储钠机理研究

1. 不同碳材料的充放电曲线

从不同碳材料的充放电曲线来看，碳基材料的微观结构会影响其储钠性能。如图 4-16 所示，石墨、石墨烯和软碳的放电曲线一般表现为单调变化的斜坡，而这三类材料的区别仅在于可逆比容量和首周库仑效率不同。石墨具有完整的层状结构，由于热力学原因，钠离子难以嵌入石墨层间，不易与碳原子形成稳定的化合物，而石墨的低比表面积也制约了钠离子的表面吸附，因此石墨的储钠比容量最低；石墨烯的结构中没有或只有少量的碳原子层的堆积，无法嵌入钠离子，但比表面积较大，显示出较高的吸附容量；对于软碳材料，在一定的热处理温度下可形成片层较小的类石墨结构，因此其容量主要来自于钠离子在活性表面和缺陷位置的吸附。具有斜坡型充放电曲线的碳材料一般倍率性能较好且不容易析钠。相比于石墨和软碳，硬碳材料的储钠行为较为复杂，充放电曲线表现为高电压斜坡区和低电压平台区。

2. 硬碳的储钠机理

自从 Dahn 和 Stevens 发现硬碳储钠现象以来，人们对硬碳储钠的机理进行了一系列的探究，目前已有多种不同的储钠机制被提出。然而要获得明确的 Na^+ 存储机制仍然存在一定的挑战。主要是无定形的硬碳材料在纳米尺度上的不均匀

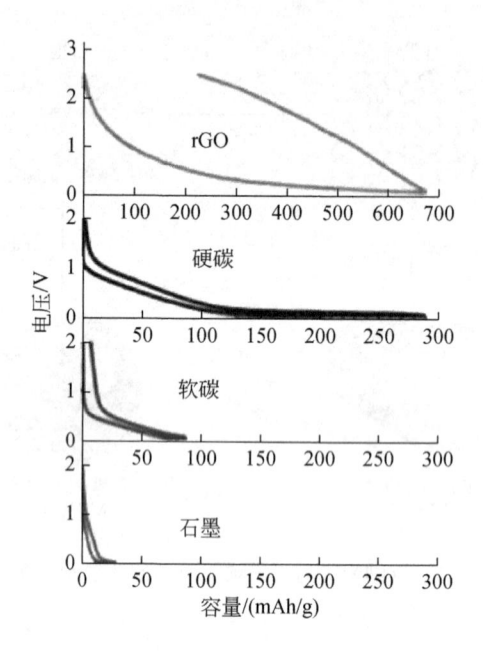

图4-16 不同碳材料的充放电曲线对比图[92]

性,可能导致局部测试技术(如高倍透射电镜,HRTEM)和平均测试技术(如粉末X射线衍射,XRD)结果之间的明显差异。并且,材料中的微孔隙是否有利于电解液的进入,不均匀的微孔隙对Na^+的去溶剂化、电荷转移和固相扩散的影响难以估量。此外,不同储能过程可能存在重叠,这也增加了机理分析的复杂性。XRD和拉曼测试技术常用于分析插层过程,小角度X射线散射(SAXS)或者核磁共振(NMR)常用于分析闭孔填充机制,因而不同测试技术的差异也是不同实验分析材料储钠机理存在差异的主要原因之一。可以确定的是,硬碳储钠主要分为三个过程:①材料表面吸附及近表面的缺陷、杂原子对钠的赝电吸附过程;②层间嵌入过程;③闭孔填充过程。目前,硬碳储钠的机理可分为"插层-填孔"机理、"吸附-插层"机理、"吸附-填孔"机理和"吸附-插层-填孔"机理等四类[63]。

(1)"插层-填孔"模型。Dahn等提出了"插层-填孔"模型:高电压(0.1~1.2V)斜坡区对应钠离子在碳层间的嵌入,这与膨胀石墨的充放电曲线类似,嵌入电压随嵌入量的增加而降低;低电压(0~0.1V)平台区容量与离子在纳米级石墨微晶乱层堆形成的微孔中的填充行为有关。

"嵌入-填充"机理是2000年Dahn和Stevens在探究葡萄糖衍生硬碳储钠行为时提出的。他们将硬碳的微观结构描述为"卡片屋"式[图4-17(a)],Na^+在硬碳中首先嵌入石墨微晶中,这一过程结束后,Na^+将进一步聚集在材料的孔隙结构中，在接近钠沉积电位的电势下，表现出一个长的储钠平台[13]。图4-17(b)中，Dahn等使用原位XRD分析了钠在软碳中的充放电行为。发现在嵌钠的放电曲线斜坡区，材料的(002)晶面峰出现了明显偏移，表明碳层间距可逆增加。原位测试中明显降低的(002)晶面峰强度可以归因于钠的插层过程[15]。图4-17(c)中，非原位SAXS测试表明，硬碳材料内部纳米孔隙结构在电池沿低电势平台放电时散射强度明显降低，证明Na^+进入材料的纳米孔中。Komaba等[14]在研究商业化的硬碳储钠机制时，利用非原位的XRD和拉曼测试也证明了"嵌入-填充"机理。图4-17(d)中，非原位XRD测试结果表明，材料在放电曲线斜坡区层间距变化要明显高于放电曲线平台区层间距的变化，因此在放电曲线斜坡区主要发生Na^+的嵌入反应。

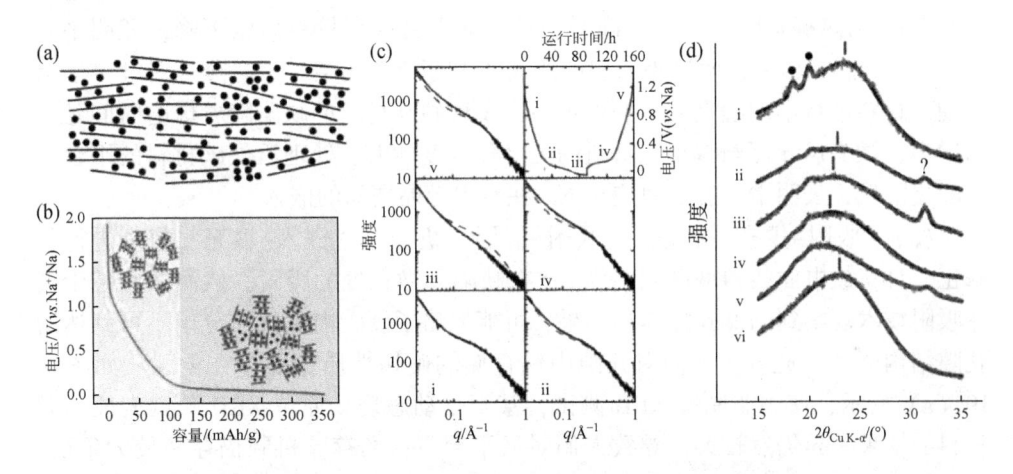

图4-17　(a) 硬碳的"纸牌屋"模型；(b) "嵌入-填孔"机理示意图；硬碳在不同充放电状态下的(c) 小角散射曲线和(d) 非原位XRD图[14]

(2)"吸附-插层"机理。虽然"嵌入-填充"机理可以很好地解释一部分硬碳的储能行为，但是该机制也与一些重要的实验现象相悖。在较低温度下热解制备的炭材料通常具有丰富的孔隙结构，但是它们并不能表现出低电势平台，反而随着热解温度升高，孔结构逐渐消失，材料的石墨微晶区逐渐生长，硬碳材料开始表现出高的放电曲线平台区容量。此外，电化学观点认为，平台电位通常对应相转变过程，包含一个多相电化学反应，单调斜率的曲线则通常对应均相电化学反应，不涉及固定的相变过程。直到2012年，曹余良等[63]分析中空碳纳米线的储钠行为时，提出Na^+在硬碳中的储能机制与Li^+在石墨中的机制相似，在放电曲线斜坡区主要是对Na^+的吸附，放电曲线平台区则主要通过Na^+的插层作用进行储钠，即"吸附-插层"机理，如图4-18所示。

● "孔隙"吸附　● "缺陷"吸附　● 插层　▨ 电解液

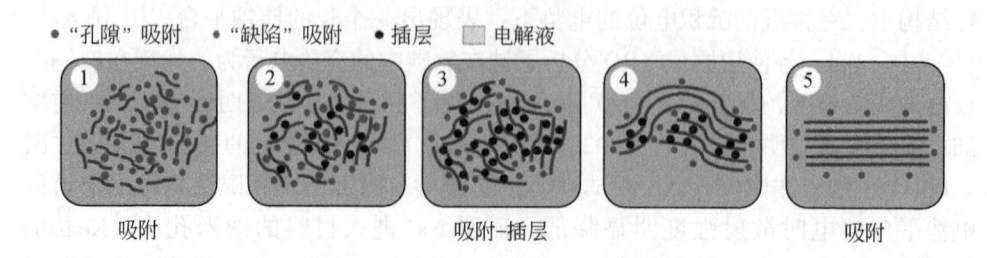

吸附　　　　　　　　　　吸附-插层　　　　　　　　　吸附

图 4-18　"吸附-插层"储钠机理图[64]

Joaquin 等总结不同温度热解制备硬碳的储钠规律后发现,硬碳材料通常在 1200~1600℃表现出最高容量,且放电曲线平台区容量与材料的平均层间距直接相关[64]。当热解温度进一步升高时,材料的平台区容量将急剧下降,证明平台容量与 Na^+ 插层相关,而过小的层间距将不利于 Na^+ 插层。卢海燕等对纤维素衍生硬碳材料进行不同程度的球磨处理后,发现硬碳材料的缺陷随着球磨时间延长而增多,微晶尺寸逐渐减小,材料的无序化程度增大。处理后硬碳材料的平台容量随之降低,表明平台容量对应于 Na^+ 在石墨微晶层间的嵌入。

(3)"吸附-填孔"机理。"吸附-插层"机理对"嵌入-填充"机理进行了修正,且将放电曲线斜坡区归结为 Na^+ 在缺陷和微孔处的吸附。然而一些基于气体吸附技术观察到的低孔隙体积结果,可能忽略了硬碳内部气体分子不可到达的孔隙结构[65-67]。此外,人们对孔隙中钠存储的确切性质依然存在争议。如图 4-19(a)所示,使用非原位 XRD 测试,甚至是动态现场原位 XRD 测试表征不同材料的结果差异仍然较大,导致人们对低平台下钠的存储机制仍存在较大争议,前驱体差异和热解工艺可能是影响平台储钠机理分析差异的重要原因。

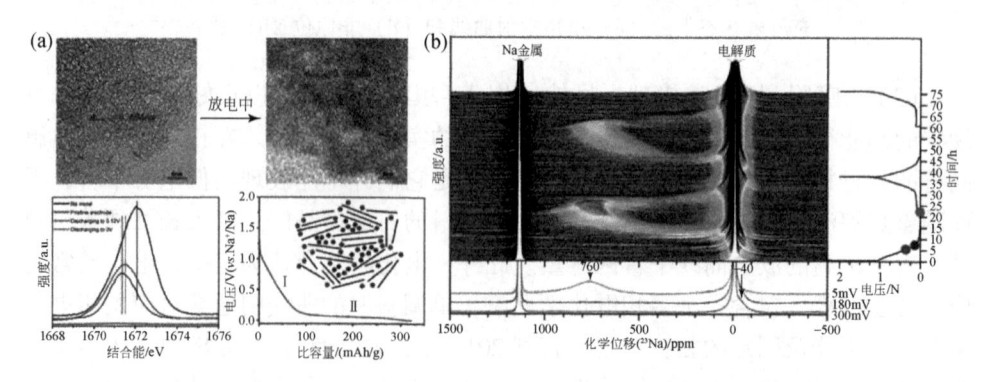

图 4-19　(a) 硬碳的非原位 HRTEM 图像、非原位 XPS Na 1s 光谱和"吸附-填充"机理示意图;(b) 钠离子半电池的原位 Na NMR 谱图[66]

胡勇胜等[67]以天然棉花为碳源，通过一步炭化法制备出形状规则的硬碳微管，探究储钠机理时发现，材料初始条件下的层间距与完全嵌钠后的层间距相同，以此证明硬碳储钠过程中无明显的插层行为。进一步使用非原位XPS测试，证明了在0.12～0V的电势区间内金属钠单质的形成。据此，他们提出了硬碳储钠的"吸附-填孔"机理。

如图4-19（b）所示，为了消除非原位测试中不确定性因素的影响，Grey等利用动态现场原位钠固体核磁技术证明充放电过程中含钠盐的固体电解质膜的形成，同时原位监测了钠金属特征峰的转变和金属钠的形成，发现离子态钠形成于放电曲线斜坡区，在较低电压下，增加的电荷将使Na^+越来越金属化，证明了钠在放电曲线低平台区的填充过程[66]。

为了证明钠在放电曲线平台区的填充过程，胡勇胜等将硬碳设计为多壳空心纳米球状，以增加硬碳材料的孔隙结构。测试发现，随着纳米球壳数的增加，纳米球的XRD和拉曼测试结果相近，材料放电曲线斜坡区容量并没有发生变化，平台区容量却逐渐增大。主要是增加的纳米球壳数丰富了材料的闭孔，使得由钠填充贡献的放电曲线平台区容量增大。最近，吴川等发现钠化的硬碳可与质子溶剂（水、乙醇等）发生反应。反应过程中电极表面产生大量气泡，反应产物可使酚酞溶液变红，且随着钠化的进行，极片反应后溶液颜色逐渐加深。鉴于只有克服了成核过电位后才能沉积金属钠，该团队将层间形成的钠归属为准金属钠，其与碳以$NaC_{6.7}$的形式结合，对应的理论比容量为333mAh/g[65]。

（4）"吸附-插层-填孔"机理。纪秀磊等提出了"吸附-插层-填孔"机理：1.0～0.2V斜容量来源于离子在乱层堆垛的石墨微晶边缘和缺陷位置处的吸附，0.2～0.05V平台容量来源于离子在石墨微晶层间的嵌入，小于0.05V的平台容量则来源于离子在石墨微相互交错形成的孔洞中的填充[68]。

人们对放电曲线斜坡区的储钠行为达成一定的共识，但对放电曲线平台区储钠过程是Na^+嵌入还是闭孔填充仍有争议，平台区域是否同时存在嵌入和填充两种储钠行为也引起人们的深思。是否在不同的硬碳材料中，只是某一种机制占主导地位，导致研究人员关注更为明显的过程而忽略了另一个过程。特别地，"吸附-插层"和"吸附-填孔"机理都无法合理解释某些硬碳材料在恒电流间歇滴定技术（GITT）测试过程中，接近截止电位处Na^+扩散系数反常升高的现象。

为了解释这一现象，Bommier等[69]提出了硬碳储钠的"吸附-插层-填孔"机理，认为低电势下先发生钠在层间的嵌入，随后发生钠在闭孔中的填充行为。随后，在研究稻壳衍生硬碳材料时，也发现GITT测试出现类似的现象，且非原位俄歇电子能谱（AES）测试表明Na^+均匀地分布在硬碳内部，非原位HRTEM观测到材料层间距明显扩张，以此证明了"吸附-嵌入-填孔"机理的合理性[图4-20（a）]。结合非原位小角X射线散射（SAXS）和非原位广角X射线散射

(WAXS)技术，发现在0.1~0.03V的电势区间内，硬碳层间距变化明显。并且在0.1V以下SAXS峰强度明显降低，表明低电势区同时存在钠在硬碳的层间嵌入和闭孔中的可逆填充过程[图4-20（c）]。然而，部分研究认为钠在石墨层间的嵌入过程并不局限于0.1V以下的电势区间内。Euchner等将硬碳中钠嵌入的原位拉曼散射数据，与基于密度泛函理论的晶格动力学和石墨模型结构中钠的嵌入能带结构计算相结合，分析硬碳在石墨微晶中的储能行为后总结认为，钠在高电势下被吸附在材料表面和缺陷位置后，将进行插层反应并形成NaC_{24}，最后在低电势区发生钠的填充反应，形成准金属钠。最近，Yamada等结合非原位SAXS和广角X射线散射（WAXS）分析硬碳储钠机制后发现，当材料中嵌钠含量超过50%~60%时，石墨夹层将不断膨胀。并且在过电势样品中，可以明显观测到金属钠峰，但这一过程在0V以下发生，表明到截止电压之前没有金属钠的产生。据此，他们针对不同温度热解硬碳储钠机制分别进行总结，钠的插层过程并未严格限制在某一个固定的区间，低电势区同时存在钠的插层和闭孔填充行为[70]。

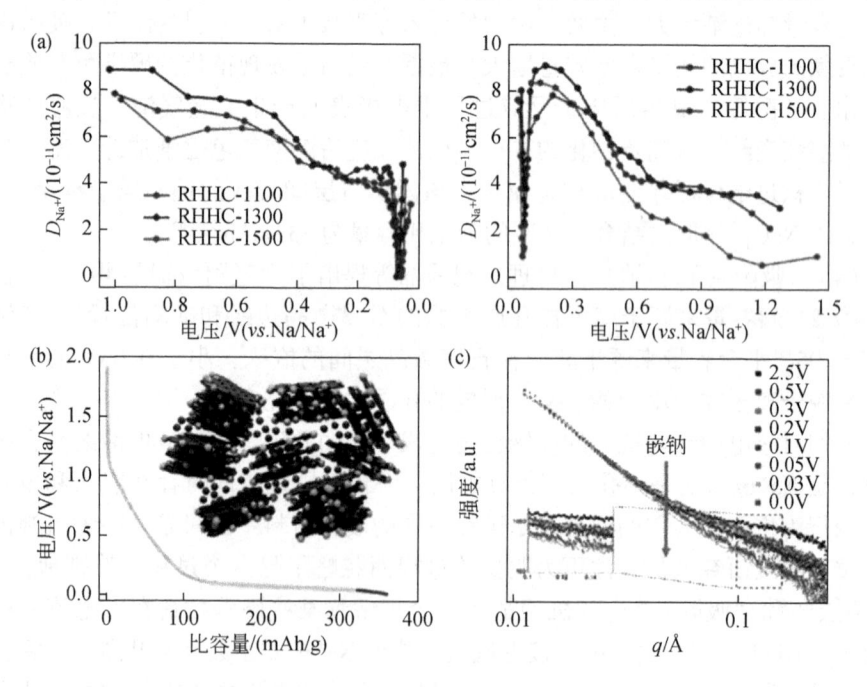

图4-20 （a）从GITT曲线计算的硬碳中Na^+扩散系数；（b）"吸附-嵌入-填充"机理示意图[69]；（c）硬碳材料的非原位SAXS曲线

此外，水热聚合葡萄糖和纤维素都是葡萄糖的聚合产物，然而其内部分子键合方式完全不同。水热聚合葡萄糖交联程度更大，而纤维素的分子链排列有序度较高，使得前者热解后材料内部易形成闭孔孔隙，而后者热解产物中有序石墨层较多,微观结构的差异最终导致材料储钠行为的差别,这可能是不同工作中硬碳储钠机理各异的重要原因。这一现象也常见于其他前驱体中,包括酚醛树脂、聚丙烯腈、木质素、生物质材料等。因此,将分子结构、交联密度、前驱体热解机制与碳材料的微观结构联系,对于硬碳容量的提升和储钠机理的研究至关重要。

4.3.6 碳材料微结构调控

对材料的形貌结构和元素组成进行调控的目的是加快钠在电极表面吸附和赝表面的氧化还原反应,同时提供更多的活性位点。然而,它们多数均仅针对电池放电曲线斜坡区的容量提升,对电极放电曲线平台区容量提升不明显,甚至不利于平台区容量的发挥。根据上述讨论的硬碳储钠机理,放电曲线平台区主要发生Na^+插层及孔隙填充过程,这部分容量与材料石墨化结构密切相关。

碳化温度是影响聚合物衍生炭材料石墨化程度最关键的因素之一,且不同前驱体最适宜碳化温度存在明显差异。通常前驱体在1200~1600℃热解可获得最高的平台容量,热解温度过低则石墨化程度低,放电曲线平台区容量低[图4-21 (a)][71];热解温度过高则石墨化程度过高,Na^+固相扩散困难,平台区容量无法发挥。在探究银杏叶热解产物储钠规律时,发现生物大分子热解产物存在"赝石墨"的中间相,仅有"赝石墨"结构具有适宜的层间距以供Na^+嵌入和脱出。热解温度过低则无法形成"赝石墨"结构,温度过高则"赝石墨"层逐渐高度石墨化,致使Na^+嵌入困难,平台容量降低。为了在较低温度下获得具有适宜石墨化程度的聚合物衍生炭材料,使用纳米石墨粉和石墨板对鸡蛋膜和水热聚合的葡萄糖进行辅助碳化[图4-21 (b)]。纳米石墨粉的引入可促进赝石墨结构的形成,从而提升低电势平台区储钠容量,同时提高材料的首次库仑效率。

此外,前驱体组成单元的排列方式和分子结构对衍生炭材料的石墨化结构也有显著影响。胡良兵等从纤维素中提取了高度有序的纤维素纳米晶,该纤维素纳米晶在1000℃的低温下碳化,即可转变为具有丰富短程有序晶格的炭纳米纤维[图4-21 (c)],该材料具有明显的低电势平台区容量,即使在0.1A/g的电流密度下,比容量仍有340mAh/g。为了控制前驱体的交联程度,Kaskel等通过Scholl反应将聚苯乙烯结构中苯环偶联,制备了超交联的聚苯乙烯网络[图4-21 (d)][72]。研究发现偶联的苯环促进了聚合物热解过程中的芳构化,可提升聚苯乙烯的残炭率,同时抑制微孔的形成,有助于赝石墨微晶的生长。此外,以主链分子结构具有明显差异的通用塑料聚碳酸酯(PC)和聚对苯二甲酸乙二醇酯(PET)为前驱体,可以获得石墨化结构具有明显差异的聚合物衍生炭材料,相同温度下,PET具有更为明显的石墨化结构。

除调控硬碳石墨微晶结构外,胡勇胜等[72]认为,前驱体在热解过程中还伴随体系开孔向闭孔的转变,闭孔不直接接触电解液,需Na^+通过固相扩散填充入

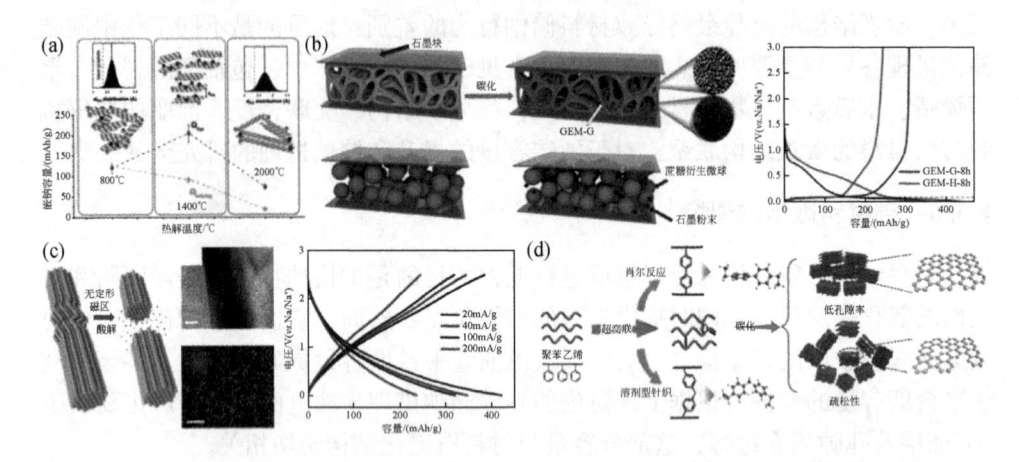

图4-21 (a) 不同热解温度下制备的碳材料放电曲线斜坡区和平台区容量贡献; (b) 石墨粉催化硬炭中石墨微晶生长过程示意图及产物的充放电曲线; (c) 从木材中提取纤维素纳米晶体示意图及碳化后材料 HRTEM 图像、充放电曲线; (d) 交联 PS 网络的合成示意图[71]

闭孔中。调节前驱体热解温度可有效控制闭孔含量,从而提升放电曲线平台区容量。除控制热解温度外,该团队以酚醛树脂为前驱体,乙醇为致孔剂,通过溶剂热法精确调节了前驱体的交联程度,碳化后获得了具有适宜微观结构的聚合物衍生炭材料,通过该方法制备的炭负极材料比容量可达410mAh/g。Komaba 等[14]以混合冻干的葡萄糖和葡萄糖酸镁为前驱体,使用葡萄糖酸镁在高温下原位形成的纳米 MgO 模板作为致孔剂,制备了具有大量闭孔的葡萄糖衍生炭材料,通过该方法在1500℃下制备的炭材料可逆比容量可达478mAh/g[73]。然而,与前述沥青交联程度调节存在相同问题,如何量化前驱体的交联密度,同时探究特种分子结构对聚合物热解行为及成碳产物石墨化结构的影响,对于硬碳材料的前驱体设计、容量提升和机理分析至关重要。

4.4 钛基负极材料

除了碳材料外,嵌入型层状钛基材料是一种研究较多的钠离子电池负极材料。与钛基负极材料中氧化钛和二氧化钛的储钠行为不同,层状钛基氧化物材料基于钠离子脱嵌机制表现出明显的嵌钠电位平台[74]。层状钛基氧化物中的 TiO_6 八面体通过边缘共享相互连接,从而形成宿主晶格结构供 Na 离子在层间快速地嵌入和脱出。首次对钠离子在层间的脱嵌行为进行研究,但同时发现 Ti^{3+} 在环境中不能稳定地存在。通过掺杂其他金属离子的方式可以将不稳定的 Ti^{3+} 转换为稳定的 Ti^{4+},从而在空气中保持稳定的层状结构。层状含 Na/Ti 的氧化物,其较多的储钠空位和较好的电化学活性可用于钠离子负极。低价阳离子在层状钛基化合物中掺杂可以提升钛的价态，改善材料的电化学储钠行为。钛基负极材料的研究对提高电池性能具有重要意义[74]。

4.4.1 NaTiO$_2$

层状氧化物 Na$_x$TiO$_2$ 由于合适的层间距和丰富的结构等优势被认为是最有前途的钠离子电池负极材料之一。层状钛基材料具有较大层间距适合钠离子的快速脱嵌，并且在稳定层状结构、调控电化学嵌钠电位、平滑电压分布、优化循环寿命等方面起着关键作用。NaTiO$_2$ 最早是在 1983 年被 Delmas 团队报道其合成和电化学性能，随后 O3-NaTiO$_2$ 作为钠离子电池负极材料被重新研究（图 4-22），大约 0.5mol 的 Na 可以被可逆地嵌入和脱出，表现出较好的电化学性能。同时通过原位 XRD 检测充放电过程中钠离子的嵌入和脱出的反应机理，观察结构的转变和晶胞体积的变化。但是 O3-NaTiO$_2$ 较少的层间空位限制了其比容量，大多通过包覆或者离子掺杂优化性能，或者通过增加储钠位点提高其电化学性能[75]。

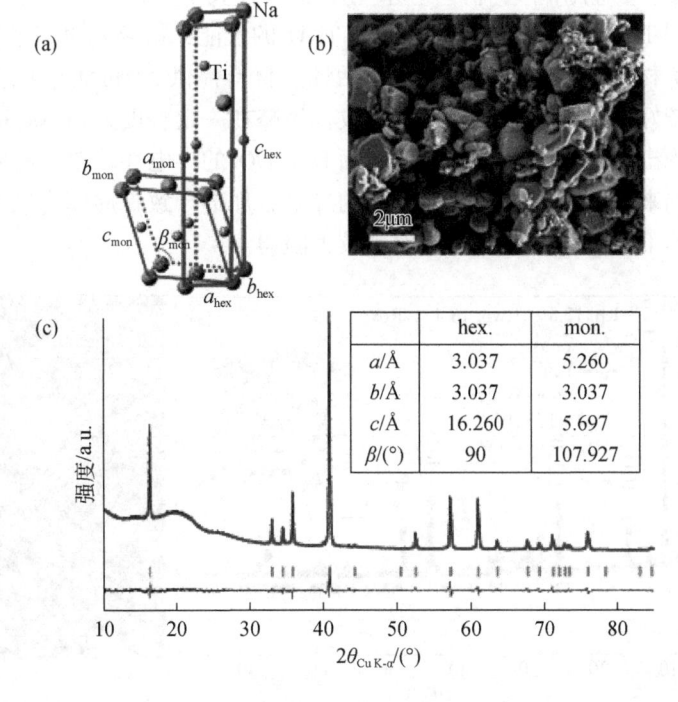

图 4-22 （a）O3-NaTiO$_2$ 型结构示意图，黄色和蓝色球体代表 Na 和 Ti；
（b）SEM 图；（c）XRD 图[75]

4.4.2 Na$_2$Ti$_3$O$_7$

Na$_2$Ti$_3$O$_7$具有单斜层状结构，空间群为 $P2_1/m$。三个共边的 TiO$_6$ 八面体组成一个单元，这个单元再通过共边与其他相似单元上下组成一个整体，这样沿着 b 轴方向形成 Zig-Zag 型链状结构，链状结构再通过八面体顶角链接，在 a 轴方向形成层状结构。钠离子占据层间的位置，因此可以在层间迁移（图4-23）。Na$_2$Ti$_3$O$_7$ 被报道在 1~3V 与锂具有电化学活性，Senguttuvan 等将 Na$_2$Ti$_3$O$_7$ 应用于钠离子半电池，而这类化合物是目前报道的嵌入型钛基氧化物中电压最低的化合物，其电压平台为 0.3V[75]。这类化合物作为钠离子电池负极材料，通过嵌入和脱出 2 个 Na$^+$，从而表现出 200mAh/g 的可逆比容量。胡勇胜团队深入研究了 Na$_2$Ti$_3$O$_7$ 化合物的储钠行为，在各种电解液中，NaFSI/PC/SA 作为电解质可以获得最好的综合电化学性能，第一性原理计算预测的钠插入电压为 0.35V，几乎与实验电位 0.3V 一致。结果表明，在低活化能为 0.186eV 的 TiO$_6$ 八面体层之间存在低能量轨道，有利于钠离子扩散。Palani 等报道 Na$_2$Ti$_3$O$_7$ 材料在 0.2V 以下存在不可逆相变，影响循环寿命[76]。采用水热法合成了 Na$_2$Ti$_3$O$_7$ 纳米管，通过在表面原子沉积 TiO$_2$ 和再硫化的方法改 Na$_2$Ti$_3$O$_7$ 的性能，研究表明纳米管表现出比其他 Na$_2$Ti$_3$O$_7$ 材料更高的电化学钠存储活性。材料提供 221mAh/g 的高可逆比容量，表现出较好的循环性能。这类表面改性策略在一定程度上对 Na$_2$Ti$_3$O$_7$ 材料进行改善，表现出较好的电化学性能。然而 Na$_2$Ti$_3$O$_7$ 的导电性较差，需要添加30%的导电添加剂来提高电子电导率，大量的导电添加剂导致首周库仑效率降低，且循环性能仍然不稳定，产业化应用遇到较大阻碍。

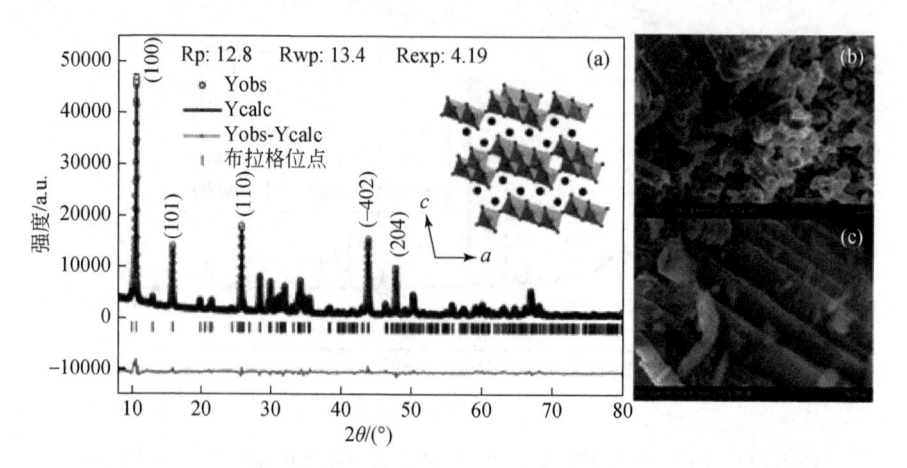

图4-23 （a）Na$_2$Ti$_3$O$_7$ 的 XRD 图谱；（b）和（c）为不同放大倍率下的 SEM 图[76]

4.4.3 Li$_4$Ti$_5$O$_{12}$

Li$_4$Ti$_5$O$_{12}$属于尖晶石结构，空间群为 $Fd3m$，其中位于 32e 位置，构成面心立方点阵，部分 Li 位于四面体 8a 位置，剩余 Li$^+$ 和 Ti^{4+} 位于八面体 16d 空位中。因此，其结构式为：[Li]$_{8a}$[Li$_{1/3}$Ti$_{5/3}$]$_{16d}$[O$_4$]$_{32e}$，晶格常数 $a=0.836$nm。尖晶石结构的 Li$_4$Ti$_5$O$_{12}$ 在充放电过程中体积形变小，离子迁移速度快，从而显示出优异的长循环寿命和倍率性能，成为锂离子电池重要的负极材料[77]。

Li$_4$Ti$_5$O$_{12}$还能够在室温下储钠，平均电压为 0.9V，理论比容量为 175mAh/g。胡勇胜等发现 Na 能在尖晶石结构的 Li$_4$Ti$_5$O$_{12}$ 中实现可逆入、脱出，首次发现尖晶石结构能实现 Na 的可逆存储。在 0.5~3.0V，可比容量约 150mAh/g，对应 3 个 Na 的嵌入/脱出，其平均储钠电位为 0.91V，比在锂离子电池中的储电位低 0.5V。孙等研究了钛酸锂的储钠机理，通过原位同步辐射 XRD 和扫描透射电子显微镜测试，发现钛酸锂储钠过程与储锂不同。Li$_4$Ti$_5$O$_{12}$的钠嵌入脱出过程如图 4-24 所示。当放电时，Na$^+$ 占据 16c 位置形成 Na$_6$Li 相，同时在 8a 的 Li$^+$ 被推向临近的 Li$_4$ 相形成 Li$_7$ 相。随着放电的继续，Na$^+$ 嵌入将发生在 Na$_6$L 与 Li$_7$ 的晶界上，导致 Li$_7$ 转变成 Na$_6$Li 相，晶界延伸。此时，在初始 Li$_7$ 相中的 16c 的 Li$^+$ 将扩散至临近的 Li$_4$ 相中，形成新的 Li$_7$ 相，Li$_7$ 与 Li$_4$ 的晶界收缩。理想情况下，所有 Li$_4$ 相耗尽后，只有相等数量的 Na$_6$Li 和 Li$_7$ 相共存。在充电时，钠离子从 Na$_6$Li/Li$_4$ 晶界脱出，留下 8a 和 16c 空穴。然后锂离子在热力学作用下，填充 8a 位置，形成 Li$_4$ 相，直到充电结束。相对于锂嵌入钛酸锂的两相反应机理，钠嵌入钛酸锂的过程中存在三种相和两种晶界[78]。

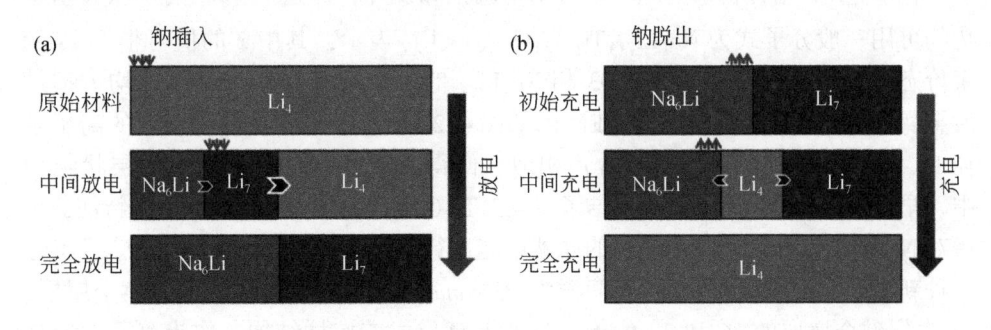

图 4-24 Li$_4$Ti$_5$O$_{12}$ 在钠离子电池中的充放电过程[78]

4.4.4 Na$_4$Ti$_5$O$_{12}$

另一种钛基负极材料 Na$_4$Ti$_5$O$_{12}$，按照结构可以分为两类，一种是单斜相

$Na_4Ti_5O_{12}$ 化合物，具有二维层状结构，晶体结构中有 4 个位点被 Na^+ 所占据；另一种是三斜 $Na_4Ti_5O_{12}$ 化合物，具有隧道状的三维框架结构，其结构中的 Na 位点完全被占据（图 4-25）。通过中子衍射证实了单斜 $Na_4Ti_5O_{12}$ 中存在连续的二维层状通道，在 0.1~2.5V 的电压窗口内，其可逆比容量约为 60mAh/g，高于三斜相 $Na_4Ti_5O_{12}$ 化合物的比容量。此外，单斜 $Na_4Ti_5O_{12}$ 电极的体积变化为 0.64%，具有较小的体积应变，在充放电过程表现出较好的结构稳定性[79]。

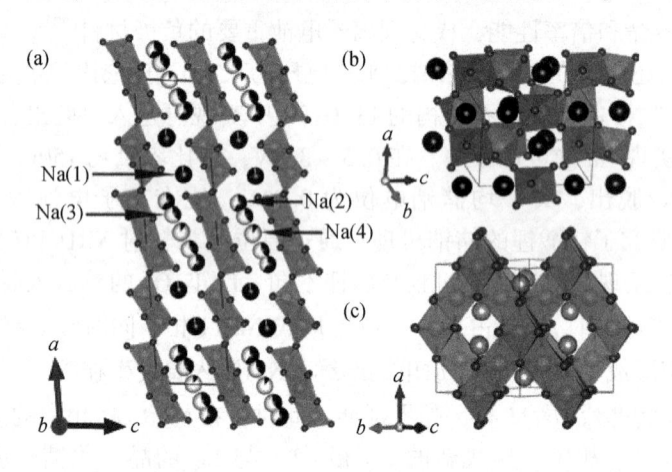

图 4-25　$Na_4Ti_5O_{12}$ 的晶格结构示意图[79]

4.4.5　$Na_{0.66}[Li_{0.22}Ti_{0.78}]O_2$

在 Na_xTiO_2 化合物的基础上进行结构调控和设计，通过 Li 掺杂后层状钛基氧化物可用一般分子式为 $Na_xLi_{x/3}Ti_{1-x/3}O_2$ ($x<1$) 表示，其中 x 的值可根据 Ti 元素价态的变化进行调控，对于 O3 相 $Na_xLi_{x/3}Ti_{1-x/3}O_2$ 化合物，Li 和 Ti 均占据过渡金属层位点，结构示意图及 SEM 图如图 4-26 所示。由于这两种元素的离子半径 Li^+ (0.76Å) 和 Ti^{4+} (0.61Å) 相似，使得 Li^+ 能够掺杂在 Na_xTiO_2 的层状结构中。早在 2000 年 Atovmyan 等总结了 Na-Li-Ti-O 化合物的晶体生长和结构特征，之后对 $Na_{0.66}[Li_{0.22}Ti_{0.78}]O_2$ 化合物的储钠性能进行了研究[80]。$Na_{0.66}[Li_{0.22}Ti_{0.78}]O_2$ 是一种新型 P2 相层状氧化物，空间群为 $P3/mmc$。Li 和 Ti 共同占据着过渡金属层，Na 占据碱金属层的 2b 和 2d 位置，与上下氧形成三棱柱结构。作为离子电池负极材料，可实现 0.34 个 Na 的可逆存储，该材料的可逆比容量约为 110mAh/g，平均储钠电位约为 0.75V，远高于金属钠的沉积电位从而有效避免钠枝晶的生成，而且在 2C 倍率下循环 1200 周后比容量保持率为 75%。原位 XRD 结果表明 $Na_{0.66}[Li_{0.22}Ti_{0.78}]O_2$ 化合物在充放电过程中，该材料嵌入 Na 后会出现多个相，但这些相仍然保持 P2 层状结构不变，区别在于不同的钠含量以及在层间的占位

(2b 和 2d) 不同，储钠机制为准单相反应行为，体积应变为 0.77%，具有零应变的结构特征[81]。

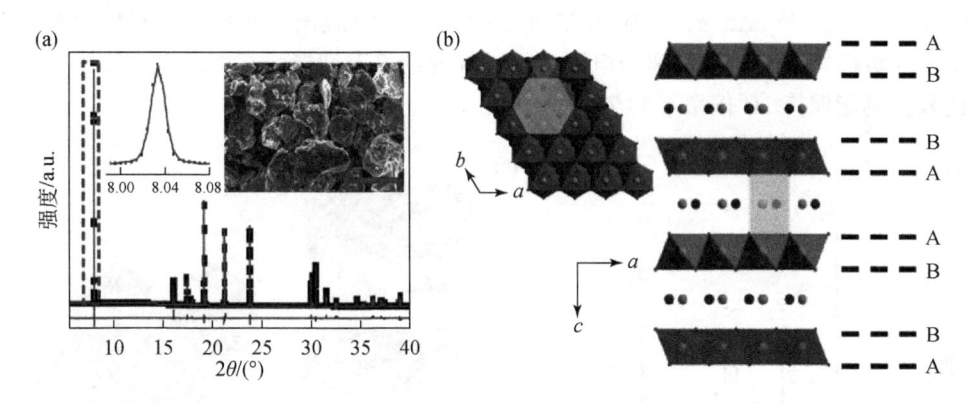

图 4-26 Na$_{0.66}$[Li$_{0.22}$Ti$_{0.78}$]O$_2$ 样品的同步加速器 XRD 谱图及 Rietveld 精修（a）；六边形 Na$_{0.66}$[Li$_{0.22}$Ti$_{0.78}$]O$_2$ 在 a-c 平面上的投影示意图（左上投影在 a-b 平面上）（b）[81]

4.4.6 Na$_{0.6}$[Cr$_{0.6}$Ti$_{0.4}$]O$_2$

Cr^{3+} 和 Ti^{4+} 具有相似的离子半径，使得 Cr 离子能取代 Ti 离子，获得稳定的层状结构。以 Cr 掺杂的层状钛基材料通常具有 Na$_x$Cr$_x$Ti$_{1-x}$O$_2$（$x<1$）的通式，其中 Cr 和 Ti 分别为三价和四价。Chen 等报道了 Na$_{0.6}$[Cr$_{0.6}$Ti$_{0.4}$]O$_2$ 化合物，具有 P2 相层状结构。由于 Cr^{4+}/Cr^{3+} 和 Ti^{4+}/Ti^{3+} 氧化还原对的存在，Na$_{0.6}$[Cr$_{0.6}$Ti$_{0.4}$]O$_2$ 化合物既可作为钠离子电池负极材料，也可作为正极材料。在 0.5~2.5V 的电压范围、11.2mA/g 条件下表现出 105mAh/g 的可逆容量和 80% 的首次库仑效率。在已报道的 Na-Cr-Ti-O 化合物多呈现 P2 型结构，此外 Na-Cr-Ti-O 化合物还可以在另一种 P3 型层状结构中进行钠离子的脱嵌。P3 型 Na$_x$Cr$_x$Ti$_{1-x}$O$_2$ 化合物中 NaO$_6$ 棱柱与 P2 型化合物中的 NaO$_6$ 棱柱存在显著差异。

Guo 等报道了由 P2-Na$_{0.62}$Ti$_{0.37}$Cr$_{0.63}$O$_2$ 和 P3-Na$_{0.62}$Ti$_{0.37}$Cr$_{0.63}$O$_2$ 组成的化合物，其中 P2 型结构电极相对于 P3 型结构电极具有较好的钠离子存储特性，10C 的大电流密度下具有 66mAh/g 的可逆比容量，并在 1000 圈循环后容量保持率为 77.5%。此外，原位 XRD 验证出这类化合物是单相储钠机制，GITT 和离线 XRD 精修结果进一步证实 P2 相结构化合物中钠离子的传输更加平稳，并且钠离子脱嵌带来的体积应变更小。

通过对钠离子和空位无序规律的总结，选择离子半径相似且氧化还原电势相差较大的 C 和 Ti，可以制备出阳离子 O$_2$ 相 Na$_{0.6}$[Cr$_{0.6}$Ti$_{0.4}$]O$_2$ 层状材料（图 4-27）。由于 Cr 可以被氧化，Ti 可以被还原，该材料既可以作为正极也可以作为负极。作为负极材料时，平均储钠电位为0.8V，可逆比容量约为108mAh/g，对应0.4个Na的可逆入/脱出[图4-27（b）]；用作正极材料时储钠电位为3.5V，可逆比容量约为75mAh/g，对应0.27个Na的可逆入/脱出。利用该材料同时作为正极和负极构建的对称钠离子电池显示了优异的倍率性能，在12C倍率下，电池比容量仍能保持1C倍率下的75%。

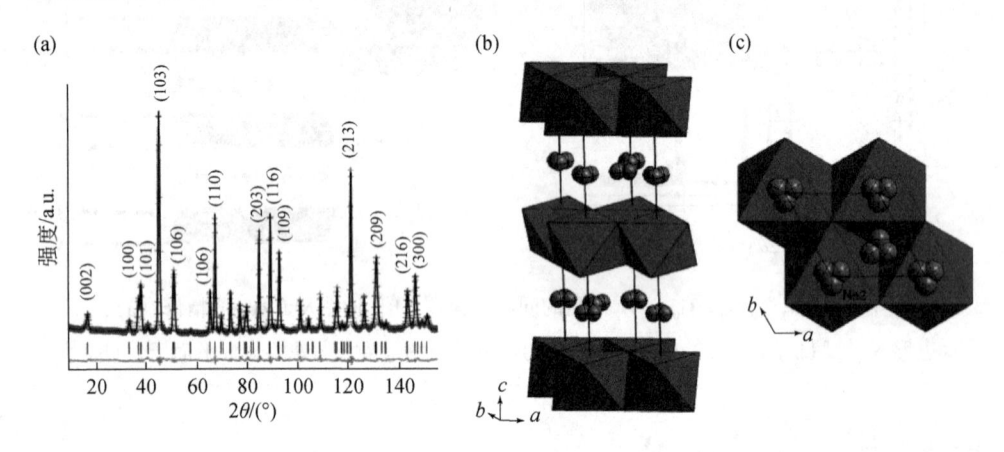

图4-27 （a）$Na_{0.6}[Cr_{0.6}Ti_{0.4}]O_2$精修的Rietveld图；（b）、（c）晶体结构的主视图和沿c轴的视图[82]

此外，其他很多P2/O3相钛基层状氧化物作为钠离子电池负极材料时也表现出优异的储钠性能。大部分P2/O3相基层状氧化物材料的平均工作电压在1V以下，可逆比容量在100mAh/g以上，且具有较好的循环稳定性。但是，这些钛基嵌入型氧化物负极材料存在首周库仑效率低、可逆比容量相对较低、电子电导率差等共同缺点，这必然造成全电池体系的能量密度降低。值得一提的是，除了钛基层状氧化物，隧道型氧化物$Na_x[FeTi]O_4$也可以作为离子电池的负极材料。当其在0.01~2.5V循环时，可逆比容量能达到181mAh/g。

4.4.7 $Na_{0.66}[Mg_{0.34}Ti_{0.66}]O_2$和$Na_{2/3}Co_{1/3}Ti_{2/3}O_2$

Ni、Mg和Co等元素掺杂形成的具有P2型结构如$Na_{2/3}X_{1/3}Ti_{2/3}O_2$（X=Co、Ni、Mg等）类似化合物，均可作为钠离子电池负极材料，具有较好的电化学性能（图4-28），Mg用于掺杂Ti形成$Na_{0.66}[Mg_{0.34}Ti_{0.66}]O_2$材料，通过XRD分析发现随着Mg掺杂量的增加，形成的P2相的结构随之变化。P2相的$Na_{2/3}Ni_{1/6}Mg_{1/6}Ti_{2/3}O_2$化合物作为钠电负极，在0.1C的电流密度下表现出92mAh/g的可逆比容量，接近其理论比容量96mAh/g。同时原位XRD显示，材料为单相嵌钠反应机制，从而得到了较好的循环稳定性。之后胡勇胜等报道了具有O3相结构的$Na_{0.66}Mg_{0.34}Ti_{0.66}O_2$化合物，在 0.4~2.0V 具有 98mAh/g 的可逆比容量，循环 128 圈后容量保持率为 94.2%。这类材料的可逆比容量不高，可能与化合物中掺杂质量较高的 Mg^{2+} 有关，此外这两类材料充放电过程不发生相变，具有较好的循环稳定性。

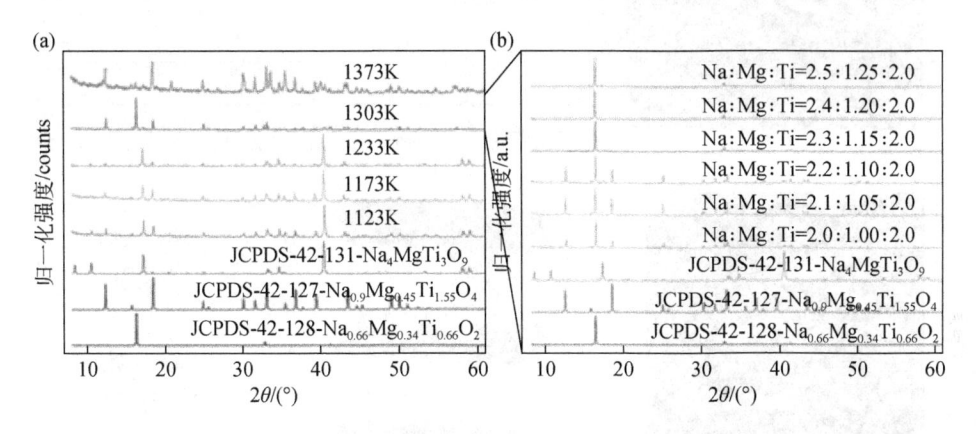

图 4-28 (a) 在 1123~1373K 煅烧制备的 $Na_{0.66}[Mg_{0.34}Ti_{0.66}]O_2$ 样品的 XRD 图谱；(b) 在 1303K 温度下制备的 $Na_{0.66}[Mg_{0.34}Ti_{0.66}]O_2$ 样品取决于 Na/Mg 比[73]

以 $Na_xCo_{x/2}Ti_{1-x/2}O_2$ 合成的共取代层状钛基氧化物，其中掺杂 Co^{2+} 离子可以保持结构稳定性。如图 4-29 所示，一种新型的钛基负极材料 $Na_{2/3}Co_{1/3}Ti_{2/3}O_2$，在 0.15-2.5V 电位窗口下，获得了 90mAh/g 的可逆容量，10C 大电流密度下保持 41% 的容量，但这类化合物具有较好的循环稳定性，它具有超过 3000 圈循环的超长寿命，其容量保持率可达 85%。其 XRD 精修结果表明在第一圈放电后，$Na_{2/3}Co_{1/3}Ti_{2/3}O_2$ 化合物其 c 轴的变化仅为 0.17%，a 轴出现 0.23% 的膨胀。利用 STEM 观察原子尺度的晶体结构，表明 Na 离子同时占据 Na_e 和 Na_f 位点，其中 Na_e 位点与 TMO_6 八面体共用边，而 Na_f 位点与 TMO_6 八面体共用面。此外，P2 型 $Na_{2/3}Co_{1/3}Ti_{2/3}O_2$ 在充放电过程中的体积变化极小，表现出优异的循环稳定性能[83]。

4.4.8 $NaTiOPO_4$ 和 $NaTi_2(PO_4)_3$

$NaTiOPO_4$ 属于正交结构，空间群为 $Pna2_1$。$NaTiOPO_4$ 和 NH_4TiOPO_4 具有与 $KTiOPO_4$ 相同的正交结构。如图 4-30 所示，在 $NaTiOPO_4$ 晶体结构中，磷氧四面体（PO_4）和氧八面体（TiO_6）通过共顶点方式相间排列构成隧道结构，a 轴方向，Na 占据 Na(1) 和 Na(2) 两个不同的位置，其中 Na(1) 位于隧道中心附近，Na(2) 位于 TiO_6 与 PO_4 交点附近[84]。这三种材料均可用作钠离子电池负极材料，储钠电位分别为 1.45V（NH_4TiOPO_4）、1.50V（$NaTiOPO_4$）和 1.40V

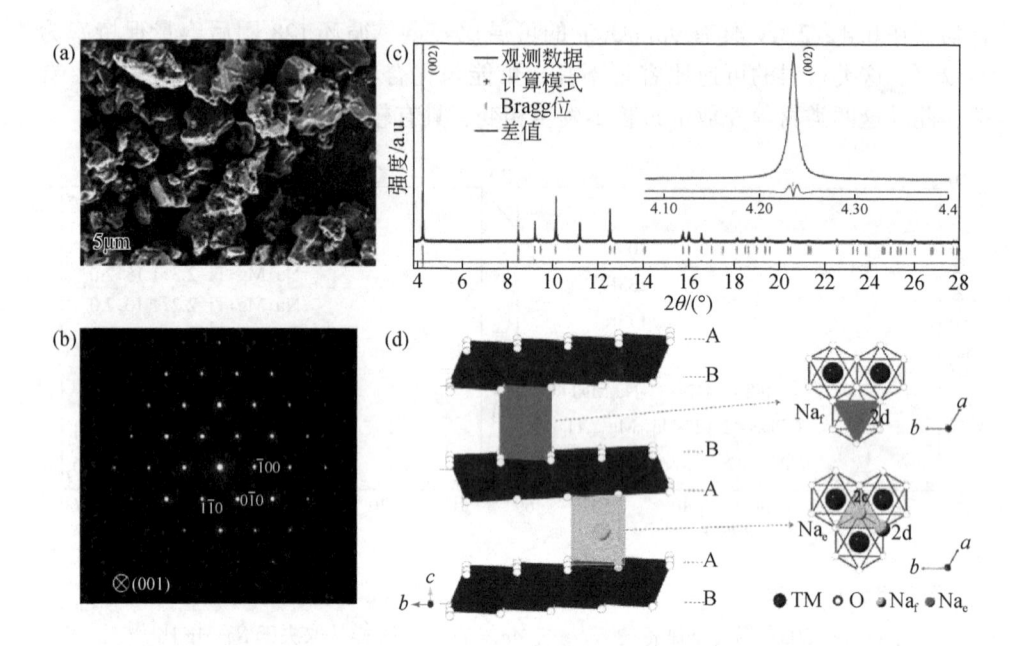

图4-29 (a) 制备后P2-Na$_{2/3}$Co$_{1/3}$Ti$_{2/3}$O$_2$的SEM和 (b) SAED图像; (c) P2-Na$_{2/3}$Co$_{1/3}$Ti$_{2/3}$O$_2$材料的HR-SXRD图谱和Rietveld精修; (d) P2-Na$_{2/3}$Co$_{1/3}$Ti$_{2/3}$O$_2$晶体结构和局部钠环境示意图。A和B代表两个不同的氧层[83]

(KTiOPO$_4$) 对应Ti^{4+}/Ti^{3+}氧化还原电对反应。NH$_4$TiOPO$_4$可直接通过水热方法合成; KTiOPO$_4$和NaTiOPO$_4$则可通过先制备NH$_4$TiOPO$_4$材料, 然后通过离子交换方法制备。

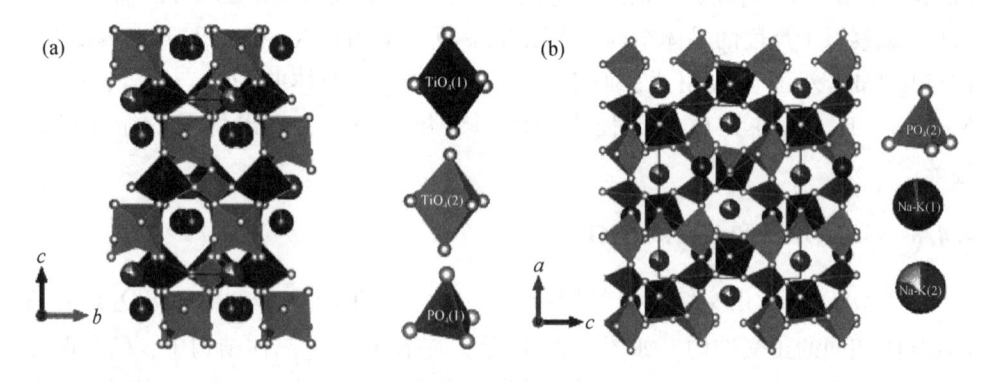

图4-30 (a) NaTiOPO$_4$的晶格结构示意图与 (b) (010) 面的结构示意图[84]

作为聚阴离子型钛基材料的典型代表, NaTi$_2$(PO$_4$)$_3$具有NASICON型三维骨架结构, Na$^+$能在其晶体结构所含有的三维通道中快速扩散。三维骨架的

NASICON 结构是带负电的，$Ti_2(PO_4)_3$ 由磷氧四面体（PO_4）和氧八面体（TiO_6）通过顶角连接构成，每个磷氧四面体（PO_4）与 4 个氧八面体（TiO_6）相连接，每个氧八面体（TiO_6）与 6 个磷氧四面体（PO_4）相连接。$NaTi_2(PO_4)_3$ 具有两种不同的 Na^+ 位置（M1 和 M2），正常情况下，M1 被完全填充，而 M2 都是空位充放电时，Na 能够可逆地在 M2 位进行入/脱出，理论比容量为 132.8mAh/g，利用固相法合成的 $NaTi_2(PO_4)_3$ 材料颗粒尺寸比较大，导致其电化学性能变差（图 4-31），研究者利用热裂解或者化学气相沉积对 $NaTi_2(PO_4)_3$ 进行氟掺杂和磷掺杂的碳包覆，提升了循环性能和倍率性能，材料平均储钠电位为 2.1V。虽然对于非水系钠离子电池来说，其储钠电位比较高，但是将其作为水系钠离子电池负极时比较合适[85]。其衍生物 $Na_2FeTi(PO_4)_3$ 同样具有 NASICON 结构，在 1.6~3.0V，平均储钠电位为 2.4V，对应 2 个 Na 的可逆入/脱出。

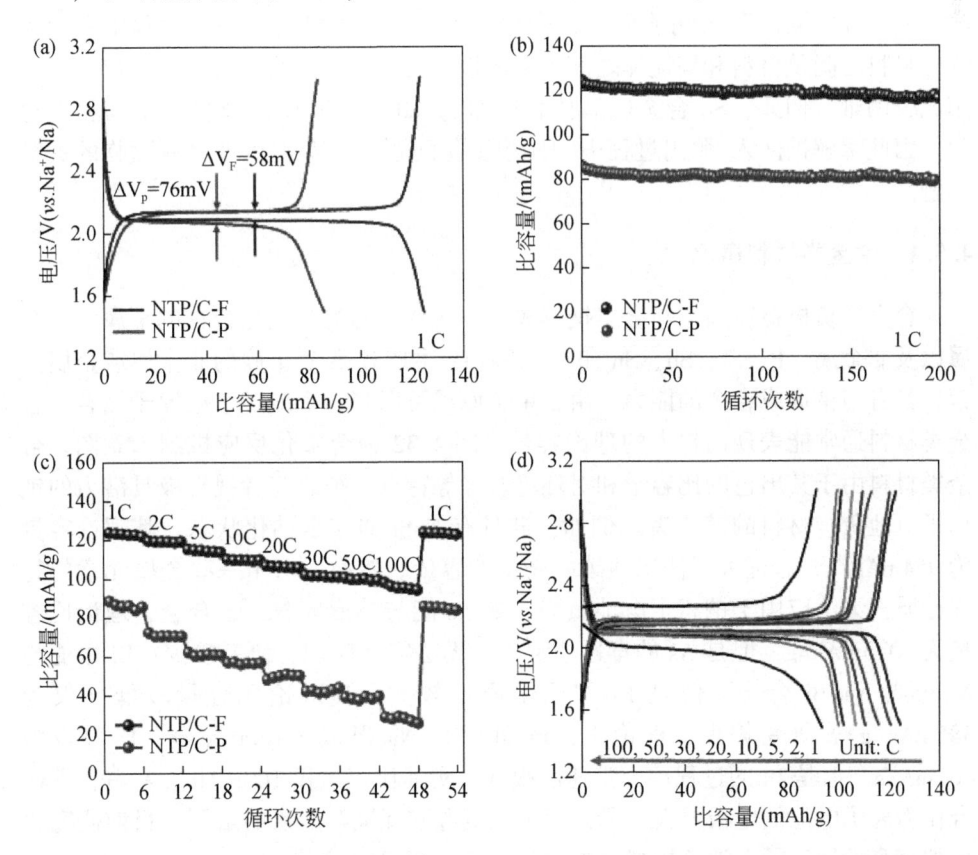

图 4-31 在 1C 条件下 (a) NTP/C-F 和 NTP/C-P 的初始充放电曲线；(b) 循环性能；(c) 速率性能；(d) 不同速率下 NTP/C-F 的充放电曲线[85]

钛基材料具有层状稳定结构，通常以插层的方式进行钠离子的存储，在充放电过程中具有高安全性。但有限的插层容量和低的电导率降低了其比容量和倍率性能。通过纳米多孔状的结构设计能有效改善材料的电化学性能，此外，和碳基材料的复合可以缓解钠离子在插入过程中的体积变化，减轻材料受到的应力。这些改性方式是今后开发高比容量和高导电率钛基负极材料需要努力的方向。

4.5 合金类负极材料

碳基、钛基和有机类材料的储钠位点有限，可逆比容量较低，削弱了钠离子电池的成本优势，所以需要发展高比容量的负极材料。钠是一种活泼金属，可与许多金属（Sn、S 和 I 等）形成合金[85]。合金类材料以其储钠比容量高、反应电势相对较低的特点受到了广泛关注。同时这类材料也存在很大缺点，即反应动力学较差，并且嵌钠和脱钠前后体积变化巨大，这导致材料在循环过程中发生粉化，材料之间及材料和集流体之间失去电接触后，比容量快速衰减，所以实际应用比较困难。例如，Sn 合金嵌后体积膨胀为 420%，其中涉及多个中间相变过程。因此缓解钠嵌入/脱出过程中的体积变化问题是合金类负极材料面临的关键问题。

4.5.1 合金类材料概况

合金类负极材料指能与金属钠形成合金或者二元类合金化合物的金属、准金属以及非金属。P、Si、Sb、Sn 和 Ge 等第 IV 主族和第 V 主族的非金属或金属元素，具有与钠形成合金的能力。由于单个原子可以与一个或多个钠原子结合，合金类材料通常能表现出较大的理论容量，图 4-32 为合金化反应机制示意图。合金类材料由于其出色的比容量和对环境友好等特点，被研究者视为极具潜力的钠离子电池负极材料的替代者。例如，硅具有 NaSi 的完全钠化状态，其理论容量为 954mAh/g，远远大于使用纯碳所获得的容量。然而，由于一些金属元素的特殊性质，无法应用于钠离子电池负极，如 As 能与钠形成 Na_3As 合金，理论比容量为 1073mAh/g，但是 As 的毒性非常大，无法实际应用，研究较少；Bi 也能与 Na 形成 Na_3Bi 合金，但是 Bi 的原子质量较大，其理论比容量较低（仅为 385mAh/g），研究较少。理论上，In 可以与 Na 形成 Na_2In 合金，比容量为 467mA/g。但是 In 的过程动力学速度很低，实际比容量仅 100mAh/g 左右，不适合作为离子电池的电极材料。受到成本、资源和环境等因素的限制，目前研究较多的合金类钠离子电池负极材料主要包括 Sn、Sb 和 P[86-90]。

4.5.2 磷

磷（P）的储量十分丰富，约占地壳的 0.1%。P 主要有三种存在形式：白

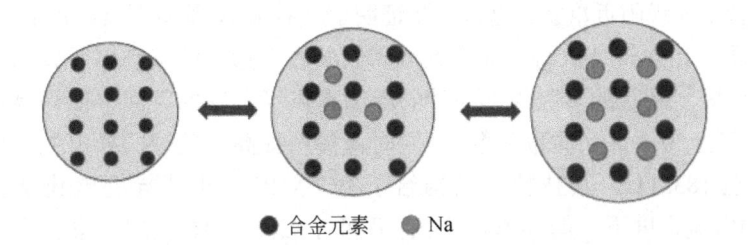

图 4-32 合金化反应机制示意图[86]

磷、红磷和黑磷。白磷最不稳定，且有剧毒；黑磷热力学稳定，电子电导率高，但反应活性低且制备方法复杂；红磷最稳定，有商业化成品，具有无定形和结晶型两种类型，在钠离子电池中具有电化学活性，其电化学性能显著依赖于晶体结构、形貌、电子电导率以及充放电过程中的体积变化。其作为钠离子电池负极时，可以与钠离子通过合金反应生成 Na_3P 的完全相来储存钠离子，理论容量为 2596mAh/g，储钠电位在 0.4V 左右，红磷/碳复合物充放电曲线如图 4-33 所示[87]。但红磷极差的导电性以及在充放电过程中巨大的体积变化严重抑制了其在钠离子电池中的应用。

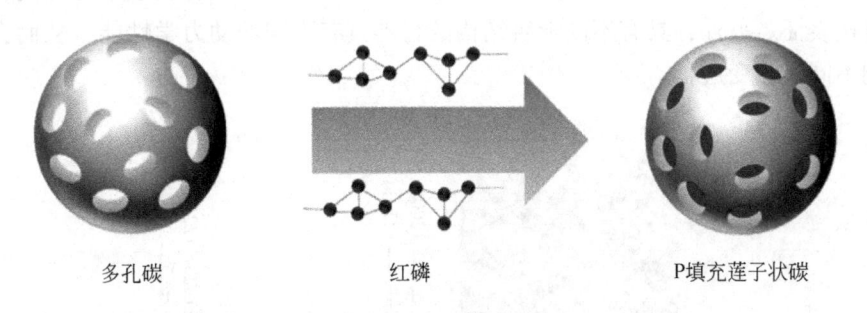

图 4-33 红磷包覆的多腔碳球复合材料的示意图[78]

黑磷和红磷是 P 的两种同素异形体，因其稳定的化学性质，引起了人们的广泛关注。黑磷是一种类似于石墨的层状结构，层间距为 0.308nm，拥有较好的导电性（$\sim 10^2$ S/m），但由于其高温、高压的合成条件难以控制，其储钠研究受到了限制。红磷具有链状的高分子结构，在空气中不自燃，但其电导率较低（$\sim 10^{-14}$ S/m），并且在充放电过程中会产生巨大的体积膨胀（490%）。

为了提高 P 的电化学活性和结构稳定性，最有效的策略是将 P 与碳基材料复合。采用球磨法制备钠离子电池 P/rGO-C_3N_4 负极，rGO-C_3N_4 基质与红磷紧密相连不仅缓解了磷的体积变化，提高了结构稳定性，还促进了电荷的快速存储，改善了电化学动力学。电极在 200mA/g 的电流密度下循环 100 次后的放电容量达到 652.6mAh/g，表现出优异的循环稳定性。此外，第一性原理显示，rGO-C_3N_4

的能带在费米能级附近重叠，这进一步证明了 rGO-C$_3$N$_4$ 基质可以促进 P/rGO-C$_3$N$_4$ 体系中电子的快速转移。将非晶态的红磷封装在氮掺杂的空心多腔碳球中，形成 P@NMC 负极。网状的多腔内部为磷的容纳提供了足够的空间，使得复合材料中磷的含量高达 50.1%（质量分数），同时氮掺杂提高了碳球的导电性，使电荷转移电阻降至 183.1Ω。其独特的结构给予 P@NMC 负极优异的电化学性能，在 0.5A/g 的电流密度下，循环 1000 次后仍拥有 923.7mAh/g 的容量，库仑效率保持在 98.5% 以上。采用纳米结构调控也是改善磷电化学性能的一种有效方法。

4.5.3 锡

锡（Sn）属于第四主族元素，拥有高的导电性，并且可以与钠结合形成合金。由于 Sn 储钠的理论比容量高、钠电位相对较低且成本低廉，因此对 Sn 基合金材料的研究非常广泛。另外，由于 Sn 的储钠电位低于相应的储锂电位，从提高全电池体系的输出电压角度看，Sn 更适合作为钠离子电池的负极材料。Na-Sn 合金化过程远比 Li-Sn 合金化过程复杂。虽然关于 Sn 钠化的机理研究较多，但至今尚无定论。图 4-34 是 Sn 金属循环前后的 XRD 谱图，其结构发生明显变化，这可能是由于很多中间相是无定形态或纳米晶态，不稳定或者反应活性很高，难以直接表征。另外，具有不同形貌结构的材料具有不同的动力学性能，从而会检测到不同的相变过程[87]。

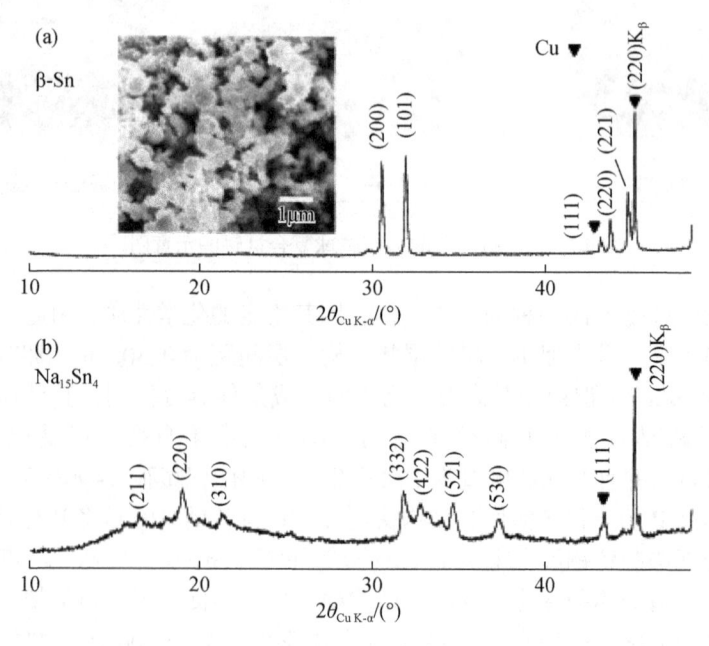

图 4-34　(a) Sn 金属的 XRD 原始谱图和 (b) 4 次循环至 0.01V 后的 XRD 图谱[87]

通过密度泛函理论（DFT）和已知的 Na-Sn 晶体结构分析 Sn 的合金化过程，发现随着放电过程的进行，生成了不同的 Na-Sn 相，合金相形成顺序依次为 $NaSn_5$、$NaSn$、Na_9Sn_4 和 $Na_{15}Sn_4$。随后，通过 XRD 观察到 $Na_{15}Sn_4$ 是钠化状态下的最终相，计算出其理论容量为 847mAh/g，但是从 β-Sn 到 $Na_{15}Sn_4$ 的合金化反应中，会发生约 5.3 倍的体积膨胀。黄建宇等通过原位 TEM 详细地研究了纳米 Sn 颗粒在充放电过程中的形貌及结构变化，提出了不同的入/脱出钠机制。图 4-35 为 Sn 过程的结构变化及体积膨胀示意图[88]。晶态的 Sn 与钠发生两相反应生成无定形的 $NaSn_2$，这一步骤的体积变化为 56%；随着离子的进一步入，形成富钠的无定形 Na_9Sn_4 和 Na_3Sn，相应的体积变化为 252% 和 336%；最后，通过单相转变机理生成结晶型的 $Na_{15}Sn_4$，体积变化达 420%。Sn 在放电过程中的体积膨胀率（420%）远远大于 Sn 在嵌过程中的体积膨胀率（259%）。目前，由于体积膨胀导致较差的循环稳定性是制约 Sn 作为钠离子电池负极材料的主要瓶颈。

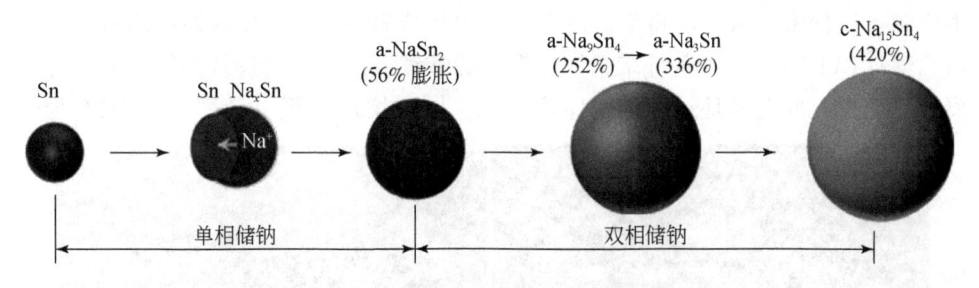

图 4-35 Sn 的储钠机理及相应的体积变化[88]

为了抑制 Sn 的体积变化，保证活性物质与集流体的良好接触，提高 Sn 的反应动力学，学者们在 Sn 电极材料的改性方面展开了深入研究。Liu 等通过静电纺丝和热处理工艺，将 1~2nm 的 Sn 纳米点封装在多孔氮掺杂碳纳米纤维中。该负极材料在 10000mA/g 的电流密度下，能获得 450mAh/g 的容量，在 2000mA/g 下循环 1300 次后的容量为 483mAh/g，展现出出色的倍率性能和循环稳定性[89]。将 Sn 均匀负载在氧化石墨烯和石墨烯的混合支架表面，多孔的支架拥有足够的空间来适应 Sn 的体积变化，提高了负极材料的力学稳定性，复合电极的可逆容量高达 615mAh/g，首周库仑效率为 62%，50 个循环后的稳定容量保持率大于 84%。

4.5.4 锑

锑（Sb）也是钠离子电池合金型负极材料的一个典型代表，每个 Sb 原子能与 3 个 Na 原子结合。Sb 基负极材料拥有比碳材料更高的理论比容量（660mAh/g）和低成本的优势，极具商业化应用前景，受到研究者的密切关注[90]。相较于 Si、

Ge、Sn，层状褶皱结构的 Sb 具有更宽敞的、可用于嵌入更多 Na$^+$ 的内部空间。同时，层状结构材料具有更高的密度和电导性。另外，相较于 Si 和 P，Sb 暴露在空气中时不易氧化，因而具有较好的化学稳定性和热稳定性。更重要的是，Sb 具有较强的电化学稳定性，在脱嵌 Na$^+$ 的过程中，无中间相形成。这使得 Sb 负极电极反应更具动力学优势。尽管 Sb 金属单质具有安全性能好、合成方便等诸多优点，但该电极材料在反复充放电过程中存在以下问题：较大的体积膨胀，极易引起钠离子的不可逆脱嵌，从而导致充放电效率较低；晶体结构易坍塌，材料粉化严重，从而造成电极材料长周期循环稳定性差，容量大幅衰减。

尽管锑基负极材料的研究成果颇丰，但在脱嵌钠过程中结构稳定性差、首次不可逆容量大和循环容量衰减显著等问题亟待解决。现阶段主要通过优化 Sb 基电极材料的结构，调控电极材料的成分，优选还原剂、黏合剂和电解质添加剂等途径来进一步改善 Sb 基材料用于钠离子电池负极材料时的电化学性能。在电池生产制备过程中，常常需将负极活性材料和黏结剂混合。常见的黏结剂有聚偏二氟乙烯（PVDF）、羧甲基纤维素钠、聚丙烯酸锂等。合理地选择黏结剂可缓冲钠离子电池在充放电循环过程中的体积变化，同时增加电极电导率。图 4-36 为碳

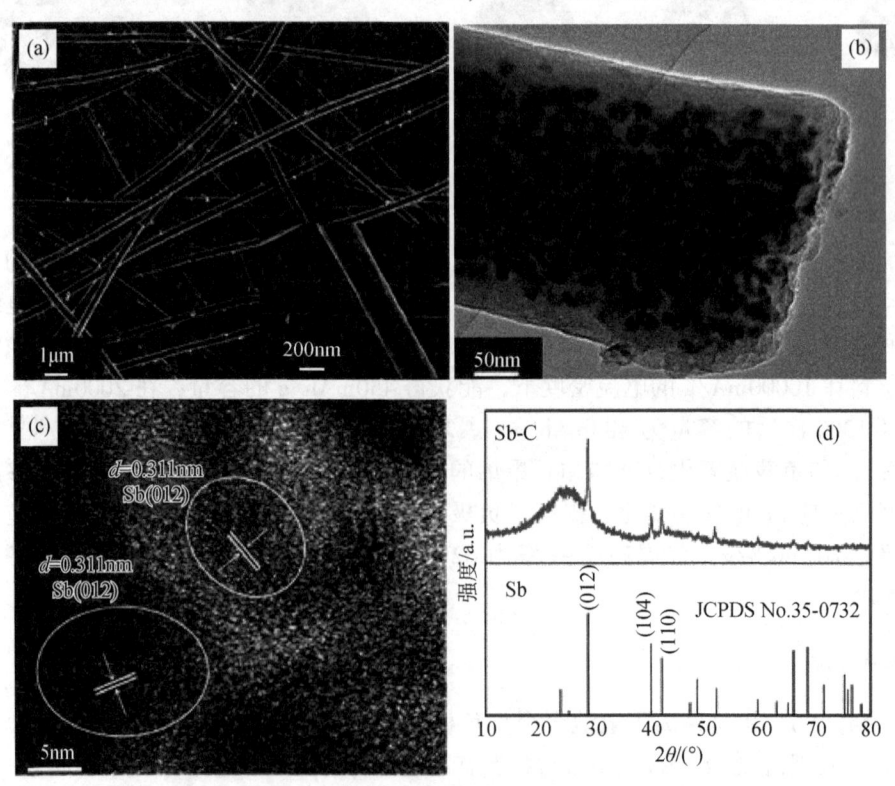

图 4-36 Sb-C 纳米纤维的（a）SEM 图像、（b）TEM 图像、（c）高分辨率 TEM 图像和（d）XRD 谱图

包覆 Sb 制备的复合纳米管的 SEM 图、TEM 图和 XRD 谱图，材料电化学性能得到明显提升。此外，选择合适的电解质添加剂，如碳酸亚乙烯酯、氟代碳酸乙烯酯，也能提高电池的循环性能，大幅提高电极材料的电化学性能，减少电解质的分解。

控制截止电压的变化范围也是改善负极材料电化学性能的有效手段之一。将截止电压控制在适宜范围内，而非全电压范围内。此时，电极材料体积变化减小，颗粒团聚消失，循环稳定性得到极大的改善。但是，不足之处在于当电压范围受到控制后，会出现一定的容量损失。

然而，通过单一途径的优化很难全面改善 Sb 基负极材料的性能。综合应用多种改性方法才能更好地解决 Sb 基材料现阶段所面临的问题。多种改性手段的综合运用，使得电极材料导电性显著提高，有效地抑制了活性物质在脱嵌钠过程中的团聚与体积膨胀，电极材料的结构稳定性增强、机械强度和比表面积大幅增加，电化学性能也得到优化，此类材料必将成为今后研究的主要方向之一。总体来讲，Sb 基负极材料是极具应用潜力的钠离子电池负极材料[90]。

4.5.5 合金类负极的储钠机理分析

在钠离子电池的大部分入型材料中，体积变化一般不会超过 120%，而合金及其他负极材料在钠化过程中的体积膨胀率非常大，会产生较大的内部应力，常来一系列负面效应，如活性材料颗粒粉化，从集流体上脱落，与集流体失去电接触；SEI 膜不稳定，新暴露的表面会持续与电解液发生反应从而消耗活性钠离子导致容量衰减和电解液的消耗。因此，关于合金及转换类负极材料的研究重点在于采用直接或者间接的方法来缓解体积膨胀，提高储钠性能。目前有三种主要的改善策略[91,92]（图 4-37）。

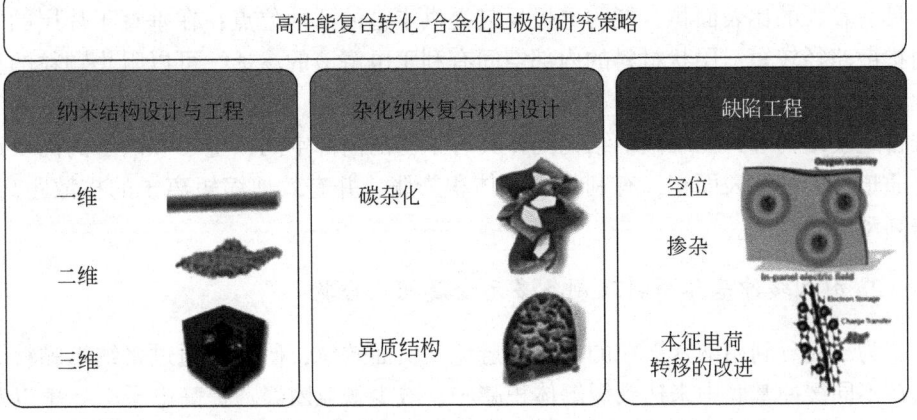

图 4-37 合金材料储钠过程中结构演变及提高合金材料储钠性能的策略总结[91]

1. 降低颗粒尺寸（纳米化）及设计不同的微纳结构

降低颗粒尺寸（纳米化）是一种提高合金及转换类负极材料电化学性能的有效方法。纳米颗粒的优势主要体现三个方面：①纳米化可以显著降低单个颗粒的绝对体积变化，从而缓解充放电过程中的应力和应变，提高结构稳定性，提升电池的循环稳定性；同时纳米尺寸的电极材料也有利于均匀地钠化，缓解体积膨胀的问题，减缓裂纹的扩展，从而提高循环稳定性。②根据扩散时间与扩散距离平方成正比，纳米化可以显著缩短离子的迁移距离，提供更多的电化学活性位点，获得高比容量、高倍率。③由于纳米结构的电极比表面积大，与电解液接触面积大，可以提高电极的反应活性；并且纳米颗粒之间的空隙有利于电解液的渗透，并为体积膨胀提供缓冲空间，但也存在副反应较多的问题。

但是，单纯地降低电极颗粒的尺寸难以从根本上解决体积膨胀和颗粒粉化等问题。并且纳米材料也存在很多缺点。例如，制造过程复杂，制造成本高；纳米晶体之间的界面接触阻抗较大，比表面积大，副反应多，首周库仑效率低；压实密度低，电池的体积能量密度低；纳米颗粒容易团聚，纳米金属颗粒具有发生爆炸的风险等。因此纳米化并不是一个完美的方法，而设计微纳结构可以在一定程度上综合其优缺点。合理的结构需要预留一定的空隙，既能适应充放电过程中的体积膨胀，提高结构的稳定性，也能同时提高动力学性能。

目前研究报道的微纳结构主要包括零维、一维、二维以及三维微纳结构。零维材料具有超高的比表面积，拥有更多的活性位点。一维材料如纳米线、纳米丝和纳米棒，具有较大的长径比，离子在径向方向具有较短的扩散距离，有利于提高充放电速率，而且离子在嵌入/脱出过程中产生的应力也可以通过轴向释放，提高结构稳定性，同时一维材料有利于活性材料之间及其与导电剂之间的相互接触面积增大，有利于电子和离子的传输，可提高倍率性能。二维材料，如纳米片等具有较大的比表面积，能为电极反应提供丰富的活性位点；在垂直于片层的方向扩散路径较短；层状材料的内部空间有利于电解液的渗透，可以阻止颗粒的粉化和团聚，缓解体积膨胀。三维材料有三维多孔结构、核壳结构、中空结构和三维自组装结构等，三维微纳结构同样具有丰富的内部空间，电子和离子的高效迁移通道及大的比表面积，有利于缓解体积膨胀，并有效地缩短离子的扩散距离，提高动力学性能。

2. 引入缓冲基体材料及制备多元金属间化合物

为了充分利用纳米颗粒的优势，避免其负面效应，研究者通过将纳米颗粒分散在不同缓冲基底中来达到缓解体积膨胀、减少颗粒团聚、提高电子电导率以及提升电子转移数的目的。常见的缓冲基底包括各种形貌尺寸的三维网络骨架，如碳材料、金属和导电聚合物等。其中对碳材料的研究最多，稳定且柔韧性好的碳基底可以在制备过程中有效地阻止颗粒团聚和长大。碳网络可以避免活性颗粒和电解液的直接接触，减少副反应，从而提高首周库仑效率。导电的碳网络还可以提高电极的倍率性能，但加入过多的碳基体（或者其他惰性基体材料）会降低电极整体的能量密度，所以需要在活性材料和基体材料的配比方面进行详细研究，使之既能发挥基体材料的优势，又不显著影响能量密度，从而在可逆比容量和循环稳定性之间达到平衡。

此外，与其他金属复合形成二元或者多元金属间化合物也是提高合金及转换类电极材料电化学性能的一种重要方法。引入的其他金属可以是活性组分，亦可以是非活性组分，但是这些金属之间必须均匀紧密地结合，才能起到缓解体积膨胀和提升离子与电子电导率的作用。其中，非活性金属组分包括 Cr、Mn、Fe、Co、Ni、Cu、Zn、Mo、La 和 Ce 等。

与非活性金属相比，活性金属能贡献容量，但不会显著改变电极的比容量及电池体系的能量密度。由于引入的活性金属与原始活性金属的嵌入/脱出电位不完全一样，因此二者可以作为彼此的缓冲基底，多种金属之间的协同作用可以获得较优异的储钠性能。值得注意的是，合金金属的比例对电化学性能和相应的机理有显著影响，这类二元或多元合金材料的电化学性能与合金的晶体结构、金属间的结合力以及合金金属的本征动力学特征相关。

3. 优化黏结剂、电解液添加剂及电压窗口

黏结剂种类及组成、导电添加剂种类、活性物质的负载量、活性材料颗粒尺寸及形貌、电解液组成及浓度和电解液添加剂种类及含量等都会显著影响合金转换类负极材料的性能。其中，以黏结剂、电解液添加剂和电压窗口的影响最明显。好的黏结剂应该具有弹性和较高的耐膨胀系数，有利于使活性材料颗粒与导电添加剂形成三维网络结构，从而缓解体积膨胀。合适的电解液添加剂有利于形成薄而致密的 SEI 膜，减少副反应。研究结果表明，氟代碳酸乙烯酯（FEC）添加剂在改善 Sn 的循环性能方面有明显的作用。添加 FEC 后比容量保持率明显提高。但是，相比之下，FEC 添加剂改善微米 Sn 循环性能的作用不如改善纳米 Sn 的效果明显，这可能与体积膨胀有关。随着充放电深度的增加，活性材料颗粒发生的体积变化越大，因此控制充放电过程的电压窗口可以控制体积变化程度，改善循环性能。但是控制截止电压会牺牲部分容量，难以发挥合金及转换类负极材料高容量的优势。

总之，由于合金及转换类材料在充放电过程中形成的各个物质的晶体结构差异太大，所以必然会存在较大的体积变化。这与合金及转换类材料的充放电机理息息相关，不能从根本上避免。缓解充放电过程中的体积膨胀，降低颗粒团聚，

减少 SEI 膜的持续生长仍然是后续的研究热点。

从工业化应用的角度讲，Sn 和 Sb 与碳的复合物最具应用前景，其制备方法也相对简单。从科学研究的角度讲，独特的结构设计仍然是研究的热点，但是这些特殊结构的制备方法通常都较为复杂，会限制其实际应用。除此之外，微米级别的颗粒能显著提高材料的库仑效率和振实密度，因此合成微米级别的合金类材料也是一个新的趋势，为了同时利用纳米材料的优势，合成具有微纳结构的合金类材料也是一个具有较大潜力的方向。

4.6 转换类及其他负极材料

基于转换机制的过渡金属氧化物、金属硫化物、金属氮化物和金属磷化物在钠化过程中，O、S、N、P 会与钠离子结合，在形成钠化合物的同时会生成单质金属。转换类材料在充放电过程中，通常伴随着多电子转移，从而表现出高的储钠容量。图 4-38 是多种转换类负极材料的理论电位与容量的对比图，可以发现转换材料均具有较高的容量。但转换类材料实际应用中会产生体积膨胀，形成不稳定的 SEI 膜，使首周库仑效率降低。为了克服第一次循环容量衰减过多的问题，研究者将转换类材料进行纳米结构设计。

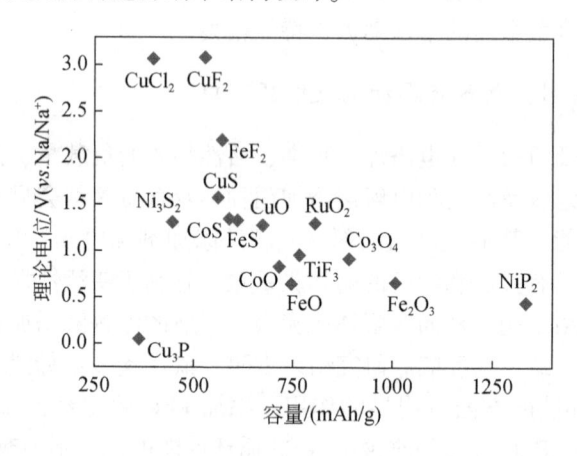

图 4-38　钠存储转换型电极材料的理论电位与容量对比图[93]

纳米结构设计能增加电极和电解液的接触面积，促进了钠离子的运输动力学。Hariharan 等合成了纳米级的 Fe_3O_4 粒子，颗粒的尺寸范围为 4~10nm。该电极的首次放电容量为 643mAh/g，首周库仑效率为 57%[93]。进一步的机理研究发现，Fe_3O_4 通过转换反应吸收钠离子，产生单质 Fe 和 Na_2O。如图 4-39 所示，采用水热法一步合成了厚度约为 5nm 的超薄 CuSe 纳米片，CuSe 具有窄的带隙宽度

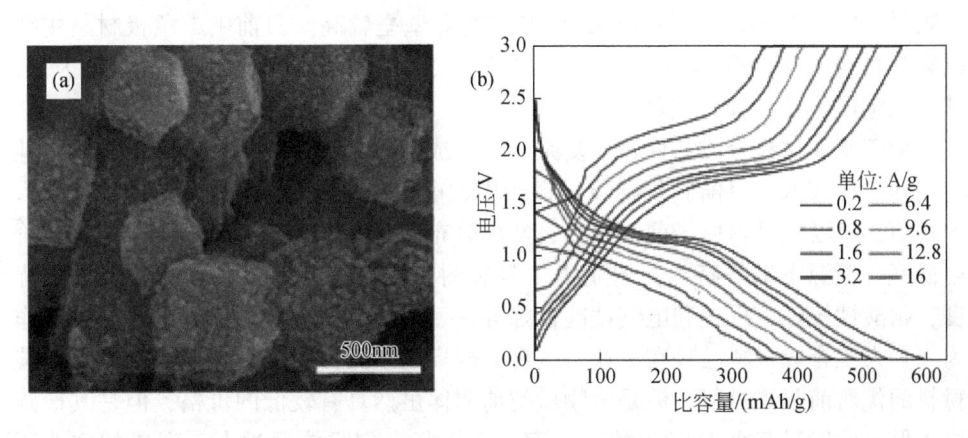

和丰富的电化学活性中心,二维的超薄形貌和三维的立体框架结构给予其较大的比表面积,很好地解决了充放电过程中体积膨胀的问题。动力学分析表明,表面电容在吸附过程中起主导作用,有利于快速储钠。在 0.5A/g 电流密度下循环 500 次后的容量保持率为 100%,在 20A/g 大电流下可达 100000 次工作循环,表现出超高的循环稳定性和超长的循环寿命。通过添加表面活性剂,采用水热法制备 NiS_2/rGO 纳米复合材料。与纯 NiS_2 电极相比,电荷传递电阻由 374Ω 降至 276Ω。在 100mA/g 电流下经过 100 次循环后可获得 575mAh/g 的可逆容量,即使在 5000mA/g 下循环 500 次后也能保持 320mAh/g 的可逆容量。说明石墨烯纳米复合材料结构能有效适应体积变化,提高钠离子的扩散系数和导电性,作为钠离子电池负极材料具有良好的储钠性能[94]。

图 4-39 (a) SEM 图像;(b) 800℃合成的 CoSe/C 复合材料的速率性能[94]

在氩气气氛中以 500℃的温度焙烧 FeS-FeS_2@PDA 制备了盒状 FeS@氮硫双掺杂碳 (NSC)[95]。N 和 S 均匀掺杂在碳基体中,有利于提高碳层的导电率。整个电极被结晶碳涂层包裹,具有较大的比表面积和相对集中的中等孔径。在 200A/g 和 500A/g 的电流密度下,经过 100 次循环后的可逆放电容量分别为 473.2mAh/g 和 356.2mAh/g。FeS@NSC 优异的储钠性能归因于孔隙结构的盒状 FeS 与 NSC 碳层的结合,降低了循环后电极的转移阻抗和储钠过程的体积膨胀[96]。将石墨烯和杂原子掺杂碳等碳基质与转换类材料复合时,较大的比表面积能提供更多的储钠活性位点,促进钠离子的吸收,提高电极的可逆容量。较好的导电性可以提高电极整体的导电率,促进钠离子反应动力学,有利于倍率性能的增强。除此之外,碳基质还能缓解电极在充放电过程的体积变化,加强电极的循环性能和循环寿命。因此将转换类材料与碳基材料进行复合也是提高材料电化学性能的一种有效方法。

转换类材料因在充放电过程中会出现多电子转移,也能表现出大的理论容量。但与合金材料类似，也会在储钠过程发生体积膨胀，导致首周库仑效率低，循环性能较差。现阶段通常对转换类材料采用结构纳米设计、碳基材料复合和元素掺杂的方法来改善其电化学性能。

4.7 负极材料产业化流程及案例分析

钠电产业化在即，负极材料成为行业发展关键。目前储能行业高景气需求激增，但是锂资源开发较慢、储量不足导致其价格上升，在未来锂资源供需紧平衡的情况下，钠电池产业化进程有望迎来加速发展。而钠离子电池的正负极材料决定其电池性能，其中负极材料国内企业布局较少，相对价格更高，例如国内无定形碳材料的成本约为8万~20万元/吨，行业壁垒较高。目前钠电负极材料主要以碳基材料（软碳/硬碳等）、合金类材料、过渡金属化合物和有机化合物为主，其中无定形碳工艺较为成熟。

由于其他材料合成条件较为复杂，制备成本较大，在大规模储能钠离子电池应用前景比较低，目前制备硬碳材料所用的前驱体主要有生物质和树脂两大类。生物质热解硬碳材料由于前驱体是自然界分布广泛的生物质，具有环境友好、价格低廉、资源丰富等特点。树脂由于具有耐热性、耐燃性、耐水性和绝缘性优良，耐酸性较好，机械和电气性能良好等一系列优点而被广泛用于电气设备，作为一种人工合成材料已经在工业上实现大规模的生产，因此其也被作为制备硬碳材料的优质前驱体材料。但是生物质类前驱体虽然具有较低的价格，但是其产碳率很低，一般只有小于20%的产碳率；而树脂类前驱体通过人工合成的方法所获得，因此其成本相对较高。目前产业内以生物质工艺路线为主，行业龙头日本可乐丽主要以椰子壳作为前驱体制备硬碳材料。目前无定形碳负极市场主要以硬碳为主，软碳产品产业布局较少，主要以中科海钠为主。

硬碳负极行业：生物质和树脂前驱体应用较多，生产工艺壁垒较高。前驱体：硬碳产品前驱体主要以热固性前驱体（富氧或是缺氢）为主，例如聚偏二氯乙烯、木材、纤维素、羊毛、酚醛树脂、棉花、糖类或环氧树脂等，在热解过程中发生固相炭化，容易形成硬碳，目前主要以生物质+树脂的前驱体为主。软碳产品前驱体以热塑性前驱体（富氢或者缺氧）为主，例如聚氯乙烯、聚苯胺、石油化工原料及其下游产品（煤炭、沥青和石油焦等）。

生产工艺：以生物质硬碳产品为例，一步碳化法应用最广活化法最具前景。目前生物质硬碳制备工艺主要为一步碳化法、活化法、水热法、模板法为主。其中一步碳化法应用最广，但该法制备的生物碳材料在大电流循环过程中不稳定，倍率性能较差；而活化法制备多级孔径的硬碳材料具有更多的接触位点，有利于钠离子的脱嵌，循环稳定性以及电化学性能更优，未来最有前景。

改性方式：硬碳作为钠离子电池负极材料时也存在一些缺点，例如低的电极电位和首圈库仑效率及差的循环稳定性和倍率。目前主要改性方式包括①通过调控前驱体的合成以及热解过程在微观上调控硬碳的孔隙结构和层间距；②与其他材料的包覆和复合、杂原子掺杂等来调控材料的缺陷程度和层间距；③电解液的调控以及预钠化的处理。软碳材料改性工艺与硬碳类似，需要通过预氧化、材料复合等方式提升其电化学性能。

市场空间：钠电产业进程加快催化负极材料行业发展，根据我们测算，2022年全球碳基负极需求量为1万吨，2025年需求量为10万吨。

从产业化进程看，钠离子电池负极材料国内布局较少，行业壁垒相对更高。目前钠离子电池负极材料主要以碳基材料（软碳/硬碳等）、合金类材料、过渡金属化合物和有机化合物为主，由于硬碳材料具备储钠比容量较高、储钠电压较低、循环性能较好等诸多优势，所以其产业化进展较快。目前日本可乐丽为硬碳的主要生产厂商，国内公司如宁德时代、中科海钠、璞泰来、翔丰华等公司研发布局硬碳材料，但是产业化进程相比正极材料较慢。同时硬碳单位成本更高，目前国内无定形碳材料的成本约为8万~20万元/吨，相对正极材料而言，其盈利能力相对更好。其余原材料（如隔膜、铝箔、极耳、黏结剂、导电剂、溶剂及外壳组件等）可直接借用锂离子电池业已成熟的商业化产品，相对行业壁垒较低。

从目前各家披露的专利看，硬碳生产工艺主要包括粉碎、碳化、纯化、活化等过程，生物质前驱体还需要酸洗等步骤，树脂则需要与乙醇混合等。软碳生产工艺主要包括预氧化以及高温碳化，同时需要根据材料的性能需求进行元素掺杂、材料复合等工艺。在生产工艺中，温度控制及前驱体的选取极其重要，决定其最终的产品性能。目前硬碳产品工艺是市场主流，软碳产品主要以中科海纳和华阳股份为主。

钠离子电池未来预计快速渗透储能+两轮车电动市场，预计对于碳基负极需求将有快速提高。因此我们测算了碳基负极的未来需求量，基本假设如下：假设2023~2025年碳基负极在动力电池渗透率为2%/3%/3%，钠离子电池在储能领域中渗透率为2%/5%/10%，在两轮车领域渗透率为1%/4%/8%，对应动力领域碳基负极需求量为1.68/2.73/4.19万吨，储能领域碳基负极需求量为0.43/1.68/4.70万吨，电动两轮车需求量为0.10/0.46/1.05万吨。整体看2022年全球碳基负极需求量为1万吨，2025年需求量为10万吨。

传统锂电负极公司纷纷布局硬碳材料，但多数产品仍处于试验阶段。从公开信息以及公司公告看，传统锂电负极公司如杉杉股份、贝特瑞、翔丰华等均有硬碳材料负极的技术布局，其中杉杉股份、贝特瑞的进展相对较快。但是整体看传统负极公司硬碳材料发展较慢，主要原因是钠离子电池仍处于发展初期，各家厂商仍处于观望角度；同时钠离子的发展与锂价高涨和锂资源紧平衡有关，未来锂价下跌可能影响钠电发展进程,因此相关厂商没有重点发力该部分业务。硬碳材料盈利能力与公司主营业务相比较弱,对于传统负极公司扩建锂电负极材料产能以及研发新型锂电负极材料对于公司盈利影响更大,因此钠电的硬碳材料战略地位较低。钠电未来产业化后,传统锂电负极公司将迎来新发展契机。传统锂电负极公司具有客户以及产能优势,未来随着钠电快速发展后,公司可以通过以前的技术储备以及负极材料产线快速切入该领域。

根据成都佰思格公司官网显示,目前公司钠电硬碳产品主要有三种,分别为NHC-2、PHC-1、NHC-330。公司在2020年量产常规能量的钠离子电池负极材料,能量密度可做到290~300mAh/g。该材料在日本的产品售价20万元/吨以上,公司可以做到日本的30%左右。预计公司在明后年会发布NHC-360,比容量可达360~380mAh/g。目前公司已经完成了园区建设规划和设备采购,预计明年启动建设。佰思格硬碳产品首次效率可以做到92%左右。另外,在压实密度和表面积控制上,公司都做到了行业领先水平。2022年公司完成了2000t钠离子电池硬碳负极材料的设备安装和生产。2023年上半年,公司计划把产能扩大到1万吨左右。到2025年会进一步把产能扩大到5万吨,对应电池产能20~30GWh。目前该公司获得鹏辉能源投资,未来将与其开展进一步合作。

珈钠能源于2022年4月成立,是一家钠离子电池关键材料生产商,致力于高安全、长寿命、低成本钠离子电池体系研究开发和制造,主要产品包括聚阴离子型钠离子电池正极材料和生物质硬碳负极材料。其中,生物质硬碳负极材料根据不同原料和制备工艺可分为三代产品:第一代低成本生物质硬碳负极材料,比容量为280mAh/g左右;经过除杂的第二代硬碳负极材料,比容量在330mAh/g左右;第三代高端定制硬碳负极材料,比容量可达400mAh/g左右。三种路线负极材料的产业化进程正在分步实施。

钠离子电池负极材料应当尽量满足工作电压低、比容量高、结构稳定(体积形变小)、首周库仑效率高、压实密度高、电子和离子电导率高、空气稳定、成本低廉和安全无毒等特点。目前钠离子电池负极材料产业化的主要发展方向是硬碳,但仍然面临一些困难,因此,钠离子电池的产业化之路任重而道远。

参 考 文 献

[1] Wang J, Zhang G, Liu Z, et al. Li$_3$V(MoO$_4$)$_3$ as a novel electrode material with good lithium storage properties and improved initial coulombic efficiency [J]. Nano Energy, 2018, 44: 272-278.

[2] Hu Y Y, Liu Z, Nam K W, et al. Origin of additional capacities in metal oxide lithium-ion battery electrodes [J]. Nature Materials, 2013, 12 (12): 1130-1136.

[3] Kravchyk K, Protesescu L, Bodnarchuk M I, et al. Monodisperse and inorganically capped Sn

and Sn/SnO$_2$ nanocrystals for high-performance Li-ion battery anodes [J]. Journal of the American Chemical Society, 2013, 135 (11): 4199-4202.

[4] Ge J, Fan L, Wang J, et al. MoSe$_2$/N-doped carbon as anodes for potassium-ion batteries [J]. Advanced Energy Materials, 2018: 1801477.

[5] Zhang W, Zhang F, Ming F, et al. Sodium-ion battery anodes: status and future trends [J]. EnergyChem, 2019, 1: 100012.

[6] Nakpetpoon W, Vongsetskul T, Limthongkul P, et al. Disodium terephthalate ultrafine fibers as high performance anode material for sodium-ion batteries under high current density conditions [J]. Journal of the Electrochemical Society, 2018, 165 (5): A1140-A1146.

[7] Wu X Y, Ma J, Ma Q D, et al. A spray drying approach for the synthesis of a Na$_2$C$_6$H$_2$O$_4$/CNT nanocomposite anode for sodiumion batteries [J]. Journal of Materials Chemistry A, 2015, 3: 13193-13197.

[8] Wang H G, Yuan S, Si Z J, et al. Multi-ring aromatic carbonyl compounds enabling high capacity and stable performance of sodium-organic batteries [J]. Energy Environmental Science, 2015, 8: 3160-3165.

[9] Ding J, Zhang H L, Zhou H, et al. Sulfur-grafted hollow carbon spheres for potassium-ion battery anodes [J]. Advanced Materials, 2019: 1900429.

[10] Liu Y, Lu Y X, Xu Y S, et al. Pitch-derived soft carbon as stable anode material for potassium ion batteries [J]. Advanced Materials, 2020, 32 (17): e2000505.

[11] Wang J Y, Myung S T, Sun Y K. Sodium-ion batteries: present and future [J]. Chemical Society Review, 2017, 46 (12): 3529-3614.

[12] Zheng J, Yang Y, Fan X, et al. Extremely stable antimony-carbon composite anodes for potassium-ion batteries [J]. Energy & Environmental Science, 2019, 12 (2): 615-623.

[13] Chevrier V L, Ceder G. Challenges for Na-ion negative electrodes [J]. Journal of the Electrochemical Society, 2011, 158 (9): A1011-A1014.

[14] Komaba S, Matsuura Y, Ishikawa T, et al. Redox reaction of Snpolyacrylate electrodes in aprotic Na cell [J]. Electrochemistry Communications, 2012, 21: 65-68.

[15] Liu Y C, Zhang N, Jiao L F, et al. Tin nanodots encapsulated in porous nitrogen-doped carbon nanofibers as a free-standing anode for advanced sodium-ion batteries [J]. Advanced Materials, 2015, 27: 6702-6707.

[16] Deng Q, Cheng Q, Liu X Z, et al. 3D porous fluorine-doped NaTi$_2$(PO$_4$)$_3$@C as high-performance sodium-ion battery anode with broad temperature adaptability [J]. Chemical Engineering Journal, 2022, 430: 132710.

[17] Nie W, Cheng H W, Liu X L, et al. Surface organic nitrogen doping disordered biomass carbon materials with superior cycle stability in the sodium-ion batteries [J]. Journal of Power Sources, 2022, 522: 230994.

[18] Cheng H, Shapter J G, Li Y Y, et al. Recent progress of advanced anode materials of lithium-ion batteries [J]. Journal of Energy Chemistry, 2021, 57: 451-468.

[19] Hao W J, Si H N, Li W T, et al. Sodium storage performance and mechanism of Ag$_2$S nanospheres as electrode material for sodiumion batteries [J]. Solid State Ionics, 2019, 343: 115071.

[20] 夏广辉, 王丁, 李雪豹, 等. 钠离子电池金属硫化物负极材料的研究进展 [J]. 材料导报, 2021, 35 (13): 13041-13051.

[21] Xia G H, Wang D, Li X B, et al. Recent research progress of metal sulfides as anode materials for sodium ion batteries [J]. Materials Reports, 2021, 35 (13): 13041-13051.

[22] Wan F, Wu X L, Guo J Z, et al. Nanoeffects promote the electrochemical properties of organic Na$_2$C$_8$H$_4$O$_4$ as anode material for sodium-ion batteries [J]. Nano Energy, 2015, 13: 450-457.

[23] Li W Q, Guo H N, Chen K, et al. The organic sodium salts/ reduced graphene oxide composites as sustainable anode for solidstate sodium ion batteries [J]. Journal of Power Sources, 2022, 517: 230722.

[24] Wang H G, Zhang X B. Organic carbonyl compounds for sodiumion batteries: recent progress and future perspectives [J]. Chemistry, 2018, 24 (69): 18235-18245.

[25] Zhao L, Zhao J M, Hu Y S, et al. Disodium terephthalate (Na$_2$C$_8$H$_4$O$_4$) as high performance anode material for low-cost room-temperature sodium-ion battery [J]. Advanced Energy Materials, 2012, 2: 962-965.

[26] Zhang S W, Cao T F, Lu W, et al. High-performance graphene/ disodium terephthalate electrodes with ether electrolyte for exceptional cooperative sodiation/desodiation [J]. Nano Energy, 2020, 77: 105203.

[27] Xu S F, Li H Y, Chen Y, et al. Branched conjugated polymers for fast capacitive storage of sodium ions [J]. Journal of Materials Chemistry A, 2020, 8 (45): 23851-23856.

[28] Zhang S L, Huang W, Hu P, et al. Conjugated microporous polymers with excellent electrochemical performance for lithium and sodium storage [J]. Journal of Materials Chemistry A, 2015, 3 (5): 1896-1901.

[29] Kim M S, Lee W J, Paek S M, et al. Covalent organic nanosheets as effective sodium-ion storage materials [J]. ACS Applied Materials & Interfaces, 2018, 10 (38): 32102-32111.

[30] Yang T J, Zhang C, Ma W Y, et al. Thiophene-rich conjugated microporous polymers as anode materials for high performance lithium-and sodium-ion batteries [J]. Solid State Ionics, 2020, 347: 115247.

[31] Gu S, Wu S F, Cao L J, et al. Tunable redox chemistry and stability of radical intermediates in 2D covalent organic frameworks for high performance sodium ion batteries [J]. Journal of The American Chemistry Society, 2019, 141 (24): 9623-9628.

[32] 刘国强, 厉英. 先进锂离子电池材料 [M]. 北京: 科学出版社, 2015.

[33] Zhu J D, Chen C, Lu Y, et al. Nitrogen-doped carbon nanofibers derived from polyacrylonitrile for use as anode material in sodium-ion batteries [J]. Carbon, 2015, 94: 189-195.

[34] Qian Y, Jiang S, Li Y, et al. *In situ* revealing the electroactivity of P-O and P-C bonds in

hard carbon for high-capacity and long-life Li/K-ion batteries [J]. Advanced Energy Materials, 2019, 9 (34): 1901676.

[35] Zhang H M, Zhang W F, Ming H, et al. Design advanced carbon materials from lignin-based interpenetrating polymer networks for high performance sodium-ion batteries [J]. Chemical Enginering Journal, 2018, 341: 280-288.

[36] Saurel D, Orayech B, Xiao B W, et al. From charge storage mechanism to performance: a roadmap toward high specific energy sodium-ion batteries through carbon anode optimization [J]. Advanced Energy Materials, 2018, 8 (17): 1703268.

[37] 孟庆施. 钠离子电池无定形碳负极材料研究 [D]. 北京: 中国科学院大学 (中国科学院物理研究所), 2022.

[38] Xie L J, Tang C, Bi Z H, et al. Hard carbon anodes for next-generation Li-ion batteries: review and perspective [J]. Advanced Energy Materials, 2021, 11 (38): 2101650.

[39] Dou X W, Hasa I, Saurel D, et al. Hard carbons for sodium-ion batteries: structure, analysis, sustainability, and electrochemistry [J]. Materials Today, 2019, 23: 87-104.

[40] 邱珅, 吴先勇, 卢海燕, 等. 碳基负极材料储钠反应的研究进展 [J]. 储能科学与技术, 2016, 5 (3): 258-267.

[41] Jiang M C, Sun N, Soomro R A, et al. The recent progress of pitch-based carbon anodes in sodium-ion batteries [J]. Journal of Energy Chemistry, 2021, 55: 34-47.

[42] 董瑞琪, 吴锋, 白莹, 等. 钠离子电池硬碳负极储钠机理及优化策略 [J]. 化学学报, 2021, 79 (12): 1461-1476.

[43] Zhu Y-H, Zhang Q, Yang X, et al. Reconstructed orthorhombic V_2O_5 polyhedra for fast ion diffusion in K-ion batteries [J]. Chem, 2019, 5 (1): 168-179.

[44] Gao Y, Zhang J, Li N, et al. Design principles of pseudocapacitive carbon anode materials for ultrafast sodium and potassium-ion batteries [J]. Journal of Materials Chemistry A, 2020, 8 (16): 7756-7764.

[45] Sivakkumar S R, Pandolfo A G. Evaluation of lithium-ion capacitors assembled with pre-lithiated graphite anode and activated carbon cathode [J]. Electrochimica Acta, 2012, 65: 280-287.

[46] 吴权, 刘彦辰, 朱卓, 等. 钠离子电池碳负极材料的研究进展 [J]. 中国科学: 化学, 2021, 51 (7): 862-875.

[47] Qi Y R, Lu Y X, Ding F X, et al. Slope-dominated carbon anode with high specific capacity and superior rate capability for high safety Na-ion batteries [J]. Angewandte Chemie-International Edition, 2019, 58 (13): 4361-4365.

[48] Qi Y R, Lu Y X, Liu L L, et al. Retarding graphitization of soft carbon precursor: from fusionstate to solid-state carbonization [J]. Energy Storage Materials, 2020, 26: 577-584.

[49] Lu Y X, Zhao C L, Qi X G, et al. Pre-oxidation-tuned microstructures of carbon anodes derived from pitch for enhancing Na storage performance [J]. Advanced Energy Materials, 2018, 27: 1800108.

[50] Li Y M, Hu Y S, Titirici M M, et al. Hard carbon microtubes made from renewable cotton as

high-performance anode material for sodium-ion batteries [J]. Advanced Energy Materials, 2016, 6 (18): 1600659.

[51] Sun N, Guan Z R X, Liu Y W, et al. Extended "adsorption-insertion" model: a new insight into the sodium storage mechanism of hard carbons [J]. Advanced Energy Materials, 2019, 9 (32): 1901351.

[52] Chen D Q, Zhang W, Luo K Y, et al. Hard carbon for sodium storage: mechanism and optimization strategies toward commercialization [J]. Energy & Environmental Science, 2021, 14 (4): 2244-2262.

[53] Wang Z H, Feng X, Bai Y, et al. Probing the energy storage mechanism of quasi-metallic Na in hard carbon for sodium-ion batteries [J]. Advanced Energy Materials, 2021, 11 (11): 2003854.

[54] Wang Q Q, Zhu X S, Liu Y H, et al. Rice husk-derived hard carbons as high-performance anode materials for sodium-ion batteries [J]. Carbon, 2018, 127: 658-666.

[55] Morikawa Y, Nishimura S, Hashimoto R, et al. Mechanism of sodium storage in hard carbon: an X-ray scattering analysis [J]. Advanced Energy Materials, 2019, 10 (3): 1903176.

[56] Wahid M, Puthusseri D, Gawli Y, et al. Hard carbons for sodium-ion battery anodes: synthetic strategies, material properties, and storage mechanisms [J]. ChemSusChem, 2018, 11 (3): 506-526.

[57] Bin D S, Lin X J, Sun Y G, et al. Engineering hollow carbon architecture for high-performance K-ion battery anode [J]. Journal of the American Chemical Society, 2018, 140 (23): 7127-7134.

[58] Chong S, Chen Y, Zheng Y, et al. Potassium ferrous ferricyanide nanoparticles as high capacity and ultralong life cathode material for nonaqueous potassium-ion batteries [J]. Journal of Materials Chemistry A, 2017, 5: 22465-22471.

[59] He X, Liao J, Tang Z, et al. Highly Disordered hard carbon derived from skimmed cotton as a high-performance anode material for potassium-ion batteries [J]. Journal of Power Sources, 2018, 396: 533-541.

[60] Liang J, Zhou R F, Chen X M, et al. Fe-N decorated hybrids of CNTs grown on hierarchically porous carbon for high-performance oxygen reduction [J]. Advanced Materials, 2014, 26 (35): 6074-6079.

[61] Chang X, Ma Y, Yang M, et al. In-situ solid-state growth of N, S codoped carbon nanotubes encapsulating metal sulfides for high-efficient-stable sodium ion storage [J]. Energy Storage Materials, 2019, 23: 358-366.

[62] Lu Q, Wang X, Cao J, et al. Freestanding carbon fiber cloth/sulfur composites for flexible room-temperature sodium-sulfur batteries [J]. Energy Storage Materials, 2017, 8: 77-84.

[63] Cao Y L, Xiao L F, Sushko M L, et al. Sodium ion insertion in hollow carbon nanowires for battery applications [J]. Nano Letters, 2012, 12 (7): 3783-3787.

[64] Cao Y L, Xiao L F, Sushko M L, et al. Sodium ion insertion in hollow carbon nanowires for

battery applications [J]. Nano Letters, 2012, 12 (7): 3783-3787.

[65] Qiu S, Xiao L F, Sushko M L, et al. Manipulating adsorption-insertion mechanisms in nanostructured carbon materials for high-efficiency sodium ion storage [J]. Advanced Energy Materials, 2017, 7 (17): 1700403.

[66] Cheng D J, Zhou X Q, Hu H Y, et al. Electrochemical storage mechanism of sodium in carbon materials: a study from soft carbon to hard carbon [J]. Carbon, 2021, 182: 758-769.

[67] Li Y M, Hu Y S, Titirici M M, et al. Hard carbon microtubes made from renewable cotton as high-performance anode material for sodium-ion batteries [J]. Advanced Energy Materials, 2016, 6 (18): 1600659.

[68] Bommier C, Surta T W, Dolgos M, et al. New mechanistic insights on Na-ion storage in non-graphitizable carbon [J]. Nano Letters, 2015, 15 (9): 5888-5892.

[69] Alvin S, Yoon D, Chandra C, et al. Revealing sodium ion storage mechanism in hard carbon [J]. Carbon, 2019, 145: 67-81.

[70] Zhang B A, Ghimbeu C M, Laberty C, et al. Correlation between microstructure and Na storage behavior in hard carbon [J]. Advanced Energy Materials, 2016, 6 (1): 1501588.

[71] Tang K, Fu L J, White R J, et al. Hollow carbon nanospheres with superior rate capability for sodium-based batteries [J]. Advanced Energy Materials, 2012, 2 (7): 873-877.

[72] Ye J C, Zang J, Tian Z W, et al. Sulfur and nitrogen co-doped hollow carbon spheres for sodium-ion batteries with superior cyclic and rate performance [J]. Journal of Materials Chemistry A, 2016, 4 (34): 13223-13227.

[73] 邵文龙. 钠离子电池负极用聚合物衍生材料结构设计及性能研究 [J]. 大连: 大连理工大学博士学位论文, 2022.

[74] Senguttuvan P, Rousse G, Seznec V, et al. $Na_2Ti_3O_7$: lowest voltage ever reported oxide insertion electrode for sodium ion batteries [J]. Chemistry of Materials, 2011, 23: 4109-4111.

[75] Ni J F, Fu S D, Wu C, et al. Superior sodium storage in $Na_2Ti_3O_7$ nanotube arrays through surface engineering [J]. Advanced Energy Materials, 2016, 6: 1502568.

[76] Xu J, Ma C Z, Balasubramanian M, et al. Understanding $Na_2Ti_3O_7$ as an ultra-low voltage anode material for a Na-ion battery [J]. Chemical Communications, 2014, 50: 12564-12567.

[77] Yan X, Sun D Y, Jiang J C, et al. Self-assembled twine-like $Na_2Ti_3O_7$ nanostructure as advanced anode for sodium-ion batteries [J]. Journal of Alloys and Compounds, 2017, 697: 208-214.

[78] 王刘彬, 赵东东, 李俊礼, 等. 钠离子电池合金化负极材料研究及应用进展 [J]. 中国科学: 化学, 2021, 51 (9): 1124-1136.

[79] Kong W Q, Xu S F, Yin J P, et al. A novel red phosphorus/reduced graphene oxide-C_3N_4 composite with enhanced sodium storage capability [J]. Journal of Electroanalytical Chemistry, 2021, 902: 115819.

[80] Zhang Y H, Liu B H, Borjigin T, et al. Red phosphorus confined in N-doped multi-cavity me-

soporous carbon for ultrahighperformance sodium-ion batteries [J]. Journal of Power Sources, 2020, 450: 227696.

[81] Chevrier V L, Ceder G. Challenges for Na-ion negative electrodes [J]. Journal of the Electrochemical Society, 2011, 158 (9): A1011-A1014.

[82] 刘彦辰, 王晨晨, 李海霞, 等. 钠离子电池无机负极材料的研究进展 [J]. 中国科学: 化学, 2019, 49 (11): 1351-1360.

[83] Fatima H, Zhong Y J, Wu H W, et al. Recent advances in functional oxides for high energy density sodium-ion batteries [J]. Materials Reports: Energy, 2021, 1: 100022.

[84] 黄洋洋, 方淳, 黄云辉. 高性能低成本钠离子电池电极材料研究进展 [J]. 硅酸盐学报, 2021, 49 (2): 256-271.

[85] Yang L J, Yang B, Chen X, et al. Bimetallic alloy SbSn nanodots filled in electrospun N-doped carbon fibers for high performance Na-ion battery anode [J]. Electrochimica Acta, 2021, 389: 138246.

[86] Jia H, Dirican M, Aksu C, et al. Carbon-enhanced centrifugallyspun SnSb/carbon microfiber composite as advanced anode material for sodium-ion battery [J]. Journal of Colloid and Interface Science, 2019, 536: 655-663.

[87] Komaba S, Matsuura Y, Ishikawa T, et al. Redox reaction of Snpolyacrylate electrodes in aprotic Na cell [J]. Electrochemistry Communications, 2012, 21: 65-68.

[88] Liu Y C, Zhang N, Jiao L F, et al. Tin nanodots encapsulated in porous nitrogen-doped carbon nanofibers as a free-standing anode for advanced sodium-ion batteries [J]. Advanced Materials, 2015, 27: 6702-6707.

[89] Jeon Y, Han X G, Fu K, et al. Flash-induced reduced graphene oxide as a Sn anode host for high performance sodium ion batteries [J]. Journal of Materials Chemistry A, 2016, 4: 18306-18313.

[90] Hao Z Q, Dimov N, Chang J K, et al. Tin phosphide-carbon composite as a high-performance anode active material for sodium-ion batteries with high energy density [J]. Journal of Energy Chemistry, 2022, 64: 463-474.

[91] Han C, Wu S, Wu C, et al. Research progress on sodium storage mechanism and performance of anode materials for sodium-ion batteries [J]. The Chinese Journal of Process Engineering, 2023, 2 (23): 173-187。

[92] 胡勇胜, 陆雅翔, 陈立泉, 等. 钠离子电池科学与技术 [M]. 北京: 科学社出版, 2022.

[93] Hariharan S, Saravanan K, Ramar V, et al. A rationally designed dual role anode material for lithium-ion and sodium-ion batteries: case study of eco-friendly Fe_3O_4 [J]. Physical Chemistry Chemical Physics, 2013, 15: 2945-2953.

[94] Yu D F, Wei X S, Zhao D, et al. Ultrathin CuSe nanosheets as the anode for sodium ion battery with high rate performance and long cycle life [J]. Electrochimica Acta, 2022, 404: 139703.

[95] Zheng H, Chen X, Li L, et al. Synthesis of NiS$_2$/reduced graphene oxide nanocomposites as anodes materials for high-performance sodium and potassium ion batteries [J]. Materials Research Bulletin, 2021, 142: 111430.

[96] Li Q Z, Liu Y, Wei S Q, et al. Box-like FeS@ nitrogen-sulfur dual-doped carbon as high-performance anode materials for lithium ion and sodium ion batteries [J]. Journal of Electroanalytical Chemistry, 2021, 903: 115848.

第 5 章 钠离子电池液态电解质

5.1 概 述

电解液是电化学设备中无处不在且不可或缺的要素。它的基本功能与各种电化学设备的化学和应用无关,始终如一。无论是在电解电池、电容器、燃料电池还是普通电池中,电解质的作用始终保持不变:作为一种介质,在电极之间以离子形式传输电荷。绝大多数电解质都是以盐的形式(也被称为"电解质溶质")溶解在水性或非水性溶剂中,形成电解质溶液,且在使用温度范围内保持液态状态。由于电解质位于正电极和负电极之间,因此与两者之间密切相互作用。因此,当引入新的电极材料时,通常需要与之相容的电解质。电解质与电极之间的界面通常决定着设备的性能。实际上,自从现代电化学问世以来,这些带电接口一直是人们关注的焦点,特别是在当代钠基可充电电池技术中。在电池中,正极和负极的化学性质决定了能量输出,而电解质通常通过控制电池内的质量流速来定义能量释放的速度。从概念上来说,电解质在电池运行过程中不应发生化学变化,而所有的法拉第过程预计发生在电极内部。因此,可以将电解质视为电池中的惰性成分,并且必须表现出对阴极和阳极表面的稳定性。电解质的电化学稳定性通常是通过动力学方式而不是其他方式实现的,对可充电电池系统尤为重要,但同时也经常面临来自电池组的挑战,因此要求不断提高电解质的稳定性。

电解液使负极(阳极)和正极(阴极)电子绝缘,在理想条件下,当电子通过外部电路时,电解液仅作为离子电荷转移的介质。由于它被放置在高度还原性和氧化性的活性材料(电极)之间,其稳定性或亚稳态具有极其重要的意义。也就是说,给定的电解液必须满足两个电极的需要。在与电极相互作用时,它提供了在两个电极处形成界面的化学物质,界面控制着电池系统的整体性能。

钠离子电池电解液大多数是基于一种或多种钠盐在两种或多种溶剂的混合物中的溶液,单一溶剂式是非常罕见的。任何单独的化合物都很难满足实际应用,例如,高流动性与高介电常数;因此,物理性质和化学性质非常不同的溶剂经常一起使用,以同时满足各种需求。另一方面,通常不使用盐的混合物,因为阴离子的选择通常是有限的,并且性能优势或改进不容易证明。特殊的表面化学对于这些新的电解质/电极界面的动力学稳定性通常是必要的。电解液工作原理见图 5-1。

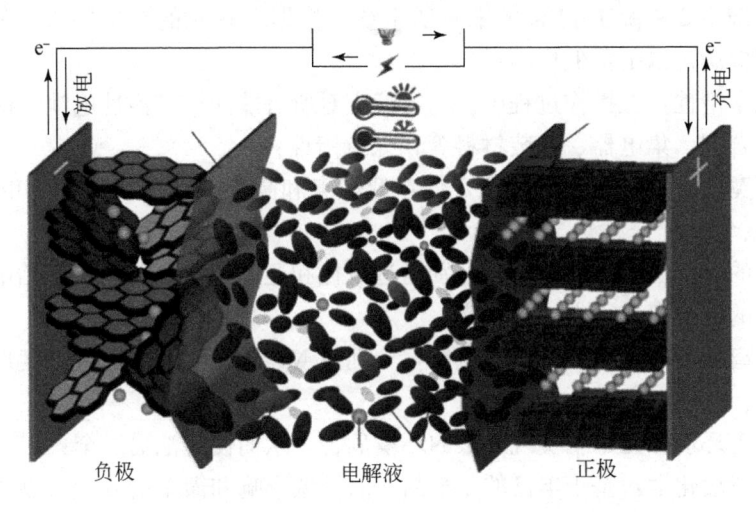

图 5-1 电解液工作原理（数据来源：中国科学院物理研究所官网）

电解质的稳定性也可以通过其氧化和还原分解极限之间的电压范围来量化，这被称为"电化学温度"。显然，两种电极材料的氧化还原电位都必须在这个电化学阈值内，才能使可充电电池工作。当然，电化学稳定性只是电解液应该满足的要求之一。这些最低要求应包括以下内容：

①它应该是一种良好的离子导体和电子绝缘体，这样离子传输可以很容易，自放电可以保持在最低限度。

②它应该有一个宽的电化学窗口，这样在阴极和阳极的工作电位范围内就不会发生电解质降解。

③它还应该对其他电池组件（如电池隔板、电极基板和电池包装材料）是惰性的。

④它应该能够抵御各种滥用，例如电气、机械或热力滥用。

⑤它的组件应该是环保的。

5.2 电解液基础理化性质

原则上，电解质组分在电池中应该是惰性的，并且仅作为离子转移的介质，但在实践中，惰性仅通过在电极/电解质界面（EEI）处形成钝化层而在动力学上赋予。这些界面层的化学性质和形态是影响电池性能的基本参数。事实上，除了优化电解质组成以改善本体性质（例如，离子迁移率、稳定性等）之外，电解质的组成决定了界面层的组成和质量，从而严重影响电池性能。尽管对 SIBs 电解质开发的研究仍处于起步阶段，但已经对各种电解质系统进行了研究，这些电解质系统主要来源于 LIBs 的电解质系统，根据电解质的基本要求，理想的电解液溶剂应满足以下最低标准：

①化学惰性：在操作过程中，电解液应对所有非活性和活性电池组件（如分离器、黏合剂、集电器、包装材料等）保持惰性；

②更宽的液相线范围和热稳定性：低熔点和高沸点温度扩展了 SIBs 电池的工作范围；

③宽的电化学稳定性窗口：分别通过氧化和还原进行分解的高起始电位和低起始电位的大分离使得电池电压高；

④高离子导电性和无电子导电性：分别使 Na$^+$ 易于传输和最大限度地减少电池自放电；

⑤无害环境和无毒：实现有限的环境危害，从而使电池更安全；

⑥可持续化学：基于丰富的化学品，以及低影响和简单的合成、制备和规模化过程（如能源、污染等）；

⑦降低成本：实现低总成本，包括材料、生产和其他成本；

⑧可调谐相间特性：在两个电极上形成稳定、电子绝缘但离子高度导电的相间层。

5.2.1 传输性质

电解质的基本功能是导电离子，这将决定储存在电极中的能量能够以何种速度传递。在液体电解质中，离子传导通过两个步骤实现（对于单一的盐溶液来说，阳离子和阴离子是唯一的带电物质）：①溶剂化和解离离子化合物（通常是晶体盐），通过极性溶剂分子的迁移；②这些溶剂化离子则通过溶剂介质的传输。

$$\sigma = \sum n_i u_i Z_i e \tag{5-1}$$

式中，离子电导率 σ 测量了离子传导能力，n_i 代表自由离子数，u_i 代表离子迁移率，Z_i 表示离子物种 i 的价序，e 表示单位电荷的电子。离子电导率已经成为衡量电解质的标准，因为它可以使用简单的仪器进行容易测量，结果高度准确且可重复。由于离子电导率量化了离子在电化学反应中的流动性，这在一定程度上决定了电池的功率输出。然而，迄今为止，尚未找到合适的单一溶剂，它能同时具有高介电常数（溶解盐）和低黏度（促进离子传输），同时满足阳极和阴极界面稳定性的要求[1]。

在外部电场的作用下，电解液中的阴阳离子会发生有向运动，这称为离子的电迁移。离子的迁移速率是影响电池倍率性能的重要因素之一。电解液中离子的运动速率 v（cm/s）主要取决于盐的特性（包括离子半径和电荷）以及溶剂的特性（包括黏度和介电常数），还与电场的电势梯度 dE/dl 相关。某个离子 i 在电

场中的运动速率 v 与电势梯度的关系可以表示为

$$v_i = u_i \frac{\mathrm{d}E}{\mathrm{d}l} \tag{5-2}$$

式中，比例系数 μ 相当于单位电势梯度时离子的运动速率，称为离子电迁移率，也称为离子淌度（cm^2/Vs），下标 i 表示不同的离子。

由于阴、阳离子移动的速率不同，所带的电荷不等，因此它们在迁移电荷量时所分担的份额也就不同。反映这一"份额"的物理量是离子迁移数，其定义为某种离子 i 所运载的电流与总电流之比，通常用 t_i 表示，同溶液中阴、阳离子的迁移数之和为 1，则在钠离子电池电解液体系中

$$t_{Na^+} = \frac{I_{Na^+}}{I_{总}} = \frac{I_{Na^+}}{I_{Na^+} + I_{阴离子}} = \frac{t_{Na^+}}{t_{Na^+} + I_{阴离子}} \tag{5-3}$$

假设电解液中仅存在两种阴、阳离子，而且迁移电荷量时分担的份额相同，那么 $t_{Na^+} + I_{阴离子} = 0.5$ 在实际体系中，由于 Na^+ 与溶剂分子的溶剂化作用往往强于阴离子与溶剂分子的溶剂化作用，因此 t_{Na^+} 一般小于 0.5。

5.2.2 化学、电化学及热力学稳定性

钠离子电池电解液的化学稳定性在与电极活性物质、集流体、隔膜和电池壳的反应活性方面得到体现，如果表现为不发生反应，则说明化学稳定性良好。高度化学稳定的电解液可以减少副反应的发生，防止电解液的迅速损失。

钠离子电池电解液的电化学稳定性主要通过电化学窗口来衡量，即电解液的氧化电势和还原电势之间的差值。理论上，为了确保正负极材料在循环过程中的稳定性，并防止电解液持续分解，电池的工作电压应该位于电解液的本征氧化电势和还原电势之间，也就是在电解液的本征电化学窗口内。实际情况中，电解液的电化学窗口可以比本征电化学窗口更宽，这主要是由于电解液和电极材料之间形成了稳定的电极–电解液界面膜[2]。一般来说，在负极处形成的界面膜称为固体电解质中间相（solid electrolyte interphase，SEI），在正极处形成的界面膜称为正极电解质中间相（cathode-electrolyte interphase，CEI）。理想的 SEI 膜和 CEI 膜具有离子导体和电子绝缘体的特性，可以防止电解液直接接触电极而分解，从而拓宽电解液的电化学窗口。SEI 膜可以将负极的稳定电势由 φ_{a_1} 降低到 φ_{a_2}，同样，CEI 膜可以将正极的稳定电势由 φ_{c_1} 提高到 φ_{c_2}。因此，电池的开路电压可以从 V^* 扩展到 V。在钠离子电池中，碳酸酯类电解液通常在低于 1.2V（$vs.\ Na^+/Na$）时会在负极材料表面发生还原反应并生成 SEI 膜。稳定的 SEI 膜可以阻止电解液进一步反应，而不稳定的界面会持续消耗钠离子，导致电池的库仑效率降低，容量快速衰减，并缩短电池的寿命。

电解液的热稳定性是评估电解液性能的一个重要指标。在电池的充放电过程

中，由于存在内阻，会产生焦耳热，特别是在高倍率工作条件下，热效应更加显著。因此，对电解液的热稳定性提出了更高的要求。如果电解液的热稳定性较差，它会大量分解，产生更多的热量，从而导致热失控，给钠离子电池带来安全隐患。电解液的热稳定性主要涉及两个方面：电解液本身的热稳定性以及电解液与电极材料的相互作用的热稳定性。前者主要取决于所使用的溶剂和钠盐的性质，可以根据实际需求选择适合的电解液体系。不同的溶剂和钠盐具有不同的热稳定性，因此在设计电解液时需要考虑它们的相互作用。后者涉及电解液与电极材料之间的相互作用，包括电解液的湿润性、界面电荷传递速率以及电解液在电极表面的吸附行为等。这些相互作用比较复杂，可以通过引入高温添加剂和界面修饰层等策略进行调控。例如，添加一些高温添加剂可以增强电解液的热稳定性，提高其在高温条件下的性能。同时，在电极表面引入一层界面修饰层也可以改善电解液与电极的相互作用，增强热稳定性。

5.2.3 谱学技术及电解液理化性质

电解液中分子的结构和分子/离子的状态，可以通过电子光谱、振动光谱、核磁共振谱等技术进行研究。确定钠盐和溶剂分子的结构以及配位状态对研究电解液的传输反应机制以及性能的改善至关重要。

紫外可见光光谱（UV）是一种电子光谱，它利用光的波长与电解液中物质相互作用时的吸收、发射和散射特性，来分析和表征样品的化学组成、结构和性质。可用于研究钠离子电池循环过程中过渡金属离子的溶出问题（图5-2）。

图5-2 紫外可见分光光度计（数据来源：大普仪器官网）

振动光谱技术利用不同基团从基态振动能级跃迁到高振动能级时吸收特定波长的红外辐射的特性。通过研究溶剂分子谱带的变化，可以清晰地了解溶剂与钠离子相互作用的官能团以及钠离子的溶剂化结构，揭示钠离子与溶剂相互作用的本质，并区分不同类型的溶剂对钠离子溶剂化的影响。红外光谱技术在振动光谱中起着重要作用。它通过检测样品吸收特定波长的红外光来提供有关样品内部化学键的信息。不同官能团具有不同的振动模式和振动频率，因此红外光谱可以用于确定样品中存在的官能团类型及它们的相对丰度。通过分析红外光谱图谱，可以推断电解液中溶剂和溶质之间的相互作用以及钠离子与官能团之间的键合情况。

拉曼光谱技术也是振动光谱的重要手段。拉曼光谱通过测量样品散射的光子频移来提供信息。当样品中的分子被激发时，它们的化学键振动会导致散射光子的频率发生变化。通过分析拉曼光谱，可以得到有关样品的分子结构、键合情况和晶格振动等信息（图5-3）。

图5-3 拉曼光谱仪（数据来源：广东石油化工学院分析测试中心）

核磁共振（NMR）技术在研究电解液分子方面也扮演着重要的角色。核磁共振是指具有非零磁矩的原子核（如常见的氢核和碳核）在外部磁场作用下，其自旋能级发生分裂，吸收特定频率的电磁波辐射并从低能级跃迁到高能级的物理过程。不同的原子核在特定的照射频率下，只能在特定的磁感应强度下发生核磁共振。然而，在分子中，原子核所处的化学环境（包括核外电子和邻近原子核的核外电子运动）的差异会导致即使在相同的照射频率下，也会在不同的共振磁场下显示吸收峰，这被称为化学位移。利用化学位移可以区分不同化学环境中的原子核，从而获得有关分子结构的信息。在电解液研究中，核磁共振技术可以用于研究钠离子与溶剂分子在不同情况下的相互作用和配位情况。通过对电解液样品进行核磁共振分析，可以确定溶剂分子中钠离子的化学位移，并进一步推断出它们所处的化学环境和配位状态。例如，通过核磁共振技术，可以确定钠离子与溶剂分子中的配位键数、配位类型以及钠离子与溶剂分子之间的相对位置关系。核磁共振技术不仅可以提供关于钠离子与溶剂分子相互作用的定性信息，还可以通过测量峰的强度和形状等参数，获得有关钠离子与溶剂分子相互作用强度和动力学特性的定量数据。这些信息对于理解电解液的结构、动态行为以及其对电池性能的影响具有重要意义。因此，核磁共振技术在电解液研究中被广泛应用，为我们揭示钠离子与溶剂分子之间的相互作用、配位情况以及分子结构提供了有力的工具和信息（图5-4）。

图5-4 核磁共振仪（数据来源：赛默飞世尔中国官网）

5.3 电解质盐

金属盐作为电解质的主要成分，在决定 SIBs 的电化学性能方面起着重要作用。金属盐在 SIBs 的电解质中的作用包括以下几个方面。

①金属盐作为电荷载体的一部分，在两个分离的电极之间进行传输。这些载流子决定了电解质的离子传导性；不良的离子传导性会降低许多电池参数（例如，它可以极大地增加电化学极化）。

②钠盐会影响 SEI 的组成，这些组成在循环过程中可能会被溶解和破坏，从而降低 SIB 的稳定性。

③钠盐产生的钠离子参与电极材料内的插层（去插层）反应。因此，钠离子的溶剂化结构，包括几何形态和离域电子密度，可以大大影响钠离子的扩散，特别是通过电极/电解质界面。同样，在散装电解质中，电解质的化学和热稳定性在一定程度上受到钠离子的溶剂化结构的影响。

④除了钠离子的导电性、SEI 组成和钠离子的溶剂化结构，阴离子氧化时的热力学 HOMO 能量可以在一定程度上限制电解质的电位窗口，从而限制 SIBs 的总能量密度。

⑤大多数钠盐的化学毒性和腐蚀性对实际应用中的电池安全有重要影响。

鉴于上述考虑，理想的钠盐应该表现出几个特性。它具有高溶解度，可以实现良好的离子导电性。电导率取决于两个参数,包括自由移动离子的数量和它们的速度。对于前者,离子的总数由钠盐的溶解度决定。对于后者,溶剂的性质控制盐中阳离子和阴离子的移动速度(例如,溶剂的介电常数和黏度)。除了溶剂的介电常数外,值得注意的是,电解质中存在的阳离子和阴离子的价态也在一定程度上影响迁移率。

常用钠离子电池电解液钠盐的物化性能见表5-1。

表 5-1 常用钠离子电池电解液钠盐的物化性能

钠盐	分解温度/℃	温度/℃(质量损失/%)	电导率/(mS/cm)
$NaPF_6$	302	400(8.14)	7.98
$NaClO_4$	472	500(0.09)	6.4
NaTFSI	263	400(3.21)	6.4
NaFTFSI	160	300(2.75)	
NaFSI	122	300(16.15)	

5.3.1 无机钠盐

高氯酸钠($NaClO_4$)是实验室中使用最广泛、历史最悠久的一类钠盐。它在溶解后表现出许多有益特性,使其成为电解液领域的重要材料。首先,高氯酸钠具有较高的电导率,可以促进离子在电解液中的运动,从而提高电池的性能。其次,它是一种成本较低的盐类,因此具有经济优势,可以降低电池制造的成本。此外,高氯酸钠对水分不敏感,这意味着它可以在湿度较高的环境下保持稳定性,从而提高电池的可靠性。阴离子高氯酸根(ClO_4^-)具有强大的抗氧化能力,这使得高氯酸钠成为高电压电解液系统的理想选择。在这种系统中,高氯酸钠能够有效地防止电池在高电压下发生氧化反应,从而延长电池的使用寿命。此外,高氯酸钠与碳基负极具有良好的兼容性,能够形成具有较低电阻的固体电解质界面(SEI)膜。这种薄膜可以保护电极材料,防止与电解液的不良反应,并提供更稳定的电荷传输通路,从而提高电池的性能和循环稳定性。然而,高氯酸钠也存在一些缺点。其中最显著的是氯元素处于最高的氧化态,具有较强的氧化性。这使得高氯酸钠在不适当的条件下可能导致安全隐患,如过热、过充电等情况下可能引发电池失控的风险。因此,在使用高氯酸钠作为电解液时,必须严格控制操作条件和电池设计,以确保安全性。

六氟砷酸钠($NaAsF_6$)是另一种常见的钠盐,具有良好的电化学稳定性。然而,与高氯酸钠相比,六氟砷酸钠存在一些不利因素。首先,它在还原过程中会产生剧毒物质,存在致癌风险,这对人类健康构成潜在威胁。其次,六氟砷酸钠对环境造成严重污染，不利于可持续发展。此外，六氟砷酸钠的成本较高，限制了其在实际应用中的广泛应用。

四氟硼酸钠（NaBF$_4$）是常用钠盐中分子量最低的一种，其独特的特性使其在电解液中具有一定的优势。首先，由于四氟硼酸钠分子中B—F键的高稳定性，它表现出良好的热稳定性。这使得四氟硼酸钠能够在高温条件下保持相对较好的稳定性，使电池在高温环境下的性能受到良好的保护。其次，四氟硼酸钠对溶剂中的水含量具有较高的承受能力，相比于其他钠盐如NaAsF$_6$，其毒性较低，安全性相对较高。因此，使用四氟硼酸钠作为电解液可以提供较高的安全性。在电池的循环稳定性方面，使用含有四氟硼酸钠的电解液通常能够表现出良好的性能。特别是在高温条件下，其循环稳定性优于NaAsF$_6$和NaPF$_6$等钠盐。此外，四氟硼酸钠还可以作为添加剂，用于改善电解液在高温下的循环稳定性。然而，需要注意的是，由于四氟硼酸钠分子中B—F键的半径较小，与Na离子的相互作用较强，导致其在溶剂中的解离程度较低，从而限制了电解液的离子电导率。

另一种钠盐是双硼酸钠（NaBOB），它具有高热稳定性和离子电导率的特点。然而，双硼酸钠的溶解性较差且易水解，这限制了其在电解液中的应用。尤其受限于其溶解度的限制，双硼酸钠通常只能作为添加剂使用，而不能作为主要的钠盐成分。如果要将其用作钠盐，还需要对其进行改性以提高其溶解性和稳定性。

六氟磷酸钠（NaPF$_6$）是一种白色晶体，具有高溶解度。它可以溶解于醚、腈、醇、酮和酯等多种溶剂中，并且随着溶剂极性的增强，其溶解度也随之增加。溶解后的NaPF$_6$溶液具有较高的电导率。NaPF$_6$在化学上具有一些优点。首先，它能够有效钝化铝箔表面，形成稳定的钝化层。这使得NaPF$_6$与铝箔具有良好的相容性。其次，它还能与碳基负极和各种正极材料相容性较好，具有广泛的应用潜力。然而，NaPF$_6$也存在一些缺点。最主要的是其化学稳定性较差。在有机溶剂中，NaPF$_6$容易发生分解反应，生成氟化钠（NaF）。尤其是在高温条件下，这种分解反应会更加剧烈，导致热稳定性下降。此外，NaPF$_6$分子中的磷—氟键也不够稳定，容易发生水解反应。当NaPF$_6$与溶剂中微量水分子反应时，会生成氢氟酸（HF）[3,4]。因此，在使用NaPF$_6$时需要注意其化学稳定性问题。尤其是在高温或湿度较高的条件下，应避免其分解反应和与水反应产生有害的氟化氢气体。此外，对于特定应用，也应考虑替代性的盐类或寻找其他解决方案，以克服NaPF$_6$的局限性。

5.3.2 有机钠盐

氟磺酰亚胺类钠盐是主要的有机钠盐，包括双（氟代磺酰基）亚胺钠（NaFSI）和双（三氟甲基磺酰）亚胺钠（NaTFSI）。这两种钠盐具有相似的结构，其中含有电负性中心的氮原子和两个硫原子，它们与具有强吸电子能力的氟或三氟甲基（CF_3）相连。这种结构导致阴离子的电荷分布较为分散，使得它们的性质与另一种常用的钠盐 NaOTf 类似。NaFSI 在正极应用过程中显示出电化学窗口较为狭窄，大约在 3.8V 左右就开始对铝箔产生腐蚀电流。这限制了 NaFSI 在高电位应用中的使用，因为过高的电位可能导致铝箔的腐蚀和损坏。相比之下，NaTFSI 的阴离子半径较 NaFSI 更大，解离度更高，因此在应用和研究范围上更为广泛。使用含有 NaTFSI 的电解液可以表现出较高的电导率，接近于含有 $NaPF_6$ 的电解液。此外，NaTFSI 具有较好的热稳定性，并且由于 C—F 键较为稳定且不容易水解，其对水的稳定性优于 $NaPF_6$。这使得 NaTFSI 在高温环境下具有更好的稳定性和耐久性。然而，类似于 $NaSO_3CF_3$，低浓度的 NaTFSI 也存在对铝集流体的腐蚀问题。当 NaTFSI 浓度较低时，其阴离子对铝的腐蚀性会增加。

5.3.3 其他钠盐

NaBOB 有一系列的有机配体配合物，主要有二水杨酸硼酸钠（NBSB）、水杨酸苯二酚钠（NBDSB）、NaBOB 和衍生物。在不同溶剂中的溶解性和离子电导率均不同。另外 NaBOB、NBSB、NBDSB 和 NaBOB 的衍生物在溶剂中可稳定存在，在溶剂碳酸丙烯酯（PC）、乙腈（AN）、二甲基甲酰胺（DMF）和混合溶剂 PC+AN、PC+DMF 中都有很高的溶解度。

5.4 有机溶剂

类似于锂离子电池电解液体系，可用于钠离子电池电解液的溶剂一般是极性非质子有机溶剂，即分子内正负电荷中心不重合，且不含有活性较强的质子氢的溶剂。实际应用中，因为正负极体系的需求不同，溶剂的选择标准略有差异。有机溶剂分子与 Na^+ 之间存在复杂的相互作用，表现为 Na^+ 与周围溶剂形成的溶剂化结构（如鞘层的大小、组成和溶剂分子数目）不同，具体应满足下面的特性。

①它应能够将盐溶解到足够的浓度。也就是说，应该具有高介电常数。

②它应该是流体（低黏度）在电池操作过程中，应该对所有电池组件保持惰性，尤其是阴极和阳极的带电表面。

③它应该在较宽的温度范围内保持液态。换言之，其熔点应当较低而沸点应当较高。

④它还应该是安全的（高闪点）、无毒的和经济的。

随着电解液的历史发展，大多数非水电解液可分为有机酯类和醚类、离子液体和特种电解液。一般满足上述特性的溶剂被限制为仅少数非质子有机化合物家族。其中大多数属于以下两种之一：有机酯和醚。

5.4.1 碳酸酯类溶剂

表 5-2 为钠离子电池酯类电解液单元溶剂的理化性质。

表 5-2 钠离子电池酯类电解液常见溶剂的理化性质

溶剂	结构	分子量	熔点/℃	沸点/℃	黏度（25℃）/(Pa·s)	密度/(g/cm³)
EC		88	36.4	248	1.90	1.321
PC		102	-48.8	242	2.53	1.200
VC		86	19	162		1.360
NMO		101	15	270	2.5	1.17
BC		116	-53	240	3.2	1.199

与 LIBs 类似，碳酸酯由于其较高的电化学稳定性和溶解碱金属（Li⁺、Na⁺等）的能力[5]，已成为 SIBs 主要采用的溶剂。丙烯酯（PC）在这些溶剂中，碳酸的环状二酯无疑在整个锂电池历史上引起了主要的研究关注，尤其是在过去十年中，当它们在碳质阳极上形成 SEI 的作用得到认可时。然而，对这些化合物的早期兴趣仅源于它们的高介电常数。1958 年，人们观察到锂可以从 LiClO₄ 在 PC 中的溶液中电沉积，PC 成为了研究的直接焦点。其宽的液相范围、高介电常数和与锂的静态稳定性使其成为首选溶剂，当在循环过程中观察到锂的剥离/镀覆效率（E_c=85%）低于理想时，研究者做出了相当大的努力来纯化。

EC 随着锂离子"穿梭机"概念的出现，人们对碳酸烷基酯的兴趣重新燃起。锂阳极的消失是锂形态的难题。随后，PC 更高的阳极稳定性使其再次成为一种有前途的候选者。在第一代商用锂离子电池中，索尼使用了 PC 基电解质，Li$_x$CoO₂ 作为阴极，石油焦作为阳极。然而，使用烷基碳酸酯作为锂电解质溶剂的真正复兴并不是由 PC 带来的，而是由其高熔点表亲 EC 带来的。与 PC 相比，

EC 具有相当的黏度和略高的介电常数。事实上，它的介电常数甚至高于地球上最常见的电解质溶剂：水（~79）。然而，由于其高熔点（~36℃），在电池研究的早期，它从未被视为环境温度电解质溶剂，基于它的电解质的液体范围会受到太大限制。其熔点高于碳酸盐家族其他成员的熔点，这被认为是由于其高分子对称性，使其成为更稳定的晶格。1964 年，首次将 EC 视为电解质共溶剂，由于 EC 的高介电常数和低黏度，将其添加到电解质溶液中有利于离子导电性。直到 20 世纪 70 年代初，这一发现才引起电池界的特别关注，由于溶质的存在对熔点的抑制，将形成室温熔体，并且当添加小百分比（9%）的 PC 时可以获得额外的抑制。当时 Dahn 及其同事报道了 EC 和 PC 对石墨阳极嵌入/脱嵌锂离子可逆性的影响的根本差异[6]。尽管两者在分子结构上似乎存在微小差异，EC 被发现在石墨阳极上形成有效的保护膜，防止阳极上任何持续的电解质分解，而这种保护不能用 PC 实现，石墨烯结构最终在一个称为"剥离"的过程中解体，因为 PC 共嵌入。

在环状碳酸酯中，EC 似乎更容易在非活性电极上还原，这与相应自由基阴离子的分子轨道从头计算一致。EC 和 PC 在还原反应性方面的差异归因于甲基在 PC 上引入的空间效应，而不是电子效应，这得到了相应自由基阴离子的分子轨道从头计算的支持。另一方面，PC 的还原似乎是一个相当缓慢的过程，如在伏安扫描期间分布在宽电势范围内的高背景电流水平所证明的。

链状碳酸酯是一种常用的有机溶剂，常见的类型包括碳酸二甲酯（DMC）、碳酸二乙酯（DEC）、碳酸甲乙酯（EMC）和碳酸甲丙酯（MPC）等。这些链状碳酸酯可以与环状碳酸酯（EC）按任意比例互溶，具有较低的熔点和黏度。通常与高黏度的环状碳酸酯混合使用，以降低电解液的黏度，提高离子导电性能，从而获得更好的性能。

DMC 是一种无色液体，在室温下熔点为 4.6℃，沸点为 91℃，具有较低的毒性。研究发现，引入 DMC 并不会显著影响钠离子的溶剂化过程或 SEI 膜的组分，它主要起到降低电解液黏度和提高电导率的作用。然而，也有研究指出，在 0.5~0.2V，DMC 可能会发生严重的分解反应。

DEC 的结构与 DMC 相似，熔点为 43℃，沸点为 126℃，具有比 DMC 更宽的液相温度范围。DMC 和 DEC 的介电常数较低，对钠盐的溶解能力有限，通常不作为单独的电解液溶剂，而是作为共溶剂使用。

EMC 和 MPC 都是不对称的线性碳酸酯，熔点和沸点与 DMC 和 DEC 接近，但它们的热稳定性较差，在受热条件下容易发生酯交换反应生成 DMC 和 DEC。

此外，卤代碳酸酯也是一类新型溶剂。例如，通过引入氯或氟原子，可以降低环状碳酸酯的熔点，如氯代碳酸乙烯酯（FEC）。然而，过高比例的这类溶剂可能会降低电池的库仑效率和循环稳定性，通常作为添加剂使用。

5.4.2 醚类溶剂

20 世纪 80 年代，醚类化合物因其含量低而被研究人员广泛关注。其具有低黏度和高离子电导率，但最重要的是，循环过程中负极的形态更好[7]。表 5-3 为钠离子电池醚类电解液常见溶剂的理化性质。

表 5-3　钠离子电池醚类电解液常见溶剂的理化性质

溶剂	结构	分子量	熔点/℃	沸点/℃	黏度（25℃）/（Pa·s）	密度/(g/cm³)
DMC		90	4.6	91	2.59	1.063
DEC		118	−74.3	126	0.75	0.969
EMC		104	−53	110	0.65	1.006
EA		88	−84	102	0.6	0.902
MB		102	−84	102	0.6	0.898
EB		116	−93	120	0.71	0.878

醚类溶剂具有低介电常数和低黏度的特点。在钠离子电池中，由于高电压下正极材料容易受氧化，限制了醚类溶剂的使用。然而，最近的研究表明，醚类溶剂与碱金属负极具有良好的兼容性，并能有效钝化金属钠表面，形成约 4nm 厚、均匀且致密的 SEI 膜。这种膜可以阻止钠枝晶的形成，并防止 SEI 膜因枝晶的生长和演变而增厚，从而不影响钠离子的传导性能。此外，由于醚类溶剂能与钠离子形成配合物，在石墨负极中可以实现共嵌入而不对石墨结构造成损害，因此醚类溶剂与石墨具有良好的兼容性。

醚类溶剂可分为环状醚和链状醚。环状醚主要包括四氢呋喃（THF）和 1,3-二氧杂环戊烷（DOL）。THF 具有较低的黏度和较强的阳离子络合能力，可以增强钠盐的溶解度，显著提高电解液的电导率。然而，THF 的循环稳定性相对较差。DOL曾被用作一次性锂电池和锂硫电池的电解液溶剂,但其电化学稳定性较差,容易发生开环和聚合反应。另外,冠醚也具有较强的阳离子络合能力,但使用15-冠-5醚作为共溶剂的钠离子电池几乎没有可逆比容量,可能与难以在石墨中嵌入溶剂化结构有关。

链状醚溶剂是一类常见的溶剂,主要包括乙二醇二甲醚(DME)及其衍生物二乙二醇二甲醚(DG、DEGDME或diglyme)、三乙二醇二甲醚(TRGDME或triglyme)和四乙二醇二甲醚(TEGDME或tetraglyme)等。这些链状醚具有相似的性质,其中DME是最常用的一种,可以与高介电常数溶剂混合使用。链状醚具有低黏度和较强的阳离子络合能力,这些特性使其在电解质中发挥重要作用。然而,链状醚溶剂也存在一些不利因素。首先,它们具有较低的沸点,容易挥发和丧失。其次,它们易受氧化作用影响,降低了其在长时间循环中的稳定性。此外,链状醚的热稳定性和安全性相对较差,需要特别注意在高温或极端条件下的使用。另外需要注意的是,除了TRGDME之外,随着链长的增加,前述链状醚的氧化电势也逐渐升高,这可能对一些特定应用产生影响。尽管存在一些限制,链状醚溶剂仍然被广泛应用于电解质体系中。它们的低黏度和较强的络合能力使其能够提供良好的离子传导性能和溶剂化能力,有助于提高电池的电化学性能。在实际应用中,合理选择链状醚的类型和含量,并结合其他溶剂进行调配,可以平衡其优点和缺点,以满足特定电池系统的需求。随着对链状醚溶剂的进一步研究和技术改进,相信它们将在未来的电池领域中发挥更重要的作用,并推动电池技术的发展与创新。

5.4.3 其他溶剂

磷酸酯类溶剂因其良好的阻燃性能而能提高电解液的安全性能。常见的磷酸酯溶剂包括磷酸三甲酯(methyl phosphate)和磷酸三乙酯(ethyl phosphate)。一般情况下,为了实现阻燃效果,电解液中磷酸酯类溶剂(如TMP和TEP)的含量需要超过20%。然而,由于TMP和TEP的黏度较高,过量使用会影响离子的导电性能。磺酸酯类溶剂中的甲磺酸乙酯(EMS)具有较宽的电化学窗口(5.6V),因此在特定电池系统中的应用可以有效提高电池的循环性能和热稳定性。虽然在钠离子电池领域的研究相对较少,但在锂离子电池领域已经取得了一定的研究成果。

丁内酯溶剂具有高介电常数,其黏度低于乙酰丙酮(EC)和丙酮,并具有类似EC的结构和出色的溶剂化能力。它能在碳基负极表面形成膜层,因此被视为一种具有巨大潜力的溶剂。酯类溶剂的熔点普遍较低,在锂离子电池中作为共溶剂使用可以提升电池在低温下的性能。磷酸酯类溶剂具有良好的阻燃性能,磺酸酯类溶剂具有较宽的电化学窗口,丁内酯溶剂具有低黏度和优秀的溶剂化能力，这些特性使它们成为提高电解液安全性和性能的重要选择。随着对这些溶剂的深入研究，相信它们将在未来的电池技术中发挥重要作用，推动电池的可靠性、循环性能和热稳定性的进一步提升[8]。

5.5　界面与有机电解液添加剂

电极-电解液界面膜包括负极侧的 SEI 膜和正极侧的化学电解质界面膜（CEI 膜）。相较于酯类溶剂，醚类溶剂有助于形成较薄的 SEI 膜。此外，环状醚溶剂可以稳定 SEI 膜中的组分，如 $NaPF_6$ 的分解会增加 SEI 膜中 NaF 的含量[3]。

电极-电解质界面膜在电池中具有至关重要的地位。首次循环期间形成的界面结构、化学性质、电化学性质和稳定性等特征，决定了电池在后续循环过程中的库仑效率、循环稳定性和倍率性能。

对于无添加剂的普通钠离子电池电解液而言，SEI 膜和 CEI 膜主要由溶剂和钠盐的阴离子在充放电过程中的氧化或还原产生。除了溶剂和钠盐的组合对界面膜具有关键影响外，溶剂和钠盐的纯度也对其产生重要影响。这是因为杂质也会参与电解液在电极材料表面的膜层形成，并且通常会产生负面效应。由于杂质的含量和种类通常难以确定，这进一步加剧了界面膜的不稳定性和不确定性。

5.5.1　电解液与电极材料的界面

金属阳极的可循环性在很大程度上取决于固体电解质界面的结构，这起着至关重要的作用[9,10]。SEI 层具有多种功能，包括限制金属和电解质之间的副反应，以及通过调节固态离子通量来促进均匀的金属沉积。理想的 SEI 层应具备以下特性：高阳离子传导性但同时具有高电阻、稳定厚度接近几纳米、高机械韧性（强度和延展性的结合），从而能够承受充电引起的体积变化、电解质中的不溶物，以及在广泛的工作温度和电压范围下保持稳定性。稳定的 SEI 被公认为安全电池性能的先决条件，无论是针对金属阳极还是离子插入阳极。与石墨或硬碳相比，金属阳极的 SEI 生长特征是渐进、均匀且快速的，反应性更强、机械强度更低，在充放电过程中易于发生更大的体积变化，并且具有更多金属原子可直接与溶剂和盐发生电化学反应。碳基和硅基阳极在开路电位时不会形成 SEI 层，而需要锂化至 1.0V 以下。在某些锂金属系统中，SEI 层非常不稳定。据报道，其在储存过程中地不断形成会限制电池寿命。碳 SEI 的先前理解或建模在多大程度上可直接应用于金属 SEI 仍然是一个悬而未决的问题。据报道，钠和钾金属阳极的界面较不稳定，副反应更为严重[11,12]。与锂相比，钾和钠具有较弱的路易斯酸性，这解释了它们较高反应性的一种原因[13]。另一个解释是由于原子核尺寸较大导致结合价电子较弱。Dey 等于 20 世纪 70 年代首次研究了浸入液体电解质中的锂金属表面的稳定机制，发现液体电解质中的锂金属电池（主要是原电池）的成功取决于由电解质分解产物主要组成的表面保护膜[14]。这种表面膜被描述为在锂金属上形成各种尺寸的晶体沉积物。1979年，Peled等提出了固体电解质界面的概念[15]，SEI是阳极和溶液之间的界面层，表现出类似固体电解质的特性，既具有电绝缘性又具有离子导电性。金属的腐蚀速率、沉积-溶解过程的机制、动力学参数以及金属沉积物的质量和半电池电势均取决于SEI层的特性［图5-5(a)］。

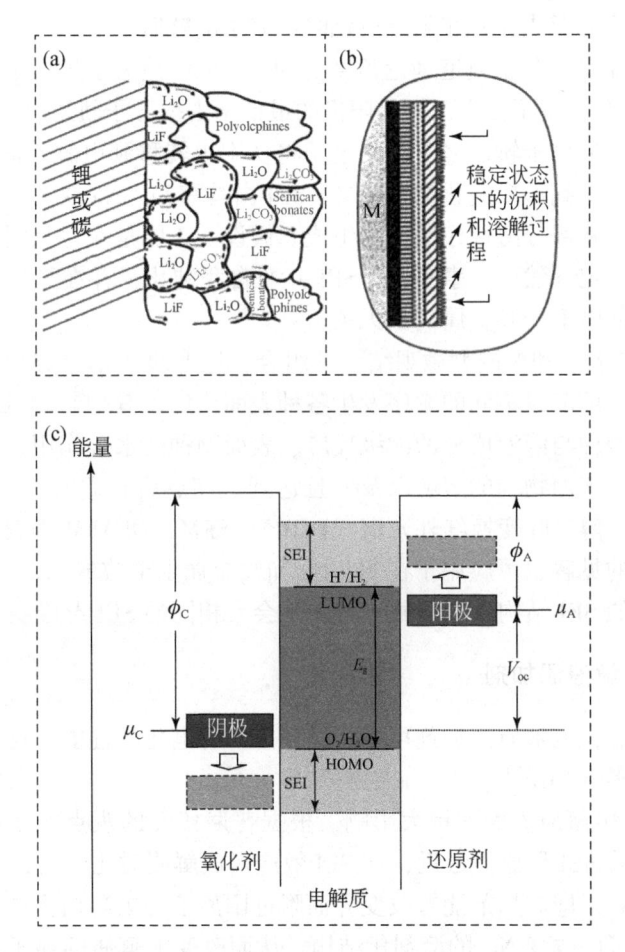

图5-5 （a）根据Peled等提出的SEI马赛克结构的示意图[16,17]；（b）Aurbach等提出的SEI多层结构示意图[18]；（c）根据Goodenough等的电池电解液开路能量示意图[19]。Φ_A和Φ_C是阳极和阴极功函数，E_g是电解质热力学稳定性的窗口

1999年，Aurbach等综述了关于SEI的最新研究成果，包括原位原子力显微

镜（AFM）和扫描电化学显微镜（SEM）结果。基于以下原则，研究人员提出了多层 SEI 模型，作为镶嵌模型的补充：当新鲜的阳极暴露于溶液中时，所有溶液成分的还原过程都以低选择性进行。然而，当物种沉积在活性表面上时，它们会覆盖活性表面并阻止进一步的反应。因此，进一步减少溶液组分的过程会更具选择性。正因如此，形成在阳极上的表面膜具有多层结构，如图 5-5 （b）所示。后来的研究发现，SEI 中存在的无机还原产物通常是 LiF/NaF/KF、LiCl/NaCl/KCl 和 $Li_2O/Na_2O/K_2O$，以及大量的 $Li_2CO_3/Na_2CO_3/K_2CO_3$。这些产物通常在靠近金属阳极的位置形成，并在阳极极化时不溶于电解质。

Goodenough 等从分子轨道理论角度对 SEI 形成的热力学进行了经典描述，如图 5-5（c）所示。简而言之，如果阳极的最低未占据分子轨道（LUMO）位于电解质的最低未占据分子轨道之下，则电子将从阳极转移到电解质的 LUMO，导致电解质的还原，直到形成钝化的 SEI 层。SEI 由具有 Li、Na 或 K 离子的多种电解质成分的不溶性和部分溶性还原产物组成。假设 SEI 层是完全黏附的，其厚度由电子隧穿范围决定。然而，事实上，SEI 并非自我钝化，并在循环过程中继续增长，与所使用的电解质和金属离子无关。

SEI 可能是多层和镶嵌型微观结构的组合，这取决于阳极类型、电解质和电化学测试条件，可能以不同的顺序发生各种表面反应。其他影响 SEI 结构的因素可能包括表面物种与溶液成分的次级反应、表面物种的水合作用、水通过膜的扩散和水的还原、表面物种的溶解以及一旦达到饱和点后它们的再沉积。传统 SEI 研究采用 XPS、傅里叶变换红外光谱（FTIR）、SEM、和 AFM 等表征方法。总体而言，所得到的见解也可应用于在 Li、Na 和 K 金属上形成的 SEI。然而，对于金属来说，预期的 SEI 结构不同，并且肯定不会有相同的 SEI 形成动力学。

5.5.2 有机电解液添加剂

与 LIB 类似，电解质添加剂可用于调整 SIB 的电化学性能。这些添加剂可以通过各种方式影响 SIB[20]。

①对电极/电解质界面的重大影响。根据普遍接受的观点，添加剂参与了影响电化学性能的 SEI 形成。最近，与 SEI 效应形成鲜明对比的是，Ming 等提出了另一种创新观点，即添加剂能够改变界面附近阳离子的去溶剂化过程。

②添加剂可以改变 Na^+ 的溶剂化结构，从而改变电解质的离子传导性、溶剂和钠盐的电化学稳定性以及黏度。

③功能添加剂旨在减轻初级电解质的一些特定缺点，如抗过充、抑制可燃性，以及在极低温度下保持工作。

因此，在电解质中引入添加剂应考虑以下因素。

①少量。一般来说，添加剂的质量比应保持在 5% 以下，因为较高的比例会

影响原始电解液的组成，这意味着添加剂可能会支配电化学行为。

②添加剂应有利于形成持久的 SEI。添加剂在低电位时的分解产物应参与 SEI 的形成，以减少不可逆的容量和副反应。

③特定功能的添加剂有独特的要求。例如，抗过充电添加剂要求添加剂分子在比正极正常电荷结束电位稍高的电位下可逆地被氧化；阻燃添加剂要求添加剂分子能够终止在气相中负责燃烧反应的自由基连锁反应，以及黏度稀释剂添加剂等。氮含阻燃剂（可溶性）是一种常见的阻燃剂，其闪点高、挥发性低、化学窗口较宽。主要采用腈类化合物作为主要成分。它不仅可以提高电解液的阻燃性能，还能提升电池的循环性能。具体而言，使用己二腈（ADN）和碳酸乙烯酯作为可溶性阻燃剂制备的电解液在锂离子电池中表现出良好的倍率性能和循环稳定性。

含氟阻燃溶剂（可溶性）主要包括氟代碳酸酯、氟代醚（HFE）和氟代羧酸酯。这些氟化合物具有高闪点[21]。在提高电解液的安全性方面，一种常见的策略是向电解液中添加含氟溶剂作为可溶性溶剂。这样做的好处不仅在于稀释易燃的有机溶剂，还能降低电解液产生燃烧自由基的能力。含氟化合物的氢氟比（F/H）较高，因此在阻燃电解液的研究中得到了广泛应用。含氟溶剂的引入还有助于提高电解液与电极材料的兼容性，尤其是对于碳基负极材料而言。这是因为氟元素具有吸电子效应，可以促使溶剂分子更容易在负极表面形成稳定的固体电解质界面层（SEI 膜），从而提高电池的电化学性能。特别是氟代醚这一种类的含氟溶剂，具有低黏度、低表面张力和良好的电化学稳定性，使其成为研究重点。通过引入含氟溶剂，可以调整电解液的化学特性，提高其安全性和性能。含氟溶剂的添加可以有效降低电解液的挥发性和可燃性，减少电池发生燃烧的风险。此外，含氟溶剂还可以改善电解液的湿润性，使其更好地与电极材料接触，提高电解液在电池系统中的扩散和离子传输效率。它能够稀释易燃溶剂、降低燃烧自由基的生成，改善电解液与电极材料的兼容性。随着对含氟溶剂的深入研究，相信它将在未来的电池技术中发挥更为重要的作用，并推动锂离子电池等能源存储装置的安全性和性能的进一步提升。

5.6 新型电解液体系及应用

5.6.1 水系电解液

研发水基电解质系统是一个重要的方向。水介质中运作的电池具备低成本和高度安全性的特点，因此在未来的能源存储设备中具有广泛的应用前景（图 5-6）。为了实现这一目标，可以使用硫酸钠（Na_2SO_4）或硝酸钠（$NaNO_3$）

作为钠盐,并将去离子水作为溶剂。这种组合具有高离子电导率和不燃性的优势。然而,选择电极材料时常常受到析氢电势和吸氧电势的限制。此外,由于金属钠与去离子水之间发生剧烈反应,常见的实验室半电池很难组装。因此,在水系全电池中,通常会选择铂、活性炭和 $NaTi_2(PO_4)_3$[22]作为正极或负极材料,以克服这些问题。这些材料在水基电解质系统中具有良好的稳定性和电化学性能,可以提高电池的效率和安全性。综上所述,通过利用添加剂和发展新的高安全性电解质系统,特别是水基电解质系统,可以为未来的能源存储设备提供低成本、高安全性的解决方案。适当选择正负极材料,如铂、活性炭和 $NaTi_2(PO_4)_3$,可以进一步改善电池性能。这些努力将推动能源领域的发展,促进可持续能源的应用与推广。

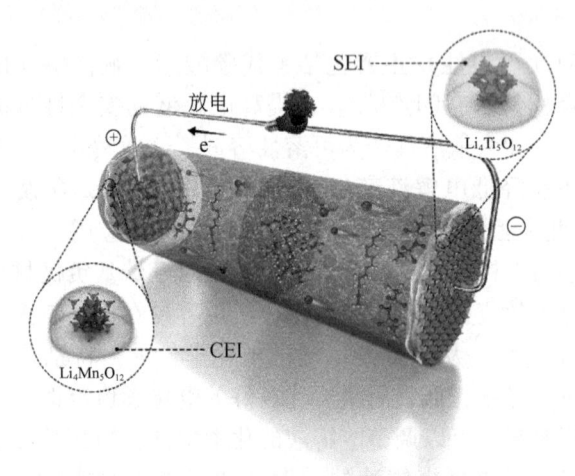

图 5-6 水系电解液示意图(资料来源:北京理工大学学术网)

5.6.2 高浓度盐电解液

高浓度盐电解液是当前高安全性电解质领域的一个研究热点。首先,高浓度盐有助于在负极表面形成稳定的固体电解质界面层,从而提高电解质与电极的界面相容性和稳定性。特别对于磷酸酯等不可燃电解质而言,稳定的 SEI 层可以抑制磷酸酯的分解,实现与碳基材料的匹配。这种稳定性对于电池的循环寿命和安全性至关重要。其次,在使用钠金属作为负极时,高浓度盐电解质会在钠金属表面形成一层钝化层,从而减弱界面分解副反应,确保钠离子在负极表面的稳定沉积和剥离。这有助于维持电池的性能并提高循环稳定性。

此外,高浓度盐还能改善电解质的电化学稳定性。研究表明,在使用 PC 溶剂和六氟磷酸钠作为钠盐时,随着盐浓度从 1mol/L 增加到 3mol/L,电化学窗口从5.3V增加到6.3V，这意味着更高的盐浓度可以提供更大的电压窗口，增加电池的工作电压范围。然而，高浓度也会带来一些问题，如电解质黏度增加和离子迁移率下降。高浓度盐电解质的黏度增加可能导致电池内部阻力的增加，影响电池的功率性能。此外，离子迁移率的下降可能限制了电解质中离子的传输速率，影响电池的充放电速率和效率。因此，在设计高浓度盐电解液时需要综合考虑这些因素，并寻找合适的平衡点，以获得最佳的电池性能。

总之，高浓度盐电解液在提高电解质与电极界面相容性、稳定性和电化学稳定性方面具有潜力。然而，需要解决高浓度带来的黏度增加和离子迁移率降低的问题，以实现高性能、高安全性的电池系统。

5.6.3 离子液体电解液

除了水系外，另一种提高电解质安全性的策略是采用离子液体作为溶剂的高安全性电解质体系。离子液体，也称为室温熔融盐，由阳离子和阴离子组成。离子液体因其具有热稳定性高、蒸气压极低和宽广的电化学窗口等特点，被广泛研究作为提高电解质安全性的有效方法。此外，离子液体还能提供良好的界面润湿性能，类似于有机溶剂，有助于降低准固态或离子凝胶电解质体系中的界面阻抗。然而，由于离子液体具有相对较高的黏度和腐蚀性，其应用在一定程度上受到限制。研究人员探索了以1-乙基-3-甲基咪唑四氟硼酸盐（$EMIBF_4$）离子液体为溶剂，四氟硼酸钠（$NaBF_4$）为钠盐的离子液体电解质体系，并在20℃下展示了较高的离子电导率（$9.833×10^{-3}$S/cm）。通过与有机溶剂电解质进行可燃性对比实验，明显发现$EMIBF_4$离子液体电解质具有良好的不燃性。一般情况下，离子液体的热分解温度足够满足电解质安全性的要求。例如，由双（三氟甲基磺酰基）酰亚胺钠和1-丁基-1-甲基吡咯烷双三氟甲磺酰亚胺盐（$PY_{14}TFSI$）组成的离子液体电解质具有超过350℃的热分解温度。此外，与有机液态电解质相比，$NaTFSI/PY_{14}TFSI$电解质具有近1V更高的电化学窗口，超过了5V，能够满足大部分钠离子电池正极的要求。离子液体的高热稳定性和良好的电化学稳定性为其在高安全性电解质领域提供了广阔的应用前景。它们具有成为可替代有机溶剂的安全和可持续的选择的潜力，推动电池技术的发展。然而，进一步的研究仍然需要解决离子液体的黏度和腐蚀性等方面的挑战，以实现更广泛的应用。

5.6.4 不可燃电解液

在高浓度电解液中，当温度升高时，电解液中的溶剂和盐会发生剧烈的还原反应，产生大量热量，从而加剧热失控的风险。因此，减少或消除这些主要放热反应是确保锂离子电池安全运行的关键。高浓度电解液被广泛研究和探索，因为它们具有低可燃性和不可燃性，并且在电化学性能方面表现出色。近年来，浓度较高的电解液引起了广泛关注,其卓越的电化学性能、低挥发性和低可燃性使其成为锂离子电池中最有潜力的安全性电解液之一。此外,浓度较高的电解液具有独特的溶剂化结构,这导致界面反应的变化。通过采用阻燃性溶剂,如磷酸三甲酯(TMP)、磷酸三乙酯(TEP)和三磷酸(三氟乙基)(TFEP),可以进一步增加电解液的安全性。这些阻燃性溶剂在高温条件下可以有效抑制热失控反应,降低热量释放并减缓温度上升的速度。它们具有良好的热稳定性和低挥发性,可以阻止电解液的挥发和燃烧,从而减少热失控的风险。综上所述,研究人员正在积极探索高浓度电解液和阻燃性溶剂等策略,以消除或减少热失控过程中的主要放热反应。这些努力将有助于提高锂离子电池的安全性,并推动其在电动汽车和能源存储等领域的广泛应用[23]。

参 考 文 献

[1] Xu K. Nonaqueous liquid electrolytes for lithium-based rechargeable batteries [J]. Chem Rev, 2004: 4303.

[2] Liu W, Liu P, Mitlin D. Review of emerging concepts in SEI analysis and artificial SEI membranes for lithium, sodium, and potassium metal battery anodes [J]. Advanced Energy Materials, 2020, 10 (43): 8565-8571.

[3] Ould D M C, Menkin S, O'keefe C A, et al. New route to battery grade NaPF$_6$ for Na-ion batteries: expanding the accessible concentration [J]. Angew Chem Int Ed Engl, 2021, 60 (47): 24882-24887.

[4] Barnes P, Smith K, Parrish R, et al. A non-aqueous sodium hexafluorophosphate-based electrolyte degradation study: formation and mitigation of hydrofluoric acid [J]. Journal of Power Sources, 2020, 447: 2227363.

[5] Mogensen R, Colbin S, Younesi R. An attempt to formulate non-carbonate electrolytes for sodium-ion batteries [J]. Batteries & Supercaps, 2021, 4 (5): 791-814.

[6] Rosamar~a Fong U Y S, J R Dahn. Studies of lithium intercalation into carbons using nonaqueous electrochemical cells [J]. Journal of The Electrochemical Society, 1990: 2010.

[7] Liang H J, Gu Z Y, Zhao X X, et al. Ether-based electrolyte chemistry towards high-voltage and long-life Na-ion full batteries [J]. Angew Chem Int Ed Engl, 2021, 60 (51): 26837-26846.

[8] Liu Y, Li W, Cheng L, et al. Anti-freezing strategies of electrolyte and their application in electrochemical energy devices [J]. Chem Rec, 2022, 22 (10): e202200068.

[9] Bai P, He Y, Xiong P, et al. Long cycle life and high rate sodium-ion chemistry for hard carbon anodes [J]. Energy Storage Materials, 2018, 13: 274-282.

[10] Li X, Yan P, Engelhard M H, et al. The importance of solid electrolyte interphase formation for long cycle stability full-cell Na-ion batteries [J]. Nano Energy, 2016, 27: 664-672.

[11] Iermakova D I, Dugas R, Palacín M R, et al. On the comparative stability of Li and Na metal

Anode interfaces in conventional alkyl carbonate electrolytes [J]. Journal of The Electrochemical Society, 2015, 162 (13): A7060-A7066.

[12] Hong Y S, Li N, Chen H, et al. In operando observation of chemical and mechanical stability of Li and Na dendrites under quasi-zero electrochemical field [J]. Energy Storage Materials, 2018, 11: 118-126.

[13] Mogensen R, Brandell D, Younesi R. Solubility of the solid electrolyte interphase (SEI) in sodium ion batteries [J]. ACS Energy Letters, 2016, 1 (6): 1173-1178.

[14] Sullivan A N D B P. The Electrochemical decomposition of propylene carbonate on graphite [J]. J Plectrochem Soc., 1970: 222.

[15] Paled E. The electrochemical behavior of alkali and alkaline earth metals in nonaqueous battery systems—the solid electrolyte interphase model [J]. Journal of The Electrochemical Society, 1979: 2048.

[16] Peled E, Menkin S. Review—SEI: past, present and future [J]. Journal of The Electrochemical Society, 2017, 164 (7): A1703-A1719.

[17] E Peled G, Ardel G. Advanced model for solid electrolyte interphase electrodes in liquid and polymer electrolytes [J]. Journal of The Electrochemical Society, 1997: L208.

[18] D Aurbach B M, Levi M D. New insights into the interactions between electrode materials and electrolyte solutions for advanced nonaqueous batteries [J]. Journal of Power Sources, 1999: 81.

[19] Goodenough J B, Kim Y. Challenges for rechargeable Li batteries [J]. Chemistry of Materials, 2009, 22 (3): 587-603.

[20] Moeez I, Susanto D, Chang W, et al. Artificial cathode electrolyte interphase by functional additives toward long-life sodium-ion batteries [J]. Chemical Engineering Journal, 2021: 425.

[21] Liu X, Zheng X, Dai Y, et al. Fluoride-rich solid-electrolyte-interface enabling stable sodium metal batteries in high-safe electrolytes [J]. Advanced Functional Materials, 2021, 31 (30): 561-566.

[22] Lee M H, Kim S J, Chang D, et al. Toward a low-cost high-voltage sodium aqueous rechargeable battery [J]. Materials Today, 2019, 29: 26-36.

[23] Mogensen R, Colbin S, Menon A S, et al. Sodium bis(oxalato) borate in trimethyl phosphate: a fire-extinguishing, fluorine-free, and low-cost electrolyte for full-cell codium-ion batteries [J]. ACS Applied Energy Materials, 2020, 3 (5): 4974-4982.

第6章 钠离子电池固态电解质

钠离子电池（SIBs）作为一种可持续的能源存储技术，近年来受到了广泛关注。在这些电池中，固态电解质（SSEs）是关键组件之一，它们不仅提供了离子传输的通道，还确保了电池的安全性和稳定性，是未来二次电池发展的重要方向之一。本章概述了固态电解质的发展历程以及应用前景。介绍了固态电解质的基础理化性质表征，包括离子电导率、离子扩散激活能、离子迁移数、电化学窗口等。举例综述了目前常用的钠离子固态电解质，包括氧化物固体电解质、硫化物固体电解质、氢化物固体电解质、聚合物电解质以及复合固体电解质。最后，讨论了固态电池中的界面问题，包括界面相容性、化学相容性、电化学相容性和现有的一些界面改进策略。

6.1 概 述

固体电解质作为固态电池的核心组成部分，起到了替代有机电解液和隔膜的作用，解决了传统电池中有机电解液易挥发、易燃烧的隐患，在安全方面展现了突出的效果。钠离子电池固体电解质经过多年的研究开发，目前已形成了四种主要的固体电解质体系，即氧化物固体电解质、硫化物固体电解质、聚合物固体电解质和混合型固体电解质。

氧化物固体电解质通常具有较高的热稳定性和化学稳定性，并且具有一定的离子导电性能。其中，氧化锂磷酸钠（$Li_{10}GeP_2S_{12}$）是常见的一种材料，它被用作钠离子电池的固体电解质；硫化物固体电解质具有良好的离子导电性能，例如硫化钠（Na_2S）、硫化磷钠（Na_3PS_4）和硫化钠磷酸盐（$Na_3PS_{4-x}S_x$），这些材料能够在高温下展现出较高的离子电导率；聚合物固体电解质采用聚合物材料，通常通过添加离子导电盐（如钠盐）来提高离子导电性能。这些固体电解质具有良好的柔韧性和机械强度，在钠离子电池中可能扮演结构支持和离子传输的双重作用；混合型固体电解质是将不同类型的固体电解质材料组合在一起，以利用各自的优势。例如，聚合物复合氧化物电解质（如聚合物/氧化铝复合物）可以实现较高的钠离子电导率和机械强度。

基于固态电解质的优势，由固态电解质组装而成的固态电池具有高离子传输能力和较好的热稳定性。与传统液态电池相比，固态电池具有更高的安全性、更好的能量密度、更快的充放电速度和更宽广的工作温度范围。另外，双极性固态电池的设计形式相比传统电池减少了封装材料的使用，降低了电池的成本，同时也提高了能量密度。

固体电解质的发展可以追溯到19世纪末，Nernst发现高温下氧化锆呈现特殊的离子导电特性，这一发现为固态电解质的研究奠定了基础，在高温测试技术上已得到了广泛的应用，同时也为固态电池技术的发展提供了关键的支持。通常将离子电导率在$10^{-3} \sim 10^{-2}$S/cm、离子电导率≤0.40eV的固体电解质称为"快离子导体"或"超离子导体"，它们能够在固态条件下表现出与传统液体电解质相媲美的离子传导性能。

首个钠离子固体电解质，Na-β-Al_2O_3，是由Yao和Kummer于1967年发现的，并在之后的高温Na-S电池中得到应用[1]。随后，Hong和Goodenough于1976年提出了NASICON（Na super ionic conductor）型的$Na_{1+x}Zr_2Si_xP_{3-x}O_{12}$（0≥x≥3）快离子导体[2,3]。1992年，Jansen合成了四方相的硫化物固体电解质Na_3PS_4单晶。除了钠离子无机固体电解质，钠离子聚合物导体也是一类非常重要的固体电解质[4]。1975年，Wright报道了NaSCN/PEO复合物具有传导离子的特性[5]。之后，研究者成功地通过结合有机固体电解质的柔软机械性能与无机固体电解质的高离子电导率，创新地开发出了一种综合性能卓越的有机-无机复合固体电解质。这一成果不仅为电池技术的发展提供了新的可能性，还在液态电池到全固态电池的转变过程中发挥了关键作用。在这项研究中，采用了固液混合电池作为从传统液态电池过渡到全固态电池的创新性策略。在固液混合电池中，凝胶类聚合物电解质成为研究的重点。这种电解质具备两大优势，一是拥有较高的离子电导率，使其在电池中能够高效地传递离子；二是聚合物具备良好的机械性能，赋予电池更好的稳定性和耐久性。这一创新的电解质设计为实现高性能、可靠性和安全性的电池提供了新的思路。未来，这项研究成果有望推动电池技术的发展，为电动汽车、可再生能源储存等领域的应用带来更为可持续和高效的解决方案。

图6-1为固态电解质的结构与制备过程。

在固态电池研究中，研究者广泛关注固体电解质与电极之间的界面问题，这对于电池的性能和稳定性至关重要。一般情况下，固态电池的电解质与电极之间的接触方式常为点-点或点-面，这种接触方式存在一些挑战，其中最主要的问题是有效接触面积不足。这种点-点或点-面的接触方式可能导致界面阻抗的增加，进而引起电池内阻的上升和极化现象的发生。这些现象最终可能影响电池的容量等性能。特别是在高电流密度和高温度等条件下，由于界面效应，电池性能的不稳定性可能更为显著。此外，由于固态电解质的电化学窗口相对较窄，当电池处于高电压电极条件下时，容易发生不匹配现象，引发不良的副反应，进一步影响电池的稳定性和寿命。过渡金属离子在电极材料中催化电解质的分解是另一

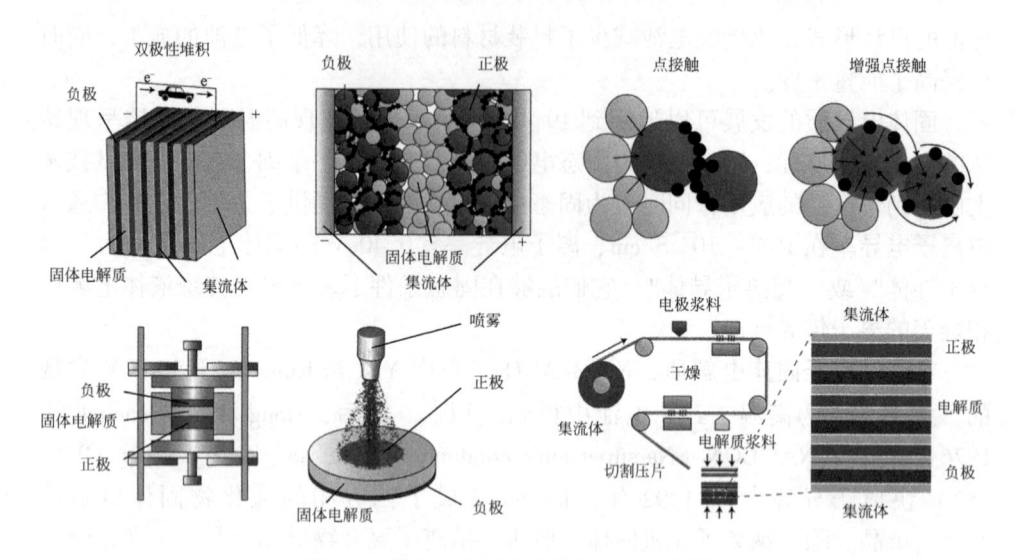

图 6-1　固态电解质的结构与制备过程[6]

个令人担忧的问题。这可能导致电池的循环性能下降，因为电解质的分解会损害电池的长期稳定性。总体而言，固态电解质-电极界面问题被认为是限制固态电池发展的主要挑战之一。为了克服这些问题，研究者正在积极寻找创新性的解决方案，以提高电池的性能、稳定性和循环寿命，推动固态电池技术的进一步发展。

综上，未来的固态钠电池研究将集中在两个主要领域。

首先，关注固体电解质的改进和创新，以提高其离子电导率和稳定性。这一方面包括不断优化现有固体电解质的性能，另一方面涉及新型固体电解质的开发。

其次，研究将致力于开发更安全的固态电池，并提出解决界面问题的有效方案。例如，引入界面层以有效结合活性材料和非活性材料，从而增加接触点，改善界面性能。传统的粉末压制和共烧结工艺在实际应用中可能面临困难，并不经济。因此，借鉴液态电池制备工艺，采用湿法涂覆的方法，将固态电池的各个组件有效地联结在一起，特别是对于聚合物固体电解质，这种方法可以有效控制各组件的厚度，实现规模化生产。此外，原位固态化技术也被认为是解决固态电池中界面问题的有效方法。这些研究方向有望推动固态钠电池技术的进一步发展，克服当前面临的挑战，从而实现更高性能和更安全的固态电池应用。

目前，固态钠电池还处于实验室研究阶段，所使用的负极主要为活性极高的金属钠，因此必须在惰性气氛的手套箱中处理，这增加了固态电池制备的难度。此外，基于金属钠的固态电池，使用过程中如果意外破损，暴露的金属钠将引起严重的安全问题。因此，开发新型负极以取代金属钠也是重要的发展方向。

固态电池的成功应用取决于固体电解质满足一系列严格的要求：高离子电导率，确保在工作温度下表现出卓越的离子电导率，以保障电解质在电池中的高效离子传递，从而提高电池性能；化学稳定性，固体电解质应避免与正负极发生不良的化学反应，以确保电解质的化学稳定性，延长电池的使用寿命；宽广电化学窗口，拥有宽广的电化学窗口，有助于维持正负极界面的稳定性，减少不良副反应的发生，保障电池在多个电压范围内的高效运行；良好电极接触，确保与正负极有良好的接触，形成低电阻的界面，以提高电池的整体性能和效率；简单制备工艺和低成本，制备工艺应简单高效，成本要低廉，并且要符合环保标准，以促进电池技术的可持续发展和商业化应用。

这些重要特性的协同实现对于固态电解质在实际应用中的成功发展至关重要，因为它们直接决定了固态电池的性能、稳定性和经济性。只有在这些要求下，固态电池才能真正成为可持续能源解决方案的重要组成部分，适用于广泛的领域，包括清洁能源储存和电动汽车等。然而，对于目前已报道的钠离子固体电解质而言，要同时满足所有上述要求是一项相当具有挑战性的任务。因此，需要研究者进一步深入研究，不断创新，以提升固态电解质的性能，以适应不同应用场景的需求。本章将对一些目前已经报道的重要的钠离子固体电解质进行简要介绍，并对固态钠电池的发展现状进行深入分析（图6-2）。这有助于我们更好地了解当前固态电解质研究的前沿进展，以及固态电池技术在可持续能源领域中的未来应用前景。

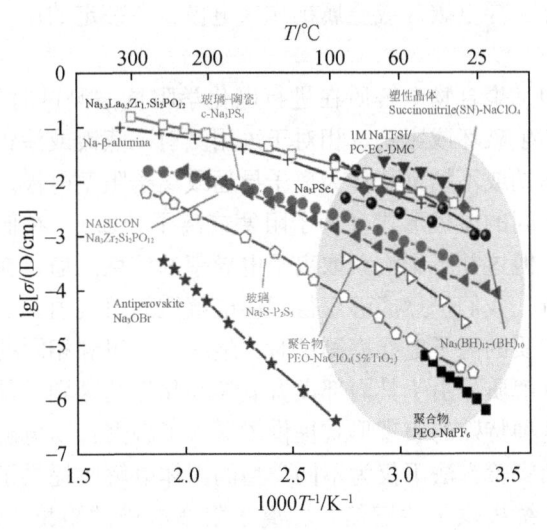

图 6-2　已报道的钠离子固体电解质的离子电导率比

6.2 固体电解质基础理化性质表征

6.2.1 离子电导率

离子电导率的测定通常通过交流阻抗谱法进行，该方法涉及在不同频率下测量阻抗和容抗，并通过复平面图分析，据此可获取与电极界面和固体电解质相关的参数。对于无机氧化物固体电解质，离子电导率的测试通常需要将粉末烧结成陶瓷片。在陶瓷片的两面，通常采用溅射或蒸镀一层对钠离子有一定阻塞效果的金属，例如金和铂，或涂上导电银浆，用作离子阻塞电极。在这类电极的阻抗谱中，低频区域通常呈现容抗弧，但由于实际情况的复杂性，容抗弧可能并不总是十分明显。通过这种测试方法，我们能够获取有关固体电解质离子导电性能的重要信息。通过对阻抗谱的详细分析，可以了解电解质的离子传导机制，识别可能存在的界面效应，并优化材料制备和电池设计，从而推动固态电池技术的发展。这种深入的实验方法为固体电解质材料的性能优化和电池系统的可靠性提供了基础支持，离子阻塞电极的阻抗 Nyquist 图如图 6-3（a）所示。除了阻塞电极外，也可以用离子导通电极，如金属钠。由于金属钠同时具有传导电子和离子的作用，作为离子导通电极，在阻抗谱的低频区域没有由阻塞效应导致的容抗弧，离子导通电极的阻抗 Nyquist 图如图 6-3（b）所示。

对于硼氢化物固体电解质和硫化物固体电解质等，由于不易制备成陶瓷片，通常选择不锈钢片、导电碳片或金属钠作为电极，在一定的压力条件下进行阻抗测试。

在这些材料中，聚合物电解质在进行电化学阻抗谱测试时采用不同的策略，以避免对电解质产生破坏或影响。相对于采用溅射、蒸镀或涂银浆的方式引入电极，通常选择金属钠或不锈钢片作为离子导通或离子阻塞电极。

尽管采用了不同的电极形式（离子阻塞或离子导通），在低频区域的表现形式可能有所不同，但这并不影响获取离子电导率的信息。通过在阻抗谱的高频和中频区域进行分析，我们仍然能够获得固体电解质的阻抗值。因此，两种电极形式在进行固体电解质的离子电导率测试时，最终可以得到相同的结果。

对于聚合物电解质，由于其内部没有晶粒和晶界的区别，其阻抗表现往往呈现一个半圆形。这种特殊的表现形式提供了深入了解聚合物电解质结构和性能的机会。这种综合的实验方法不仅为不同类型的固体电解质提供了测试手段，也为进一步优化电池系统提供了关键信息，离子阻塞电极的阻抗 Nyquist 图如图 6-3（c）所示，离子导通电极的阻抗 Nyquist 图如图 6-3（d）所示。

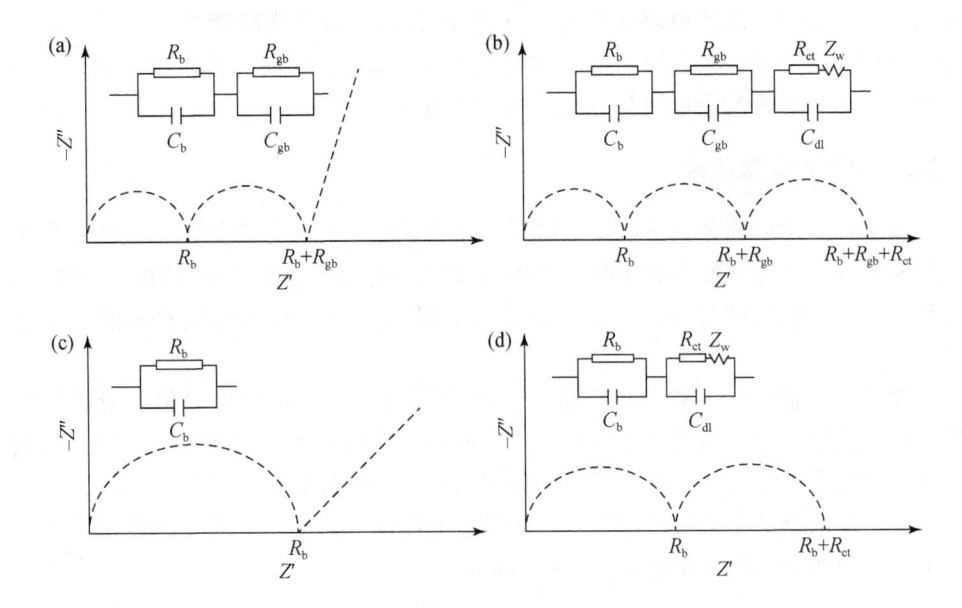

图6-3 (a) 离子阻塞的无机固体电解质对称电池阻抗；(b) 离子导通的无机固体电解质对称电池阻抗谱（R_b表示晶粒电阻，R_{gb}表示晶界电阻，R_{ct}表示界面电荷转移电阻）；(c) 离子阻塞的聚合物固体电解质对称电池阻抗谱；(d) 离子导通的聚合物固体电解质对称电池阻抗谱（R_b表示聚合物电解质总阻抗，R_{ct}表示界面阻抗）

电化学阻抗谱测试无机固体电解质离子电导率时，根据晶粒与晶界不同的频率响应，只要测试频率足够宽，就可以将两者很容易地区分开。室温条件下，由于受大多数阻抗测试仪的频率范围所限，难以测得晶粒的电阻，根据频率、阻抗、电容三者之间的关系，$CRw=1$（C为电容，R为电阻，w为特征频率），对于特定的材料组分，电容C为一定值，如果电阻增大，则对应的特征频率就会降低，在仪器的测试频率范围内就可以测出电阻R。对于特定的无机固体电解质，如NASICON陶瓷电解质，根据阿伦尼乌斯方程，降低温度就可以增大其电阻。因而为了获得准确的NASICON等电解质的晶粒、晶界的离子电导率信息，可以进行一系列的低温阻抗测试，构建阿伦尼乌斯曲线，分析Na在晶粒和晶界中的传输激活能。

离子电导率采用下列公式进行计算：

$$\sigma = \frac{l}{RS} \tag{6-1}$$

式中，σ为离子电导率（S/m）；l为电解质厚度（cm）；R为电解质总电阻（Ω）；S为电解质面积（cm^2）。

以上对固体电解质阻抗的测试，最终得到各个物理化学过程的阻抗信息。对于固态电池而言，固体电解质的面电阻 R_s 的数值更具有实际意义。由式（6-1）也可看出，同一固体电解质，电解质面积不同，厚度一定时，阻抗也不同。综上考虑，受面积影响的面电阻具有更大的参考意义。

6.2.2 离子扩散激活能

离子扩散激活能是评价固体电解质离子导通能力的关键参数，它有助于分析和判断特定固体电解质中离子扩散速率的快慢。通过测量离子在不同温度下的电导率，并应用相应的计算公式，可以获得在特定温度下该固体电解质的离子电导率。

在固体电解质中，离子扩散激活能描述了离子在晶格结构中移动所需的能量。激活能值越低，通常表示离子在固体电解质中的扩散速率越高。通过实验测量不同温度下的电导率，可以使用阿伦尼乌斯方程来计算离子扩散激活能。

离子扩散是一个热激活过程，对于晶态的固体电解质，其离子电导率与温度的关系可由改进后的阿伦尼乌斯方程表示：

$$\sigma_T = \frac{A}{T}\exp\left(-\frac{E_a}{RT}\right) \tag{6-2}$$

式中，σ_T 为离子电导率（S/cm）；T 为绝对温度（K）；E_a 为激活能（eV）；A 为指前因子，由三部分组成：载流子浓度、跃迁距离和离子跃迁的频率；R 为理想气体常数，取 8.314J/(mol·K)。

对于无定形的固体电解质，其离子电导率与温度的关系可由 Vogel-Tamman-Fulcher（VTF）经验公式表示：

$$\sigma_T = \frac{A}{T^{1/2}}\exp\left(-\frac{E_a}{T-T_0}\right) \tag{6-3}$$

式中，T_0 为理想的玻璃化转变的热力学平衡温度，其值低于实际的玻璃化转变温度 T_g，通常 $T_0-T_g \approx 50K$。

对于特定的固体电解质，可以通过电化学阻抗谱（EIS）测定在一系列温度下的离子电导率。随后，针对固体电解质在不同温度范围内的结晶状态（晶态或无定形态），选择相应的离子电导率与温度的关系式进行拟合。在晶态情况下，常常使用阿伦尼乌斯方程进行拟合。在无定形态下，离子电导率与温度之间的关系可能更加复杂，可能需要使用不同的拟合模型。通过实验和拟合过程，能够获得不同结晶状态下的固体电解质的离子扩散激活能。这种分析方法为深入理解固体电解质的性能，并为优化电池系统提供基础数据和有力的手段。

6.2.3 离子迁移数

对于无机固体电解质，其晶体结构的骨架主要由阴离子基团构成，这些骨架离子通常是静止不动的。因此，在无机固体电解质中，钠离子的迁移数通常为1。相对而言，对于聚合物固体电解质，其在工作温度下通常呈现无定形结构。在电池工作过程中，阳离子和阴离子同时向相反的方向移动，因此，聚合物固体电解质中的钠离子迁移数通常不为1。为了测试聚合物固体电解质中离子的迁移数，一般采用直流极化（direct-current polarization）与交流阻抗相结合的方式。通过这种测试方法，可以获得有关聚合物固体电解质中不同离子迁移的详细信息，从而更好地了解其离子传导性能。这对于优化电池设计和提高电池性能具有重要意义。在直流极化测试之前先对电池进行交流阻抗测试，然后对电池加小幅度的偏压（具体幅值需根据对称电池的阻抗及仪器量程和精度来确定）进行直流极化测试，待电池极化电流稳定之后，对电池再次进行交流阻抗测试，典型的测试结果如图6-4所示。

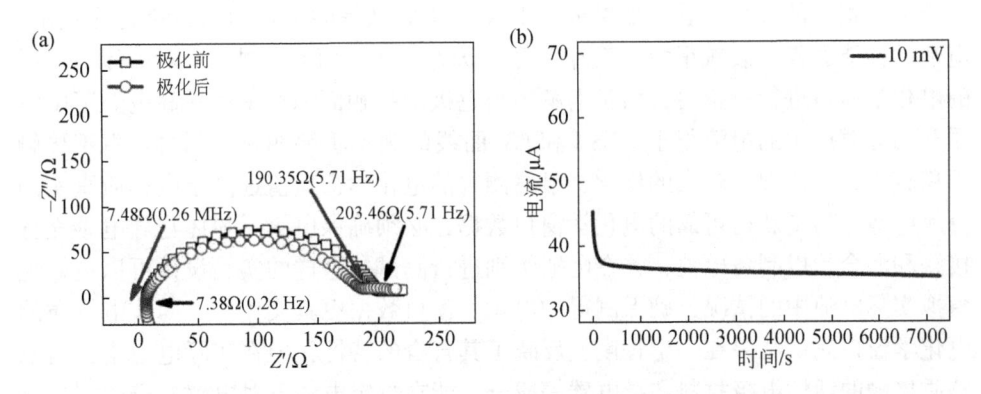

图6-4　(a) Na∣NaFNFSI/PEO∣Na对称电池极化前后对应的交流阻抗图谱；(b) Na∣NaFNFSI/PEO∣Na对称电池的直流极化曲线[8]

钠离子的迁移数采用下式计算：

$$t_{Na^+} = \frac{I^S R_b^S}{I^0 R_b^0}\left(\frac{\Delta V - I^0 R^0}{\Delta V - I^S R^S}\right) \tag{6-4}$$

式中，t_{Na^+}为Na迁移数；I^S为稳态时的电流；I^0为初始电流；R_b^0为初始的电解质电阻；R_b^S为稳态时的电解质电阻；ΔV为加在电池上的电压；R^0为初始的电极电解质界面电阻；R^S为稳态时的电极/电解质界面电阻。根据图6-4，$R_b^0 = 7.38$，$R_b^S = 7.482$，$\Delta V = 10\text{mV}$，$R^0 = 196.08\Omega$，$R^S = 182.87\Omega$，$I^0 = 45.34\mu\text{A}$，$I^S = 35.11\mu\text{A}$，将各个值代入公式可得$t_{Na^+} = 0.24$。

6.2.4　电化学窗口

固体电解质的电化学窗口是一项至关重要的参数，直接影响固态电池的性能和应用范围。高氧化电势有助于使用高电位的正极材料,提高电池的能量密度。相反,低还原电势有利于使用低电位的负极材料,理想情况下,电解质的还原电势应低于相应负极材料的储钠电势。

目前,确定电化学窗口最常用的方法是线性扫描伏安(LSV)法或循环伏安(CV)法。这两种方法使用相似的电池结构,即将固体电解质的一侧置于离子阻隔电极(如不锈钢、金、铂等)上,另一侧置于离子传导电极上(如钠金属)。对于循环伏安法,一个关键参数是扫描速率。如果扫描速率过快,会导致较大的电池极化,从而测得的电化学窗口将明显宽于电解质的真实值。因此,通常将扫描速率控制在 0.1mV/s 或更低,以获得更接近实际值的电化学窗口测量结果。通过准确测定电化学窗口,能够更好地了解固体电解质在实际应用中的可操作电压范围,为固态电池的设计和优化提供关键的参考。

从已报道的文献来看,如果根据 LSV 或 CV 测得的电化学窗口进行充放电,电池的性能通常会衰减很快。王春生等[9]认为,在使用 LSV 或 CV 对固体电解质的电化学窗口进行测量时,由于电解质与电极的接触面积非常小,高电势下电解质开始分解产生的电流很小,LSV 和 CV 曲线的观察不够明显。同时,由于接触面积较小,可能导致较大的极化,最终测得的电化学窗口值远高于电解质真实的分解电势。为了获得可靠的电化学窗口数据,必须确保电解质粉体与导电碳充分接触和混合,以制备电池,并在电池级别进行测试。这样的实验设计可以更好地模拟实际电池中的情况,确保测得的电化学窗口数据更具实用性。固体电解质的电化学窗口测试结果在一定程度上反映了其自身的特性,但在实际电池中,与电解质接触的活性电极材料和导电碳等成分可能在特定电势下对电解质产生催化分解作用。因此,需要在真实的电池环境中进一步验证固体电解质的实际电化学窗口。这样的验证确保了电解质的性能评估更符合实际电池的需求,为电池设计和应用提供了更准确的指导。

除了对电解质的离子电导率、离子迁移数和电化学稳定窗口进行测试外,固体电解质的热稳定性、化学稳定性以及电极的界面相容性等性能也是非常重要的,需要进行详细的测试和分析。

通常,固体电解质的热稳定性可以通过热重-差热分析(TG-DSC)进行分析和测试。这种方法可以在升温过程中测量电解质样品的质量变化和放热/吸热情况,从而评估其在高温下的热稳定性。

对于化学稳定性,可以通过将电解质与空气、水等接触,然后使用 X 射线衍射(XRD)、电化学阻抗谱(EIS)、X 射线光电子能谱(XPS)和扫描电子显微镜(SEM)等分析方法来观察其物理化学性质的变化。这些方法可以帮助了解电解质在不同环境中的化学稳定性。

评价电极界面相容性最直接的方法是测试电池的电化学性能。然而,电池性能受多方面因素的影响，固态电池的界面问题非常复杂，也是影响固态电池最终性能的关键。因此，需要综合考虑电解质、电极和界面的相互作用，进行系统性的测试和分析，以深入了解固态电池的性能和稳定性。

6.3 无机固体电解质

无机固体电解质具有不可燃、不流动等特点，可以显著提升电池的安全性。目前研究者已经对钠离子无机固体电解质做了非常多的工作，开发出了多种高离子电导率的无机固体电解质。

6.3.1 离子扩散机制

理解无机固体电解质高离子电导率的原因和设计高离子电导率的无机固体电解质都需要深入理解离子在无机固体电解质中的传输方式，即离子扩散机制。目前，研究者提出了四种主要的离子扩散机制，如图 6-5 所示。这些机制包括：空位跃迁（vacancy migration），在此机制下，离子通过空位（晶格中的缺陷点）进行迁移，通过跳跃到相邻的空位来实现传输；间隙位跃迁（interstitial migration），离子在晶格间隙中迁移，而不是通过空位，这种机制适用于一些无机固体电解质；联动跃迁（correlated migration），该机制涉及多个离子同时移动，彼此之间存在相互关联，可以提高电导率；协同扩散（concerted diffusion），在该机制中，多个离子以协同的方式移动，而不是单独的跃迁，从而促进了离子的传输。

这些机制在不同的无机固体电解质中可能以不同的方式发挥作用，了解这些机制对于优化电解质的设计和性能至关重要。在实际研究中，研究者需要深入研究这些机制，以更好地理解和利用无机固体电解质的性能。

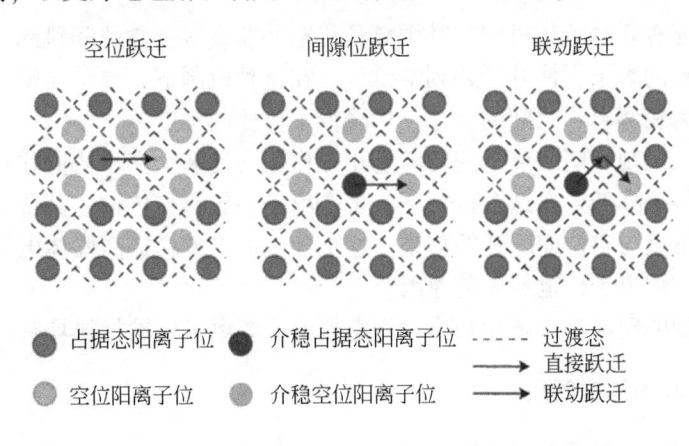

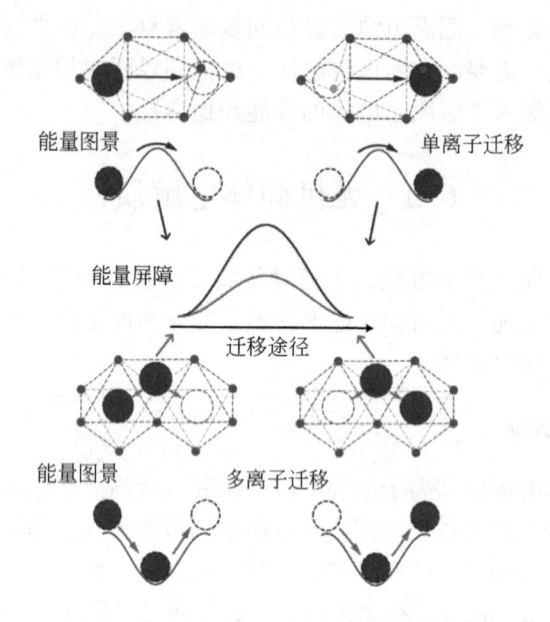

图 6-5　不同离子扩散机制示意图[10,11]

根据空位跃迁和间隙位跃迁机制，离子在固体材料中的传输与材料的激活能以及空位的缺陷数量密切相关。因此，通过离子掺杂，可以有效改善材料的离子电导率。在这两种机制中，空位跃迁机制指离子在材料中通过跃迁到相邻的空位实现传输。这个过程的势垒与材料的激活能以及存在的空位数量有关。间隙位跃迁机制指离子在跃迁时不是直接在空位间跳跃，而是通过敲击相邻位点的离子，使其迁移到空位处。在这种机制下，离子传输的势垒比空位或间隙位跃迁的势垒更低。

此外，还有联动跃迁机制，其中离子传输并非直接在空位间跳跃，而是通过敲击相邻位点的离子，使其迁移到空位处。在这种机制下，离子传输的势垒也相对较低，因为相邻离子之间的相互作用降低了传输的难度。

协同扩散机制表明，离子间的库仑相互作用会使多个离子协同作用，从而使离子传输的势垒降低。在这个机制下，多个离子一起参与传输，其传输势垒低于单个离子在位点与空位间跃迁的势垒。这个理论可以解释提高固体电解质中钠离子浓度可以增加离子传输性质的原因。

这些机制的理解对于设计和优化固态电解质等离子传输材料具有重要意义。

6.3.2　氧化物固体电解质

氧化物固体电解质主要有 Na-β-Al_2O_3，P2-Na_2MTeO_6（M = Ni、Co、Zn 和

Mg）和 NASICON 型 $Na_{1+x}Zr_2Si_xP_{3-x}O_2$（$0 \leq x \leq 3$）。

1. Na-β-Al_2O_3

Na-β-Al_2O_3 具有两种晶体类型，且都是尖晶石结构堆垛而成的层状结构，Na 在两个尖晶石堆垛层之间二维传导，称其为导钠层。一种是六方晶系空间群 $P6_3/mmc$，标记为 β-Al_2O_3，组成为 $Na_2O \cdot (8 \sim 11)Al_2O_3$，由两个尖晶石结构堆垛而成；另一种是三方晶系，空间群 $R\bar{3}m$，标记为 β″-Al_2O_3，组成为 $Na_2O \cdot (5 \sim 7)Al_2O_3$，由三个尖晶石结构堆垛而成。图 6-6 为 Na-β-Al_2O_3 两种晶体结构的示意图[12]。

因为 β″-Al_2O_3 结构内部二维离子传输平面内 Na^+ 含量更高，单位晶胞体积较大，利于离子的迁移，所以相比 β-Al_2O_3，β″-Al_2O_3 有更高的离子电导率。虽然利用传统固相烧结法制备 Na-β″-Al_2O_3 时成本低廉，工艺流程简单，可实现量产。但是，由于传统固相烧结法制备时高达 1500～1600℃ 的烧结温度，导致烧结时 Na^+ 的损耗以及较差的力学性能，加之固相法合成时通常会含有 $NaAlO_3$ 和 β-Al_2O_3 的杂相，致使所合成 β″-Al_2O_3 的离子电导率达不到预期的目标[13]。

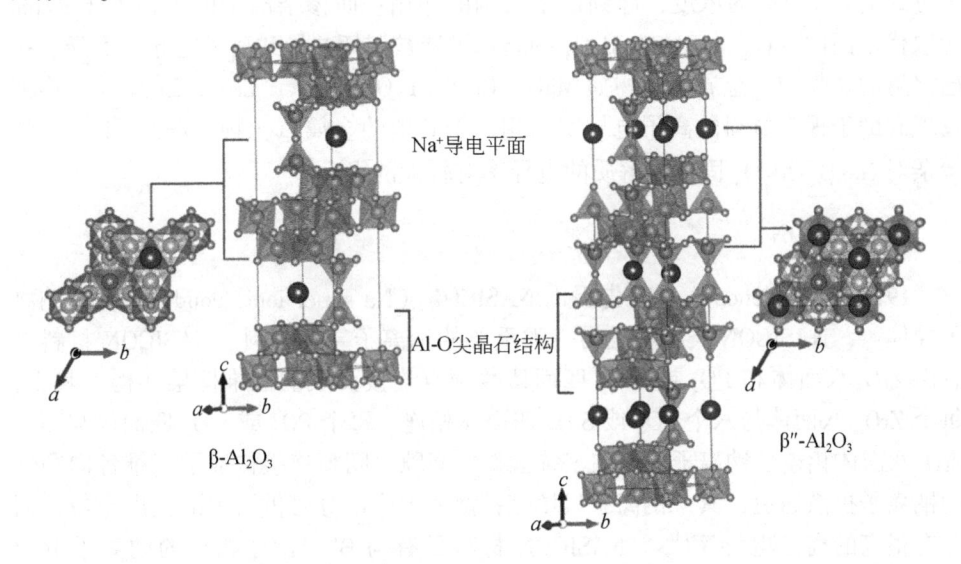

图 6-6 Na-β-Al_2O_3 两种晶体结构图，六方晶系的 β-Al_2O_3 和三方晶系的 β″-Al_2O_3

目前，提高 Na-β″-Al_2O_3 固体电解质离子电导率的研究，主要从改进制备工艺和掺杂两方面进行。

在改进固体电解质制备工艺的研究中，采用了一些替代传统固相合成法的方法，以提高粉料的细度和均匀程度，增大材料的比表面积，降低烧结温度，并使得烧结后的样品更加致密，从而降低材料的晶界电阻。已报道的一些方法如下。

溶胶-凝胶法：这种方法通过将溶胶转化成凝胶，形成均匀的混合物，然后通过热处理得到所需的固体电解质材料。这有助于提高材料的均匀性和比表面积。

共沉淀法：通过共沉淀法可以使不同的金属离子在溶液中沉淀成固体，形成均匀的混合物，从而改善材料的均匀性。

冰模板法和冷冻干燥法辅助的等离子烧结（SPS）工艺：这种工艺利用冷冻和烧结的组合，通过冰模板法和冷冻干燥法形成特定结构，然后采用 SPS 工艺进行烧结，以制备具有优良离子导电性的固体电解质。这有助于控制材料的微观结构，提高其性能。

这些改进的制备方法旨在提高固体电解质的性能，包括提高离子导电性，减少晶界电阻，以及实现更低的烧结温度，对于固态电池等器件的性能提升和应用推动具有重要意义[14]。

掺杂研究中，$\beta''\text{-}Al_2O_3$ 材料的 Na^+ 和 Al^{3+} 均可作为掺杂位点，掺杂离子的半径决定了掺杂位置。当离子半径小于 97pm 时取代尖晶石结构中的 Al^{3+}，这种掺杂方式提高了 Na^+ 的浓度，起到稳定结构的作用；而掺杂离子的半径大于 97pm 时取代平面内 Na^+，此时 $\beta''\text{-}Al_2O_3$ 的结构可能被破坏并导致离子电导率下降。在已报道的文献中，金属氧化物如 MgO、CoO、Y_2O_3、TiO_2、Li_2O、ZrO_2 等，均被发现有助于提高材料的离子电导率，相对于其他的金属氧化物，ZrO_2 和 TiO_2 的掺杂对 $Na\text{-}\beta''\text{-}Al_2O_3$ 固体电解质的电导率有较大的提升[15]。

2. NASICON

1976 年 Goodenough 等首先提出 NASICON（Na super ionic conductor）型钠离子导体[3]。NASICON 类材料是另一类重要的钠离子导体材料。NASICON 材料具有由 ZrO_6 八面体和 PO_4 或 SiO_4 四面体共顶点连接而成的三维框架架构。其中，每个 ZrO_6 八面体与六个 PO_4 或 SiO_4 四面体相连，每个 PO_4 或 SiO_4 四面体与四个 ZrO_6 八面体相连。钠离子填充在三维框架的间隙，间隙连接构成了三维各向同性的钠离子扩散通道，其中钠离子只填充扩散通道中部分可供占据的钠离子位，因此有很高的离子电导率[16]。NASICON 材料具有与 $\beta''\text{-}Al_2O_3$ 相近的钠离子电导率。NASICON材料的组成通常为 $Na_{1+x}Zr_2Si_xP_{3-x}O_{12}(0 \leqslant x \leqslant 3)$，是由 $NaZr_2(PO_4)_3$ 和 $Na_4Zr_2(SiO_4)_3$ 形成的固溶体，补偿机制为 $P^{5+} \rightleftharpoons Si^{4+} + Na^+$。当 $x=2$ 时，$Na_{1+x}Zr_2Si_xP_{3-x}O_{12}$ 具有最高的离子电导率，成为第一种被报道的具有 NASICON 结构的钠离子导体。NASICON 材料的独特之处在于其由互连多面体组成的共价框架。这个共价框架创造了一个稳定的骨架结构，其中存在大量的间隙位点。这些间隙位点的存在是为了适应小型单价阳离子（如钠离子）的迁移，从而促使这些离子在晶体结构中的快速移动。这种结构的特点主要体现在两个方面。一是强共价键合框架：互连多面体形成了强大的共价框架，为整个结构提供了稳定性。这种共价性质赋予了 NASICON 材料一定的结构强度和稳定性；二是结构孔的存在：共价框架中存在结构孔，这为小型阳离子提供了迁移的通道。这种结构上的特征是 NASICON 材料成为优异离子导体的关键因素。

由于这些特点，NASICON 结构展现出高德拜温度的特性。德拜温度高意味着晶体中的振动较为剧烈，这与高温环境中需要快速离子传导的应用相契合。此外，NASICON 材料还因其高晶格热导率而备受瞩目。这意味着在高温环境下，这种结构能够更有效地传递热量，为一些需要高温操作的应用提供了理想的材料选择。

因此，可以说 NASICON 材料通过其特有的互连多面体的共价框架、间隙位点和高德拜温度等特征，展现出在高温和高热环境中具有卓越性能的潜力，尤其在固态电池等领域有广泛的应用前景[17,18]。

由于存在大量的可取代位置，材料通式可以写成 NaMM'（PO$_4$)$_3$。M 和 M'位点可被二价、三价、四价或五价过渡金属离子填充；钠离子位点可以空置或过量填充，从而达到平衡；P 可以部分地被 Si 或 As、S 取代[18-20]。对于 M 和 M'取代离子，应仔细筛选价位和离子半径，以扩大离子通道，减弱移动离子与骨架原子之间的相互作用。

近年来，研究者发现 NASICON 型电解质在锆位掺杂稀土元素不仅能降低烧结温度、提高样品致密度，还能通过抑制杂质相形成来提高相纯度。例如，通过溶胶-凝胶法原位生成的 Na$_{3+x}$La$_x$Zr$_{2-x}$Si$_x$P$_{3-x}$O$_{12}$ 复合固体电解质，由于掺杂的阳离子 La^{3+}（0.106nm）与主相材料中骨架结构阳离子 Zr^{4+}（0.079nm）的半径相差较大，未能完全替换 Zr 元素，与阴离子及 Na 离子结合，形成新相 Na$_3$La(PO$_4$)$_2$，新相在框架中使钠离子的浓度发生变化，促进电解质传导离子，增加了电解质的致密度，促进离子沿晶界的传输。另外，如 Sc^{3+}、Mg^{2+} 以及 Ni^{2+} 取代得到的 NASICON 材料均有其钠离子电导率得到提升的相关报道[21-23]。

陶瓷基氧化物电解质具有高离子电导率和良好的化学稳定性等优点，使其成为固态电池等器件的理想材料。然而，陶瓷的刚性和易碎性是一个显著的挑战，尤其是在大面积或薄膜形式的应用中。为了克服这些挑战，研究者正在寻找新的制备工艺、优化材料组合以及设计弹性支撑结构等方法。此外，陶瓷电解质的烧结过程可能导致电极材料的分解，因此在电极材料的选择和制备中也需要注意副反应的问题。通过不断的研究和技术创新，有望改善陶瓷基氧化物电解质的性能，使其更适用于各种能源存储设备。

图 6-7 为 NASICON 材料的晶体结构。

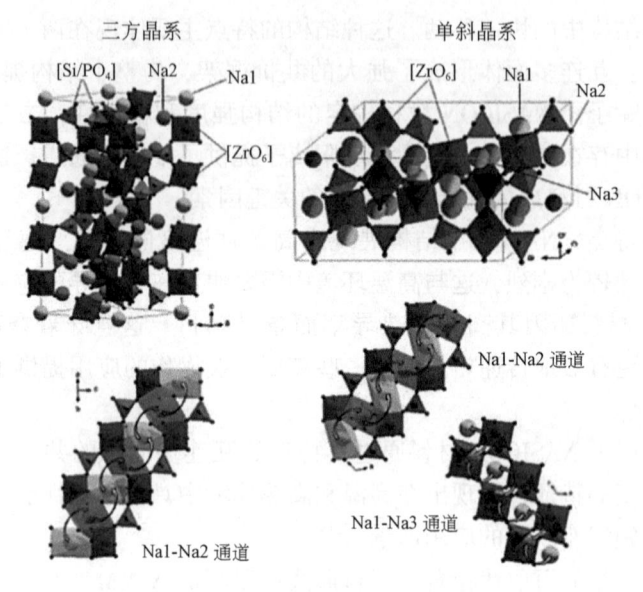

图 6-7 NASICON 材料的晶体结构

3. P2-Na₂M₂TeO₆ (M=Ni、Co、Zn 和 Mg)

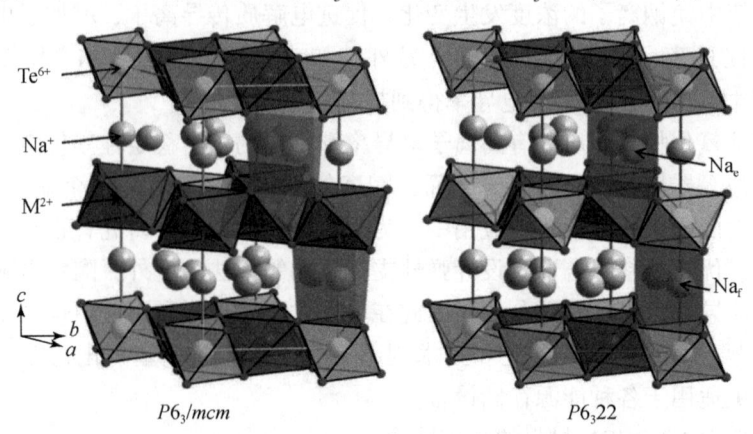

2011 年，Evstigneeva 等报道了固相法烧结得到的 Na₂M₂TeO₆ (M=Ni、Co、Zn、Mg) 新型化物固体电解质，这四种电解质具有相似的六方晶胞的晶胞参数，a 为 5.20~5.28Å，c 为 11.14~11.31Å，但是沿 c 轴方向有两种堆垛方式 M=Co、Zn、Mg ($P6_322$) 时，c 轴方向的堆顺序为 Te M Te M 和 M M M M，M=Ni ($P6_3/mcm$) 时，c 轴方向的堆垛顺序为 Te Te Te Te 和 Ni Ni Ni Ni。少量的 Li 替换 Ni 会使 NaNiTeO 的晶体结构由 $P6_3/mcm$ 转变为 $P6_322$（图 6-8）。

图 6-8 Na₂M₂TeO₆ 两种晶体堆垛图

Na$^+$在层间无序分布，Na$^+$与 O 为 6 配位，形成三棱柱，每个三棱柱和周围的三棱柱共面，Na$^+$在二维层间传输。尽管 Na$_2$M$_2$TeO$_6$（M=Ni、Co、Zn、Mg）的致密度（陶瓷片实际密度与按照相应组分的完美晶体结构参数计算得到的理论密度的比值）不高，但是其表现出了高的钠离子电导率，300℃时为$(4\sim11)\times10^{-4}$S/cm。

黄云辉等采用固相法合成的 Na$_2$Zn$_2$TeO$_6$室温下离子电导率达到6×10^{-4}S/cm，通过 Ca 掺杂将室温离子电导率提升到了1.1×10^{-3}S/cm，该离子电导率值达到了与 Na-β-Al$_2$O$_3$ 和 NASICON 相同的水平。此外，同样采用固相法合成的Na$_2$Mg$_2$TeO$_6$，其室温离子电导率为2.3×10^{-4}S/cm。对上述两种固体电解质进行电化学稳定窗口测试，循环伏安曲线表明两者的氧化分解电势均超过了 4V，然而其扫描速率为 5mV/s，扫速太快，并不能反映真实的电化学窗口。尽管Na$_2$M$_2$TeO$_6$（M=Ni、Co）也具有高的钠离子电导率，但是 Ni 和 Co 元素作为离子电池和离子电池正极材料中常采用的变价元素，具有高的电子电导率，所以其不适合作为固体电解质。

6.3.3 硫化物固体电解质

硫化物固体电解质在相同的晶体结构条件下相较氧化物固体电解质表现出较高的离子电导率和较低的晶界阻抗。这是由于硫（S）相较氧（O）的电负性较小，减小了对钠离子的束缚，有利于钠离子的自由移动。此外，硫（S）相较氧（O）的半径较大，硫替代氧形成的扩展结构有利于形成钠离子扩散通道，从而提高离子电导率。硫化物固体电解质相对于氧化物固体电解质更具"柔软性"，不需要高温烧结制备陶瓷片，而是通过粉末冷压即可确保与电极材料的良好接触，使得固态电池的制备更加简单。然而，需要持续对电池施加压力以保持接触的完整性。

尽管硫化物固体电解质具有上述优点，但在潮湿的空气中存在稳定性差的问题。它们易吸水，容易与空气中的水发生分解反应，释放出有毒气体。因此，当前的研究主要集中在提高电解质的离子电导率，并提高硫化物电解质对空气和水的稳定性。硫化物电解质的稳定性是需要解决的问题之一，这关系到硫化物电解质在实际应用中的可行性。在多年的研究和开发中，已经发现了一些性能优越的硫化物固体电解质。

1. Na$_3$PS$_4$

立方相的 Na$_3$PS$_4$ 是研究最多的硫化物固体电解质之一。事实上，Na$_3$PS$_4$ 有两种晶体结构，立方相和四方相，立方相是高温下的稳定相，四方相是低温下的稳定相，两者在结构上稍有差别（图 6-9）。立方相中，Na 分布在两个扭曲的四面体间隙位，空间群为 $I43m$；在四方相中，Na 分布在一个四面体位和一个八面体位，空间群为 $I\bar{4}3m$；通常，立方相 Na_3PS_4 的离子电导率比四方相 Na_3PS_4 的离子电导率要稍高一些，立方相和四方相 Na_3PS_4 的离子电导率都高于玻璃相的 Na_3PS_4，且玻璃-陶瓷相的离子电导率高于玻璃相。2012 年，Hayashi 等[24] 报道的 Na_3PS_4 玻璃-陶瓷固体电解质，室温离子电导率可达到 $2×10^{-4}$ S/cm。

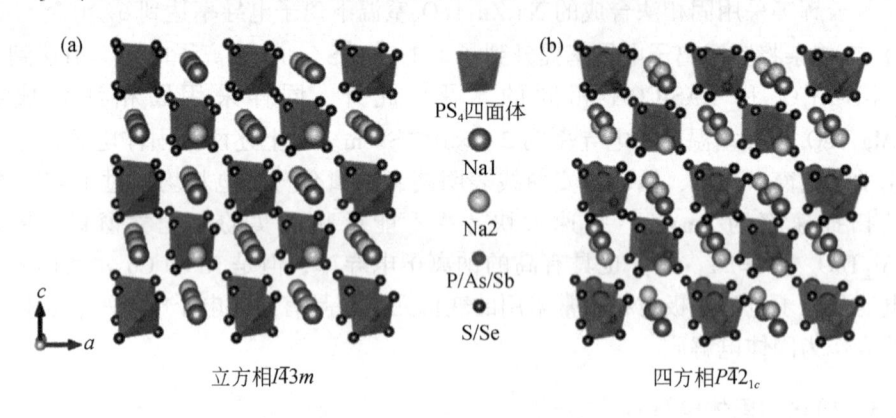

图 6-9 Na_3PS_4 的两种晶体结构

目前提高硫化物固体电解质离子电导率的方法主要是元素掺杂。对 P 位或 S 位进行元素掺杂均可以提高硫化物固体电解质 Na_3PS_4 的离子电导率。在立方相的 Na_3PS_4 中，用四价离子 Sn^{4+}、Ge^{4+}、Ti^{4+} 和 Si^{4+} 取代 P^{5+}，同时为保持电中性，引入更多的 Na^+，拓宽 Na^+ 通道尺寸，这都有利于降低间隙迁移势垒，从而提升离子电导率；此外用离子半径更大的同族 As^{5+} 掺杂 P 位，使晶格膨胀，同时使 Na—S 键增长，从而提升离子电导率。在四方相的 Na_3PS_4 中，用负一价的 F^-、Cl^-、Br^- 和 I^- 取代 S^{2-}，可以引入钠空位，增加 Na 从一个位点向邻近位点的迁移概率，也有助于离子电导率的提升。

2. Na_3SbS_4

与 Na_3PS_4 结构类似，Na_3SbS_4 也有两种晶体结构，四方相和立方相（图 6-10），立方相的离子电导率比四方相的稍高，室温下立方相 Na_3SbS_4 离子电导率达到 $1×10^{-3}$ S/cm[25]。四方相 Na_3SbS_4 晶胞中 $a=b=7.1453$Å，$c=7.2770$Å，Sb 原子占据 $2b$ 位，S 原子占据 $8e$ 位，Na 占据 $4d$ 位（Na1）和 $2a$ 位（Na2），与 c 轴平行排列的 Na1 位和与 a 或 b 轴平行以 Z 字形交替排列的 Na1、Na2 位占据 SbS_4 四面体组成的间隙，两者正交组成三维离子传输通道。立方相 Na_3SbS_4 晶胞中，$a=b=c=7.1910$Å，Sb 原子占据 $2a$ 位，S 原子据 $8e$ 位，Na 占据 $6b$ 位，SbS_4 四面体间隙组成三维离子传输通道。含水的 Na_3SbS_4 加热至 150℃ 即可除去结晶水得到纯的立方相 Na₃SbS₄，冷却至室温后立方相可转变为四方相。2019 年，Hayashi 等[26] 报道了 W 掺杂的 Na₃SbS₄（Na₂.₈₈Sb₀.₈₈W₀.₁₂S₄）固体电解质，室温离子电导率达到 $3×10^{-2}$ S/cm，但 W^{6+} 容易被还原。

Na₃SbS₄ 在空气中相对稳定，这可以通过软硬酸碱理论解释。根据这个理论，当"软"酸与"软"碱反应时会形成强键，同样，"硬"酸与"硬"碱的反应也会形成强键。在硫代磷酸盐中，磷（P）被归类为"硬"酸，而空气中的氧（O）是"硬"碱。这种硬酸-硬碱的反应容易发生，解释了含磷的硫化物固体电解质在空气中不稳定的原因。相对于磷（P），锑（Sb）的酸性较弱，不容易与氧（O）结合。同时，锑（Sb）和硫（S）之间的结合键较强。因此，Na₃SbS₄ 在干燥的空气中更为稳定。

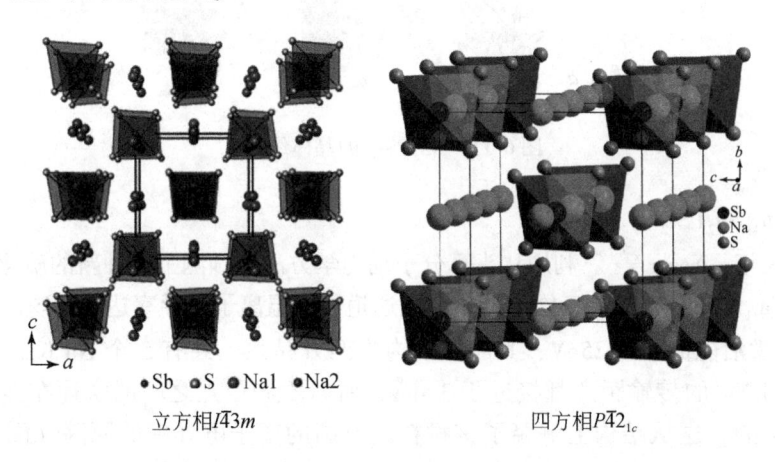

图 6-10 Na₃SbS₄ 的两种晶体结构

3. Na₃PSe₄

S 位进行阴离子替换相较于 P 位进行阳离子替换，对离子电导率的影响更为显著。在室温下，立方相 Na₃PSe₄ 离子电导率达到 $1.16×10^{-3}$ S/cm。Se 完全取代 Na₃PS₄ 中的 S 有助于提高离子电导率的原因在于 Se 原子的半径比 S 原子大，导致晶格膨胀，降低了离子扩散的势垒，从而有利于离子的快速传输。此外，Se 具有较强的极化能力，极大地削弱了 Na 与阴离子之间的结合力，进一步促进了离子的迁移。这些因素共同作用，使通过 Se 取代 S 能够显著提高固体电解质的离子电导率。Na₃PSe₄ 属立方晶系空间群 $\bar{I}43m$，$a=b=c=7.3094$Å。Na₃PSe₄ 的晶体结构与立方相的 Na₃PS₄ 相同，P 原子占据 $2a$ 位，Se 原子占据 $8c$ 位，Na 原子占据 $6b$ 位，Na^+ 在 PSe₄ 四面体构成的扩散通道内传输[27,28]。

图 6-11 为 Na$_3$PSe$_4$ 的晶体结构。

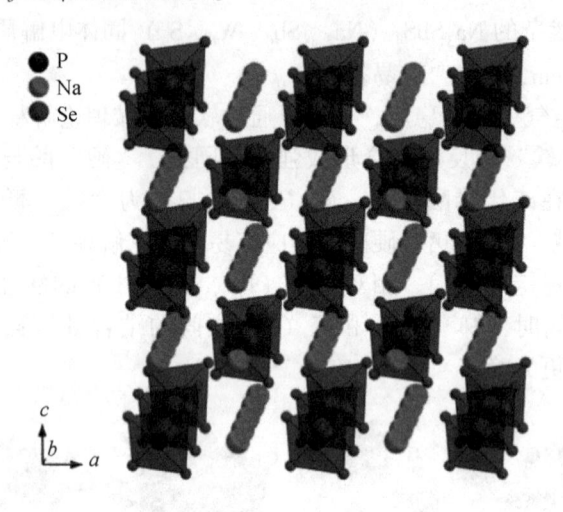

图 6-11　Na$_3$PSe$_4$ 的晶体结构

4. Na$_{11}$Sn$_2$PS$_{12}$

2018 年，Nazar 等[29]利用从头算分子动力学方法，预测了一种新的硫化物固体电解质 Na$_{11}$Sn$_2$PS$_{12}$，具有三维的离子传输通道，室温离子电导率达到 $1.4×10^{-3}$ S/cm，Na$^+$迁移激活能低至 0.25eV，其晶体结构为四方晶系，共有 5 个 Na 位，且邻近位点之间 Na$^+$的传输距离都接近于 3.4Å，所以不同位点之间的跃迁在能量上基本是等价的，这从结构上解释了该材料具有高的离子电导率的原因（图 6-12）。

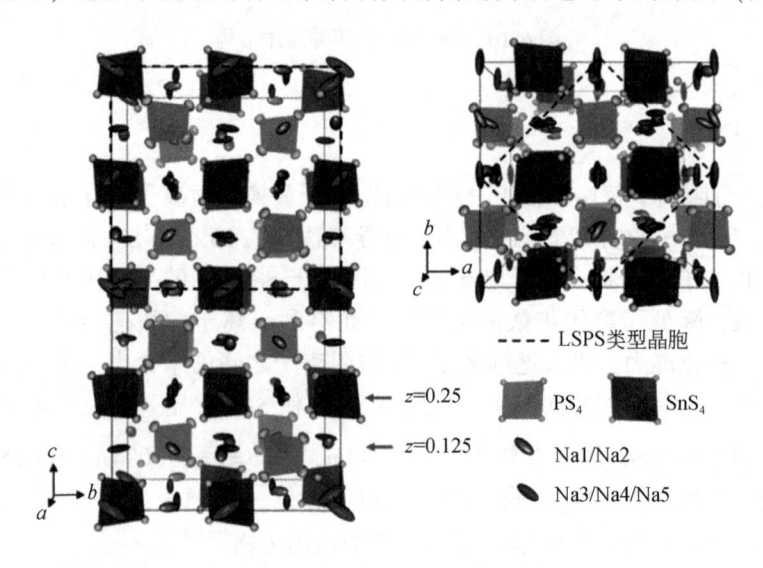

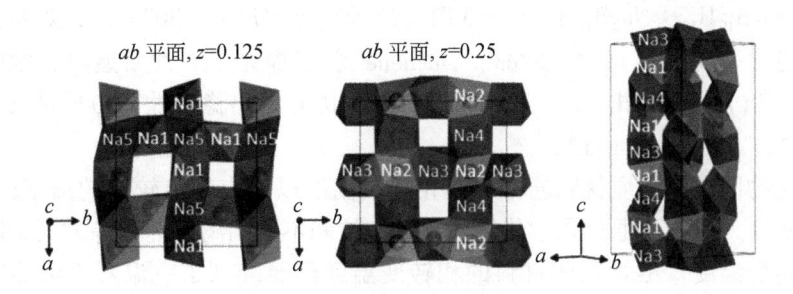

图 6-12　$Na_{11}Sn_2PS_{12}$ 的晶体结构

目前硫化物钠离子固体电解质仍处于基础研究阶段，需要进一步深入研究和开发，以获得性能更为综合优越的硫化物固体电解质。尽管硫化物固体电解质在钠离子电导率和机械性能方面表现出色，但在稳定性、正负极的化学和电化学稳定性，以及电化学电压窗口等方面仍需进一步提升。未来的研究方向包括改善硫化物固体电解质对环境因素的稳定性，以及通过优化化学和电化学性能来满足实际应用的需求。这将为硫化物固体电解质的实际应用奠定基础，推动其在固态电池等领域的发展。

6.3.4　氢化物固体电解质

氢化物固体电解质也被认为是一种潜在的钠离子导体。初期，氢化物主要被研究为储氢、微波吸收或中子屏蔽材料。2007 年，Nakamori 等[30]发现，$LiBH_4$ 在 390K 以上表现出超过 1×10^{-3}S/cm 的快速锂离子导电性，如此高的锂离子导电性也引起研究人员对具有相同结构的钠离子导体材料的研究。Udovic 等[31]报道了可由低温有序单斜结构转变为高温无序体心立方结构的 $Na_2B_{12}H_{12}$ 材料，529K 时，$Na_2B_{12}H_{12}$ 电导率可达到 0.1S/cm。2012 年，Oguchi 等[32]研究了 $NaAlH_4$ 和 Na_3AlH_6 复合氢化物中的钠离子传导，室温下，$NaAlH_4$ 和 Na_3AlH_6 结构的离子电导率分别为 2.1×10^{-10}S/cm 和 6.4×10^{-7}S/cm，433K 时，Na_3AlH_6 离子电导率为 4.1×10^{-4}S/cm。Sadikin 等[33]通过机械球磨辅助热处理制备出$Na_3BH_4B_{12}H_{12}$材料，室温下的离子电导率约为 0.5×10^{-3}S/cm。Sadikin 等[34]报道了用 I 取代部分 H 的 $Na_2B_{12}H_{12-x}I_x$ 材料，在 360K 的较低温度下，其离子电导率接近 0.1S/cm。Lu 等[35]用第一性原理计算方法研究了一种模型材料 $Na_2B_{10}H_{10}$ 中的钠传导，发现 $B_{10}H_{10}^{2-}$ 阴离子基团的重定向和无序性促进了 Na 跃迁到八面体（Oh）位点，从而连接四面体（Td）位点，形成一个连通的扩散网络，通过模拟温度383K时，得到 $Na_2B_{10}H_{10}$ 离子电导率为 9.8×10^{-2}S/cm。Yoshida 等[36]通过机械球磨混合 $Na_2B_{10}H_{10}$ 和 $Na_2B_{12}H_{12}$，开发了高钠离子导电性的 $Na_2B_{10}H_{10}$-$Na_2B_{12}H_{12}$ 络合氢化物，当 $Na_2B_{10}H_{10}$ ∶ $Na_2B_{12}H_{12}$ =1∶3 时，离子电导率最大，303K 时，观察到上述比率的电导率高达 $3.1×10^{-4}$ S/cm。Duchêne 等[37]探究了一种新型固态钠电解质 $Na_2(B_{12}H_{12})_{0.5}(B_{10}H_{10})_{0.5}$，在 300℃时具有优异的热稳定性，20℃时离子电导率为 $9×10^{-4}$ S/cm（图6-13）。

氢化物固体电解质材料通常在其相转变温度以上表现出较高的离子电导率。目前，研究人员主要通过化学修饰、尺寸调控和不同阴离子混合等方式来降低材料的相转变温度。尽管有些材料的相转变温度已经降到了室温甚至消除了相转变，从而促进了其在实际应用中的进一步推广，但氢化物固体电解质仍然面临着合成过程复杂、电化学性能不稳定等方面的挑战。这些问题是未来发展中需要克服的障碍，通过解决这些问题，氢化物固体电解质有望在固态电池等领域发挥更大的作用。

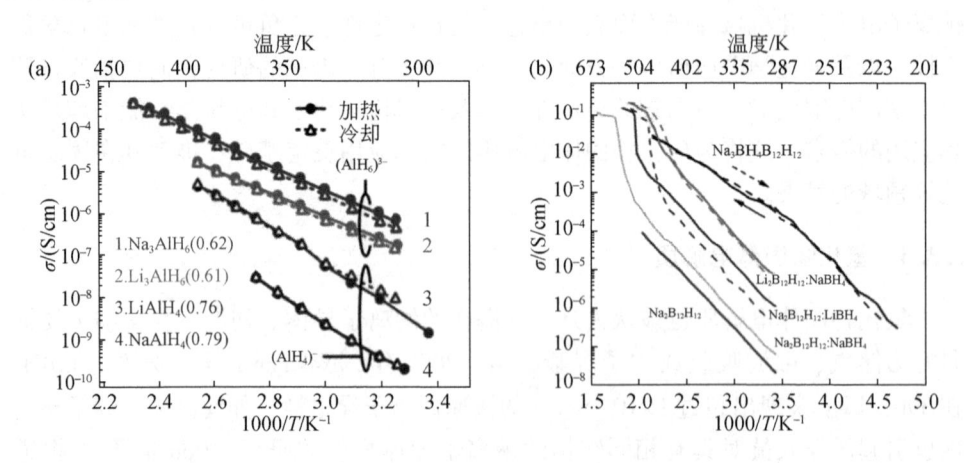

图6-13 （a）$NaAlH_4$ 和 Na_3AlH_6 在加热和冷却过程中电导率的温度依赖性，化学式后的括号中显示活化能（对比 Li_3AlH_6 和 $LiAlH_4$）；（b）$M_2B_{12}H_{12}$ ∶ MBH_4（M=Li、Na）和 $Na_3BH_4B_{12}H_{12}$ 的电导率随温度的变化规律

6.4 聚合物电解质

聚合物电解质的构成通常由聚合物基体和添加剂盐组成，这种电解质具有多项优点，包括柔韧性好、界面电阻低、易于加工等特点。常用的聚合物基体有聚氧化乙烯（PEO）、聚偏氟乙烯（PVDF）、聚信氟乙烯-六氟丙烯（PVDF-HFP）、聚丙烯腈（PAN）和聚甲基丙烯酸甲酯（PMMA）等[38-42]。添加剂盐主要有 $NaPF_6$、$NaClO_4$、CF_3SO_3Na、$NaN(SO_2CF_3)_2$ 和 $NaN(SO_2F)_2$（NaFSI）。大部分钠离子聚合物固态电解质都是由相应的锂离子对应物发展而来。不过，聚合物固

态电解质存在一些主要问题,例如室温下离子电导率较低($<10^{-4}$ S/cm)及离子迁移数较低(<0.5)[43]。

在聚合物固体电解质(SSE)中,钠离子的迁移主要依赖于聚合物短链的运动。为了提高离子电导率,可以采取一系列措施,如增加非晶区的含量。通过共聚、共混、交联以及添加增塑剂等方式,可以有效地增加聚合物的非结晶区,从而提高钠离子在聚合物固体电解质中的迁移速率。这些方法有望改善聚合物固体电解质的离子传输性能,从而提高固态电池的整体性能[44]。例如,利用SiO_2和$NaClO_4$-TEGDME(四甘醇二甲醚)添加剂制备了PVDF-HEP基体的准固态电解质,室温离子电导率可达到10^{-3} S/cm,并且电化学稳定窗口可达到4.5V。目前大多数的聚合物电解质的电化学稳定窗口都比较宽[>4V($vs.$ Na^+/Na)][45,46],但是对于高压正极(>4V)在聚合物固态钠离子电池中应用的报道很少。通过添加碳酸乙烯酯-碳酸丙烯酯混合溶剂,制得的全氟磺酸基电解质的室温离子电导率为2.8×10^{-4} S/cm,但是其电解质的机械强度较差(弹性量:34.78MPa)。值得注意的是,聚合物电解质中的液体添加剂也可能会发生泄漏和燃烧(图6-14)。

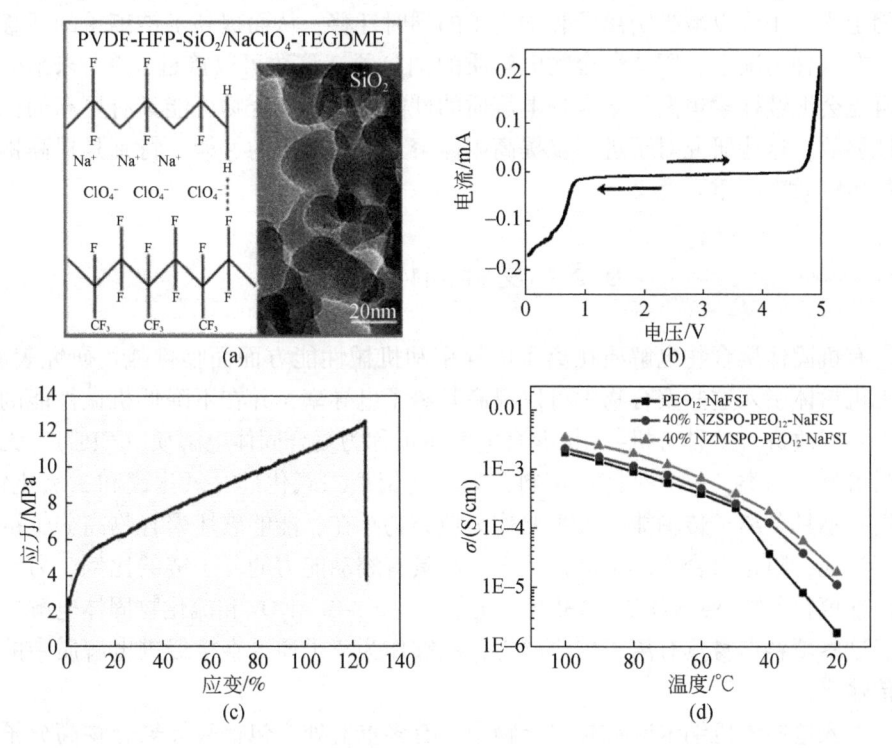

图6-14 聚合物固态电解质电化学性能

(a) CPE的组成;(b) CO_2中的LSV曲线;(c) 全氟磺酸基电解质的典型应力应变曲线;(d) PEO-NaFSI、40% $Na_3Zr_2Si_2PO_{12}$-PEO-NaFSI 和 40% $Na_{3.4}Zr_{1.8}Mg_{0.2}Si_2PO_{12}$-PEO-NaFSI 电解质的离子电导率与温度关系

无机增塑剂在聚合物电解质中的应用有助于提高离子电导率。无机增塑剂分为两类：活性材料（如 NASICON）和非活性材料（如 SiO_2、TiO_2、ZrO_2）。通过添加无机增塑剂，可以增加聚合物的非晶区，从而提高其离子电导率，并在一定程度上提升力学性能，可以更好地满足电池应用对于高离子电导率和机械性能的需求。例如，在 $NaClO_4$/PEO 基电解质中添加 5%（质量分数）的纳米 TiO_2，在 60℃ 下其离子电导率从 $1.35×10^{-4}$ S/cm 增加到 $2.62×10^{-4}$ S/cm。添加 NASICON 材料（如 $Na_3Zr_2Si_2PO_{12}$ 和 $Na_{3.4}Zr_{1.8}Mg_{0.2}Si_2PO_{12}$）也可以提高聚合物的离子电导率。与未改性的 PEO-NaFSi 电解质相比，NASICON 改性的电解质在 40~50℃ 时没有发生断裂，说明 NASICON 的加入降低了 PEO 的结晶度。虽然添加无机填料可以在一定程度上提高聚合物电解质的离子电导率，但是其离子电导率仍不能满足室温全固态钠电池的要求。

提高固体聚合物电解质中钠离子迁移数的方法之一是通过固定阴离子。这是利用化学修饰将阴离子固定在聚合物电解质的无机部分。例如，通过硅烷与磷酸钠基团的反应，可以实现阴离子的固定。这个过程可以提高钠离子的迁移数，因为固定阴离子可以减少阴离子和钠离子的同时迁移，从而提高了钠离子的迁移性能。在这种情况下，固体聚合物电解质的钠离子迁移数可以接近 0.9。未来的研究可能会继续探索单离子聚合物电解质的性能，这种聚合物可能具有更高的钠离子迁移数。这些研究对于进一步提高固体聚合物电解质的性能，特别是提高钠离子的传输效率有重要意义。

6.5 复合固体电解质

有机固体聚合物电解质在离子电导率和机械性能方面面临挑战。研究表明，将无机粉体引入这些聚合物中可以提高其离子电导率，并在不降低机械性能的情况下实现改进。这种有机-无机混合电解质被称为复合固体电解质（CPE）。无机填料可分为两类：一类是惰性填料，如氧化铝、二氧化硅、氧化镁和二氧化钛。它们并不具备离子传输能力，主要作为填充物存在，能够破坏聚合物高分子链的有序排列，阻止聚合物的结晶，从而提高具有蠕动能力的分子链的比例。另一类是活性填料，如 Na_2SiO_3、NASICON 电解质、Na-β-Al_2O_3 和硫化物固体电解质颗粒。这些填料本身具有离子传输能力，能够作为离子通道直接促进电解质中的离子传输[47]。

引入这些无机纳米颗粒到聚合物中，有多重益处。包括破坏聚合物高分子链的有序排列，提高具有蠕动能力的分子链的比例；在无机纳米颗粒的表面区域形成更多离子传输通道，从而增强离子的传输性质；提高机械性能，加强了复合固体电解质的机械强度；改善界面稳定性。

6.5.1 纳米颗粒-聚合物复合固体电解质

Hwang 等[48]报道了复合 TiO_2 纳米颗粒的固体聚合物电解质 $NaClO_4/PEO+TiO_2$（nCPE），当 $EO/Na^+=20$ 时，$NaClO_4/PEO$ 固体聚合物电解质的离子电导率最高，60℃下离子电导率为 $1.34\times10^{-5}S/cm$。当添加 5% TiO_2 时，可以将离子电导率提高至 $2.62\times10^{-4}S/cm$（60℃）。TiO_2 的加入，增加了 PEO 基电解质中的无定形区域，有利于 PEO 链段的蠕动，从而加快 Na^+ 的迁移。使用该电解质膜制作的 Na｜nCPE｜$Na_{2/3}[Co_{2/3}Mn_{1/3}]O_2$ 电池，0.1C 倍率下首周放电比容量为 49.2mAh/g（工作温度为 60℃），电池放电比容量低的原因可能是电解质膜太厚（180μm）导致极化比较大。

Morenno 等[49]采用热压法制备了 $NaTFSI/PEO_n$（$n=6\sim30$）电解质，避免了溶剂的残留。$NaTFSI/PEO_{20}$ 添加 5% SiO_2 后，电解质膜的机械性能得到了提升。Na^+ 迁移数由 0.39 提高至 0.51（75℃）。但其离子电导率几乎没有提升，这是因为 $TFSI^-$ 阴离子的塑化效应掩盖了 SiO_2 提高离子电导率的作用。

胡勇胜等采用溶液浇铸法制备了 $NaFSI/PEO+x\%$ Al_2O_3（$x=1\sim20$）聚合物电解质，Al_2O_3 颗粒尺寸在 20nm 左右。研究表明，Al_2O_3 添加量在 2% 以内时，可以提升电解质的离子电导率。Al_2O_3 含量高于 5% 时，离子电导率比未添加时有所降低，随着 Al_2O_3 含量的继续增加，离子电导率也随之下降。因此，聚合物电解质在与惰性纳米颗粒复合时，惰性填料的含量不宜太高。

1999 年，Thakur 等[50]在 PEO-NaI 电解质体中添加了 0~25% 的硅酸钠（Na_2SiO_3），当组分为 $NaI/(PEO)_{25}+1\%$ Na_2SiO_3 时，离子电导率最高，40℃时为 $1\times10^{-6}S/cm$。同时，由于 Na_2SiO_3 的加入，电解质膜的机械强度也得以提升。

采用 NASICON 结构的快离子导体 $Na_3Zr_2Si_2PO_{12}$ 及 $Na_{3.4}Zr_{1.8}Mg_{0.2}Si_2PO_{12}$ 陶瓷粉作为无机填料，$NaFSI/PEO_{12}$ 作为基体，制备了钠离子有机-无机复合固体电解质，当陶瓷粉填料比例为 40%（质量分数）时，复合固体电解 $NaFSI/Na_{3.4}Zr_{1.8}Mg_{0.2}Si_2PO_{12}+PEO_{12}$ 离子电导率最高，80℃时为 $2.4\times10^{-3}S/cm$。使用该复合固体电解质膜制备的 Na｜$NaFSI/PEO_{12}/Na_3V_2(PO_4)_3$ 固态电池具有较好的倍率性能和优异的循环性能，在 80℃，0.1C 倍率下循环 120 周比容量几乎无衰减。此外，将氧化物固体电解质 Na-β″-Al_2O_3 作为活性填料引入 NaTFSI｜PEO_{20} 聚合物电解质基体中，制备了钠离子有机-无机复合固体电解质，1% Na-β″-Al_2O_3 的引入显著提升了 Na‖$Na_3V_2(PO_4)_3$ 固态电池的循环性能，比容量保持率从未添加 Na-β″-Al_2O_3 的 63% 提升到 74%[50]。

近年来，硫化物固体电解质也作为活性填料与有机聚合物电解质复合。采用硫化物电解质与有机聚合物电解质复合时，由于硫化物的化学稳定性较差，对溶剂的选择至关重要，既要溶解聚合物，又不与硫化物电解质发生反应。另外一种方法是，在电解质制备过程中，添加硫化物固体电解质原材料（如 Na_2S、P_2S_5 等），在溶剂中原位反应生成硫化物固体电解质，同时添加聚合物制备复合固体电解质。此时，溶剂的选择更为关键，溶剂需要有适当的极性去调控前驱体之间的湿化学反应，硫化物前驱体中 S 元素的质子化作用容易将硫化物分解生成 H_2S、HS^- 和 $H_xPS_4^{x-4}$ 等，因此需要采用质子惰性的溶剂。此外还需考虑溶剂的沸点，在满足硫化物前驱体反应生成硫化物电解质以及溶剂聚合物的基础上，沸点尽可能低，以便去除溶剂。

6.5.2 其他类型的复合固体电解质

在制备复合固体电解质的方法中，除了直接将无机颗粒与聚合物复合外，还可以采用其他策略，如功能聚合物、功能无机颗粒或者聚合物/无机颗粒共同与聚合物基体复合的方式。

一种新的发展方向是单离子导体聚合物电解质，它有助于增强固体聚合物电解质的离子传输能力。该方法的作用机理是将阴离子固定在聚合物基体链上，抑制极化中心的形成，从而促进阳离子的移动。这种方法通过减少离子在电解质中的移动路径，提高了电解质的离子传导率。Armand 等[51]报道了基于 PEO 和 PEGDME 混合基体的固体聚合物复合固体电解质，以功能化的 SiO_2 为填料，通过将 SiO_2 嫁接到钠盐中的阴离子（SiO_2^- 阴离子）或 PEG 中的阴离子上（SiO_2-PEG-阴离子）得到功能化的 SiO_2 纳米颗粒。制备得到的 EP（环氧树脂）-SiO_2-阴离子（$EO/Na^+ \sim 10$）和 EP-SiO_2-PEG-阴离子（$EO/Na^+ \sim 20$）的室温离子电导率均达到 2×10^{-5} S/cm，电化学窗口分别为 4.4V（$vs.\ Na^+/Na$）和 3.8V（$vs.\ Na^+/Na$）。达到最优离子电导率值时，EP-SiO_2-PEG-阴离子电解质中需要盐的含量较少，原因是引入了较大的磺酸亚胺基团阴离子，离域化程度较高，从而抑制了阴离子迁移造成的大范围极化中心的形成。此外，PEG 也起到了增塑剂的作用，引入增塑剂也是提高离子电导率的一种方法（图 6-15）。

在钠离子固体聚合物电解质中混入纤维素可以有效地提升电解质膜的机械性能。Gerbaldi 等[52]在 PEO 基固体电解质中混入羧甲基纤维素钠（NaCMC），最佳质量比为 PEO：$NaClO_4$：NaCMC=82：9：9。NaCMC 本身可以作为电极黏结剂，添加到电解质中可以优化电极和电解质的界面接触。以 PEO/NaCMC 为电解质的固态电池的电荷传输阻抗比以无 NaCMC 电解质的更小，表明 PEO/NaCMC 电解质与电极之间具有更好的兼容性和更理想的离子扩散路径。以 PEO/NaCMC 为电解质的固态电池（Na｜SPE｜TiO_2 和 Na｜SPE｜$NaFePO_4$）显示出较好的循环稳定性。

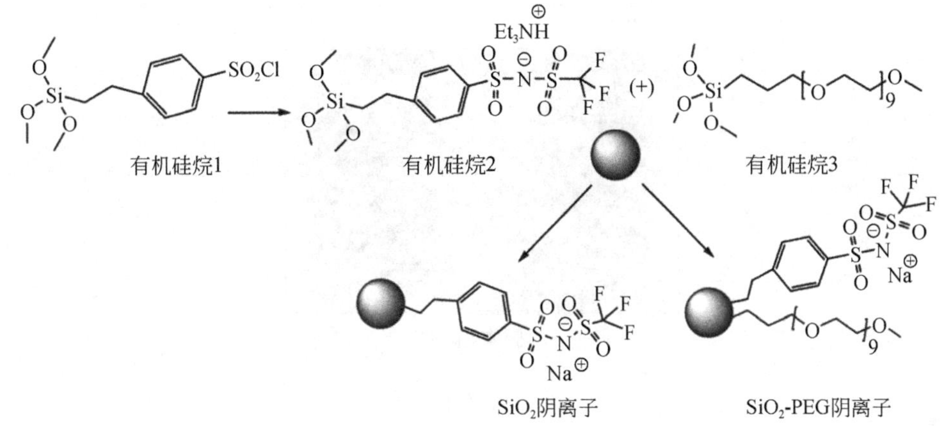

图 6-15　有机无机复合 SiO_2 功能化纳米颗粒合成原理图

6.6　固态钠电池中的界面

固态电池的界面问题越来越受到关注，因为界面对固态电池的电化学性能具有至关重要的影响。典型固态电池的组成和结构可分为三个主要界面：一是固体电解质内部晶粒之间的界面。该界面是指固体电解质内部晶粒之间的交界面。在无机固体电解质中，晶粒之间的界面性质直接影响了离子传输的效率。良好的晶粒连接和结晶度有助于提高电解质的整体性能。二是固体电解质与正负极之间的界面。这是固态电池中最关键的界面之一。在该界面上，正负极直接与固体电解质相互作用。界面的性质影响电子和离子的传输速率，直接影响电池的性能。优化该界面可以提高电池的充放电效率和循环寿命。三是正负极内部活性材料与电子导电添加剂、离子导电添加剂之间的界面。该界面包括正负极内部活性材料与电子导电添加剂、离子导电添加剂之间的相互作用。该界面的质量和化学相容性直接关系到电极的性能。有效的电子和离子传输需要这些组分之间的协同工作。

在固态电池中，界面之间的紧密接触是关键因素，有助于电子或离子的快速传输。同时，不同组分之间的化学相容性和电化学相容性对于固态电池的稳定运行至关重要。因此，研究人员致力于优化和控制这些界面，以提高固态电池的整体性能。

图 6-16 为典型固态电池的组成及结构示意图。

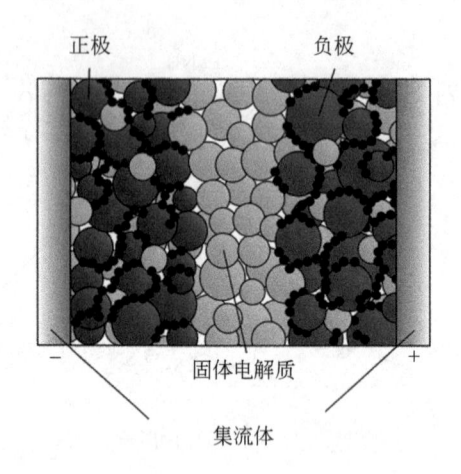

图 6-16　典型固态电池的组成及结构示意图

6.6.1　固态电池中的界面问题

1. 界面相容性

在传统的液态电池中，液体电解液具有极高的流动性，能够有效覆盖电极材料表面，保持电池内部较低的接触阻抗，从而有助于快速离子传输。然而，固态电池中电解质与电极之间采用点状的固-固接触，导致有效接触面积大幅降低。这种接触方式使固体电解质与电极之间的界面阻抗显著增加。与此同时，由于固体电解质缺乏流动性，电池极片内部的大量孔洞不能被电解质充分"润湿"，从而导致离子传输效果不佳。这些因素共同导致固态电池相较于传统的液态电池具有更高的内阻。

2. 化学相容性

在固态电池中，固体电解质与电极的界面可以分为三种主要类型。首先，理想情况下，第一类界面表现为固体电解质与电极之间没有发生反应，从而确保了界面的热力学稳定性，界面阻抗保持恒定。这种情况下，电池的性能更为可靠。其次，最不理想的是第二类界面，其中固体电解质与电极发生反应，形成离子电子双导通的产物，导致持续的反应并最终导致电池短路，使电池阻抗降为零。这种情况下，电池的性能将受到极大的影响。最后，第三类界面表现为固体电解质与电极发生反应，但产物是离子导通电子绝缘的相。这样的产物在界面相的离子电导率方面可能大于或小于固体电解质的离子电导率，但总体上是一个相对稳定的界面状态。当前的研究工作主要集中在优化这些界面，特别是改善第三类界面，以提高固态电池的性能和稳定性。

3. 电化学相容性

由于固体电解质的组分和结构差异，其本征电化学窗口存在差异。通常，在固体电解质与正负极接触并进行电化学循环时，会在界面形成固体电解质/电极界面的 SEI（固体电解质内部的固体电解质/电极界面）或 CEI（电极外部的电解质/电极界面）。这些界面的形成通常涉及化学反应，有助于拓宽固体电解质的电化学窗口。因此，即使电极材料的工作电位超出了固体电解质本征电化学窗口，固体电解质也能够在一定程度上保护电极材料。在固态电池中，当金属钠用作负极时，电化学循环过程中可能出现金属钠的不均匀沉积和剥离问题。在界面形成的 SEI 膜通常是不稳定的，而且在固体电解质的缺陷处可能导致枝晶的形成，进而引起电池短路问题。在正极侧，由于不同固体电解质具有不同的电化学氧化窗口，因此在选择正极材料时需要考虑与固体电解质匹配的工作电压范围。

6.6.2　固态电池界面改性

目前固态电池的界面改性工作主要着眼于改善固体电解质与电极材料之间的接触，以降低界面阻抗并提升电池的电化学性能。

从物理接触的角度看，硫化物固体电解质具有良好的可塑性，通过冷压即可使电极和电解质之间获得良好的界面接触。聚合物电解质其本身具有良好的柔韧性，高温下（60~80℃）具有良好的黏弹性，可以与电极保持良好的接触。无机氧化物固体电解质刚性的特性使得其与电极之间的接触为点接触，有效接触面积较小，因此接触阻抗较大。因此，目前改善固体电解质与电极材料之间接触的工作主要集中在无机氧化物固体电解质方面。

从相界面的角度看，固体电解质会与电极发生化学或电化学反应，形成中间相，中间相的形成会增大或减小界面阻抗。因此，需要通过优化固体电解质或电极的组成，或引入人工界面层的方式，来降低由于化学或电化学反应形成的中间相导致的界面阻抗。下面将以典型的钠离子固体电解质为例，详细探讨固态电池中的界面改性。

1. 固体电解质与金属钠负极界面

Na-β-Al$_2$O$_3$ 固体电解质与金属钠接触不发生反应，化学相容性好，但金属钠对 Na-β-Al$_2$O$_3$ 润湿性并不好，低温条件下（钠的熔点以下）其有效的固固接触面积较小，界面阻抗较大。为改善低温下的界面性能，Reed 等[53]在 Na-β-Al$_2$O$_3$ 表面溅射一层 Sn，有效提升了金属钠对 Na-β-Al$_2$O$_3$ 的润湿性。温兆银等[54]在 Na-β-Al$_2$O$_3$ 表面包覆一层微米尺寸的碳纳米管，同样有效提升了金属钠对 Na-β-Al$_2$O$_3$ 的湿润性。钠的对称电池在 58℃和 0.1mA/cm^2 的条件下稳定循环（图 6-17）。

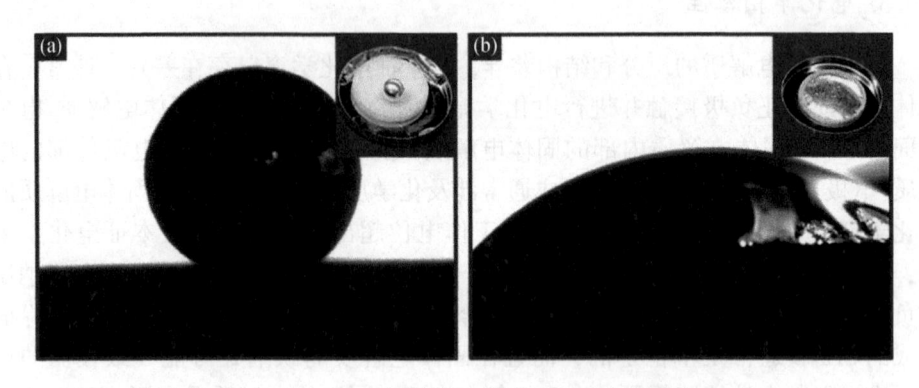

图 6-17　碳纳米管对 Na-β-Al$_2$O$_3$ 表面改性前后金属钠润湿效果对比

NASICON 固体电解质与金属钠接触会发生反应，形成一层稳定的界面层。为进一步增大 NASICON 与金属钠之间的有效接触面积，降低 NASICON 与金属钠之间的接触阻抗，Goodenough 等[55]将金属钠与 NASICON 加热到 380℃，化学反应之后再降到室温，金属钠对 NASICON 表现出良好的润湿性，有效地降低了界面阻抗，钠的对称电池在 65℃及 0.15mA/cm^2 和 0.25mA/cm^2 的电流密度下均实现了稳定的循环。孙春文等[54]将 NASICON 与金属钠接触的一侧做成三维孔道状结构，并在表面形成 SnO$_2$ 颗粒，使金属钠进入孔道中并润湿界面，有效地降低了界面阻抗，组装的钠对称电池在室温条件下，以及在 0.1mA/cm^2、0.2mA/cm^2 和 0.3mA/cm^2 的电流密度下均实现了稳定的循环。

Na$_3$PS$_4$ 与金属钠接触会发生反应，形成 Na$_2$S 和 Na$_3$P 等副产物，采用 Na-Sn 合金代替 Na 做负极可改善 Na$_3$PS$_4$ 与金属的接触，用 Sb^{5+} 替换 P^{5+}，也可改善与金属钠之间的接触。此外，理论计算表明，在金属钠和 Na$_3$PS$_4$ 之间引入界面层（如 HfO$_2$、Sc$_2$O$_3$ 或 ZrO$_2$）也可提升界面性能[56]。

PEO 基固体聚合物电解质与金属钠接触会发生反应，可形成一层稳定的界面层。不同组分的 PEO 基固体聚合物电解质与金属钠形成的界面层阻抗大小不同，通常引入惰性或活性无机填料，如 Al$_2$O$_3$、SiO$_2$、ZrO$_2$、TiO$_2$ 和 NASICON 等优化界面，降低界面阻抗。此外，将 PEO 与其他聚合物进行共混、接枝和共聚等也可优化界面并降低界面阻抗；不同的钠盐也会对 PEO 基固体聚合物电解质与金属钠的界面产生影响，如 NaFSI 比 NaTFSI 的界面阻抗小，因为氟磺酰基团与金属钠发生反应可形成稳定的界面。除了对 PEO 基电解质进行改性，对金属钠进行改性也可以降低界面阻抗，如范丽珍等[57]将金属钠吸附在三维网络结构的碳毡中，极大地增大了金属钠与聚合物电解质的接触面积，降低了接触阻抗。

固体电解质与金属钠负极的界面表征手段主要为电化学阻抗谱和钠的对称电池恒电流充放电,界面改性之后界面阻抗通常会降低,钠的对称电池恒电流循环时的电池过电势变小,稳定循环的周数或时间会延长。钠的对称电池恒电流循环时的电流密度大小、充放电的时间和电池的工作温度对实现稳定循环有显著的影响。

2. 固体电解质与正极界面

相对于质地柔软的金属钠负极,多孔刚性的正极与固体电解质之间的有效接触更差,导致正极与固体电解质之间的界面阻抗通常更大。为了改善固态电池的界面接触,提升电池的电化学性能,最常用且有效的方法之一是提升电池的工作温度。高温条件下,不论是材料晶格内的离子跃迁,还是材料颗粒之间的离子跃迁,都变得更加容易,因此整体电池的阻抗会降低。这种改善效果对于正负极界面性能的提升均是有效的。

在电极制备过程中混入聚合物和硫化物类可塑性好的固体电解质对界面改性有较好的效果,而混入无机氧化物类刚性固体电解质对界面改性的效果并不明显。电极材料的纳米化也是非常有效地改善界面接触的方式,而且可以使活性材料的利用率得到显著提升,同时由于离子扩散路径的缩短,电池的倍率性能也可得到提升。Wang 等[57]将 Na_3PS_4 纳米化,相比于微米尺度的 Na_3PS_4,固态电池的阻抗更低,并且发挥出更高的比容量。

在正极与固体电解质界面处添加界面润湿剂,例如,液态电解液(高盐浓度电解液)或离子液体以润湿界面也是行之有效的方式。胡勇胜等[58]将电极活性材料 $Na_{0.66}[Ni_{0.33}Mn_{0.67}]O_2$、导电剂 Super P 和离子液体 $PY_{14}FSI$ 三者混合,制成牙膏状的电极涂覆于 Na-β-Al_2O_3 上,有效改善了界面接触,在离子液体质量百分比为 40% 时,70℃下,6C 倍率时电池循环 10000 周比容量几乎无衰减。$Na_3V_2(PO_4)_3$ 为活性材料的极片与 $Na_{3.3}Zr_{1.7}La_{0.3}Si_2PO_{12}$ 固体电解质之间滴加少量的离子液体 $PP_{13}FSI$,有效改善了界面接触,固态电池在室温下运行,10C 倍率时循环 10000 周容量几乎无衰减,表现出优异的电化学性能(图 6-18)。

除了之前提到的方法之外,引入凝胶电解质层或聚合物电解质层作为正极与无机固体电解质之间的界面也是一种常见的改善方法。在高温下,正极与固体电解质的烧结也可以一定程度地改善界面接触,但这容易引起正极与固体电解质之间的元素互扩散,并且电极层中的孔洞依然存在。

引入电解质的原位固态化是一种非常有效的方法,通过引入初始液态前驱体,可以充分润湿电极(图 6-19)。在后期,液态前驱体原位固态化形成固体电解质,实现电极与固体电解质的充分接触,从而极大地降低界面阻抗,提高活性材料的利用率,改善倍率和循环性能。此外,这种方法与现有的电池制造技术兼容，易于实现大规模工业化生产。

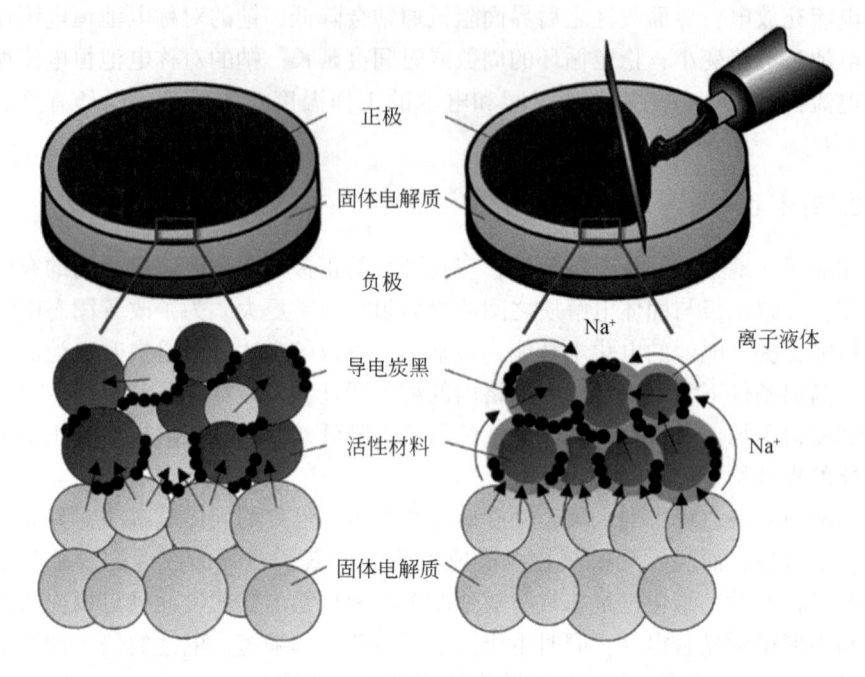

图 6-18 牙膏状正极结构示意图

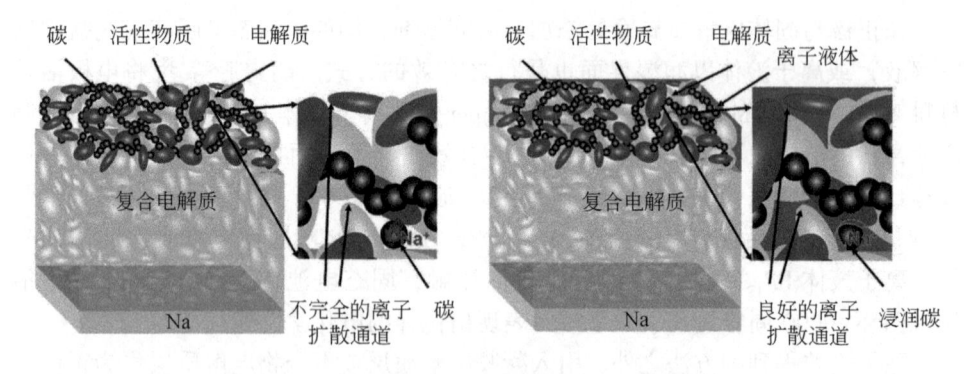

图 6-19 离子液体界面润湿前后组分间接触对比

参 考 文 献

[1] Yao Y F Y, Kummer J T. Ion exchange properties of and rates of ionic diffusion in β-alumina [J]. Journal of Inorganic and Nuclear Chemistry, 1967, 29 (9): 2453-2475.

[2] Hong H Y P. Crystal structures and crystal chemistry in the system $Na_{1+x}Zr_2Si_xP_{3-x}O_{12}$ [J]. Materials Research Bulletin, 1976, 11 (2): 173-182.

[3] Goodenough J B, Hong H Y P, Kafalas J A. Fast Na$^+$-ion transport in skeleton structures [J]. Materials Research Bulletin, 1976, 11 (2): 203-220.

[4] Jansen M, Henseler U. Synthesis, structure determination, and ionic conductivity of sodium tetrathiophosphate [J]. Journal of Solid State Chemistry, 1992, 99 (1): 110-119.

[5] Wright P V. Electrical conductivity in ionic complexes of poly (ethylene oxide) [J]. British Polymer Journal, 1975, 7 (5): 319-327.

[6] Hu Y S. Batteries: getting solid [J]. Nature Energy, 2016, 1 (4): 16042.

[7] Zhou C, Bag S, Thangadurai V. Engineering materials for progressive all-solid-state Na batteries [J]. ACS Energy Letters, 2018, 3 (9): 2181-2198.

[8] Ma Q, Liu J, Qi X, et al. A new Na[(FSO$_2$)(n-C$_4$F$_9$SO$_2$)N]-based polymer electrolyte for solid-state sodium batteries [J]. Journal of Materials Chemistry A, 2017, 5 (17): 7738-7743.

[9] Han F, Zhu Y, He X, et al. Electrochemical stability of Li$_{10}$GeP$_2$S$_{12}$ and Li$_7$La$_3$Zr$_2$O$_{12}$ solid electrolytes [J]. Advanced Energy Materials, 2016, 6 (8): 1501590.

[10] Famprikis T, Canepa P, Dawson J A, et al. Fundamentals of inorganic solid-state electrolytes for batteries [J]. Nature materials, 2019, 18 (12): 1278-1291.

[11] He X, Zhu Y, Mo Y. Origin of fast ion diffusion in super-ionic conductors [J]. Nature Communications, 2017, 8 (1): 15893.

[12] Lu Y, Li L, Zhang Q, et al. Electrolyte and interface engineering for solid-state sodium batteries [J]. Joule, 2018, 2 (9): 1747-1770.

[13] Kato A, Yamashita H, Kawagoshi H, et al. Preparation of larnthanum β-alumina with high surface area by coprecipitation [J]. Journal of the American Ceramic Society, 1987, 70 (7): C-157-C-159.

[14] Wang J, Jiang X P, Wei X L, et al. Synthesis of Na-β″-Al$_2$O$_3$ electrolytes by microwave sintering precursors derived from the sol-gel method [J]. Journal of Alloys and Compounds, 2010, 497 (1-2): 295-299.

[15] Boilot J P, Thery J. Influence de l'addition d'ions etrangers sur la stabilite relative et la conductivite electrique des phases de type alumine β et β″ [J]. Materials Research Bulletin, 1976, 11 (4): 407-413.

[16] Samiee M, Radhakrishnan B, Rice Z, et al. Divalent-doped Na$_3$Zr$_2$Si$_2$PO$_{12}$ natrium superionic conductor: improving the ionic conductivity via simultaneously optimizing the phase and chemistry of the primary and secondary phases [J]. Journal of Power Sources, 2017, 347: 229-237.

[17] Chen M Z. NASICON-type air-stable and all-climate cathode for sodium-ion batteries with low cost and high-power density [J]. Nature Communications, 2019, 10 (1): 1480.

[18] Zhu Y S, Li L L, Li C Y, et al. Na$_{1+x}$Al$_x$Ge$_{2-x}$P$_3$O$_{12}$ ($x=0.5$) glass-ceramic as a solid ionic conductor for sodium ion [J]. Solid State Ionics, 2016, 289: 113-117.

[19] Agrawal D K. NZP: a new family of low thermal expansion ceramics [J]. Transactions of the

Indian Ceramic Society, 1996, 55 (1): 1-8.

[20] Aono H, Sugimoto E, Sadaoka Y, et al. Electrical property and sinterability of LiTi$_2$(PO$_4$)$_3$ mixed with lithium salt (Li$_3$PO$_4$ or Li$_3$BO$_3$) [J]. Solid State Ionics, 1991, 47 (3-4): 257-264.

[21] Zhang Z, Zhang Q, Shi J, et al. A self forming composite electrolyte for solid state sodium battery with ultralong cycle life [J]. Advanced Energy Materials, 2017, 7 (4): 1601196.

[22] Deng Y, Eames C, Nguyen L H, et al. Crystal structures, local atomic environments, and ion diffusion mechanisms of scandium-substituted sodium superionic conductor (NASICON) solid electrolytes [J]. Chem. Mater, 2018, 30: 2618-2630.

[23] Xu L Q, Liu J Y, Liu C, et al. Research progress in inorganic solid-state electrolytes for sodium-ion batteries [J]. Acta Physico-Chimica Sinica, 2020, 36 (5): 1905013.

[24] Hayashi A, Noi K, Sakuda A, et al. Superionic glass-ceramic electrolytes for room-temperature rechargeable sodium batteries [J]. Nature Communications, 2012, 3 (1): 856.

[25] Wang H, Chen Y, Hood Z D, et al. An air stable Na$_3$SbS$_4$ superionic conductor prepared by a rapid and economic synthetic procedure [J]. Angewandte Chemie, 2016, 128 (30): 8693-8697.

[26] Hayashi A, Masuzawa N, Yubuchi S, et al. A sodium-ion sulfide solid electrolyte with unprecedented conductivity at room temperature [J]. Nature Communications, 2019, 10 (1): 5266.

[27] Zhang D, Cao X, Xu D, et al. Synthesis of cubic Na$_3$SbS$_4$ solid electrolyte with enhanced ion transport for all-solid-state sodium-ion batteries [J]. Electrochimica Acta, 2018, 259: 100-109.

[28] Zhang L, Yang K, Mi J, et al. Solid electrolytes: Na$_3$PSe$_4$: a novel chalcogenide solid electrolyte with high ionic conductivity [J]. Advanced Energy Materials, 2015, 5 (24): 1501294.

[29] Zhang Z, Ramos E, Lalère F, et al. Na$_{11}$Sn$_2$PS$_{12}$: a new solid state sodium superionic conductor [J]. Energy & Environmental Science, 2018, 11 (1): 87-93.

[30] Nakamori Y, Matsuo M, Yamada K, et al. Effects of microwave irradiation on metal hydrides and complex hydrides [J]. Journal of Alloys and Compounds, 2007, 446: 698-702.

[31] Udovic T J, Matsuo M, Unemoto A, et al. Sodium superionic conduction in Na$_2$B$_{12}$H$_{12}$ [J]. Chemical Communications, 2014, 50 (28): 3750-3752.

[32] Oguchi H, Matsuo M, Kuromoto S, et al. Sodium-ion conduction in complex hydrides NaAlH$_4$ and Na$_3$AlH$_6$ [J]. Journal of Applied Physics, 2012. DOI: 10.1063/1.3681362.

[33] Sadikin Y, Brighi M, Schouwink P, et al. Superionic conduction of sodium and lithium in anion mixed hydroborates Na$_3$BH$_4$B$_{12}$H$_{12}$ and (Li$_{0.7}$Na$_{0.3}$)$_3$BH$_4$B$_{12}$H$_{12}$ [J]. Advanced Energy Materials, 2015, 5 (21): 1501016.

[34] Sadikin Y, Schouwink P, Brighi M, et al. Modified anion packing of Na$_2$B$_{12}$H$_{12}$ in close to room temperature superionic conductors [J]. Inorganic chemistry, 2017, 56 (9): 5006-5016.

[35] Lu Z, Ciucci F. Structural origin of the superionic Na conduction in $Na_2B_{10}H_{10}$ closo-borates and enhanced conductivity by Na deficiency for high performance solid electrolytes [J]. Journal of Materials Chemistry A, 2016, 4 (45): 17740-17748.

[36] Yoshida K, Sato T, Unemoto A, et al. Fast sodium ionic conduction in $Na_2B_{10}H_{10}$-$Na_2B_{12}H_{12}$ pseudo-binary complex hydride and application to a bulk-type all-solid-state battery [J]. Applied Physics Letters, 2017, 110 (10): 103901.

[37] Duchêne L, Kühnel R S, Rentsch D, et al. A highly stable sodium solid-state electrolyte based on a dodeca/deca-borate equimolar mixture [J]. Chemical Communications, 2017, 53 (30): 4195-4198.

[38] Hu X, Li Z, Zhao Y, et al. Quasi-solid state rechargeable Na-CO_2 batteries with reduced graphene oxide Na anodes [J]. Science Advances, 2017, 3 (2): e1602396.

[39] Ni'mah Y L, Cheng M Y, Cheng J H, et al. Solid-state polymer nanocomposite electrolyte of $TiO_2/PEO/NaClO_4$ for sodium ion batteries [J]. Journal of Power Sources, 2015, 278: 375-381.

[40] Hu X, Li Z, Chen J. Flexible Li CO_2 batteries with liquidfree electrolyte [J]. Angewandte Chemie, 2017, 129 (21): 5879-5883.

[41] Zhou D, Liu R, Zhang J, et al. *In situ* synthesis of hierarchical poly (ionic liquid)-based solid electrolytes for high-safety lithium-ion and sodium-ion batteries [J]. Nano Energy, 2017, 33: 45-54.

[42] Khurana R. Schaefer J L, Archer L A, et al. Suppression of lithium dendrite growth using cross-linked polyethylene/poly (ethylene oxide) electrolytes: a new approach for practical lithium-metal polymer batteries [J]. J. Am. Chem. Soc., 2014, 136: 7395-7402.

[43] Zhang Q, Liu K, Ding F, et al. Recent advances in solid polymer electrolytes for lithium batteries [J]. Nano Research, 2017, 10: 4139-4174.

[44] Ratner M A, Johansson P, Shriver D F. Polymer electrolytes: ionic transport mechanisms and relaxation coupling [J]. Mrs Bulletin, 2000, 25 (3): 31-37.

[45] Zhang Z, Zhang Q, Ren C, et al. A ceramic/polymer composite solid electrolyte for sodium batteries [J]. Journal of Materials Chemistry A, 2016, 4 (41): 15823-15828.

[46] Zhou D, Liu R, Zhang J, et al. *In situ* synthesis of hierarchical poly (ionic liquid)-based solid electrolytes for high-safety lithium-ion and sodium-ion batteries [J]. Nano Energy, 2017, 33: 45-54.

[47] Yao Y F Y, Kummer J T. Ion exchange properties of and rates of ionic diffusion in β-alumina [J]. Journal of Inorganic and Nuclear Chemistry, 1967, 29 (9): 2453-2475.

[48] Ni'mah Y L, Cheng M Y, Cheng J H, et al. Solid-state polymer nanocomposite electrolyte of $TiO_2/PEO/NaClO_4$ for sodium ion batteries [J]. Journal of Power Sources, 2015, 278: 375-381.

[49] Wang C H, Yeh Y W, Wongittharom N, et al. Rechargeable $Na/Na_{0.44}MnO_2$ cells with ionic liquid electrolytes containing various sodium solutes [J]. Journal of Power Sources, 2015,

274: 1016-1023.

[50] Thakur A K, Upadhyaya H M, Hashmi S A, et al. Polyethylene oxide based sodium ion conducting composite polymer electrolytes dispersed with Na_2SiO_3 [J]. Indian Journal of Pure and Applied Physics, 1999, 37: 302-305.

[51] Villaluenga I, Bogle X, Greenbaum S, et al. Cation only conduction in new polymer-SiO_2 nanohybrids: Na^+ electrolytes [J]. Journal of Materials Chemistry A, 2013, 1 (29): 8348-8352.

[52] Colò F, Bella F, Nair J R, et al. Cellulose-based novel hybrid polymer electrolytes for green and efficient Na-ion batteries [J]. Electrochimica Acta, 2015, 174: 185-190.

[53] Reed D, Coffey G, Mast E, et al. Wetting of sodium on $β''$-Al_2O_3/YSZ composites for low temperature planar sodium-metal halide batteries [J]. Journal of Power Sources, 2013, 227: 94-100.

[54] Wu T, Wen Z, Sun C, et al. Disordered carbon tubes based on cotton cloth for modulating interface impedance in $β''$-Al_2O_3-based solid-state sodium metal batteries [J]. Journal of Materials Chemistry A, 2018, 6 (26): 12623-12629.

[55] Zhou W, Li Y, Xin S, et al. Rechargeable sodium all-solid-state battery [J]. ACS Central Science, 2017, 3 (1): 52-57.

[56] Tang H, Deng Z, Lin Z, et al. Probing solid-solid interfacial reactions in all-solid-state sodium-ion batteries with first-principles calculations [J]. Chemistry of Materials, 2018, 30 (1): 163-173.

[57] Yue J, Han F, Fan X, et al. High-performance all-inorganic solid-state sodium-sulfur battery [J]. ACS Nano, 2017, 11 (5): 4885-4891.

[58] Liu L, Qi X, Ma Q, et al. Toothpaste-like electrode: a novel approach to optimize the interface for solid-state sodium-ion batteries with ultralong cycle life [J]. ACS Applied Materials & Interfaces, 2016, 8 (48): 32631-32636.

第7章 钠离子电池非活性材料

7.1 概 述

钠离子电池是一种重要的次世代电池技术，具有高能量密度、环保、低成本等优势，在储能设备、电动汽车、航空航天等领域得到广泛应用。其原理是通过正负极材料之间钠离子的迁移来实现电池的充放电过程。然而，这些材料之间的相互作用和反应在电池循环过程中会引起一系列问题，如材料的泄露、溶解和膨胀，进而影响电池的性能和寿命。

为解决正负极材料之间和电解液之间的相互作用问题，隔膜和黏结剂作为钠离子电池中的非活性材料起着关键作用。隔膜具备良好的离子透过性和机械强度，能根本避免正负极直接接触，确保电池的安全性和稳定性。而黏结剂能紧密固定正负极材料、隔膜和电解液，防止材料之间松散分离，确保电池内部的紧密接触，从而提高电池的效率和可靠性。

因此，隔膜和黏结剂等非活性材料的研究和开发对于提高钠离子电池的性能有重要意义。目前，钠离子电池材料的研究和开发仍处于初级阶段，需要进一步深入研究和优化材料性能，以实现钠离子电池的商业化应用。

7.2 隔膜材料

钠离子电池中，隔膜是一个至关重要的元件，其作用是将正负极材料有效地隔离开来，以确保电池的安全性和稳定性，从而避免正负极之间的直接接触导致的短路或其他意外情况。隔膜充当了一个物理屏障的角色，既能有效地隔离阴极和阳极，又能容纳电解质，促进离子在电池内部的穿梭。隔膜的重要性不言而喻，一旦出现故障，将会对电池的性能和安全性产生严重的风险。通常，隔膜失效的机理主要有以下几种表现：①在高温环境下，隔膜可能会熔化、收缩甚至燃烧；②隔膜可能由于碰撞或挤压而破裂，导致阳极和阴极直接接触；③过充电可能会导致金属枝晶穿透隔膜，引发内部的短路故障。从以上的描述可以看出，高安全性的隔膜应具备以下几个关键特点：①出色的耐热性，能够避免在高温下明显收缩甚至具备阻燃性能；②能够有效地抑制枝晶的生长，预防其对隔膜的穿透；③良好的机械强度，保证隔膜的完整性，无论是作为独立的组件还是用于构建集成电池装置;④优异的化学相容性,能够有效地抑制隔膜与其他电池组件之间的不良反应,并对电解液表现出良好的亲和力。因此,我们应该着力开发满足上述性能要求的高安全性隔膜。

图 7-1 为电池工作原理及结构示意图。

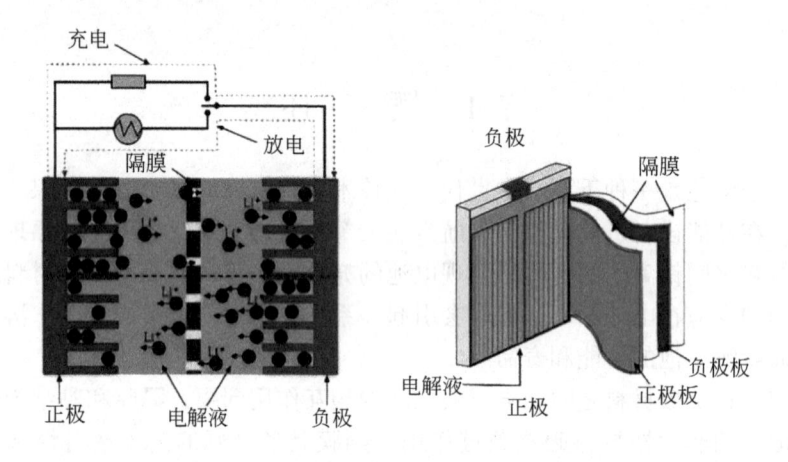

图 7-1　电池工作原理及结构示意图

7.2.1　常见隔膜材料及其改性

隔膜必须确保离子传输、电池寿命和电池的安全性。隔膜必须对电池组分具有化学和电化学惰性,包括电解质、活性材料、炭黑和受还原和氧化环境影响的黏合剂。隔膜必须很薄,但具有足够的机械强度和灵活性,以承受电池制造和操作过程中产生的应力和应变[1]。消费电子市场的隔膜厚度通常设置在 25μm 以下,以最大限度地降低成本和尺寸[2]。较薄的隔膜(<20μm)由于有效的 Li 离子扩散而具有低离子电阻和高倍率能力;然而,它们的机械强度较弱[3]。较厚的隔膜(>25μm)显示出更大的机械强度,这在电池组装过程中是必不可少的;然而,较厚的隔膜降低了离子传输动力学,导致充电/放电能力较差[4]。

钠离子电池中常见的隔膜材料包括以下几种:

①聚烯烃(polyolefin):聚烯烃材料如聚乙烯(PE)和聚丙烯(PP)是常用的隔膜材料。该材料具有良好的孔隙结构和离子透过性,能够有效地防止正负极之间的直接接触,并保持高的离子传导性能。同时,其具有低温性能好、价格低廉、生产工艺简单等优点,是目前钠离子电池应用最广泛的隔膜材料。

②纳米多孔材料:纳米多孔材料,如纳米纤维素、纳米氧化物等,是一种新型的高性能隔膜材料,具有极细的纳米级孔隙,能够有效地防止正负极的直接接触。该材料具有很高的机械强度、离子透过性和化学稳定性,同时可以通过调节

孔隙大小和形状来控制其电池内部的离子传输，提高电池的性能和寿命。

③玻璃纤维膜（glass fiber membrane）：玻璃纤维膜是由纤维素、硅酸和其他添加剂制成的无机隔膜材料。该材料具有高强度、高温稳定性和耐腐蚀性，能够有效地防止正负极之间的直接接触。玻璃纤维隔膜还具有更好的机械稳定性和化学稳定性，因此在一些需要更高安全性和耐久性的应用中得到了广泛应用。

隔膜在电池的电化学行为和安全性能方面扮演着极其重要的角色。在实验室中，玻璃纤维（GF）膜常被用作钠离子电池（SIB）的隔膜，因为它具有高孔隙率和离子导电率的特点[5]。然而，GF膜存在一些缺点，例如较大的厚度、较差的机械性能以及较高的电解液泄漏率。

与之相比，商用微孔聚烯烃膜［如聚乙烯（PE）和聚丙烯（PP）等］在锂离子电池中广泛应用，因为它们具有良好的机械强度和化学稳定性[6]。图7-2 显示了 PE 和 PP 隔膜的扫描电子显微镜图像，这两种隔膜都表现出开放的多孔结构。PE 和 PP 隔膜的孔隙率约为40%，平均孔径为 50~100Å。这些隔膜的特点是厚度从 18μm 到 25μm 不等，离子电阻率为 $1.5\Omega/cm^2$ 到 $2.5\Omega/cm^2$，穿刺强度为 300g/mil，机械强度高，结构和电化学稳定性高[7,8]。然而，这些膜可能与钠离子电池中使用的电解质不兼容，因为钠离子的尺寸远大于锂离子。

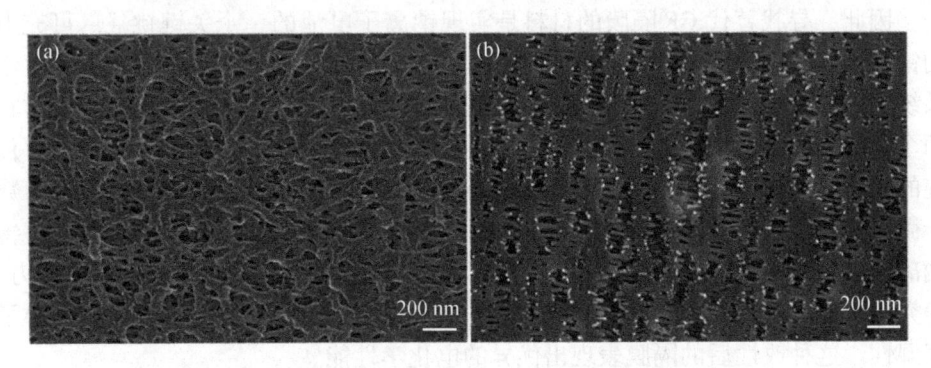

图7-2 (a) PE 和 (b) PP 膜的扫描电子显微镜图像

因此，寻求低电解液泄漏率、高离子导电性和热稳定性一直是钠离子电池隔膜开发的主要目标[9]。研究人员努力寻找具有适应性更好的隔膜材料，以满足钠离子电池的特殊需求。这样的隔膜材料应该具备与钠离子电解质的兼容性，同时保持较高的离子导电性和良好的热稳定性。这样，钠离子电池的性能和安全性能可得到更好的提升。

对于隔膜材料的改性，常见的方法包括以下几种：

①添加填充剂：通过向隔膜中添加纳米颗粒或纤维来增加其孔隙度和界面积，从而改善离子传导速率。掺杂也是一种方法，可以通过引入氧化锆、氧化铝

等掺杂元素来提高隔膜的离子传导性能和化学稳定性。

②表面功能化：通过在隔膜表面引入功能基团，例如磺酸基团、羧酸基团等，可以改善隔膜的离子传导性能，提高隔膜与电极材料的界面接触性能。

③涂覆技术：利用涂覆方法在隔膜表面形成导电材料或聚合物薄膜，以增强隔膜的离子传导性能、机械强度或化学稳定性。

④界面调控：对隔膜与电极之间的界面进行调控，例如改善表面平整度、增加界面接触面积，可以提高离子传输速率和电池性能。

7.2.2 新型隔膜材料

钠离子电池的一个限制是无法使用传统的隔膜，而隔膜是能量转换和存储系统的基本组件。隔膜的作用是防止阴极和阳极之间的物理短路，并通过减少惰性空间来提高电池的能量密度，从而提高活性材料的空间利用率[10-13]。然而，常用的隔膜材料，如聚乙烯（PE）和聚丙烯（PP），在钠离子电解质中的电化学特性表现较差。相比之下，玻璃纤维（GF）隔膜已经被用于钠离子电池，因为这些隔膜具有宽孔结构，可以提供高电解质可及性。然而，GF 隔膜在实际应用中存在易碎、厚、对环境有害等问题，因此不适用于制造大型电池[10,14,15]。

因此，寻找替代 GF 隔膜的材料是实现钠离子电池的一个关键挑战。可充电的钠离子电池中，隔膜需要具有微孔结构，以允许高离子回流，从而确保电化学系统的高效闭环。此外，隔膜还需要通过限制尺寸为数十微米的活性材料来防止两个电极之间的物理接触。隔膜的表面能也对电解液的润湿性起着重要作用。传统的 PE 隔膜，如碳酸乙烯酯（EC）和碳酸丙烯酯（PC），其能量有效厚度为数十微米，与钠离子电解质的润湿性特别差，导致钠离子传输不良[16-18]。为了改善钠离子电解质的润湿性、降低极化、提高电化学性能、循环寿命和高倍率能力，研究表明通过对经济实惠的 PE 聚合物隔膜进行表面改性，引入 SiO_2 显著改善了润湿性。这种改性后的隔膜表现出优异的电化学性能。

总之，钠离子电池的隔膜材料改性需要解决润湿性、导电性和机械性能等问题，以实现高效能量转换和存储。今后的研究还需要寻找更好的替代材料来满足钠离子电池的要求。

为了增强隔膜在高温条件下的尺寸稳定性，并优化其孔隙结构，牛等设计了一种全新的多孔聚醚酰亚胺（PEI）基隔膜，具有高温稳定性和高离子电导率，并应用于钠离子电池（SIB）中[19-21]。在制备过程中，引入聚乙烯吡咯烷酮（PVP）作为高分子量成孔剂，以形成更多相互连接的孔隙结构和提高离子电导率的 PVP/PEI 隔膜。随后，对 PEI/PVP 隔膜的形貌、润湿性、热稳定性、机械强度和电化学性能进行了综合研究，并发现其性能优于或可与商用 PP 和 GF 隔膜相媲美。该隔膜不仅保持了高温下的尺寸稳定性，还通过优化孔隙结构实现了高离子电导率。相比于传统的商用 PP 和 GF 隔膜，PEI/PVP 隔膜在形貌、润湿性、热稳定性、机械强度和电化学性能等方面展现出更好的性能。

纤维素是一种具备吸引力的分离材料，因为它具有丰富的自然性和可调节的孔结构。纤维素本身具有优异的机械性能、耐热性和稳定性，并且具备生物降解和无污染的优点，相对于玻璃纤维和烯烃隔膜来说更具竞争力。然而，在电化学性能和隔膜安全性之间存在一种冲突，可以通过孔隙工程的方式来平衡这种矛盾。在隔膜方面，需要设计合适的孔隙率和孔径，以实现安全隔离电极并促进离子传输[22]。

迄今为止，已经报道了许多关于纤维素基电池隔膜孔工程的研究。常见的方法包括溶胶-凝胶[23]、溶剂交换[24]、模板[25]、化学发泡[26]和不同的干燥方法[27]。这些研究主要通过物理或化学手段来控制纤维素之间的间隙，从而实现对孔隙结构的智能调节。通过这些研究可以看出，具备合适孔结构的全纤维素隔膜对于电池应用至关重要，而且它们还具备足够的机械强度、电解质亲和力和离子传输能力。小孔径需要足够数量的孔隙来提供离子通道，而大孔径则需要曲折的孔道以防止枝晶形成。拥有互连的三维孔隙网络可以同时实现这些优势，促进离子迁移和电池的安全性。此外，通过在纤维素膜中添加高电化学活性材料，还可以进一步提高隔膜的性能。例如，Chen 等发现，在隔膜上引入 Si 涂层可以实现高容量锂金属电池（LMB）[28]。因此，过渡金属化合物涂覆在隔膜上，有望获得更高的钠离子电导率，从而使电池具备高容量和良好的循环稳定性。

因此，基于孔隙工程的纤维素隔膜以及添加高电化学活性材料的研究为实现高性能电池提供了潜在的解决方案。未来的研究可以继续探索更多创新的方法和材料，以进一步改善纤维素隔膜的性能。

Suharto 等[10]报道了一种用于高性能钠离子电池的微孔陶瓷涂层隔膜，称为 Z-PE 隔膜。1mol/L NaClO$_4$ 的 EC/PC 电解液可以完全渗透 Z-PE 隔膜，从而便于钠离子的嵌入和嵌出。相比之下，普通的 PE 隔膜对电解质不够活性，导致钠离子转移困难。与原始的 PE 隔膜相比，Z-PE 隔膜具有更快的离子电导率，达到了 7.0×10^{-4} S/cm。Arunkumar 等[29]通过在 PVDF-HFP/PBMA 聚合物中掺入钡钛矿（BaTiO$_3$），开发出一种多孔陶瓷膜（PCM）。PVDF-HFP/PBMA 聚合物能够将 BaTiO$_3$ 颗粒均匀地结合在一起，从而形成具有均匀孔径的 PCM 隔膜。这种隔膜可以更好地捕获液体电解质，解决泄漏问题。另外，还有一种 PVDF 纳米纤维/PP 隔膜也取得了一定的成果。PVDF 纳米纤维的加入提高了 PP 隔膜对 EC/DEC-NaClO$_4$ 电解质的润湿性[30]。这样的设计使隔膜能够在 Na$_3$V$_2$(PO$_4$)$_3$/Na 电池中表现出比 PP 隔膜更好的电化学性能。

这些研究说明了钠离子电池隔膜的不同改进方法。通过使用微孔陶瓷涂层、多孔陶瓷膜和纳米纤维等技术，可以提高隔膜的活性、润湿性和离子传导能力，从而改善钠离子电池的性能。未来的研究可以继续深入探索这些方法,并寻找更多创新的隔膜设计,以实现更高性能的钠离子电池。

7.3 黏结剂材料

黏结剂在电池系统中的作用是至关重要的。尽管其在电极中的含量很少,但在保持电极的完整性与促进电池循环过程中的电子和离子转移方面起着重要作用。黏结剂扮演了活性材料、导电剂和集电器之间的"桥梁",如果没有黏结剂,它们之间就无法紧密连接,会导致容量损失。

黏结剂的质量直接影响电池的容量、寿命和安全性。一方面,合适的黏结剂能够确保电极中的活性材料均匀分布,并有效地与导电剂和集电器互相连接。这有助于提高电极的电子和离子传导性能,从而提高电池的容量和能量输出。一方面,黏结剂还需要具备良好的化学稳定性和机械强度,以确保电池在循环过程中能够保持良好的结构完整性。这可以避免活性材料的脱落、电极的龟裂和粉碎等现象,从而延长电池的寿命。此外,黏结剂的选择还需要考虑其对电池安全性的影响。一些黏结剂可能在充放电过程中产生副反应,导致电池内部发生非理想的化学反应,甚至可能引发热失控或爆炸等严重安全问题。因此,选择具有良好安全性的黏结剂对于确保电池的可靠性和安全性至关重要。

黏结剂在电池系统中起着重要的作用,对电池的容量、寿命和安全性具有直接影响。因此,在电池设计和制造过程中,黏结剂的选择需要经过仔细考虑和优化,以确保电池的最佳性能和可靠性。

7.3.1 常见黏结剂材料

电极中使用的常见黏合剂包括聚偏二氟乙烯、聚(丙烯酸)、羧甲基纤维素钠和藻酸盐。如图7-3所示,通过对比黏结力、抗拉强度、弹性、溶胀性、离子导电性、热稳定性和氧化稳定性等对几种常见的黏合剂进行比较。因为收集的数据来自不同实验方法和条件下的不同论文,所以这是半定量的比较,而且从图7-3可以看出偏二氟乙烯仍然比其他黏合剂具有更好的综合性能[31]。

聚偏二氟乙烯(PVDF):PVDF黏合剂的化学式如图7-4所示。PVDF黏合剂是一种传统的聚合物黏合剂,根据溶剂的性质可分为油基黏合剂和水性黏合剂[32]。作为一种油基黏合剂,PVDF因其良好的电化学稳定性而被广泛用于制备电池系统的电极。然而,PVDF黏合剂的黏附主要通过机械互锁和弱的分子间力来实现,这对于一些体积膨胀大的电极材料来说,无法保持电极结构的完整性,容易导致电极破裂[33]。此外,PVDF黏合剂的溶液需要使用有毒的挥发性溶剂N-甲基吡咯烷酮(NMP)。这种溶剂几乎不降解,对环境不友好,并且造成了较

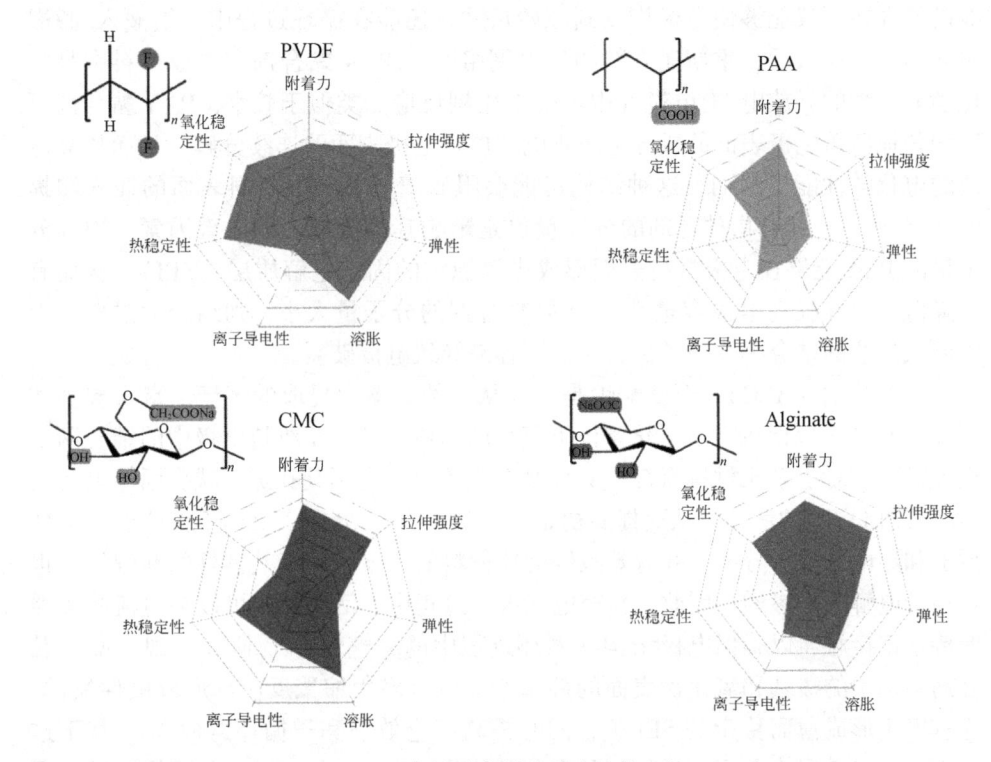

图 7-3 常见黏合剂的基本性能比较

高的成本。另外，PVDF 黏合剂在电极制备过程中是一种电子绝缘化合物，因此需要添加额外的非活性导电剂来提高电极结构的导电性。然而，这也在一定程度上降低了电极的比容量。基于这些局限性，传统的 PVDF 黏合剂已经不能满足不同电池电极材料的要求。因此，研究具有更强黏结力、更环保、更低成本的黏合剂成为必然的趋势。这些新型黏合剂应该能够提供更好的黏附强度，使电极结构能够抵抗体积膨胀，并且更加环保，避免使用有毒的溶剂。此外，这些黏合剂还应该具备较低的成本，以降低电池制造的成本，并推动电池技术的发展进步。

图 7-4 PVDF 分子式

聚丙烯酸（PAA）：聚丙烯酸（PAA）是一种无定形聚合物，含有长碳链结构和多个羧基官能团，可以与活性材料、黏合剂和集电器之间形成强氢键。这些氢键的存在不仅能够使电极恢复到原始尺寸，还能在循环过程中，钠嵌入/脱嵌引起的体积膨胀后，重新建立新的导电网络[34]。PAA 黏合剂在电极材料中是电化学非活性的，放电/充电过程中不会发生副反应。类似于胶水，PAA 黏合剂可以均匀地覆盖电极表面的成分，防止电解质在电极表面的连续分解，从而提高电池的电化学性能。然而，这种结构可能会阻碍离子在活性材料表面的插入和提取[35]。另外，聚合物黏合剂的分子量也是影响其结合能力的关键因素。中等分子量的 PAA 能够在电极材料表面形成光滑稳定的固态电解质层（SEI），从而有效降低内阻并提高电极容量[36]。如果黏合剂的分子量太小，则结合力过弱，无法形成连续的结合膜；分子量过大，则容易导致电极破裂。

海藻酸钠（ALG）：海藻酸钠是一种从天然褐藻中提取的多糖，富含羧基和羟基。ALG 可以促进在质子化条件下氢键的形成，这对于维持电极中的结合网络至关重要。对于多孔材料而言，ALG 黏合剂可以填充不利孔隙，减少固体电解质界面（SEI）膜的消耗，从而提高初始库仑效率[37]。另外，ALG 不仅能够使活性粒子和导电剂均匀分散，并有效减轻活性材料的团聚，由于其良好的润湿性，也有利于电解质的渗透。因此，在充电和放电过程中，活性材料可以与电流收集器保持紧密接触，以确保电极结构在循环过程中的完整性[38]。研究发现，ALG 黏合剂结构中的羧基和氧化钛表面的羟基之间可以发生缩聚反应，形成极性氢键。这有助于形成薄而稳定的 SEI 膜，同时提高库仑效率和长循环寿命[39]。基于这一机制，ALG 黏合剂可能适用于具有羧基酯化能力的电极材料，从而提高锂离子电池电极材料的循环稳定性。

羧甲基纤维素（CMC）：羧甲基纤维素是一种天然的聚阴离子多糖化合物，由纤维素衍生。它具有线性长链结构，并含有多个羟基和羧甲基官能团（图7-5）。这些官能团能够与活性物质形成化学键，从而改善键合性能。据报道，使用 CMC 作为黏结剂的电极材料具有比传统 PVDF 黏结剂更好的电化学性能[40]。在 Du 等的剥离实验中，证实了 CMC 黏结剂具有比 PVDF 黏结剂更强的黏结力（CMC 为 4N，PVDF 为 2N）。除此之外，CMC 黏结剂能够形成导电网络，可以加速钠离子的迁移，从而实现钠离子电池（SIBs）中 $Na_3V_2(PO_4)_2F_3$ 阴极的高速率性能和长期耐久性。Yoon 研究小组还报告，CMC 黏结剂可以在高压下电极材料表面形成被动保护膜，防止电极开裂，提高 SIBs 中使用 $Na_3V_2(PO_4)_2F_3$ 阴极的循环寿命。使用 CMC 黏结剂的 $Na_3V_2(PO_4)_2F_3$ 电极在经过 200 次循环后，仍然保持 79mAh/g 的比容量，而使用 PVDF 黏结剂的电极则下降至 55mAh/g。此外，CMC 黏结剂还可以有效抑制电极材料在插入和脱嵌过程中的体积膨胀。含有 CMC 黏结剂的 CuO 电极在经过 100 次循环后仍然紧紧附着在铜箔上，而使用 PVDF 黏结剂的电极则出现了较大的裂纹。使用 CMC 黏结剂的电极表面比使用 PVDF 黏结剂的电极表面更光滑，并且没有裂纹存在。因此，CMC 黏结剂在增强

CuO 电极完整性方面表现出更好的性能[41]。

图 7-5 CMC 化学式

7.3.2 黏结机制

有效的结合过程可以分为两个步骤：脱溶/扩散/渗透步骤和硬化步骤。在第一步中，黏合剂（溶解的非反应性黏合剂或反应性黏合剂前体）润湿基底表面并穿透电极材料颗粒的孔隙，如图 7-6 所示[42]。在第二步中，黏合剂通过不同的反应机制硬化（例如，非反应性黏合剂的干燥或反应性黏结剂的聚合），这导致机械互锁效应 [图 7-6（b）][43]。除了机械互锁效应和界面结合力 [图 7-6（c）] 外，黏结复合材料的机械强度还取决于黏合剂和电极材料的力学强度。

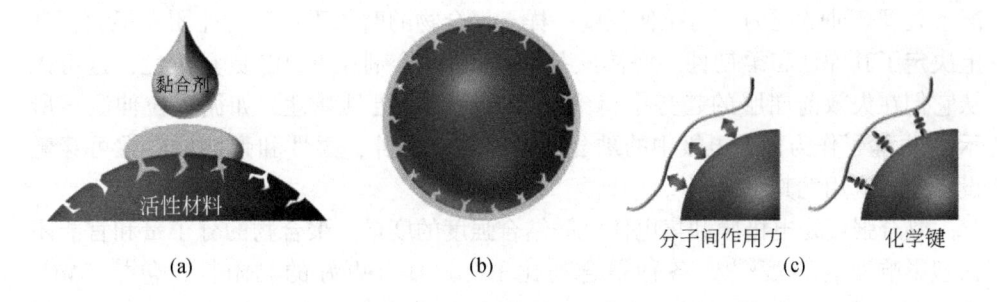

图 7-6 结合机制的示意图
(a) 电极制备过程中的扩散/穿透过程；(b) 在干燥过程中形成机械互锁；
(c) 界面结合力包括分子间作用力和化学键

结合机制可以用七个模型来描述，包括机械互锁理论、电子或静电理论、吸附（热力学）或润湿理论、扩散理论、化学键合理论、酸碱理论和弱边界层理论。应该注意的是，这些理论不是排他性的，可能在不同的情况下同时发生。通常，机械耦合机制、热力学机制和化学键合机制是最常用的[44-46]。简单地说，机械耦合机制是基于基板表面的互锁。这与木材上的胶水类似，因为胶水会锁住木材表面粗糙的不规则部分；而热力学机制不需要分子相互作用就能实现良好的结合，只需要界面上的平衡过程[46]。热力学机制适用于没有化学结合位点的黏性聚合物。化学键合机制是解释紧密接触的两个表面之间结合的最令人信服的机制。化学键包括共价键、离子键和金属键，分别由原子共享、给予/接受或离域电子产生。这种相互作用产生了将原子结合在一起形成分子的化学力。

7.3.3 机械性能

电极制造和操作中涉及的黏合剂的主要机械性能指材料的强度、弹性、柔韧性、硬度和附着力。材料的强度指在相同材料能够表现出不同拉伸和压缩强度的情况下，材料在拉伸或压缩下的强度。抗压强度与材料的固有性能有关，抗拉强度更准确地反映了材料的强度，同时考虑了其内部形态（即晶界、裂纹等）及其在复合材料中的行为。因此，抗拉强度是与强度有关的性能讨论的主要焦点。

材料的拉伸强度被量化为在机械失效（即断裂）之前能够承受的拉伸应力。拉伸强度主要由聚合物的摩尔质量和官能团决定。通常，诸如聚乙烯和CMC[47]的聚合物显示出相对高的拉伸强度。因此，CMC和CMC-SBR黏合剂显示出比PVDF更高的拉伸强度，并且它们能够更好地承受来自重复循环的力[48]。材料的抗拉强度不仅很重要，而且在这些条件下的行为也很重要。在张力作用下，可以研究材料的弹性（弹性与非弹性行为）和柔性（韧性与脆性行为）。弹性与材料在施加和消除应力后恢复到其原始形状的能力有关。柔性是指材料在不断裂的情况下处理弯曲的能力。与拉伸强度一样，聚合物的摩尔质量和官能团在很大程度上决定了其弹性和柔韧性。海藻酸盐和CMC黏合剂比PVDF更具柔性，这可以从它们在失效前屈服的趋势中得到证明，同时也更具弹性，如循环拉伸测试所示[47]。除了作为标准电极中的黏合剂的有益效果外，柔性和弹性材料在可穿戴设备中的应用尤其重要[49]。

黏合强度是电极膜和集电体之间结合强度的度量。聚合物的分子量和官能团强烈影响黏合强度[50]。各种聚合物比PVDF具有更好的黏附性，包括CMC、PAA和藻酸盐，它们可以提供强的氢键和化学键。在电池应用中，活性材料（硅阳极）的重复体积膨胀和弯曲（可穿戴能源设备）是电极组件之间失去接触的主要来源（图7-7）。具有高黏合强度的黏合剂可以承受体积膨胀，并且能够保持活性材料、导电添加剂和集电器之间的接触，最大限度地减少了容量衰减并提高了循环寿命[51]。

7.3.4 黏结剂对电极材料电化学性能的影响

当黏合剂暴露在一定温度范围内的高温下时，其性能会发生变化。例如，CMC在相同条件下测试时保持稳定，直到235℃[52]。在PVDF、PAA和CMC黏合剂中，PVDF具有最大的热膨胀率，而PAA在20℃和80℃之间具有最大的扩

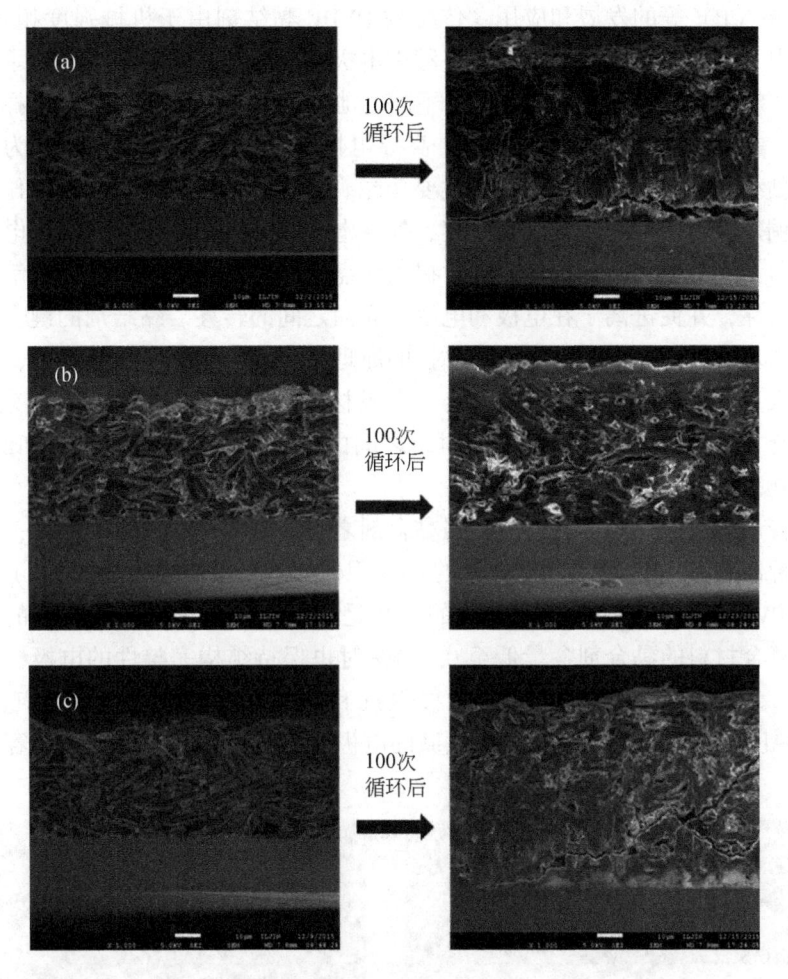

图 7-7 循环前后的电极横截面

(a) 由于附着力不足而失去接触；(b)、(c) 没有失去接触

散率[53]。黏合剂的热性能和稳定性对于电极制造和储能装置的操作至关重要，尤其是在高温下。在电极制造中，包括活性材料和黏合剂的电极要经过高温处理，以便黏合剂固化，去除有机溶剂（例如，120℃去除NMP溶剂），有时还要在高温下进行电化学循环（例如，固态电池为100℃），这需要黏合剂适当的热稳定性[54,55]。在实际应用中，电极需要在较宽的温度范围内工作（从-20到55℃）[56]。大多数黏合剂在150℃或以上是稳定的。因此，黏合剂的热性能对于电极制造和储能装置在高温下的运行至关重要。

聚偏二氟乙烯（PVDF）作为一种常规黏结剂，在电池系统中广泛应用，因其具有优异的热稳定性和化学稳定性[57]。然而，随着大体积膨胀材料如锡

(Sn)、磷（P）等的发展和应用，传统的 PVDF 黏结剂由于机械强度相对较弱、功能局限，已不能满足缓解充放电过程中电极材料体积膨胀的要求。为了克服传统 PVDF 黏结剂的局限性，需要根据不同电池体系和电极材料的特点选择合适的黏结剂，并设计出具有强黏接能力、高导电性和通用性的黏结剂[58]。为了设计合理的黏结剂，必须了解黏结剂的主要功能。其主要功能可以概括为：作为分散剂或增稠剂，将活性材料黏合在一起，确保电极组分混合均匀；充当导电剂和流体收集器，维持电极结构的完整性；提供所需的电子传导路径；改善电解质对电极的润湿性，并促进离子在电极和电解质界面之间的转移。黏结剂的键合机理主要分为物理键合和化学键合。物理黏接的原理主要取决于机械互锁效应，黏结剂通过嵌入、缠绕或其他方式机械黏在电极材料表面，从而实现强黏接效果[59]。化学键合主要包括聚合物黏结剂与材料之间的分子力、共价键、氢键和配位键，可以建立完整的键网络。

黏合剂的机械性能可以通过增强黏合剂之间的结合力来增强。例如，王等开发了一种使用 Nafion 和 PVP 黏合剂的 C/S 阴极的逐层组装方法（图 7-8）[60]。带正电的 PVP 和带负电的 Nafion 之间的交联是通过强静电相互作用形成的，导致即使当复合材料的黏合剂含量低至 0.5wt% 时也保持结构完整性的电极。这种低黏合剂含量能够降低电极的电荷转移阻抗和欧姆电阻，有助于提高初始容量（1450mAh/g），并使 0.5wt% N/P 负载的电极与 10wt% PVDF 黏合剂的容量衰减较慢。

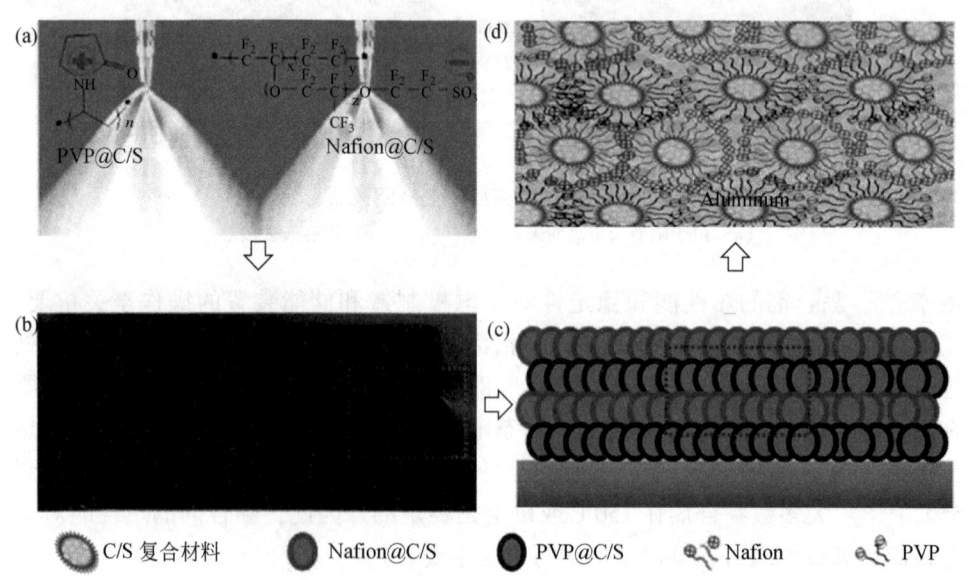

图 7-8 （a）阴极的空气喷涂过程；（b）喷涂的阴极；
（c）逐层 C/S 复合材料，以及（d）Nafion 和 PVP 之间的交联

动态和离子交联,是改变聚合物力学性能的另一种方法。例如,Yoon 等对 Ca^{2+} 掺杂的海藻酸盐黏合剂(Alg-Ca)进行了机械测试,发现与海藻酸钠和其他商业黏合剂相比,静电交联可以显著提高电解质溶剂化海藻酸黏合剂的硬度、韧性和回弹力[47]。张等进一步研究了 Alg-Ca 交联密度对硅阳极电化学性能的影响,发现黏附力随着 $CaCl_2$ 浓度的增加而增强[61]。Lim 等提供了黏合剂材料中静电相互作用功效的进一步证据,报道了一种通过静电交联连接的新型聚合物黏合剂聚(丙烯酸)-聚(苯并咪唑)(PAA-PBI)(图 7-9)[62]。由于聚合物之间可逆构建的离子键,黏合剂表现出优异的静态强度和可逆力。这种聚合物共混黏合剂赋予所制备的硅阳极高的机械黏合强度和显著的电化学性能。

在任何电化学电池中都必须考虑导电性和离子导电性。聚合物一直被认为是绝缘材料,直到 20 世纪 70 年代第一批导电聚合物问世[63]。聚合物可以具有特殊导电结构,包括共轭骨架和自由电荷载体(供体/受体自由基)。

聚合物的离子导电性是基于溶剂化离子通过聚合物链的运动[64]。聚合物的结晶度、孔隙率和黏度显著地决定离子导电性[65]。黏合剂中离子电导率的测量需要复杂的仪器和数据处理,导致文献中罕见的离子电导率数据。然而,黏合剂中可用的离子电导率可能显著不同[66]。许多聚合物,如天然壳聚糖[67]、淀粉[68]、PEO[69] 和 Nafion[70] 已被探索并用于增强电极的离子导电性,特别是在固体聚合物电解质的应用中。聚合物的离子导电性对电池的电化学性能,特别是功率密度起着重要作用。

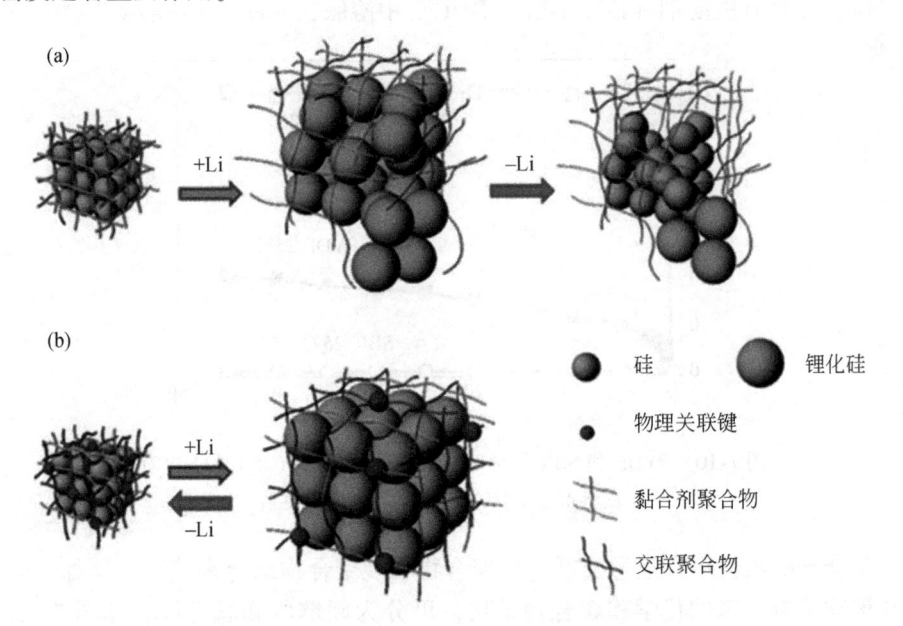

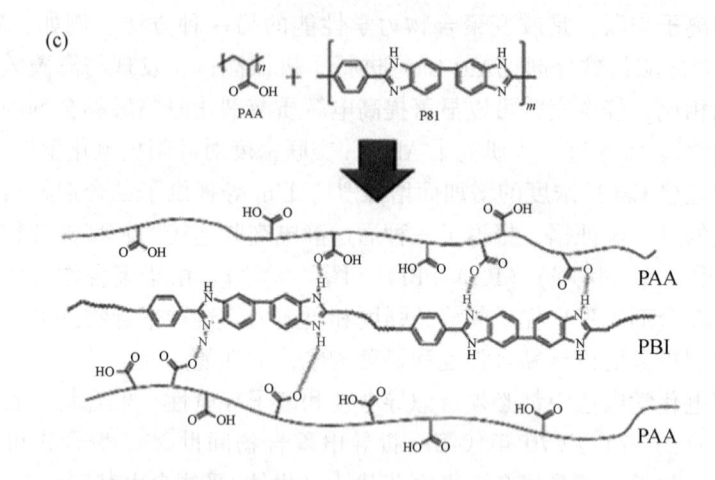

图 7-9 用于克服循环过程中硅颗粒体积变化的技术方法的示意图
(a) 常规的化学交联黏合剂，其结合是不可逆的，因此在锂化（充电）和脱锂（放电）时会导致网络断裂；(b) 物理交联黏合剂，可保持聚合物之间基于可逆键合的相互作用；
(c) 物理交联聚合物黏合剂通过 PAA 和 PBI 之间的可逆相互作用的分子相互作用

  黏合剂必须具有一定的化学稳定性，以在电池运行过程中抵抗电解质和电化学反应的腐蚀。黏合剂的化学稳定性取决于其化学成分和结构以及化学环境。例如，PVDF 是 LIBs 中化学稳定性最强的黏合剂之一，在高温下与锂化石墨和金属锂反应，并在有机溶剂（EC、DEC、DMC）中溶胀，如图 7-10 所示[71]。

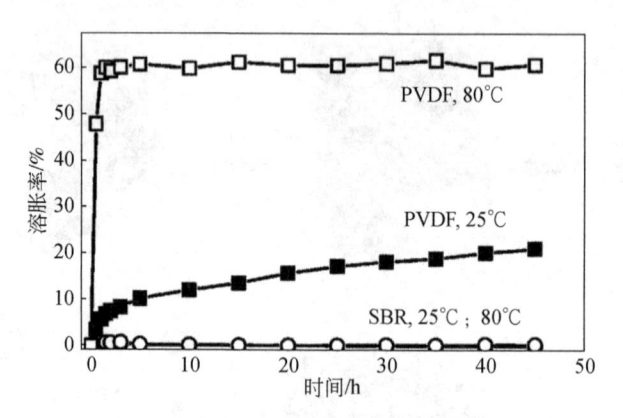

图 7-10　PVDF 和 SBR 黏合剂在两种不同温度（25℃和80℃）
下在溶剂 PC 中的溶胀率与时间的关系

  黏合剂的柔性可以通过交联将软聚合物和硬聚合物结合来获得。例如，聚氨酯共聚物具有特殊的化学和聚合物结构，可分为硬链段和软链段。如图 7-11 所示，含有硬亚甲基二苯异氰基（MDI）单元的硬链段可以通过氢键相互作用，为整个聚合物提供机械强度。在软链段中,连接的聚乙二醇(PEG)和聚四甲基醚二醇(PTMEG)单元提供柔性和可拉伸的能力。

考虑到各种官能团可以整合到聚合物分子骨架结构上,可以与传统聚合物结合产生相应的功能。多功能黏合剂的设计和制备是实现未来高能/功率密度材料的一种很有前途的方法,用于更安全、更便宜、更环保的储能系统。

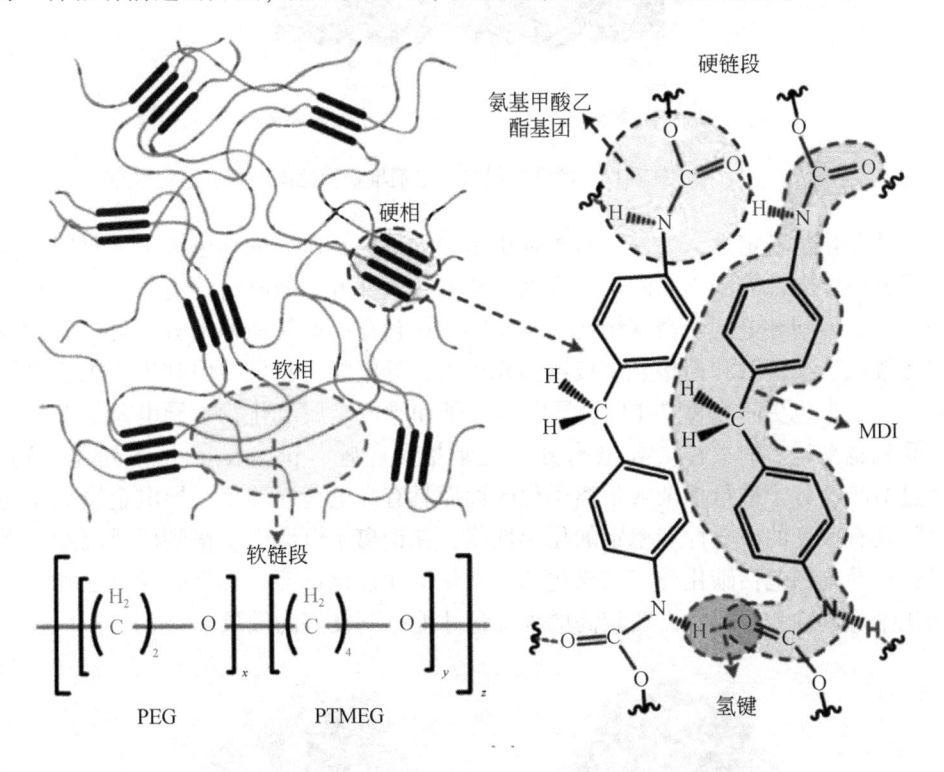

图7-11 PU分子结构的示意图,由硬链段和软链段组成

7.4 导电剂材料

电池导电剂是一种添加到电池电极中的材料,旨在提高电极材料的导电性能。导电剂通常是具有高电导率的材料,能够与电极活性物质混合形成导电网络,有利于电荷在电极材料中的传输(图7-12)。

对于钠离子电池而言,常用的导电剂材料包括碳材料、导电高分子和导电无机颗粒等。碳材料包括石墨和炭黑等,在导电性能和化学稳定性方面表现出色,同时价格相对较低。研究表明,纳米碳管是一种具有很好导电性能的导电添加剂材料,能够提高活性材料与电极集流体之间的电子传输效率,并具有良好的机械

活性材料聚集堆　　　　　　　导电剂+黏接剂

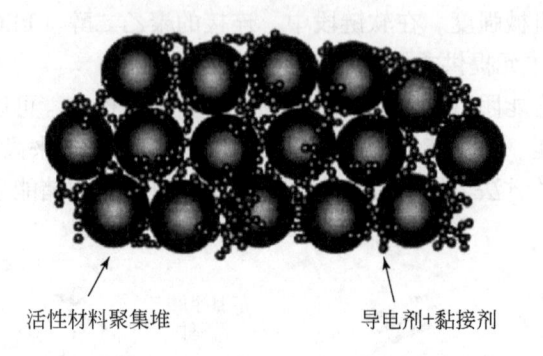

图 7-12　活性材料与导电剂堆积示意图

稳定性和化学稳定性。另外，石墨烯也是一种被广泛研究的导电添加剂材料，具有优异的导电性能和强大的机械强度，能够有效提升电极材料的电化学性能和循环寿命。不同导电剂的微观结构各不相同，按包覆的接触面积来分，可以大致分为点接触、线接触和面接触。接触面积越大，导电能力越好，但其生产工艺更加复杂，成本也更高（图7-13）。导电高分子和导电金属氧化物等导电添加剂材料也受到越来越多的关注。导电高分子通常指聚咔唑（polyacenes）系列化合物，通过对咔唑分子进行掺杂或阳离子化改性而具有高电荷迁移率。导电金属氧化物材料具有较高的导电性和稳定的化学性能，在钠离子电池中也得到广泛应用。无机颗粒导电剂包括碳化硅、二氧化钛、氧化铝和氧化锌等，具有高导电性和较高的化学稳定性，但通常需要较高的添加量才能达到良好的效果。

炭黑(SP)，刚性纳米颗粒
点与点接触

导电石墨，刚性纳米颗粒
点与点接触

碳纳米管(CNTs)，柔性长链
线与点接触

石墨烯，柔性薄片
面与点接触

图 7-13　导电剂接触示意图

在钠离子电池中，导电剂的选择和设计对电池的性能、循环寿命和安全性有重要影响。不同的导电剂具有不同的特性和应用，因此需要根据电池材料和实际需求进行选择和设计。

7.5 集流体材料

集流体是一种在电池中用于收集电子或离子的材料，通常在电池的正极和负极上使用。集流体材料需要具备高的电导率和良好的化学稳定性，以便有效地将电子或离子从电池活性材料中传递到电极控制器和外部电路中。

7.5.1 常见集流体材料

对于正极材料而言，常用的集流体材料包括铝箔、铜箔、感应耦合等离子体沉积的导电氧化铝和导电聚合物等。铝箔和铜箔是最常用的正极集流体材料，由于它们具有良好的电导率，而且容易加工和制造。导电氧化铝通过感应耦合等离子体沉积技术，可以在集流体上生成导电氧化铝层，提供了一种高表面积的电流收集方式。导电聚合物能够形成连续的导电网络，具有较好的柔性和可塑性，常应用于柔性电池中。

对于负极材料而言，常用的集流体材料包括铜箔、不锈钢网、导电聚合物等。铜箔和不锈钢网由于具有较高的电导率和较好的机械稳定性，比较常见。导电聚合物可以在负极活性物质上形成连续的导电网络，从而提高负极的导电性能。

集流体材料对电池的性能和循环寿命具有重要影响，不同类型的电池需要使用不同的材料进行搭配。针对不同的电池系统，需要根据其主要材料和应用需求选择最合适的集流体材料。

7.5.2 新型集流体材料

感应耦合等离子体沉积的导电氧化铝是一种新型的集流体材料，具有高的电导率和良好的化学稳定性，是一种在柔性电池和有机电池中广泛应用的材料。这些聚合物具有较高的导电性能和化学稳定性，且可以实现柔性和可弯曲的电池设计。导电聚合物作为集流体材料时，可以降低电池内部电阻，从而提高电池的功率密度和能量密度。此外，导电碳材料如石墨和炭黑也被广泛应用于锂离子电池和超级电容器中。它们具有良好的电导率和化学稳定性，并能够提供大量的表面积用于电荷传输。

近年来，纳米材料也开始在集流体领域发挥作用。纳米金属和纳米碳管等纳米材料具有极高的导电性能和电荷传输能力，可以提高电池的性能和效率。

参 考 文 献

[1] Lee H, Yanilmaz M, Toprakci O, et al. A review of recent developments in membrane separators for rechargeable lithium-ion batteries [J]. Energy & Environmental Science, 2014, 7 (12): 3857-3886.

[2] Kritzer P. Nonwoven support material for improved separators in Li-polymer batteries [J]. Journal of Power Sources, 2006, 161 (2): 1335-1340.

[3] Wang Y Q, Zhu S Y, Sun D Y, et al. Preparation and evaluation of a separator with an asymmetric structure for lithium-ion batteries [J]. Rsc Advances, 2016, 6 (107): 105461-105468.

[4] Hwang K, Kwon B, Byun H. Preparation of PVdF nanofiber membranes by electrospinning and their use as secondary battery separators [J]. Journal of Membrane Science, 2011, 378 (1-2): 111-116.

[5] Saroja A P V K, Kumar R A, Moharana B C, et al. Design of porous calcium phosphate based gel polymer electrolyte for Quasi-solid state sodium ion battery [J]. Journal of Electroanalytical Chemistry, 2020, 859: 113864.

[6] Xu R J, Lin X G, Huang X R, et al. Boehmite-coated microporous membrane for enhanced electrochemical performance and dimensional stability of lithium-ion batteries [J]. Journal of Solid State Electrochemistry, 2018, 22 (3): 739-747.

[7] Huang X S. Development and characterization of a bilayer separator for lithium ion batteries [J]. Journal of Power Sources, 2011, 196 (19): 8125-8128.

[8] Zhang X W, Sahraei E, Wang K. Deformation and failure characteristics of four types of lithium-ion battery separators [J]. Journal of Power Sources, 2016, 327: 693-701.

[9] Dai M, Shen J X, Zhang J Y, et al. A novel separator material consisting of zeoliticlmidazolate framework-4 (ZIF-4) and its electrochemical performance for lithium-ions battery [J]. Journal of Power Sources, 2017, 369: 27-34.

[10] Suharto Y, Lee Y, Yu J S, et al. Microporous ceramic coated separators with superior wettability for enhancing the electrochemical performance of sodium-ion batteries [J]. Journal of Power Sources, 2018, 376: 184-190.

[11] Hwang J Y, Kim H M, Shin S, et al. Designing a high-performance lithium sulfur batteries based on layered double hydroxides carbon nanotubes composite cathode and a dual-functional graphene-polypropylene-Al_2O_3 separator [J]. Advanced Functional Materials, 2018, 28 (3): 1704294.

[12] Kim J I, Heo J, Park J H. Tailored metal oxide thin film on polyethylene separators for sodium-ion batteries [J]. Journal of the Electrochemical Society, 2017, 164 (9): A1965-A1969.

[13] Woo J J, Nam S H, Seo S J, et al. A flame retarding separator with improved thermal stability for safe lithium-ion batteries [J]. Electrochemistry Communications, 2013, 35: 68-71.

[14] Zhao Q J, Huang Y H, Hu X L. A Si/C nanocomposite anode by ball milling for highly

reversible sodium storage [J]. Electrochemistry Communications, 2016, 70: 8-12.

[15] Kang S M, Park J H, Jin A, et al. Na$^+$/vacancy disordered P2-Na$_{0.67}$Co$_{1-x}$Ti$_x$O$_2$: high-energy and high-power cathode materials for sodium ion batteries [J]. Acs Applied Materials & Interfaces, 2018, 10 (4): 3562-3570.

[16] Chen W H, Zhang L P, Liu C T, et al. Electrospun flexible cellulose acetate-based separators for sodium-ion batteries with ultralong cycle stability and excellent wettability: the role of interface chemical groups [J]. Acs Applied Materials & Interfaces, 2018, 10 (28): 23883-23890.

[17] Zhang T W, Shen B, Yao H B, et al. Prawn shell derived chitin nanofiber membranes as advanced sustainable separators for Li/Na-ion batteries [J]. Nano Letters, 2017, 17 (8): 4894-4901.

[18] Song Y Z, Zhang Y, Yuan J J, et al. Fast assemble of polyphenol derived coatings on polypropylene separator for high performance lithium-ion batteries [J]. Journal of Electroanalytical Chemistry, 2018, 808: 252-258.

[19] Huang X S. A lithium-ion battery separator prepared using a phase inversion process [J]. Journal of Power Sources, 2012, 216: 216-221.

[20] Li D, Zhang H M, Li X F. Porous polyetherimide membranes with tunable morphology for lithium-ion battery [J]. Journal of Membrane Science, 2018, 565: 42-49.

[21] Shi J L, Xia Y G, Yuan Z Z, et al. Porous membrane with high curvature, three-dimensional heat-resistance skeleton: a new and practical separator candidate for high safety lithium ion battery [J]. Scientific Reports, 2015, 5 (1): 8255.

[22] Chen W S, Yu H P, Lee S Y, et al. Nanocellulose: a promising nanomaterial for advanced electrochemical energy storage [J]. Chemical Society Reviews, 2018, 47 (8): 2837-2872.

[23] Wang Z N, Hu M L, Yu X Y, et al. Uniform and porous nacre-like cellulose nanofibrils/nanoclay composite membrane as separator for highly safe and advanced Li-ion battery [J]. Journal of Membrane Science, 2021, 637: 119622.

[24] Zhou H Y, Gu J, Zhang W W, et al. Rational design of cellulose nanofibrils separator for sodium-ion batteries [J]. Molecules, 2021, 26 (18): 5539.

[25] Gou J R, Liu W Y, Tang A M, et al. Interfacially stable and high-safety lithium batteries enabled by porosity engineering toward cellulose separators [J]. Journal of Membrane Science, 2022, 659: 120807.

[26] Xie Y S, Zhu H F, Zeng R, et al. Chemical foaming integrated polydopamine hybridization towards high-performance cellulose-based separators for ultrastable and high-rate lithium metal batteries [J]. Journal of Power Sources, 2022, 538: 231562.

[27] Liu W Y, Xie W G, Wu L, et al. Regulating the pore structure of 2, 2, 6, 6-tetramethylpiperidine-1-oxyl (TEMPO) oxidized cellulose membranes: impact of drying method and organic solvent processing [J]. Polymer International, 2020, 69 (10): 964-973.

[28] Chen X, Zhang R Y, Zhao R R, et al. A "dendrite-eating" separator for high-areal-capacity lithium-metal batteries [J]. Energy Storage Materials, 2020, 31: 181-186.

[29] Arunkumar R, Saroja A P V K, Sundara R. Barium titanate-based porous ceramic flexible membrane as a separator for room-temperature sodium-ion battery [J]. Acs Applied Materials & Interfaces, 2019, 11 (4): 3889-3896.

[30] Janakiraman S, Khalifa M, Biswal R, et al. High performance electrospun nanofiber coated polypropylene membrane as a separator for sodium ion batteries [J]. Journal of Power Sources, 2020, 460: 228060.

[31] Qin T, Yang H, Li Q, et al. Design of functional binders for high-specific-energy lithium-ion batteries: from molecular structure to electrode properties [J]. Industrial Chemistry & Materials, 2023, 8: 136-170.

[32] Salini P S, Gopinadh S V, Kalpakasseri A, et al. Toward greener and sustainable Li-ion cells: an overview of aqueous-based binder systems [J]. Acs Sustainable Chemistry & Engineering, 2020, 8 (10): 4003-4025.

[33] Patra J, Rath P C, Li C, et al. A water-soluble NaCMC/NaPAA binder for exceptional improvement of sodium-ion batteries with an SnO_2-ordered mesoporous carbon anode [J]. Chemsuschem, 2018, 11 (22): 3923-3931.

[34] Ma Z T, Lyu Y C, Yang H S, et al. Systematic investigation of the Binder's role in the electrochemical performance of tin sulfide electrodes in SIBs [J]. Journal of Power Sources, 2018, 401: 195-203.

[35] Komaba S, Yabuuchi N, Ozeki T, et al. Functional binders for reversible lithium intercalation into graphite in propylene carbonate and ionic liquid media [J]. Journal of Power Sources, 2010, 195 (18): 6069-6074.

[36] Fan Q J, Zhang W X, Duan J, et al. Effects of binders on electrochemical performance of nitrogen-doped carbon nanotube anode in sodium-ion battery [J]. Electrochimica Acta, 2015, 174: 970-977.

[37] Xu Z Q, Liu J H, Chen C, et al. Hydrophilic binder interface interactions inducing inadhesion and capacity collapse in sodium-ion battery [J]. Journal of Power Sources, 2019, 427: 62-69.

[38] Gu Z Y, Sun Z H, Guo J Z, et al. High-rate and long-cycle cathode for sodium-ion batteries: enhanced electrode stability and kinetics via binder adjustment [J]. Acs Applied Materials & Interfaces, 2020, 12 (42): 47580-47589.

[39] Ling L M, Bai Y, Wang Z H, et al. Remarkableeffect of sodium alginate aqueous binder on anatase TiO_2 as high-performance anode in sodium ion batteries [J]. Acs Applied Materials & Interfaces, 2018, 10 (6): 5560-5568.

[40] Kumar P R, Jung Y H, Ahad S A, et al. A high rate and stable electrode consisting of a $Na_3V_2O_2X(PO_4)_2F3$-2X-rGO composite with a cellulose binder for sodium-ion batteries [J]. Rsc Advances, 2017, 7 (35): 21820-21826.

[41] Fan M P, Yu H Y, Chen Y. High-capacity sodium ion battery anodes based on CuO nanosheets and carboxymethyl cellulose binder [J]. Materials Technology, 2017, 32 (10): 598-605.

[42] Chen H, Ling M, Hencz L, et al. Exploring chemical, mechanical, and electrical functionalities of binders for advanced energy-storage devices [J]. Chemical Reviews, 2018, 118 (18): 8936-8982.

[43] Liu Z, Han S J, Xu C, et al. Crosslinked PVA-PEI polymer binder for long-cycle silicon anodes in Li-ion batteries [J]. Rsc Advances, 2016, 6 (72): 68371-68378.

[44] Shi Q, Wong S C, Ye W, et al. Mechanism of adhesion between polymer fibers at nanoscale contacts [J]. Langmuir, 2012, 28 (10): 4663-4671.

[45] Zhang C, Hankett J, Chen Z. Molecular level understanding of adhesion mechanisms at the epoxy/polymer interfaces [J]. Acs Applied Materials & Interfaces, 2012, 4 (7): 3730-3737.

[46] Swadener J G, Liechti K M, de Lozanne A L. The intrinsic toughness and adhesion mechanisms of a glass/epoxy interface [J]. Journal of the Mechanics and Physics of Solids, 1999, 47 (2): 223-258.

[47] Yoon J, Oh D X, Jo C, et al. Improvement of desolvation and resilience of alginate binders for Si-based anodes in a lithium ion battery by calcium-mediated cross-linking [J]. Physical Chemistry Chemical Physics, 2014, 16 (46): 25628-25635.

[48] Li J, Lewis R B, Dahn J R. Sodium carboxymethyl cellulose—a potential binder for Si negative electrodes for Li-ion batteries [J]. Electrochemical and Solid State Letters, 2007, 10 (2): A17-A20.

[49] Park G G, Park Y K, Park J K, et al. Flexible and wrinkle-free electrode fabricated with polyurethane binder for lithium-ion batteries [J]. Rsc Advances, 2017, 7 (26): 16244-16252.

[50] Lee B R, Oh E S. Effect of molecular weight and degree of substitution of a sodium-carboxymethyl cellulose binder on Li TiO anodic performance [J]. Journal of Physical Chemistry C, 2013, 117 (9): 4404-4409.

[51] Yook S H, Kim S H, Park C H, et al. Graphite-silicon alloy composite anodes employing cross-linked poly (vinyl alcohol) binders for high-energy density lithium-ion batteries [J]. Rsc Advances, 2016, 6 (86): 83126-83134.

[52] Ling M, Xu Y N, Zhao H, et al. Dual-functional gum arabic binder for silicon anodes in lithium ion batteries [J]. Nano Energy, 2015, 12: 178-185.

[53] Zhang Z, Zeng T, Lai Y Q, et al. A comparative study of different binders and their effects on electrochemical properties of LiMnO cathode in lithium ion batteries [J]. Journal of Power Sources, 2014, 247: 1-8.

[54] Liu B Y, Fu K, Gong Y H, et al. Rapid thermal annealing of cathode-garnet interface toward high-temperature solid state batteries [J]. Nano Letters, 2017, 17 (8): 4917-4923.

[55] Tan R, Yang J L, Zheng J X, et al. Fast rechargeable all-solid-state lithium ion batteries with high capacity based on nano-sized LiFeSiO cathode by tuning temperature [J]. Nano Energy,

2015, 16: 112-121.

[56] Lu L G, Han X B, Li J Q, et al. A review on the key issues for lithium-ion battery management in electric vehicles [J]. Journal of Power Sources, 2013, 226: 272-288.

[57] Zeng W W, Wang L, Peng X, et al. Enhanced ion conductivity in conducting polymer binder for high-performance silicon anodes in advanced lithium-ion batteries [J]. Advanced Energy Materials, 2018, 8 (11): 1702314.

[58] Zou F, Manthiram A. A review of the design of advanced binders for high-performance batteries [J]. Advanced Energy Materials, 2020, 10 (45): 2002508.

[59] Ma Y, Ma J, Cui G L. Small things make big deal: powerful binders of lithium batteries and post-lithium batteries [J]. Energy Storage Materials, 2019, 20: 146-175.

[60] Wang Q, Yan N, Wang M R, et al. Layer-by-layer assembled C/S cathode with trace binder for Li-S battery application [J]. Acs Applied Materials & Interfaces, 2015, 7 (45): 25002-25006.

[61] Zhang L, Zhang L Y, Chai L L, et al. A coordinatively cross-linked polymeric network as a functional binder for high-performance silicon submicro-particle anodes in lithium-ion batteries [J]. Journal of Materials Chemistry A, 2014, 2 (44): 19036-19045.

[62] Lim S, Chu H, Lee K, et al. Physically cross-linked polymer binder Induced by reversible acid-base interaction for high-performance silicon composite anodes [J]. Acs Applied Materials & Interfaces, 2015, 7 (42): 23545-23553.

[63] Kikuchi Y, Kubota M, Sawadai K. Partition and complex formation of alkali metal ions with poly (oxyethylene) derivatives in 4-methyl-2-pentanone [J]. Bulletin of the Chemical Society of Japan, 1999, 72 (11): 2437-2443.

[64] Sun C W, Liu J, Gong Y D, et al. Recent advances in all-solid-state rechargeable lithium batteries [J]. Nano Energy, 2017, 33: 363-386.

[65] Liew C W, Durairaj R, Ramesh S. Rheological studies of PMMA-PVC based polymer blend electrolytes with LiTFSI as doping salt [J]. Plos One, 2014, 9 (7): e102815.

[66] Qin D J, Xue L X, Du B, et al. Flexible fluorine containing ionic binders to mitigate the negative impact caused by the drastic volume fluctuation from silicon nano-particles in high capacity anodes of lithium-ion batteries [J]. Journal of Materials Chemistry A, 2015, 3 (20): 10928-10934.

[67] Osman Z, Arof A K. FTIR studies of chitosan acetate based polymer electrolytes [J]. Electrochimica Acta, 2003, 48 (8): 993-999.

[68] Liew C W, Ramesh S. Studies on ionic liquid-based corn starch biopolymer electrolytes coupling with high ionic transport number [J]. Cellulose, 2013, 20 (6): 3227-3237.

[69] Nakazawa T, Ikoma A, Kido R, et al. Effects of compatibility of polymer binders with solvate ionic liquid electrolytes on discharge and charge reactions of lithium-sulfur batteries [J]. Journal of Power Sources, 2016, 307: 746-752.

[70] Schneider H, Garsuch A, Panchenko A, et al. Influence of different electrode compositions and

binder materials on the performance of lithium-sulfur batteries [J]. Journal of Power Sources, 2012, 205: 420-425.

[71] Du Pasquier A, Disma F, Bowmer T, et al. Differential scanning calorimetry study of the reactivity of carbon anodes in plastic Li-ion batteries [J]. Journal of the Electrochemical Society, 1998, 145 (4): 1413.

第8章 钾离子电池

8.1 概述

钾离子电池（PIBs）是一种基于钾离子嵌入和脱嵌的可充电电池技术。钾离子电池的工作原理类似于其他充电电池，通过在正负极之间嵌入/释放钾离子来储存和释放电能。钾离子电池是一种重要的新兴能源存储技术，具有部分特点和潜在优势：相对于锂，钾在地球上的储量更为丰富。钾离子电池的发展有助于减少对稀缺资源的依赖，缓解锂资源供需紧张的问题。成本优势：钾的价格相对较低，利用钾作为电池材料可以降低电池制造成本，提高电池的商业可行性。钾离子电池相对较为稳定，不容易发生过热或燃烧等安全问题。钾离子电池有望应用于电动车、能源储存系统、可再生能源平滑功率输出、电网调峰填谷等领域，为能源转型和可持续发展做出贡献。

然而，钾离子电池目前仍面临一些挑战，如循环寿命、电解液稳定性和电极材料设计等方面的问题需要解决。不过，科研机构和企业正在积极投入研发，以推动钾离子电池技术的进一步突破和商业化应用。预计随着技术的进步和创新，钾离子电池将逐渐成为一种有吸引力的能源存储解决方案。

8.2 正极材料

钾离子电池的正极材料备受关注，大致可分为四类：普鲁士蓝及其类似物（PBAs）、层状过渡金属氧化物、聚阴离子化合物和有机材料。

8.2.1 普鲁士蓝及其类似物

PBAs 为过渡金属氰化物，其一般结构式为 $A_xM_1[M_2(CN)_6]_y \cdot nH_2O$，A 为碱金属（Li、Na、K），$M_1$ 和 M_2 一般为过渡金属（如 Ti、Cr、V、Fe、Co、Cu、Ni、Zn 等）（图8-1）。这种材料具有开放的三维框架结构和较大的间隙，有利于大半径碱金属离子的插/脱插，并提供丰富的活性位点和输运通道。因此，PBAs 被认为是一种很有前途的储钾正极材料。根据过渡金属 M_1 种类的不同，PBAs 可以细分为 $A_xFe[Fe(CN)_6]$、$A_xMn[Fe(CN)_6]$、$A_xCo[Fe(CN)_6]$、$A_xNi[Fe(CN)_6]$、$A_xCu[Fe(CN)_6]$ 或其他普鲁士蓝类似物。

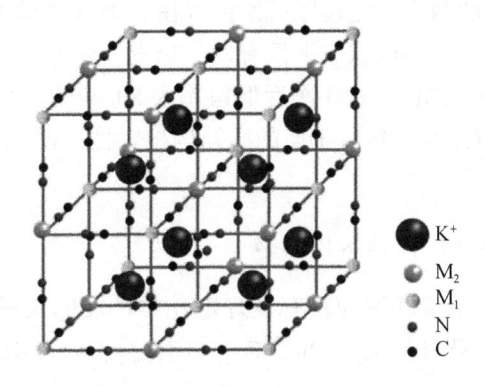

图 8-1 普鲁士蓝及其类似物的晶体结构图[1]

1. A_xFe[Fe(CN)$_6$]框架化合物

通常，六氰基铁酸铁（A_xFe[Fe(CN)$_6$]）作为普鲁士蓝化合物最典型的代表，因其价格低廉且易于获得而受到广泛关注。2004年，Eftekhari等[2]首次针对非水系PIBs研究了PBAs。他们发现KFe[Fe(CN)$_6$]作为PIB的正极材料具有出色的循环性能，在500次循环后容量衰减仅为12%。而He等[3]则通过一种新型柠檬酸盐螯合路线，稳定可控地获得了纳米、亚微米或微米等不同尺寸的K$_{1.69}$Fe[Fe(CN)$_6$]$_{0.9}$微晶材料，就微晶尺寸对电化学行为的影响进行了详细探究。观察到由20nm微晶组成的正极材料放电时具有4.0V和3.2V两个明确的平台，并且能够提供最接近理论的140mAh/g可逆容量。而纳米微晶组成的电极则有500Wh/kg的高能量密度，并在300次循环中容量保持率为65%，实现了稳定的长期循环。Zhang等[4]通过简单沉淀法合成并报道了一类关于普鲁士蓝纳米颗粒钾（KPBNPs）作为非水电解质中的低成本PIB正极的研究。合成的KPBNPs纳米粒子用于一种有前途的正极材料，与碳配位的Fe^{2+}/Fe^{3+}是主要的氧化还原活性位点。在200mA/g和300mA/g的电流密度下，经过150次循环后，分别保持了52.4mAh/g和44.7mAh/g的高比容量。此外，其全电池在100mA/g时提供了68.5mAh/g的容量，并在50次循环后保留了93.4%的容量。PIB全电池的首次成功实现表明正极材料的环境友好性和低成本使PBAs能够用于大规模电化学储能应用，为室温PIBs正极材料的设计提供新的见解。

此外，Chong等[5]认为，具有良好结构稳定性的正极材料对PIB的电化学性能至关重要。因此，他们制备了具有3D开放框架结构的铁氰化亚铁钾（KFe^{II}[Fe^{III}(CN)$_6$]）纳米颗粒，并进行了一系列电化学表征。在第一次扫描中出现了位于3.47/3.17V和4.10/3.83V的两对峰，这归因于与碳和氮配位的

Fe^{2+}/Fe^{3+} 氧化还原对的两个氧化还原活性位点在 K 离子存储中发挥作用,且在初始和第二次充放电过程的不同状态下没有发生相变。此外,还表现出出色的循环稳定性,在 100mA/g 下循环 1000 次后保留率为 80.49%。显著的循环稳定性能归功于温和的 K^+ 脱嵌过程和普鲁士蓝的高结构稳定性,使 PIBs 在 EES 应用中具有竞争力。

2. A_xMn[Fe(CN)$_6$] 框架化合物

随后,其他 PBA 也被开发为具有良好电化学性能的正极材料。采用典型的水相沉淀法合成的正极材料 $K_{1.75}$Mn[Fe$_{II}$(CN)$_6$]$_{0.93}$·0.16H$_2$O(K-MnHCFe)和 $K_{1.64}$Fe[Fe$_{II}$(CN)$_6$]$_{0.89}$·0.15H$_2$O(K-FeHCFe)由 Bie 等[6]进行 5 次循环后,K-MnHCFe 的放电电压平台为 3.8V,放电容量为 137mAh/g,而 K-FeHCFe 的放电电压平台为 3.4V,放电容量为容量为 130mAh/g。虽然两者都具有出色的循环稳定性,但值得注意的是 K-MnHCFe 的可逆容量更高。根据对钠离子电池 Na$_2$Fe[Fe(CN)$_6$] 正极材料的研究,容量的差异应追溯到[Fe(CN)$_6$]中的缺陷数量较少[7]。这导致电化学活性中心的减少和容量保持率的衰减。此外,通过原位 XRD 发现在初始充电过程中从单斜相到立方相再到四方相的连续相反应。如图 8-2 所示,第一个两相变化是由 MnN$_6$ 和 FeC$_6$ 八面体旋转到未旋转的规则状态产生的,随后是 Jahn-Teller 效应使 MnN$_6$ 八面体中的 Mn^{3+} 变形[8]。此外,Deng 等[9]还使用锰基 PBA 作为 PIB 的正极材料。他们使用乙二胺四乙酸二钾盐作为螯合剂控制结晶过程,以获得高质量、低缺陷的 K_2Mn[Fe(CN)$_6$] 样品,该样品具有更高的可逆容量(154.7mAh/g)、高平均放电电压[3.941V(vs. K^+/K)]和高比能量(609.7Wh/kg)。实验研究和理论计算表明,样品如此良好的电化学性能主要归因于乙二胺四乙酸二钾盐中的 $EDTA^{4-}$ 对 Mn^{2+} 表现出很强的络合能力,能够缓慢释放 Mn^{2+},从而使 K_2Mn[Fe(CN)$_6$] 受到极大的抑制,有效缓解了锰离子溶解和水相关副反应的问题。

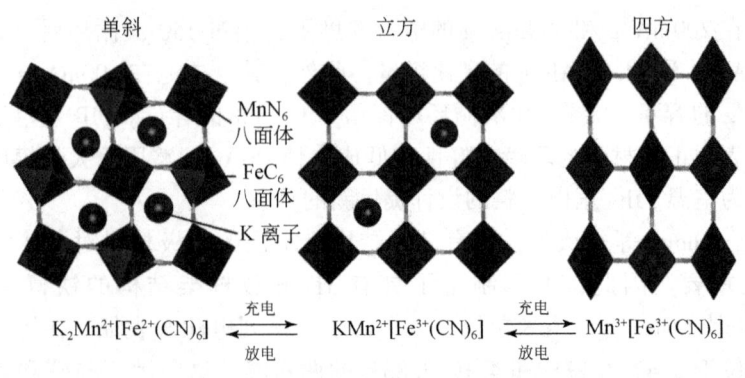

图 8-2 K-MnHCFe 在充放电过程中的晶体结构和相变化[6]

3. A_xCo[Fe(CN)$_6$]/A_xNi[Fe(CN)$_6$]/A_xCu[Fe(CN)$_6$]/其他框架化合物

钴基 PBA 不仅具有更高的充放电平台，而且具有优异的理论容量和循环稳定性。Zhu 等[10]采用共沉淀法合成了一种新型的低缺陷 CoHCF 这种正极材料具有出色的倍率性能和循环性能，在 600mA/g 的高电流密度下循环 1000 次后可实现 53.8mAh/g 的比容量。随后，发现纳米尺寸为 50nm 的 CoHCF 在充电和放电过程中大大减少了 K$^+$的扩散路径。一般来说，PBAs 由于其制造方法简单、环境友好和高度开放的 3D 框架，非常适合用作 PIBs 的正极材料[11]。尽管 PBAs 具有很大的优势，但仍然存在体积小等挑战。由于低密度（2.0g/cm^3）、长循环以及间隙水导致的高结晶度而导致容量快速衰减[12]。因此，未来的研究方向可能是有效减少间隙水及增加配体离子在 PBAs 中的比例，增加活性位点。

8.2.2 层状过渡金属氧化物

1. 一元金属氧化物

锰基层状过渡金属氧化物（KMn$_x$O$_2$）因其安全性、稳定性和价格优势在 PIBs 中占据重要地位。尽管 KMn$_x$O$_2$ 结构是非层状的且由共享边缘的[MnO$_5$]方形金字塔链组成，但 K$_x$MnO$_2$（0<x<1）氧化物结晶成层状 P2 和 P3 相[13]。此外，即使在相同的合成温度下，K 含量 x 也会显著影响 K$_x$MnO$_2$ 的结构类型[14]。例如，DelmAs 等[15]开发了 P′2 型（0.55<x<0.67）和 P′3 型（x=0.5）的材料。Stefano 小组[16]首先研究了层状 K$_{0.3}$MnO$_2$ 的 K$^+$脱嵌电化学行为。形成具有 $Cmcm$ 空间群的正交晶格。层状 K$_{0.3}$MnO$_2$ 正极在 3.5~1.5V 内具有 ≈70mAh/g 的容量。随后，Ceder 课题组[17]报道了 P3 型层状 P3-K$_{0.5}$MnO$_2$ 的电化学性能及分层结构。这些结果表明，K$^+$脱嵌和嵌入过程可能导致高压区不可逆的结构变化。

然而，KMnO$_2$ 的主要问题是 Jahn-Teller（J-T）效应，活性 Mn^{3+}离子和相关的歧化反应（2Mn^{3+}⟶Mn^{2+}+Mn^{4+}），产生不对称的正极结构变化并导致 Mn^{2+}离子溶解到电解质中[18,19]。为了避免这些问题并稳定锰基正极性能，采用了不同的策略。值得注意的是，Lei 等[20]报道了在 Mn 基 P2-K$_{0.67}$MnO$_2$ 正极上原位形成双界面，该正极由惰性贫钾尖晶石夹层和稳定的固体电解质界面（SEI）膜组成。双界面层可适应 J-T 畸变，减轻 Mn 溶解，改善 K$^+$离子扩散动力学，从而获得良好的倍率性能。Zhao 等[21]用 AlF$_3$ 包覆 K$_{1.39}$Mn$_3$O$_6$ 微球表面以增强其电化学性能，远优于未涂层的电化学性能微球和散装对应物。

钴基层状过渡金属氧化物（KCo$_x$O$_2$）是另一种得到充分研究的一元氧化物，

Hironaka 等[22]报道了 P3 型 $K_{2/3}CoO_2$ 和 P2 型 $K_{0.41}CoO_2$ 以及它们在 2.0~3.9V 的 K^+ 存储特性。在可逆嵌入过程中,$K_{0.41}CoO_2$ 可以在 0.23~0.47V 的宽 K^+ 含量范围内保持其原始 P2 结构。同时,P3 型 $K_{2/3}CoO_2$ 表现出与 P2 型几乎相同的相变,表明大量可逆相变可能起源于 K^+/空位,而不是由 CoO_2 片层滑动引起的。他们认为 K 离子的大离子尺寸和膨胀的 CoO_2 平板影响过渡金属离子和氧离子的离子性,并因此导致电压变化的两个不可避免的因素。Kim 等[23]通过拓扑反应合成了 $K_{0.6}CoO_2$,其分子式与 P3-$K_{2/3}CoO_2$ 相似,晶体结构如图 8-3 所示。在 1.7~4.0V 的宽电压电位内,它提供了 80mAh/g 的可逆容量。因为 K 含量在 0.33~0.68V 变化,它的循环性能仍然不尽如人意,在 120 次循环后容量保持率为 60%,这可归因于去钾化时氧原子之间排斥力增加导致的 K^+/空位排序。与 K_xMnO_2 类似,K_xCoO_2 正极的性能可以通过形貌修饰进一步提高,通过两步自模板法合成了由纳米材料和亚微材料制成的 P2-$K_{0.6}CoO_2$ 微球,初级亚微材料通过提供较短的 K^+ 离子传输路径保证快速的钾插入动力学[24]。同时,二次微球结构有效抵抗了循环过程中产生的机械应力,限制了活性材料和电解质之间的接触面积。因此,最大限度地减少了活性材料的损失和不需要的副反应。

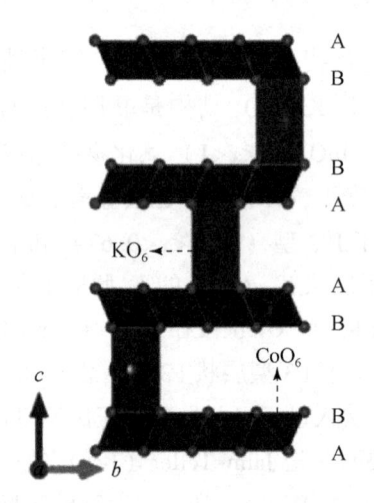

图 8-3 P2-$K_{0.6}CoO_2$ 的晶体结构[25]

钴基层状过渡金属氧化物(KCr_xO_2)是热力学稳定的层状化合物。Kim 等[26]制备了层状 O3-$KCrO_2$,并研究了其作为 PIB 正极的电化学性能。由于不寻常的 Cr^{3+} 配体偏好八面体位点,层状 $KCrO_2$ 得以稳定,这补偿了钾离子之间排斥引起的能量损失。O3-$KCrO_2$ 在 5mA/g 下提供 92mAh/g 的放电容量,并表现出多步电压曲线。Hwang 等[27]通过电化学离子交换从 O3-$NaCrO_2$ 制备了另一种 Cr 基正极P3-K$_{0.69}$CrO$_2$。P3-K$_{0.69}$CrO$_2$正极在10mA/g下的放电容量为100mAh/g，范围为1.5~3.8V。尽管这种正极表现出阶梯状电压分布，但它在P3和P″3之间可逆地转变，并在100mA/g下表现出色的长期循环能力，在1000次循环中容量保持率为65%。Naveen等[28]开发了一种简便的合成P′3-K$_{0.8}$CrO$_2$的方法，显示出不同的O3-KCrO$_2$相变，导致不同的电化学性能。

在钒基层状过渡金属氧化物方面，Yan等[29]通过化学预插层策略成功制备具有大层间结构和优化生长取向的双层单晶δ-K$_{0.5}$V$_2$O$_5$纳米带。K$_{0.5}$V$_2$O$_5$也被Deng等[30]研究用作PIB正极材料，K$_{0.5}$V$_2$O$_5$正极具有≈9.505Å的大层间距离和$C2/m$空间群的单斜晶相，呈现带状形态。在初始放电过程中，展示了87.5mAh/g的高放电容量。此外，Jo等[31]在2019年报道了具有十六面体配位K$^+$离子的K$_2$V$_3$O$_8$作为PIB正极材料，具有$P4bm$空间群的四方结构，并表现出良好的循环可逆性，在200次循环后容量保持率约为80%。

2. 二元金属氧化物

二元层状氧化物因其优异的电化学性能而受到越来越多的关注。Liu等[32]通过方便的固态方法制备了一系列Fe掺杂的层状氧化物正极材料，P3型K$_{0.45}$Mn$_{1-x}$Fe$_x$O$_2$（$x=0$、0.1、0.2、0.3、0.4、0.5）。经过一系列性能测试，如图8-4所示，K$_{0.45}$Mn$_{1-x}$Fe$_x$O$_2$具有最佳的循环稳定性和倍率性能。同时表明，过渡金属位点约20%的小占比增加了插入/脱出过程中K$^+$的循环稳定性。Wang等[33]设计并构建了新型Fe/Mn基层状氧化物互连纳米线正极材料K$_{0.7}$Fe$_{0.5}$Mn$_{0.5}$O$_2$，其中K$_{0.7}$Fe$_{0.5}$Mn$_{0.5}$O$_2$纳米晶体被碳层覆盖。通过先进的原位X射线衍射测试探索，发现制成的纳米线在K$^+$插入/提取过程中提供了稳定的晶体框架。Sada. K. 和P. Barpanda[34]使用固态方法合成了P3型层状氧化物K$_{0.48}$Mn$_{0.4}$Co$_{0.6}$O$_2$。值得注意的是，在没有任何正极优化的情况下，样品在1~4.2V的电化学窗口中显示出约64mAh/g的可逆容量，并且化合物遵循固溶体（单相）K$^+$（脱）嵌入机制。Weng等[35]设计并制造了一种新型层状氧化物K$_{0.7}$Mn$_{0.7}$Mg$_{0.3}$O$_2$，与K$_{0.7}$MnO$_2$在3.9V下的不可逆电化学反应相比，Mg掺杂样品表明材料中的Mg抑制了不可逆电化学反应。Xiao等[36]合成了Mn/Ni基层状氧化物正极材料K$_x$Mn$_{0.7}$Ni$_{0.3}$O$_2$，探索有序结构向无序结构的转变及其对电化学性能的影响。电化学测试表明，当钾含量从0.4增加到0.7时，K$_x$Mn$_{0.7}$Ni$_{0.3}$O$_2$的层结构由K$^+$/空位有序转变为K$^+$/空位无序。较高的钾含量导致K$_{0.7}$Mn$_{0.7}$Ni$_{0.3}$O$_2$在0.1A/g、0.2A/g、0.3A/g、0.5A/g、1A/g和2A/g的不同电流倍率下具有更好的放电容量，分别为124.2mAh/g、114.2mAh/g、106.6mAh/g、96.9mAh/g、83.8mAh/g和67.8mAh/g，远大于K$_{0.4}$Mn$_{0.7}$Ni$_{0.3}$O$_2$在相同条件下的放电容量值。

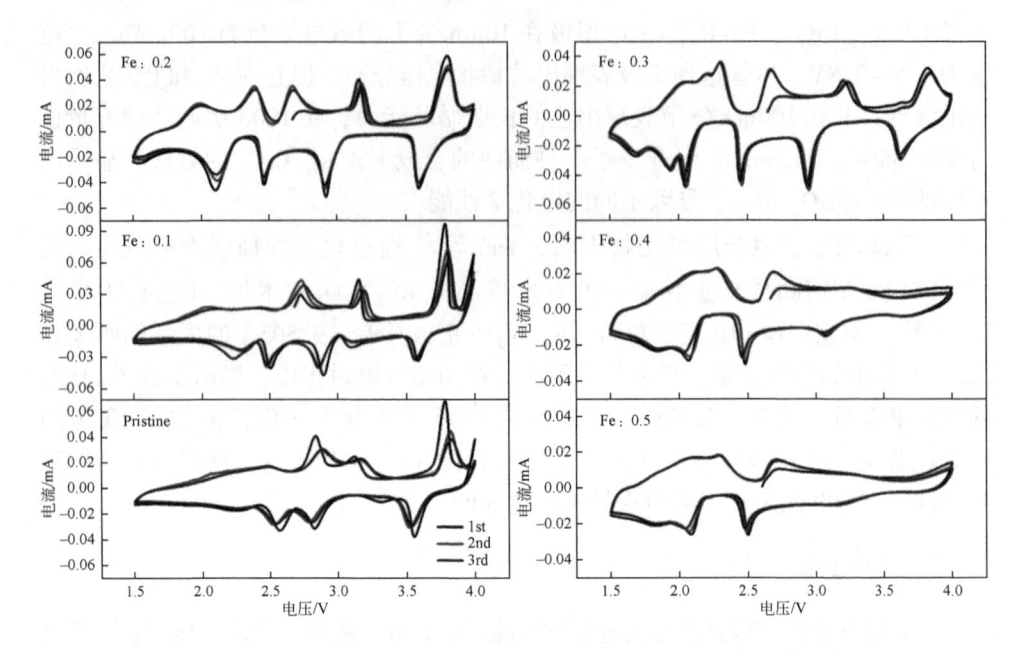

图 8-4 $K_{0.45}Mn_{1-x}Fe_xO_2$ 电极（$x=0$, 0.1, 0.2, 0.3, 0.4 和 0.5）的循环伏安曲线（0.1mV/S）

3. 其他金属氧化物

尽管与单一金属氧化物系统相比，二元金属氧化物正极表现出更高的电化学性能，但它们不能满足实际 PIBs 的要求。因此，设计具有多种金属的新材料可以结合不同金属的协同效应，从而提高性能。根据探索 LIB 和 NIB 正极获得的知识，Liu 等[37]研究了 $K_{0.67}Ni_{0.17}Co_{0.17}Mn_{0.66}O_2$ 层状三元材料，提供了 76.5mAh/g 的可逆容量和 3.1V 的平均输出电压。电荷存储机制伴随着 Mn^{3+}/Mn^{4+} 和 Ni^{2+}/Ni^{4+} 氧化还原反应，Co 掺杂稳定了正极结构。此外，设计特殊结构的层状正极材料可以促进 K^+ 离子的快速传输，扩散路径短，并且可以适应连续 K^+ 离子提取/插入引起的应力。作为正极测试的 P3-$K_{0.5}Mn_{0.72}Ni_{0.15}Co_{0.13}O_2$ 微球表现出改善的电化学性能，初始放电容量为 82.5mAh/g 和出色的循环稳定性，在 50mA/g 下循环 100 次后容量保持率为 85%[38]。在另一项研究中，Dang 等[39]通过将 Mg^{2+} 和 Al^{3+} 掺杂到 Mn 位置，改善了 P3-$K_{0.45}Ni_{0.1}Co_{0.1}Mn_{0.8}O_2$ 的电化学性能。Mg^{2+}/Al^{3+} 掺杂增加了 K^+ 层的层间距，这可能会降低循环过程中的 K^+ 迁移阻力。与原始样品相比，掺杂样品表现出较低的放电，使平均 Mn 价态增加到 3.75+，从而减轻了 J-T 畸变和结构退化。

P3 化合物通常在 K^+ 离子提取过程中 P3 转变 O3，这通常会减慢 K^+ 离子的迁移率并迅速降低正极容量，这可能归因于氧骨架内更高的活化能垒和显著收缩的晶体结构。有趣的是，Fe^{3+}/Ti^{4+} 共掺杂的 P3-$K_{0.4}Fe_{0.1}Mn_{0.8}Ti_{0.1}O_2$ 在 K^+ 离子提取/插入期间表现出固溶体转变，在电压窗口 1.8~4.0V 与 K/K^+ 之间没有明显的 P3-O3 转变[40]。类似地，P2-$K_{0.6}Mn_{0.8}Ni_{0.1}Ti_{0.1}O_2$ 固溶体没有表现出任何其他相变。相比之下，原始的 P2-$K_{0.6}MnO_2$ 表现出 K^+ 离子提取过程中复杂的 P2-OP4-X 相变。此外，复杂的相变显著改变了原始正极 c 轴晶格参数（$\Delta c = 31\%$）。显然，Ni^{2+}/Ti^{4+} 掺杂不仅减轻了 J-T 畸变，而且保持了层结构的完整性，从而提高了高压性能[40]。近期，Liu 等[41]研究了 Mg^{2+}/Ni^{2+} 共掺杂对 K_xMnO_2 电化学性能的影响，使用溶胶-凝胶法合成了多种 $K_{1/2}Mn_xMg_{(1-x)/2}Ni_{(1-x)/2}O_2$（$x = 1$，9/10，5/6 和 2/3）复合化合物。研究发现 Mg^{2+}/Ni^{2+} 共取代显著影响了 K_xMnO_2 的晶体结构。在低浓度下，Mg^{2+} 和 Ni^{2+} 离子更倾向于占据 TM 层，并在较高浓度下开始进入 K^+ 离子层。K^+ 离子层 Mg^{2+} 或 Ni^{2+} 离子用作防止层滑动的支柱，Mg-Ni 钉扎抑制 K^+ 离子提取/插入期间 K_xMnO_2 中的多相转变[42]。

除了含 K^+ 离子的层状正极外，还有一些关于含 Na^+ 层状材料的有效 K^+ 离子存储的报道。例如，Sada 等[43]展示了 P2-$Na_{0.84}CoO_2$ 中的可逆 K^+ 离子嵌入，其中正极提供 82mAh/g 的可逆容量。此外，他们开发了另一种层状材料（$Na_2Mn_3O_7$）作为 K^+ 离子存储主体结构。$Na_2Mn_3O_7$ 正极具有 152mAh/g 的高容量和 320Wh/kg 的能量密度[44]。在另一项研究中，O3-$Na_{0.9}Cr_{0.9}Ru_{0.1}O_2$ 表现出增强的 K^+ 离子扩散，甚至优于 Na^+ 离子扩散[44]。在 Na^+ 萃取过程中，Na^+ 离子不直接在 O3 晶体中扩散，Na^+ 离子通过四面体间隙位点扩散必须克服其中的高能垒。这些研究为将当前含 Na^+ 离子的层状材料应用于 K^+ 离子存储提供了见解，以开发高效的 PIB。

8.2.3 聚阴离子化合物

在 LIBs 和 NIBs 体系中的成功应用促使研究人员研究聚阴离子化合物作为高压 PIBs 的正极材料。与 Li 和 Na 类似，钒基聚阴离子化合物如磷酸盐和氟磷酸盐已被积极研究，并表现出良好的电化学性能。此外，具有氧化还原活性的铁和锰基聚阴离子化合物已显示出作为钾离子电池的潜力。

1. 铁基聚阴离子

在聚阴离子化合物方面，铁基材料具有毒性低、丰度大、环境友好等优点。具有橄榄石型结构的 $LiFePO_4$ 最近在 LIB 中得到了广泛的应用，但由于 $FePO_4$ 或 $KFePO_4$ 结构中不利于 K^+ 离子迁移，在 PIB 中使用类似的钾化合物受到限制。为了解决 K^+ 离子迁移的结构问题，MAthew 等[45]描述了钾在非晶 $FePO_4$ 电极中的插入特性。非晶态 $FePO_4$ 在钾全电池中均呈现 S 形充放电曲线。$FePO_4$ 电极在钾半电池中的可逆容量分别为 180mAh/g 和 160mAh/g，具有令人满意的可逆性。非晶晶体为材料提供了大量的结构缺陷，这些缺陷可以增强容量，增加内部电导率，改善离子扩散动力学[46]（图8-5）。

图8-5　无定形多孔 FePO$_4$ 纳米颗粒纳米复合材料的系统图

尽管有这些优点，聚阴离子材料的离子动力学仍然受到粒子尺寸和形态的限制。基于此，通过在室温下乙醇辅助的策略，MAthew 等[47]制备得到了潜在的无定形金属磷酸盐正极的，即具有多孔特征的磷酸铁（III），同时论证了这种多孔非晶载体在不同尺寸、不同电荷的载流子离子的插入/脱插入的可行性。使用非原位同步 X 射线衍射（SXRD）和透射电子显微镜（TEM），确定了在离子完全嵌入/嵌出时，这种无定形主体向具有长程有序的晶体结构的可逆转变。电化学诱导的非晶到晶重构反应使非晶 FePO$_4$ 具有令人印象深刻的钠和钾存储能力。Sultana 等[48]以高能球磨的方式成功合成了用于 PIBs 的非晶 KFePO$_4$/C 电极，并将颗粒尺寸同时减小到极纳米级（1.0~1.5nm）。其结果是形成非晶复合微观结构 KFePO$_4$/C 电极可以作为 PIBs 的有效正极材料，在很宽的电位窗口范围内发挥作用。在 K 嵌入过程中，应变速率的急剧波动导致显著的应变演化和变形，这是晶体材料非晶化的关键因素。也就是说，随着充放电的进行，电极会逐渐形成有利于 K$^+$迁移的无序结构。因此，具有无序结构的 FePO$_4$ 是 PIBs 的绝佳选择，但却仅非唯一选择，另一种加速 K$^+$扩散的技术是使用混合磷酸盐聚阴离子材料[49]。Park 等[50]介绍了一种新的 K$_4$Fe$_3$（PO$_4$）$_2$（P$_2$O$_7$）作为 PIB 的正极材料。利用第一性原理计算预测了 K$_4$Fe$_3$（PO$_4$）$_2$（P$_2$O$_7$）的理论性质和详细的储钾机理。其开放式结构提供了良好的材料稳定性，便于 K$^+$扩散。在 C/20（1C＝120mA/g）的电流密度下，表现出 118mAh/g 的大放电比容量和优异的循环性能，在 5C 下循环 500 次后，其初始容量保留率约为 82%。这些结果对于理解具有相似行为非晶材料中的离子插入特性，以实现替代储能解决方案具有重要意义。

2. 钒基聚阴离子

钒基聚阴离子作为 PIBs 的正极也被广泛研究，其主要以磷酸钒钾和氟磷酸钒钾两种体系存在。Xu 等研究了 K$_3$V$_2$（PO$_4$）$_3$ 作为 PIB 的正极。K$_3$V$_2$（PO$_4$）$_3$ 在 3.6~3.9V 的放电电压范围和电流密度为 20mA/g 时，最高容量为 54mAh/g。

Han 等[51]随后研究了 $K_3V_2(PO_4)_3$ 和 $K_3V_2(PO_4)_3/C$ 的钾离子萃取-插入行为。结果发现，$K_3V_2(PO_4)_3/C$ 纳米复合材料具有良好的 K^+ 存储主体结构，其电化学性能的提高可能与 $K_3V_2(PO_4)_3/C$ 纳米复合材料的三维多孔形貌、纳米尺寸和原位碳涂层有关。Lian 等[52]基于密度泛函理论的第一性原理计算研究了在 K 离子萃取过程中，材料的多种相变反应，并通过态密度和电荷分析表明，V 和 O 都参与了电荷转移过程，其中 V 作为 $KVOPO_4$ 的氧化还原中心，增加了 K 的存储容量，O 作为 V 和 K 之间的电荷转移介质，V 阳离子之间的排斥力逐渐增加。此外，K 离子的一维扩散路径具有 0.214~0.491eV 的低能垒，确保了 K 离子的高迁移率，从而具有优越的高倍率性能。在实际应用方面，Zhang 等[53]考虑采用两个相同的电极作为正极和负极，制备了一种新型的 NASICON 型 $K_3V_2(PO_4)_3$，并首次用于对称式 PIB 全电池。通过原位测试，在 K^+ 插入/提取过程中发现了高度的晶格可逆性。$KV_2(PO_4)_3$ 和 $K_5V_2(PO_4)_3$ 分别在 4.0V 左右和 1.0V 以下脱钾和钾化过程中生成。在 25mA/g 条件下，在 0.01~3.0V 的可逆容量约为 90mAh/g，初始库仑效率为 91.7%，是所有对称储能系统（包括对称锂/钠离子电池）中最高的。

与其他磷酸盐材料类似，KVPF 也存在电子导电性差的问题。高导电性碳与纳米颗粒的结合是典型的解决方法，同时碳可以作为还原剂来控制 F 的含量。Liao 等[54]合成了一种结构良好的 $KVPO_4F$，并将其与碳骨架结合，所得到的 $KVPO_4F$ 电极材料在半电池和全电池中均有高容量，稳定的循环寿命及出色的倍率能力。

3. 钛基及其他聚阴离子

聚阴离子正极的另一种选择是钛基聚阴离子，钛基化合物具有较低的氧化还原电位，很难用作 PIB 的正极。基于 Ti^{4+}/Ti^{3+} 氧化还原对设计高电位正极材料仍然是一个挑战。通过合理的设计，Xu 等[55]研究了纳米立方 $KTi_2(PO_4)_3$ 作为 PIB 的正极。$KTi_2(PO_4)_3$ 呈现的容量为 75mAh/g，放电平台为 1.7V，这极大地限制了其作为 PIB 正极的应用。Fedotov 等[56]对其进行了研究，取得了惊人的突破，开发了具有 3.6V 高电极电位的 $KTiPO_4F$ 正极。高电压窗口是由氟的强电负性和电荷/空位排序产生的。

理论上，大多数过渡金属阳离子都可以制备成相应的聚阴离子化合物。Dai 等[57]首次采用高温固相法制备了新型 $K(Mo_2PO_6)(P_2O_7)$。$K(Mo_2PO_6)(P_2O_7)$ 由 MoO_6 八面体、PO_4 四面体和 P_2O_7 基团组成，其间隙为钾离子输送提供了大通道。作为 PIB 正极材料的 $K(MO_2PO_6)(P_2O_7)$ 化合物在 CV 曲线上表现出多个氧化还原峰，在 2.5V 和 1.9V 处对应 Mo^{5+}/Mo^{4+} 的氧化还原行为，在 1.77V、1.93V

和2.43V处对应K⁺插层反应。Kang等[50]研究了由［Mn/Fe］O₆八面体和PO₄四面体相互连接而成的K₄［Mn₂Fe］（PO₄）₂（P₂O₇）作为PIB的正极材料。通过多种实验测试和第一性原理计算相结合的研究，证明了其在K离子电池体系中的优异电化学性能和反应机理。K₄［Mn₂Fe］（PO₄）₂（P₂O₇）有3.5V的高平均工作电压，此外在C/3电流密度下循环300次后的容量保持率为83%，库仑效率超过99%。与原位XRD展现的小体积变化相吻合。

8.2.4 有机类正极

与传统的刚性无机材料不同，有机材料在可充电电池的应用中具有多种优点，如化学结构多样、电化学稳定性好、结构灵活、可充电等。由于其分子间相互作用弱，K⁺离子可以很容易地脱插到这些有机框架中，作为PIB电极具有良好的比容量和速率性能。

1. 非金属有机化合物

非金属有机化合物具有成本低、丰度高、环境友好、结构多样等优点。Fan等[58]介绍了3，4，9，10-四羧酸二酐苝（PTCDA）作为PIBs的潜在正极材料。在电化学过程中，PTCDA中的C═O键可以转化为C—O—M（M=Li、Na、K）。然而，由于PTCDA的导电性和溶解度较低，其在PIBs中的电化学性能并不令人满意。他们在设计的温度下退火PTCDA，以提高其导电性而不发生热分解。Gao等[59]开发了一种具有聚合物凝胶电解质的聚苯胺正极，用于高能量密度PIBs。这种交联聚（甲基丙烯酸甲酯）（PMMA）的结构在3.0V左右的高可逆电压平台上实现了130mAh/g的可逆容量，因此其能量密度与其他类型的PIBs正极相比具有很强的竞争力。最近，Jian等[60]采用了改进的Phillips法，引入了另一种有机化合物聚（蒽醌硫化物）（PAQS）作为PIBs的新型正极材料。一个PAQS单体中有两个羰基。充电后，两个K离子可以插入两个C═O位点，对应于电化学过程中两个不同的工作平台。最近，Slesarenko等[61]报道了一种新的基于四氮正戊烯的PIBs氧化还原活性材料：八羟基四氮五烯（OHTAP）。傅里叶变换红外光谱（FTIR）的详细分析表明其几乎不溶，与所有常见的有机溶剂非常不同。其初始容量可达200mAh/g，但在长循环时其循环稳定性不是很令人满意。此外，每次循环的库仑效率低于90%，阻碍其进一步应用。另一种有机化合物poly（pentacenetetrone sulfide）（PPTS）由Tang等[62]成功合成，它可以容纳3个K⁺离子插入，且具有3个不同的氧化还原峰，实现了约260mAh/g的高比容量。同时，其他研究人员不断探索新的有机化合物用于先进的PIBs。例如，Tian等[63]在PIBs上合成了一维（1D）和二维结构的羰基聚酰亚胺和聚醌亚胺。其中，聚醌亚胺因其具有多个羰基而表现出最高的初始容量。循环稳定性在很大程度上取决于 p 共轭结构。维生素 K 在 Xue 等[64]的研究中通过与石墨烯纳米管的结合，增强了电子导电性和可溶性，从而获得了更稳定的循环性能。

对 PIBs 的非金属化合物进行总结是令人满意的，因为它们的结构多样性令人印象深刻，不同的官能团在其独特的电化学特性中是独一无二的。越来越多种类的有机化合物被不断地发现和探索[65,66]。此外，这类化合物还存在一些需要解决的障碍，如进一步提高循环稳定性和工作电压平台，同时赋予它们更小的毒性、更高的库仑效率等。

2. 金属的有机化合物

一些含有过渡金属离子或碱离子的有机化合物正极也尤为重要，Zhao 等[67]通过一系列离子交换反应得到碳氧盐 [$M_2(CO)_n$]（M=Li、Na、K；N=4，5，6）。其独特的结构和延长机制使大多数碳氧盐可溶于常用的有机电解质，其中 $K_2C_5O_5$ 和 $K_2C_6O_6$ 材料获得了可观的高容量。此外。Zhao 等[68]报道了一种具有取代磺酸钠基团的新型蒽醌作为 PIBs 的有机材料。Wang 等[69]在乙醇溶液中用 KOH 处理 PTCDA 成功合成了苝-3，4，9，10-四羧酸钾（K_4PTC）作为 PIBs 的稳定有机负极。K_4PTC 还表现出优异的倍率率性能，这可归因于其 HOMO 和 LUMO 能级之间的能量差很小。Liang 等[70]开发了偶氮苯-4，4'-二羧酸钾盐（ADAPTS）作为高性能 PIBs 的正极材料，ADAPTS 与两个 N 原子（N=N）相连，成为主要氧化还原中心。类似地，Li 等引入了共轭二羧酸盐衍生物萘-2，6-二羧酸钾（K_2NDC），通过非原位 FTIR 测试发现其高度可逆的双电子电化学行为[69]。

有机化合物不仅具有超高的理论容量，还具有相对较高的电压平台，并且根据通用的化学结构，可以合理地预期进一步的发展趋势，使得其在 PIBs 的实际应用中前景广泛。

8.3 负极材料

8.3.1 碳基插层型负极

1. 石墨烯

石墨烯是一种新兴的二维材料，自 2004 年成功制备以来一直被认为是一种理想的储能材料[71]。其优异的性能包括高载波窄带迁移率（是硅的 140 倍）、零带隙结构、优异的机械柔韧性、高的热稳定性等。由于这些优异的性能，石墨烯及其配合物在 PIBs 中得到了广泛的研究[72]。理论上，石墨烯作为单原子层，避免了石墨间距狭窄的缺点，应该具有完美的性能。但实际上，石墨烯表面的六元碳环产生了高能量势垒，抑制了钾在石墨烯基体中的扩散，而钾的低结合能使其在石墨烯表面聚集。这些问题极大地限制了石墨材料在PIBs中的应用和发展。最近的相关研究表明，石墨烯的电化学性能可以通过掺杂原子（氮[73]、磷[74]、硫[75]和氟[76]等）和官能化（如缺陷、边缘、孔隙和应变区的孔隙和空位）、引入更多活性位点来调节和改善。例如，Qian等[77]使用氟化聚丙烯（PVDF）作为单源反应器，在高温固相反应中直接合成了几层掺F的泡沫石墨烯（FFGF）。F原子的掺杂不仅为K⁺提供了更多的活性位点，而且提高了孔隙与电解质之间的亲和力，扩大了层间距，促进了钾离子的插入和释放。同样，Share及其同事[78]报道了氮掺杂的少层石墨烯（N-FLG）的钾存储容量高达350mAh/g（理论最大值278mAh/g）。

综上所述，石墨烯由于同时涉及吸附行为（单层）和插入行为（少层）的存储机制，可以同时实现高容量、高速率和长周期的特性。然而，仍然存在一些挑战。更具体地说，用简单的技术低成本制造高质量的石墨烯是必不可少的，但不幸的是，目前仍然缺乏这种技术。此外，在以往的研究中，石墨烯负极的快速容量衰减和低库仑效率仍然需要引起更多的关注，因此，对界面化学（SEI形成）的了解仍然需要更多的研究。

2. 石墨

石墨是最稳定的碳同素异形体，由石墨烯片组成。石墨烯片通过范德瓦耳斯力堆叠成石墨，其中石墨烯层间的天然间距为3.35Å。作为锂离子电池的商用碳负极材料，石墨在锂嵌入过程中可以形成多种石墨嵌入化合物（GICs），如图8-6所示，并且在LiC_6的最终化学计量中显示出372mAh/g的理论容量。PIBs的充放电机理与LIBs相似，石墨也因此被用作PIBs的负极并提供了相当大的容量。在可嵌入钾的负极材料中，石墨中的钾嵌入已经得到了很好的研究。石墨中的嵌入使碳层之间插入客体物质，这是可逆的和拓扑定向的。这种行为导致层间距离随着碳的排列而不同，而层保持不变。一般来说，具有相当晶格间距的石墨层会产生合适的结构，使离子、原子和分子物质扩散并形成插层化合物。为了容纳大尺寸的K，需要更多的碳原子，钾化机制因此变得更加复杂。目前，碳钾原子比不同形成的合金主要有两种模式，即KC_{12n}（$n=1$和2）或KC_{8n}（$n=1$、2和3）。Ji等[79]报道了石墨的电化学储K性能，其初始容量高达273mAh/g。对所选的电荷态（SOC）进行了非原位XRD分析，结果显示，在K插入过程中，KC_{36}、KC_{24}和KC_8按照顺序形成，而在K脱嵌过程中，相变顺序相反。Hu等[80]提出了K插入石墨的三个阶段：C/KC_{24}（阶段III）/KC_{16}（阶段II）/KC_8（阶段I）。密度泛函理论（DFT）计算显示了KC_8对应的最大稳定化学计量。当K含量较大时，当电位变为负时，预计会形成金属 K，这表明 KC$_8$ 在这个电位窗口 [0.01 ~ 2V（$vs.$ K$^+$/K）] 内无法形成电化学反应。

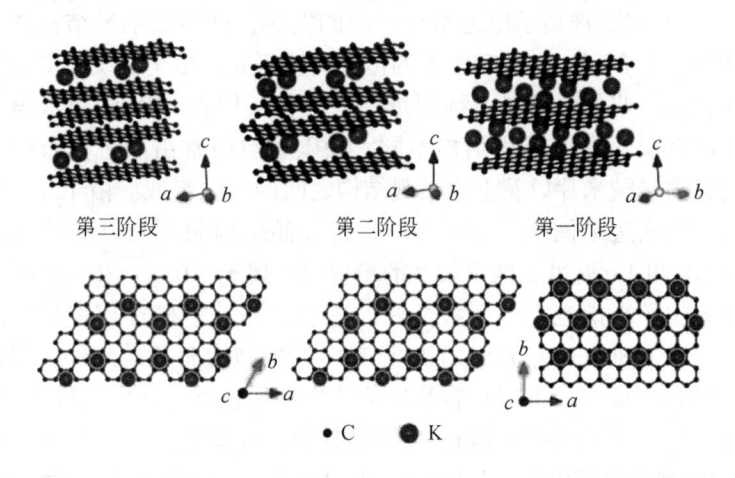

图 8-6 不同 K-GIC 的结构图，侧视图（上排）和俯视图（下排）

与 PIB 的正极材料类似，石墨基材料在电化学过程中由于体积变化较大，其结构稳定性也备受关注。特别是，石墨负极形成 KC$_8$ 的体积膨胀率约为 61%，远远大于 LiC$_6$ 的 10%，这对电极材料的结构完整性构成了严重的威胁[78]。为了对抗这种循环不稳定性，石墨材料的结构工程使其能够承受大体积变形，成为一个有利的选择[81,82]。例如，以乙醇蒸气为前驱体，采用化学气相沉积（CVD）法制备了碳多纳米晶石墨（PG）[83]。PG 样品呈中空形状，具有多孔壁，这是缓冲大体积膨胀的有利特性，并且能够确保在 100mA/g 下循环 240 圈。同时，具有互穿网络的三维结构的建筑电极材料也因其在连续体积变化下保持形状完整性的能力而闻名。同时，固有的互穿结构具有非常有利的形状特性，对于快速充放电过程至关重要。例如，成功地制造了具有三维结构的独立石墨，然后直接用作负极材料，而不需要黏合剂[84]。负极材料提供了较大的层间空间，提高了纳米尺度石墨碳材料的动力学，促进了大 K 的快速转移和扩散。由此，负极材料成功地避免了碳主体的降解，因此，半电池显示出色的倍率能力和容量保持能力（在 20C 下 1000 次循环 95%）。这种负极材料揭示了石墨在基于 PIB 系统的低成本 EES 中的潜力[85]。

石墨廉价的资源和成熟的生产工艺使其成为电极负极材料。然而，石墨负极在 PIB 中的实际应用仍然受到电化学过程中巨大体积变化的挑战。因此，考虑到库仑效率、速率能力和生产成本等与石墨实际应用相关的其他重要参数的满足，迫切需要研究石墨的结构设计和制造，以承受大尺寸 K 的插/脱插引起的结构变形。

3. 硬碳

随着锂离子电池/锂离子电池负极材料的发展，许多微纳米结构的硬碳材料由于其在动力学上有利于离子和电子的传输而被研究。由于传统石墨负极的储钾性能不理想，各种非晶碳材料，特别是硬碳材料被用作 PIBs 的负极材料。与石墨在平面上具有长程有序堆积结构不同，硬碳材料通常由随机分布的石墨化微畴、扭曲的石墨烯纳米片以及上述微观结构之间的空隙组成。由于 c 方向的无序和平面上完美的六边形网络，它们往往保持非晶结构而不是石墨结构。XRD 谱图显示，在 24°和 43°处可见两个较宽的衍射峰，属于（002）和（100）晶格面。非晶碳材料的拉曼光谱也有两个特征峰。在 1350cm^{-1} 左右的 D 带与缺陷或无序结构有关，而在 1580cm^{-1} 左右的 D 带与有序石墨结构有关。此外，通过比较 D 波段与 G 波段的强度比，可以很容易地估计出无序程度。金属有机骨架（MOF）衍生碳材料[86,87]、生物质衍生碳材料[88]和其他多孔硬碳材料三部分介绍硬碳材料在 PIBs 中的制备及其电化学性能[89]。此外，杂原子掺杂作为一种有效的策略，通过调控碳基材料的电子和化学性质来提高其电化学储钾性能。

MOF 作为一种超高多孔材料，有高结晶度、优异的可维持性和孔隙等特性，被广泛用作自模板前驱体，以获得用于储能和转换的碳基材料。MOF 材料由两部分组成：有机连接体和无机连接体。有机连接体由大量分子聚集而成，无机部分是指小的金属簇或过渡金属离子[90]。事实上，即使没有进一步的煅烧步骤，由于潜在的多电子转移（MOF 可以被金属和连接剂氧化和还原），原始 MOF 也很有希望成为 PIBs 中的负极。Feng 等报道了 MOF 金属-有机骨架 MIL-125（Ti）作为 PIBs 的负极材料[91]。在 200mA/g 电流密度下，2000 次循环后的容量保持率为 90.2%，CE 为 100%。活性羧酸基团和多孔结构是其高性能的主要原因。考虑到 MOF 的富碳有机成分和易破碎的配位键使其成为制备纳米多孔碳材料的合适前驱体，Ju 等通过对 NH$_2$-MIL101（Al）前驱体进行碳化和酸化，合成了氮/氧双掺杂分层多孔硬碳（NOHPHC）[86]。PIB 中的 NOHPHC 负极在 25mA/g 和 3000mA/g 时分别产生了 365mAh/g 和 118mAh/g 的高可逆容量。即使在 1050mA/g 的高电流密度下，前 300 次循环的容量也从 174mAh/g 衰减到 130mAh/g，但在随后的循环中没有出现明显的容量损失。这种优异的性能主要归功于层间距增大（0.391nm）、比面积高（约 1030m^2/g）和丰富的表面活性位点（氮/氧双掺杂）。通过不同扫描速率下的 CV 曲线，计算了两种存储机制的贡献百分比，以解释其优越的速率容量。定性和定量分析表明，电容和扩散过程是 K 离子优异储存的混合机制，其中电容的贡献更为重要。

总的来说，这些硬碳在 PIBs 中表现出显著的速率特性，因为它们具有较大的比表面积和丰富的缺陷。同时，多孔骨架还可以适应钾化过程中的体积膨胀，增加电容效应带来的容量。利用合适的前驱体制备具有预定结构和组成的碳材料，并最终表现出优异的电化学性能，是一个非常有意义和有趣的研究方向。但是，其比容量和ICE相对较低，仍然阻碍了硬碳的实际应用。前驱体组成、热解/合成参数与电化学性能之间的关系有待更系统的研究，最终为当前的发展瓶颈提供有效的解决方案。

4. 软碳

软碳是一种碳层有序、结构无序的特殊碳材料，软碳的石墨化程度可以通过热处理来调节。在2500℃以上退火时软碳可以转化为石墨。软碳通常由聚吡咯、髓、焦油、烃基材料等通过炭化工艺制备[92,93]，特别是可以控制软碳的层间距，从而实现快速K^+输运动力学的适当层间距。软碳的石墨化程度随着热处理温度的升高和时间的延长而增大。虽然中孔空心碳球的石墨化程度增强，但碳基体中的S原子可以扩大碳层的层间距，而N原子对层间距没有明显影响[94]。

在软碳的储钾/脱钾过程中，由于存在较大的石墨烯畴和较多的缺陷，没有明显的高原区，斜坡区贡献了大部分容量。软碳的原料和形貌结构直接影响其电化学性能。与硬碳和石墨烯类似，杂原子掺杂策略可以改善软碳材料的物理结构和K^+存储能力。虽然高石墨化的软碳材料可以加快电子传导速率，但由于层间距小，石墨层长度长，不利于K^+的扩散速率。对于PIBs，软碳材料的石墨化程度直接影响K^+的储存行为。一方面，揭示了高石墨化度软碳的插/脱插和吸附/脱附协同K^+储存机理；坡地和高原地区对K^+储量贡献较大；另一方面，石墨化程度低的软碳以吸附/解吸过程为主，斜坡区贡献了大部分的K^+存储容量。此外，独特的结构设计，包括杂原子掺杂和纳米结构设计，将改善物理性能（如电子结构、比表面积、层间距）和电化学性能（K^+扩散率/反应动力学、K^+存储容量），这与SIB相似。

8.3.2 氧化物/硫化物/硒化物等转换型负极

1. 氧化物

低成本、大规模制备铁氧化物在储能系统中引起了极大的关注，这些氧化铁已被广泛研究，并被证明具有较高的Li和Na离子存储能力[95,96]。当用作PIBs的负极时，不管K离子的半径多大，转换反应机制仍然有效，在K离子插入和提取过程中引起更大的体积膨胀。目前，为了提高PIBs的电化学性能，一般采用纳米工程和碳涂层技术。基于这一概念，纳米结构的Fe_2O_3和Fe_3O_4在制造具有优异电化学性能的新型PIBs方面获得了优异的性能。Qin等[97]设计并制备了掺N碳包覆的a-Fe_2O_3介孔空心碗。三维模型的构建和有限元模拟证明，空心碗继承了空心球的优点，而空隙空间在连续的钾-脱钾过程中起到有效的缓冲作用，对抗体积变化；壳内均匀分布的富集孔隙对应力分布有很大贡献。得益于氮掺杂碳保护和在介孔中空结构中高速率诱导钾化再活化，这种新型负极具有良好的循环耐久性。Fe_3O_4作为负极，由于电导率低、钾化后体积膨胀大，无法实现理想的比容量和较长的循环寿命。Qu等[98]通过简单的化学吹法构建了三维N掺杂多孔石墨烯框架与Fe_3O_4纳米颗粒（Fe_3O_4/3D NPGF）集成。所制备的杂化材料呈现三维蜂窝状的框架结构，具有相当大的互联壁，可以有效地提高电子输运效率。碳质纳米壁是促进Fe_3O_4纳米晶体均匀分散的关键因素。此外，聚偏氟乙烯（PVDF）和聚丙烯酸（PAA）用作黏合剂。结果表明，非常规PAA黏合剂的电化学性能优于通用PVDF黏合剂。与集成的PAA-Fe_3O_4/3D NPGF电极相比，循环后PVDF-Fe_3O_4/3D NPGF电极出现细长裂纹。TSEI层稳定地暴露在PAA-Fe_3O_4/3D NPGF表面，能量色散X射线能谱（EDS）元素映射显示SEI层组分中含有氟（F）和硫（S）元素。选择合适的黏合剂是实现PIBs优异电化学性能的重要环节。铁氧化物能够通过转换型机制提供令人满意的可逆K离子存储容量；Li团队提出了一种易于扩展的化学鼓泡方法，用于原位构建固定在3D-N掺杂少层石墨烯框架上的空心Fe_xO纳米球（Fe_xO@NFLG），并将其用作高性能PIBs的负极材料。合成的电极显示出非凡的速率能力（176mAh/g）和循环可逆性，它保留了206mAh/g的高可逆容量。他们对Fe_xO@NFLG的K离子储存机理进行了机理研究，并描述了以下步骤。

$$Fe_xO + 2K^+ + 2e^- \longrightarrow FeO + K_2O \qquad (8-1)$$
$$FeO + K_2O \longrightarrow Fe_xO + 2K^+ + 2e^- \qquad (8-2)$$

Feng等采用不同的策略，通过可扩展的化学脱合金方法，从大块铝钴合金中直接合成了2D纳米多孔Co_3O_4纳米片[99]。所得的Co_3O_4具有较高的比表面积和纳米级厚度。前者显著增加了电解质与电极之间的接触面积，而后者减少了离子扩散的长度。当用作PIB的负极时，纳米结构的Co_3O_4提供了令人满意的速率性能和相当长的循环寿命。这些结果证实了直接设计纳米级Co_3O_4来改善其电化学性能的可行性。同样，Wen等[100]在没有碳缓冲基质的情况下制备了多孔纳米片状Co_3O_4，并评估了其在LIB和PIB上的电化学性能。与商业微米尺寸的大块Co_3O_4颗粒（3~5μm）相比，纳米片状Co_3O_4无论是在LIB还是PIB中都具有更高的倍率容量和循环能力。这主要是因为纳米薄片上的孔隙可以提供一个松散的空间和缓冲带，这有利于有效地容纳体积膨胀带来的体积应力。此外，二维纳米片状结构可以允许离子在活性材料内快速扩散，确保改善反应动力学。

尽管具有低K/K^+电位的高性价比钾资源使研究人员将PIBs视为大规模储能装置中LIBs的潜在选择，但K^+（1.38Å）比Li^+（0.76Å）大得多的离子半径极大地阻碍了氧化还原动力学，因此限制了PIBs的发展，研究仍处于起步阶段。

除了上述金属氧化物外,其他金属氧化物如 Nb_2O_5 纳米棒,CuO 纳米板和分级 TiO_2 也受到同样关注。

正晶型五氧化二铌($T-Nb_2O_5$)由于其大的(001)面间晶格间距,可以容纳大量的碱离子进入层中,因此获得了足够的动力作为碱离子电池的理想负极材料。基于这一优点,Tang 等[101]通过简单的水热工艺合成了一种具有分层海胆状结构的 $T-Nb_2O_5$ 纳米材料(图8-7),$T-Nb_2O_5$ 纳米材料表现出增强的 K 存储性能,钾化/脱钾过程遵循插层-伪电容杂化机制。此外,纳米级表面工程技术被引入能量存储领域,用于调制 PIBs 的电化学性能;Lee 等[102]研究了部分表面非晶化和富含缺陷的 oxide@graphene 纳米片的电化学性能。表征报告显示,巨大的缺陷以及非晶表面层有利于 K 离子的存储,促进电子传输,增强赝电容能量存储,而电极和电解质之间的无缝接触是高性能 PIBs 的原因。

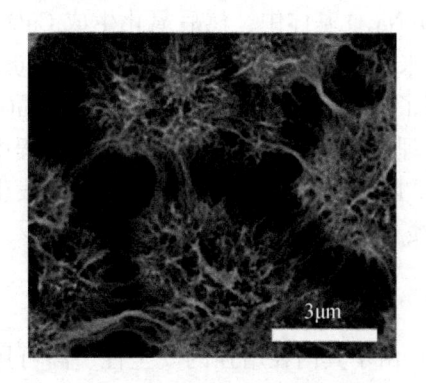

图 8-7 $T-Nb_2O_5$ 的 SEM 图

SnO_2 是一种宽带隙 n 型半导体材料,作为 LIB 和 SIB 的负极材料引起了研究人员的兴趣。由于储量丰富和放电平台相对较低,SnO_2 也被证明在 PIB 中具有电化学活性。出乎意料的是,在钾化和脱钾过程中,SnO_2 电极的电导率通常较低,体积变化不可忽略,这不可避免地导致电极粉末化,容量衰减快,速率性能差。一种有效的方法是将三维多孔碳与活性材料结合,既可以容纳过度的体积膨胀,又可以防止纳米颗粒的聚集[103,104]。Wang 等[105]通过冷冻干燥制备了一种新型纳米复合材料,将超细 SnO_2 纳米颗粒固定在三维多孔碳中,然后进行烧结和脱合金处理。在 Cu_6Sn_5 纳米颗粒选择性蚀刻 Cu 后,收获了 SnO_2 纳米颗粒的最终产物。三维碳网络独特的微观结构为 SnO_2 的体积膨胀提供了足够的缓冲空间,为离子和电子的转移提供了丰富的通道。得益于这些优势,3D SnO_2@C 负极在 2A/g 下提供了 145mAh/g 的超长循环性能。此外,Hou 等[106]报道了一种过电沉积工艺将 SnO_2 纳米颗粒固定在 3D 泡沫碳(SnO_2@CF)上的合成 SnO_2@碳泡沫的新方法。SnO_2@CF 具有三维导电网络,电极和电解质之间紧密接触,K 离子转移加速。

锰氧化物以不同的化学计量形式存在；MnO_2 和 Mn_3O_4 具有理论容量高、氧化电位低、环境友好等优点，在二次电池中得到了广泛的研究。然而，固有电导率差和体积变化大阻碍了碱离子电池的实际应用[107,108]。为了克服这些缺点，Zhang 等[109]提出了一种简单的液相策略来合成层叠层状结构 MnO_2@graphene 复合材料；独特的分层层状结构使 MnO_2@graphene 复合材料通过提供丰富的界面相互作用来促进 K 离子的更好传输，从而提高了速率和循环性能。此外，Nithya 等[110]通过将 Mn_3O_4 纳米球固定在氧化石墨烯片的表面，构建了 Mn_3O_4@rGO 结构；巧妙的设计保证了扩展后的 Mn_3O_4 纳米球不会对电极材料构成威胁。

由于具有高可逆容量和合适的工作电位，CuO 作为锂离子电池及其负极材料因其丰富度、化学稳定性和环境友好性而受到广泛关注。在放电过程中，Cu 纳米颗粒生成并植入 Li_2O/Na_2O 基体中，然后氧化生成 CuO。最近，Cao 和同事合成了氧化铜（CuO）纳米板，并将其用作 PIBs 的高性能负极材料[111]，并且根据各种原位表征结果阐明了不同的 K 反应途径。确定该 CuO 纳米板电极的电化学反应机理为转化反应机理。铜纳米粒子在第一次钾化过程中形成，然后转化为带电荷的 Cu_2O 纳米粒子。随后，生成的 Cu_2O 与 Cu 之间发生转化反应，而不是初始 CuO，产生 374mAh/g 的理论比容量。

2. 硫化物

钴基硫化物（CoS）由于其内在增强的安全性、高可用性、高容量和窄带隙半导体特性而引起了极大的关注[112,113]，因此被广泛认为是一种有前途的碱离子电池负极。与 CoP 一样，钴基硫化物负极在循环过程中会遭受严重的体积变化，因此设计了一些空心结构来承受这种大的机械应变。过量的内部空隙空间将不可避免地导致低堆积密度，从而导致低体积能量和功率密度。另一种策略是合成小尺寸颗粒，这是缓解 K 嵌入后结构粉化的有效途径，但通常伴随 NPs 的严重自聚集。

然而，这种自聚集现象可以通过在平台上可控地开发纳米结构量子点（QDs）来有效抑制[114,115]。以 CoS 为例，为了使量子点材料的离子与石墨烯的亲电性碳原子之间产生强相互作用[113,116]，Guo 等[117]采用两步水热策略实现了 CoS 与石墨烯的杂化，其中石墨烯的不同质量负载的产物分别标记为 CoS@G-10、CoS@G-15 和 CoS@G-25，综合比较发现 CoS@G-25 的性能最好。与大块纯 CoS（50~100nm）相比，CoS@G-25 复合材料中的 CoS 纳米团簇尺寸明显小于 10~20nm。特别地，观察到这些 CoS 纳米团簇是由相互连接的量子点构建的。由于石墨烯的存在，CoS 量子点的自聚集行为受到限制，因此其呈现均匀分布。此外，CoS 量子点与石墨烯之间牢固的界面连接保证了复合材料的结构稳定性。

CoS@G-25电极表现出令人满意的可循环性（在500mA/g下达到310.8mAh/g），由于这些突出的结构优势，在相同条件下优于纯CoS、CoS@G-10和CoS@G-15。此外，研究人员证明，除了石墨烯之外，引入其他碳衬底也有助于提高CoS的电化学性能[118,119]。

作为众所周知的过渡金属硫化物成员，二硫化钼已经成为能量转换和存储系统的流行研究选择[120]。然而，MoS_2的K离子存储性能并不像LIB和SIB那样令人印象深刻。受限于K离子的大尺寸问题，在优化相形态、元素组成、层间膨胀和表面纳米结构方面探索MoS_2作为PIBs负极材料显得紧迫而有趣。

具有转化机制的金属硫化物平衡了容量和循环稳定性之间的矛盾，从而显示出卓越的性能。基于高的理论容量和优异的氧化还原可逆性，开发具有优异储钾性能的高级金属硫化物负极是非常值得期待的。事实上，CuS、ZnS、VS_2、ReS_2和Sb_2S_3在储能领域的研究很少，但它们也在PIBs中表现出了吸引人的性能。

3. 硒化物

钴基硒化物（CoSe）负极作为过渡金属硫族化合物之一，在LIB和SIB中得到了广泛的应用。根据钴与硒的成键形式不同，可分为多种类型，主要有CoSe、$Co_{0.85}Se$、$CoSe_2$和Co_3Se_4。CoSe负极已被证明在LIB和SIB中具有出色的电化学性能[121]，但在PIB中的应用相对较少。CoSe负极中的钾储存机制由插层过程和转化反应组成。当充分放电至0.01V时，CoSe完全转化为金属Co^0和K_2Se，同时在此过程中由于循环应力和再结晶导致纳米级Co^0颗粒变粗，导致电化学可逆性较差[122]。因此，保证Co^0与K_2Se之间的相互扩散活性，保持Co^0/K_2Se转化反应界面的稳定性，将实现CoSe电极的稳定循环和高容量。例如，Yang等将CoSe纳米立方体限制在NC中（CoSe@NC），以促进CoSe和NC之间异质界面的构建[122]。非均相界面固定了CoSe和反应产物Co^0NPs，减轻了循环时的体积变化，最终提高了循环稳定性。此外，用醚基电解质取代传统的酯基电解质大大减少了电极/电解质界面的副反应，从而提高了初始库仑效率（ICE）和可逆容量。CoSe负极面临的另一个问题是循环时体积的巨大变化。Huang等[123]合成了包封在氮掺杂碳纳米管中的CoSe NPs（表示为CoSe@NCNTs）。Co-NTAC@PDA前驱体呈现出一种纳米线形态，碳化后部分Co NPs均匀分布在纳米管内。即使在硒化后，这种结构也保持得很好。实验和理论结果均表明，电解质中的KPF_6对CoSe表面聚合物非晶膜的形成有实质性的影响，这种非晶膜在阻止多硒化物中间体溶解到电解质中，稳定Co^0/K_2Se界面方面起着关键作用。此外，使用普鲁士蓝正极和CoSe@NCNTs负极组装的钾离子电池也表现出优异的电化学性能（在500mA/g下表现出228mAh/g）。

目前，虽然关于$CoSe_2$作为PIB负极的应用研究很少，但有研究表明，$CoSe_2$

具有与 CoSe 相似的物理化学性质和钾储存机制[124]。因此，对 CoSe$_2$ 作为 PIB 负极的探索主要集中在获得优越的倍率能力和循环稳定性上。为了实现这一点，Kang 等将超细 CoSe$_2$ 纳米晶体集成到限制在中空介孔碳纳米球（图 8-8）内的 NC 基体中（表示为 CoSe$_2$@NC/HMCS）[125]。在合成过程中，通过 NC 基体和 HMCS 小孔的"双重约束"，可以有效地防止 CoSe$_2$ 纳米晶的过度生长。特别是，与 CoSe$_2$ NPs 紧密接触的 NC 充当保护层，以适应显著的体积变化，而具有小孔的 HMCS 允许电解质离子快速渗透。Suo 等[126]利用钴—碳键和钴—氮—碳键将超薄金属硒纳米片完美地限制在 3D NC 泡沫上（CSNS/NCF-T，T=140℃、160℃和 180℃）。氮和碳对钴离子的高亲和力确保了坚固的结构，防止了严重的坍塌和粉碎。CSNS/NCF-160 的 SEM 图像显示，碳泡沫（CF）由碳分支相互连接的骨架组成。这些碳枝被纹理化的 CoSe$_2$ 纳米片均匀包裹，证实了 CoSe$_2$ 相的存在及其多晶性质。形态和结构表征表明 CSNS/NCF-160 的形成是合理的，具有三维互联结构的 NCF 可以直接用作自支撑柔性负极，无需黏合剂和集流器，有助于提高整体电化学性能[127]。与 Suo 等[126]的研究类似，Zhang 等优选具有丰富碳氮键的合适前驱体来合成 CoSe$_2$ NC 多孔框架（CoSe$_2$@NC），其中碳氮键诱导形成均匀的 NC 基质和碳氮钴键[124]。这一结果不仅保证了具有优异循环稳定性的坚固结构，而且赋予了高电子导电性。

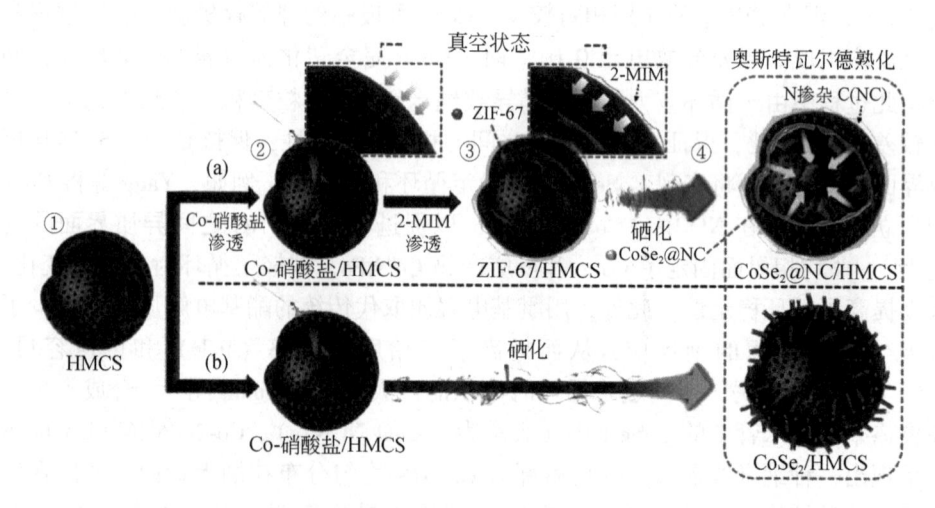

图 8-8 CoSe$_2$@NC/HMCS 和 CoSe$_2$/HMCS 复合材料的制备示意图

迄今为止，其他金属硒化物，如 FeSe$_2$、ReSe$_2$、NbSe$_2$、CuSe、VSe$_2$ 和 Sb$_2$Se$_3$，很少被研究用于 PIBs，对硒化铁的研究主要集中在 FeSe$_2$。Zhao 等[128]通过气泵自膨胀法设计了以 FeSe$_2$ 纳米点装饰的 3D 多孔碳网络（FeSe$_2$@PCN）。FeSe$_2$@PCN 在 100mA/g 下循环 500 圈后保持了 128mAh/g 的稳定容量。该复合材料的结构可以减轻K⁺插层引起的体积变化。3D PCN 提供的快速离子/电子传递动力学和优越的电阻性促成了这种电化学性能。研究人员研究了 FeSe$_2$/氮掺杂碳复合材料作为 PIBs 的负极材料[129]。所制备的复合材料在 1A/g 下循环 250 次后容量保持在 301mAh/g。非原位 XRD 和 TEM 表征表明,在初始放电过程中存在三个连续反应（FeSe$_2$/K$_x$FeSe$_2$/FeSe+K$_2$Se/Fe+K$_2$Se）。整个反应是不可逆的；充电结束时的产物为 K$_x$FeSe$_2$,而不是 FeSe$_2$。

8.3.3 锑基/锡基等合金型负极

典型的类金属锑基合金材料是由于具有惊人的体积容量以及适当的工作潜力而成为极具吸引力的 PIB 负极候选。Sb 的 K⁺储存机制是由 Monconduit 小组提出的[130],最终钾化产物为 K$_3$Sb（主要为立方相,次要为六方相）,并在完全脱钾后返回 Sb。该机制也在原位透射电子显微镜（TEM）的结果中得到证实[131]。立方体或六边形的 K$_3$Sb 在形成完全钾化后,体积膨胀大于 400%,容易造成活性物质的破裂,导致电极在有限循环后失效[132]。有几种策略可以解决这个问题。碳材料的掺入,包括炭黑、石墨、炭黑和蒸汽磨碳纤维的混合物以及双壁碳纳米管,是通过机械球磨来缓解体积膨胀的常用方法之一[133]。在 2015 年 Wu 小组[134]报道的第一项探索 Sb 在 PIBs 中应用的研究中,最初从大块 Sb 获得了 ~400mAh/g 的高可逆容量,但在随后的循环中迅速恶化,在最初的四个循环中下降了近 50%,这可能是由于钾化/脱钾过程中 Sb 相关的巨大体积变化引起电极的机械降解。因此,30wt% 的炭黑和 Sb 通过球磨来产生缓冲,以减轻体积膨胀。X 射线衍射（XRD）结果表明,机械球磨还可以减小 Sb 的晶粒尺寸,有利于进一步缓解体积膨胀。通过这种方法,形成立方 K$_3$Sb 作为最终放电产物,实现了接近理论容量的更高的可逆容量（约 650mAh/g）,并且电极的循环稳定性明显优于体 Sb,在观察到明显恶化之前可以保持 10 次循环的稳定性能。此外,研究表明,将放电截止电压从 0.05V 提高到 0.3V,对应于放电产物钾化深度较小,进一步缓解了体积膨胀,提高了电极稳定性,将循环次数从 10 次提升到 50 次,出现急剧的容量衰减。然而,较高的放电截止电压牺牲了容量,仅留下 250mAh/g 的容量。

考虑到二维材料的优点,将其与 Sb 耦合可能是提高电化学性能的有效策略。还原氧化石墨烯（rGO）是一种独特的二维碳质材料,与石墨烯相似,但具有杂原子和残余氧,由于 rGO 的高表面积和中等导电性,可能与 Sb 纳米颗粒合作。还原氧化石墨烯的功能是阻止 Sb 粒子聚集,为离子/电子传递提供导电途径,缓解体积变化。研究人员[135,136]通过将 Sb 纳米粒子或 Sb-C 复合材料与还原氧化石墨烯耦合来缓解 Sb 的体积膨胀,提高电化学性能。其中,分散在还原氧化石墨烯网络中的碳包覆 Sb 纳米粒子循环性能最好（Sb@rGO@C）。在 1000mA/g 下,经过 800 次循环，材料的放电容量为 160mAh/g，容量保持率为 72.3%。除了 rGO 外，还可以引入一种具有良好导电性和层间距大的新兴二维材料 MXenes，将 Sb 纳米粒子均匀分散在多孔 Na$^+$ 预插层-Ti$_3$C$_2$T$_x$（Na-Ti$_3$C$_2$T$_x$）中，以提高 Sb 的电化学性能[137]。Na-Ti$_3$C$_2$T$_x$ 不仅表现出丰富的表面氧化还原反应和良好的电容性能，而且能协同提高电化学性能，在 500mA/g 的电流密度下循环 1200 次后仍能保留 258mAh/g 的容量。

8.3.4 其他负极材料

1. 有机负极

有机材料由于其低成本和环保的特点，正在推动对碱金属离子电池的追求。具有多种化学成分和结构的有机材料因其优异的电化学性能在 LIB 中得到了广泛的研究。迄今为止，已有几种有机材料被用作 PIB 的负极，包括对苯二甲酸酯及其衍生物、维生素 K 等。有机负极的能量储存机制是基于在还原/氧化时平衡过多电荷的反离子的性质。这与无机负极不同，无机负极通常依赖于阳离子特异性的复合插层机制[138]。此外，通过范德瓦尔斯力而不是离子/共价键连接的有机分子产生更多的空隙空间，导致更多的金属离子容纳在电极中。有机材料的功能特性使其成为电池技术中极具潜力的负极材料。

过渡金属离子的引入可以提高有机负极的电化学性能，这在 LIB 中得到了验证[139]。在放电/充电过程中，过渡金属离子可以参与有机负极的氧化还原反应，并催化 C=C 双键打开以容纳两个电子。Fan 等[140]开发了对苯二甲酸钴（CoTP）作为 PIB 的有机负极，并发现 Co 掺杂不会导致对苯二甲酸钴（TP）容量的增加。这与应用于 LIB 的有机负极的 Co 掺杂不同。用 XPS 和 IR 分析了储能过程中的电化学行为。结果表明，Co^{2+} 离子不可逆地转化为 Co^0 原子，而 TP2 离子转化为 TP4 发生在初始完全放电状态。在随后的循环中，PIB 的容量主要由有机 TP 部分的可逆还原/氧化反应贡献。然而，过渡金属离子对有机负极电化学性能的影响还需要更深入的研究。

维生素 K（VK）是一个结构相关的醌家族，其理论容量为 313.5mAh/g，基于每个配方的 2K$^+$ 存储。为了提高维生素 K 的导电性，Xue 等[64]将维生素 K 与石墨烯纳米管（GNTs）混合制备 VK@GNTs 复合材料。VK@GNTs 电极提供了 300mAh/g 的出色容量，接近维生素 K 的理论容量，并且在 100 次循环后容量保持率为 70.9%。GNTs 不仅提高了 VK 的电导率，而且缓冲了其在电解质中的溶解。利用原位 X 射线光电子能谱（XPS）研究维生素 K 的储存机理，发现在放电状态下出现一个新的 CeOeK 峰，同时 C=O 峰明显降低，表明 K 离子被 C=O 基团可逆调节。

2. 钛酸钾

由于钛酸钾的最佳层间距（$K_2Ti_4O_9$ 为 0.85nm[141]，$K_2Ti_8O_{17}$ 为 0.367nm[142]，$K_2Ti_6O_{13}$ 为 0.35nm[143]）可以容纳较大的 K^+ 离子，因此钛酸钾作为 PIB 的负极材料被广泛研究。虽然已经报道了具有可接受容量的钛酸钾负极，但确定钛酸钾可能的储存机制和结构转变是设计重要负极材料的关键因素。$KTi_2(PO_4)_3$（KTP）是钠超离子导体 $ATi_2(PO_4)_3$（A：Li、Na、K）的钾类似物，可以在其中间层中可逆地插入/提取钾离子[55]。Wei 等[144]通过对层次化球状 KTP@C 负极的监测，阐明了 KTP 的储能机理及其在充放电过程中的结构转变。他们发现容量值主要来源于两种机制：一种是 K^+ 在 KTP 晶格中的插层（次要），另一种是 Ti^{4+}/Ti^{3+} 和 Ti^{3+}/Ti^{2+} 相关的氧化还原过程（主要）。

近年来，水性钾离子电池以其高安全性和低成本的特点引起了广泛的研究兴趣。Li 等[145]使用 KTP/C 负极、$K_2FeFe(CN)_6$ 正极和 21mol/L KCF_3SO_3 作为电解质组装了一个全水性 PIB，该 PIB 在 3000 次循环后有 100% 容量保持的超长寿命。利用 X 射线衍射（XRD）对 KTP/C 的储能机理进行了探讨。典型的 XRD 峰位移可以忽略不计，表明在 K^+ 的插入/萃取后，没有发生相变或晶格的膨胀/收缩。因此，优异的电化学性能可归因于 K^+ 的快速扩散动力学和 KTP 坚固的晶体结构。

Zhang 等[146]报道了一种开放框架的正交 $KTiOPO_4$ 负极，其比容量为 102mAh/g。原位 XRD 图显示，K^+ 离子的插入伴随着可逆的分步双相反应和固溶反应，反应可以描述如下：

步骤 1：$KTiOPO_4$（相 A）$+xK^+ +xe^- \longrightarrow K_{1+x}TiOPO_4$（相 A+B，$0<x<0.26$，两相反应）。

步骤 2：$K_{1.26}TiOPO_4$（相 B）$+xK^+ +xe^- \longrightarrow K_{1.26+x}TiOPO_4$（相 B，$0.26<x<0.75$，固溶反应）。

总反应：$KTiOPO_4 +0.75K^+ +0.75e^- \longrightarrow K_{1.75}TiOPO_4$

Qi 等进一步研究了 $KTiOPO_4$ 负极用于 PIB。在 20C 时，提供了 836mAh/g 的优异速率性能。原位 XRD 分析提供了 $KTiOPO_4$ 负极的反应机理，与 Zhang 的结论非常吻合。这些结果表明，开放框架 $KTiOPO_4$ 材料是很有前途的 PIB 负极。

此外，其他钛基材料也被探索作为 PIB 的负极，如 $K_2Ti_2O_5$[147]、$K_2Ti_6O_{13}$[143]、$K_2Ti_8O_{17}$[142] 和 $K_2Ti_4O_9$。然而，大多数钛基负极表现出容量低、倍率性能差和循环寿命不理想的问题。薄膜或多孔结构的电极材料缓解了钛基负极缓慢的扩散动力学。离子的扩散动力学可以通过特征时间常数（τ）、扩散路径（L）和扩散常数（D）来估计，如下所示[147]：

$$\tau = L^2/D$$

因此，为电极创造一个薄而多孔的结构可以缩短离子的扩散路径，并提高速率性能。将钛基电极与碳、导电聚合物相结合，以及引入掺杂剂、形貌控制等结构合理化，是提高其导电性和结构稳定性的有效途径，并可获得优异的 K^+ 存储性能。

3. 钴基磷化物负极

钴基磷化物，特别是CoP，已被认为是LIB和SIB极有前途的负极[148]，因为它具有高比容量，这归因于锂化或钠化后的高效转化反应。然而，CoP负极在LIB和SIB中的应用受到两个关键因素的严重阻碍，即低固有电导率和明显的体积变化[149]。当使用CoP作为负极时，这些障碍也可以在PIB中发现，并且导致 K^+ 尺寸更大。值得注意的是，反复的体积膨胀/收缩会导致电极材料的晶体结构粉碎，电极与集电极之间失去接触，导致循环稳定性极差。

解决这些挑战的一种可行方法是设计和制备将主要活性组分限制在多孔碳框架内的复合材料结构[150]，其中多孔碳有利于电解质离子的渗透，同时提供足够的自由空间以减轻体积变化。此外，碳框架的约束效应有助于抑制钾化/脱钾过程中CoP纳米颗粒（NPs）的粉碎和聚集，而通过CoP纳米颗粒和导电碳合理形成的杂化结构为离子和电子的传递提供了便利的通道。因此，基于上述设计路线获得的产品有望提供优异的电化学性能。例如，Xiong等[151]合成了嵌入氮磷共掺杂多孔碳片（CoP, NPPCS）的核壳状CoP NPs，证明了碳基体可以很好地发挥其优势，氮磷杂原子的引入协同提高了电子导电性。优化后的CoP, NPPCS电极理论上应该表现出优越的倍率容量和循环稳定性，但它提供了普通的倍率能力（在50mA/g下只有174mAh/g）和超过1000次循环的中等循环寿命。速率和循环寿命不理想的原因可能是合成的CoP粒径较大（约为100nm），这不利于K离子的固态扩散。Fan等[152]则通过同步热解和磷酸化，制备了超小型CoP颗粒（2~3nm），并将其限制在掺氮多孔碳中（CoP@NPC）。电化学阻抗谱（EIS）和恒流间歇滴定技术结果表明，CoP@NPC复合材料由于减少了传递途径而提高了快速电子传递能力。此外，其他测试结果也表明CoP@NPC复合材料具有丰富的活性位点和强大的结构稳定性，这些都使其具有优异的性能。值得注意的是，在50mA/g时，其速率容量达到229.4mAh/g，通过保持89.2mAh/g的可逆容量，循环寿命延长至2800次。此外，在ZIF-8@ZIF-67前驱体制备的核壳结构中可以观察到双碳约束的协同效应。因此，得到的产物由CoP/氮掺杂碳（NC）壳层和NC核组成，其中碳壳中的碳结构可以作为加速电子转移的导电途径，而NC核主要提供容纳体积波动的缓冲空间。Sun等[153]成功构建了限制在CoP多面体结构中的ZIF-8@ZIF-67氮掺杂多孔碳（NC@CoP/NC），很好地支持了这一观点。由于相当大的双碳约束效应，所得到的NC@CoP/NC电极在100mA/g下循环100

次后容量为260mAh/g，容量保持率为93%，当电流密度增加到500mA/g时，在800次循环后仍保持110mAh/g的高容量。这些数值均显著高于相同条件下裸NC和CoP/NC电极的数值。

使用碳材料约束的CoP活性颗粒是一种有效的策略，可以提高纯CoP的低电导率，减少严重的体积变化，从而显著提高电化学性能。然而，仍然存在一些挑战，例如确保活性颗粒与碳材料之间的紧密接触，以防止重复钾化/脱钾过程中整体结构的降解。一方面，在不提供显著容量的情况下保持碳基体含量的平衡以达到约束效果存在挑战，另一方面，很难防止黏合剂阻塞离子通道，因此采用无黏合剂的基体来支撑活性材料可能是一个很好的选择。与LIB和SIB相比，文献中很少有关于CoP作为PIB负极的研究。

8.4 电 解 质

8.4.1 有机液态电解质

1. 钾盐

理想的钾盐是高度可溶的、廉价的、无毒的且具有良好的化学、电化学和热稳定性。它们还应该能够在溶液中完全溶解和解离，并且产生的溶剂化离子以低能垒移动。除非需要形成坚固的SEI，否则钾盐应保持对电极、隔膜和集流器等其他电池组件的化学惰性。此外，不同的阴离子基团会产生不同的电解质特性。有机液体电解质中报道的钾盐包括六氟磷酸钾（KPF_6）、双（氟磺酰）酰胺钾（KFSI或KFSA）、双（三氟甲基磺酰）亚胺钾（KTFSI或KTFSA）、四氟硼酸钾（KBF_4）、高氯酸钾（$KClO_4$）和三氟甲磺酸钾（KCF_3SO_3）。

KomAba小组[154]比较了KPF_6、KFSA、KTFSA、$KClO_4$和KBF_4盐在PC中的溶解度。他们发现KFSA、KTFSA和KPF_6盐在PC中的摩尔溶解度远高于$KClO_4$和KBF_4，后者在室温下几乎不溶于PC溶剂。此外，K^+和BF_4^-之间的强相互作用会降低KBF_4基电解质的电导率。$KClO_4$也很少使用，因为对ClO_4^-离子还原的安全问题。因此可以得出结论，KBF_4和$KClO_4$不是适合PIBs的钾盐。应该注意的是，普通钾盐通常含有氟化阴离子，因为阴离子的离域电荷和F原子的吸电子特性确保了这些盐在有机非质子溶剂中的高溶解度[155]。由于与各种正极和负极材料，特别是石墨负极的出色相容性，$LiPF_6$已成为商业LIB中使用的电解质中最重要的锂盐。因此，KPF_6成为研究人员最喜爱的钾盐。Li及其同事[156]在基于KPF_6-DME的电解质中测试了块状Bi电极，发现块状Bi逐渐发展成3D多孔网络，从而改善了K^+承载动力学，承受了Bi的体积变化，并确保了稳定的循环环。Liu和同事[157]在 EC/DEC/PC 中使用 1.0mol KPF$_6$ 作为电解质来测试 K$_2$Ni$_{0.5}$Fe$_{0.5}$[Fe(CN)$_6$]‖石墨全电池的性能，表现出高能量密度（282.7Wh/kg）和良好的循环稳定性。这一发现证明了 KPF$_6$ 在未来应用于 PIB 制造的巨大潜力。尽管如此，KPF$_6$ 并不是许多电池系统中最主要的钾盐。KPF$_6$ 具有离子电导率较高等优点，但也存在易水解、热稳定性差等缺点。

通过使用其他合金电极材料、过渡金属硫族化合物、碳材料和 K 金属，证明了 KFSI 基电解质和 KTFSI 基电解质的优势。一方面，它们的长循环寿命可以归因于 FSI$^-$，它在防止电解质分解，通过形成稳定的 SEI 层来修饰电极/电解质界面方面起着重要作用。另一方面，KFSI 能有效抑制金属钾枝晶的生长，抑制副反应[158]。然而，典型的 KFSI 基和 KTFSI 基电解质对>4.0V 的 Al 集流器造成严重腐蚀。此外，如果使用醚溶剂，由于醚分子的 HOMO 能级较高，电解质在相对较低的电压下更容易分解，这阻止了电解质用于生产高压正极和充满电池。

除了上述的单盐电解质外，近年来还开发了二盐电解质。Zhu 等报道[159]，与单盐 KPF$_6$ 电解质相比，在 KPF$_6$-KFSI 电解质中，MoS$_2$ 电极的循环稳定性大大提高。KomAba 和同事[160]揭示了 EC/DEC 中二元（KPF$_6$-KFSA）电解质对电池性能的影响。他们发现，KFSA 含量越高，离子电导率越高，KPF$_6$/KFSA 摩尔比大于3的电解质可以钝化铝箔，从而确保正极在高电压（例如4.6V）下的高可逆性。二盐电解质结合了 KPF$_6$ 和 KFSI 盐的优点，有助于实现低黏度和高电位下的增强稳定性。此外，在 KPF$_6$/KFSI 电解质中形成的 SEI 比在 KPF$_6$ 电解质中形成的 SEI 更薄。

2. 溶剂

不同类型的电解质溶剂也会影响 PIB 中电极材料的电化学性能。Xu 等[161]用 KPF$_6$ 盐测试了石墨负极在不同电解质溶剂（EC：PC、EC：DEC 和 EC：DMC）中的电化学性能。石墨负极在 KPF$_6$-EC：PC 电解液中表现出优异的循环稳定性和较高的库仑效率。他们提出 KPF$_6$-EC：DEC 和 KPF$_6$-EC：DMC 电解质电化学性能较差的原因是 KPF$_6$-EC：PC 中形成了更稳定的 SEI 层。此外，Guo 及其同事[162]还研究了不同溶剂（DMC、DEC 和 EC/DEC）对 PIBs 中 SnSb$_2$Te$_4$/G 负极电化学性能的影响。与 KFSI-DEC 和 KFSI-EC/DEC 电解质相比，KFSI-DMC 电解质表现出更好的循环稳定性。结果表明，DMC 比 DEC 和 EC/DEC 更适合作为 KFSI 基电解质的溶剂。这些结果表明，电解质溶剂可以影响 SEI 层的形成，从而影响电极材料的电化学性能。

此外，酯基电解质中氟碳酸乙烯（FEC）添加剂能够有效改善改善电化学性能。例如，He 和 Nazar 报道了[3]使用 K$_{1.7}$Fe[Fe(CN)$_6$]$_{0.9}$ 作为正极材料，FEC 作为电解质添加剂对 PIBs 性能的影响。他们发现，在 0.5mol/L KPF$_6$/EC+DEC 电解液中，充电过程在循环过程中逐渐变得不稳定，大约80次循环后电池就失去了活性。然而，当电解质中加入5% FEC 添加剂时，库仑效率和长循环性能显著提高，表明电解质添加剂也有利于储能。然而，FEC 添加剂对 PIBs 循环稳定性的影响仍存在争议。因为少数研究表明，FEC 添加剂可以提高库仑效率，但不能完全防止副反应，而且会引起更大的极化现象。

近年来，由于各种电极材料在 PIBs 中具有优异的电化学性能，醚基电解质引起了广泛的关注。Xu 等[163]系统地研究了蒽醌-1,5-二磺酸钠盐（AQDS）正极在二甲醚基电解质中电化学性能优越的原因。采用恒流间歇滴定法和电化学阻抗谱法研究了 AQDS 电极在不同电解质中的反应动力学。结果表明，二甲醚基电解质比 EC/DEC 基电解质表现出更快的反应动力学。为了更好地了解 SEI 膜在 AQDS 电极电化学性能中的作用，他们通过各种表征方法系统地研究了不同电解质中的 SEI，包括扫描电子显微镜（SEM）、透射电子显微镜（TEM）、XPS 和原子力显微镜（AFM）。通过扫描电镜和透射电镜观察到在二甲醚电解质中形成了一层薄而稳定的 SEI 薄膜。与 EC/DEC 基电解质相比，DME 基电解质产生了更多的无机组分。此外，通过氩离子刻蚀证实了在二甲醚基电解质中形成了一个富无机的 SEI 膜。AFM 结果表明，在 DME 电解质（10.1GPa）中，AQDS 电极的平均杨氏模量高于 EC/DEC 电解质（3.3GPa）。这些结果表明，在 DME 基电解质中形成了致密且稳定的 SEI 层，具有良好的性能。

通过理论计算进一步研究了 SEI 在两种电解质中的形成过程，显示了溶剂和盐的 HOMO 和 LUMO 能级（图8-9）。FSI 的 LUMO 能级远低于二甲醚分子，说明 KFSI 会先于二甲醚分解。在 EC/DEC 电解质中，由于 LUMO 能级高度接近，KFSI、EC 和 DEC 的分解同时发生。在二甲醚电解质中快速的反应动力学和稳定的 SEI 膜使得 AQDS 正极具有优异的电化学性能（1000次循环后容量保持80%）。

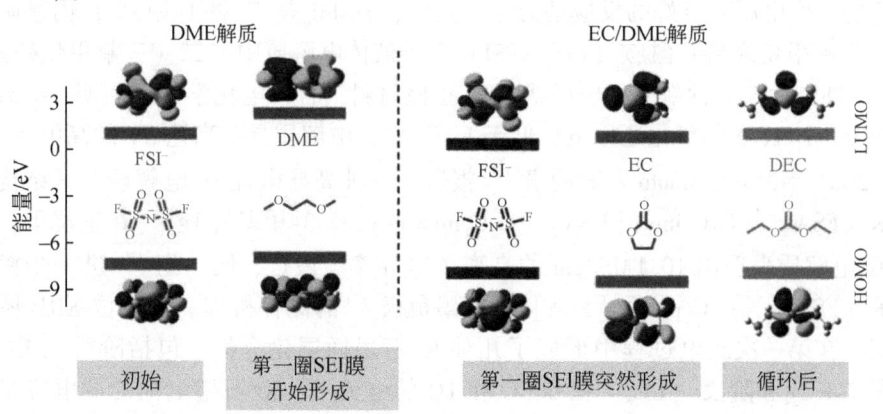

图8-9 溶剂分子和钾盐的 HOMO 和 LUMO 的分子能级

据报道，与1mol/L KPF$_6$/EC+DMC（体积比1∶1）电解质相比，层状TiS$_2$正极材料在醚基电解质（1mol/L KPF$_6$/DME）中具有出色的K存储容量和速率性能。随后，恒流间歇滴定技术测试结果表明，由于线性二甲醚分子具有更多的电子供体，因此醚基电解质具有更高的电荷转移速率和K$^+$扩散速率。此外，Li等[164]还比较了石墨作为PIBs负极在1mol/L KPF$_6$/EC+DMC和1mol/L KPF$_6$/DME中的电化学性能。与EC+DMC基电解质相比，DME基电解质中的石墨负极具有更高的工作电压，几乎可以忽略固体-电解质界面，体积膨胀较小。结果发现，在DME基电解质中，不是K$^+$插入石墨中形成KC$_8$，而是K$^+$-醚共插在石墨中，具有电荷屏蔽作用。可能是由于共插层的作用，石墨的相互作用力变小，导致工作电压高，K$^+$扩散速率高，体积膨胀小。这两项研究表明，溶剂的选择对提高电化学性能至关重要。

近年来，一些研究小组同步发现[165]，使用醚基电解质可以显著改变石墨碳电极的电化学行为（如反应机理、容量、电势）。Pint等[85]展示了钾离子在乙基电解质中的石墨碳电极（天然石墨和多层石墨烯）中的电化学行为。多层石墨烯泡沫电极具有优异的循环稳定性（循环1000次后容量保持率为95%）和良好的倍率性能。

8.4.2 离子液态电解质

离子液体具有离子电导率高、蒸气压极低、电压窗宽、电化学稳定性好等优点，是一种新兴的安全电解质[166]。离子液体电解质在PIBs中的研究较少，主要由KFSI和KTFSI基电解质组成。YamAmoto等[167]开发了一种用于PIBs的新型K[FSI]-[C$_3$C$_1$pyrr][FSI]离子液体电解质（C$_3$C$_1$pyrr=NmethylNpropylpyrrolidinium），并测试了其物理化学和电化学性能。该离子液体具有较低的黏度、较高的室温离子电导率和较宽的电化学窗口（>5.72V），表明PIBs在离子液体电解质中具有较高的工作电压和良好的反应动力学。随后，Yoshii等[168]将1-甲基-1-丙基吡啶双（三氟甲烷磺酰）酰胺（Pyr$_{13}$TFSI）离子液体电解质中的二（三氟甲烷磺酰）钾（KTFSI）与一种新型高压层状PIBs正极材料结合。电化学测试表明，0.5mol KTFSI/Pyr$_{13}$TFSI的氧化还原电位低于Li和Na，电解质具有高达6V的高电压窗。

2021年，YamAmoto及其同事[169]报道了一种高导电性IL电解质，其结构式为K[FSA]$^-$[C$_2$C$_1$im][FSA]（C$_2$C$_1$im=1-乙基-3-甲基咪唑）。在室温下，这种IL电解质表现出10.1MS/cm的高离子电导率。最近，同一组[170]进一步探索了K[FSA]$^-$[C$_3$C$_1$pyrr][FSA]中石墨负极K$^+$的储存机理。非原位XRD图谱表明，在第一次放电过程中形成了几种K-石墨插层化合物，包括阶段三KC$_{36}$、阶段二KC$_{24}$和阶段一KC$_8$。在0.5C和1C的电流下，K/石墨电池的放电容量分别为255mAh/g和232mAh/g。在第5次和第25次循环时，重叠的充放电曲线表明石墨电极在高电流循环期间的容量衰减可以忽略不计。

为了在离子电导率、溶剂化结构和电化学电压窗方面筛选 PIBs 潜在的离子液体电解质，计算机辅助筛选方法已经被使用，包括分子动力学（MD）模拟、密度泛函理论（DFT）计算、机器学习和大数据分析[166]。以聚合物离子液体三元电解质 [EMIM] + [B (CN)$_4$]$^-$ 离子液体 | K+ [B (CN)$_4$]$^-$ 盐 | 聚环氧乙烷 (PEO)$_6$ 为例，通过优化 K+ [B (CN)$_4$]$^-$ 和 PEO$_6$ 的浓度，提高了离子液体的离子传输性能。这些结果突出了离子液体电解质用于高性能 PIBs 的潜在可能性。

8.4.3 无机固态电解质

无机固体电解质通常具有较高的环境温度离子电导率，这使得它们适合于构建固态钾电池。传统的无机固态电解质如 β″-氧化铝固体电解质（BASE）早在 20 世纪 60 年代就已应用于钠硫电池中。然而，由于钠对 BASE 的润湿性差，需要较高的运行温度（如 300~350℃），这大大增加了运行维护成本，并造成严重的安全隐患。受此启发，Lu 等开发了一种用于钾硫电池的致密 K$^+$ 导电基（K-BASE），可在中等温度下工作。由于液态钾的表面张力较低，钾与 β″-Al$_2$O$_3$ 原子之间的相互作用更强，在 150℃ 的低温下实现了改善的润湿，与传统的高温固态 K/Na-S 电池相比，大大提高了电池的安全性。在 150℃ 时，K-BASE 的电导率可达 ≈0.01S/cm。

此外，K-BASE 还能有效地阻断相互扩散，抑制多硫化物穿梭等寄生反应，因此 K-S 电池具有良好的倍率能力和优良的循环寿命，在 1000 次循环中几乎没有容量衰减。采用聚合物密封的 K-β″-Al$_2$O$_3$ 将 DMSO 介导的钾超氧化物正极与钾联苯络合物（BpK）负极分离，实现了安全的双室有机氧电池结构。在 4.0mA/cm^2 的高电流密度下，具有 3000 次循环寿命和 >99.84% 的平均库仑效率。

除 BASE 外，一些开放框架的离子晶体也被报道具有可接受的钾离子电导率，这是由于钾离子导电通道的结构，如 K$_3$Cr$_3$ (AsO$_4$)$_4$、KAlO$_2$、K$_3$Bi$_2$ (AsO$_4$)$_3$、K$_3$Bi$_5$ (AsO$_4$)$_6$、K$_{0.405}$Bi$_{0.865}$AsO$_4$ 和 K$_3$Sb$_4$O$_{10}$ (BO$_3$)。然而，由于离子输运与原子结构之间的复杂关系，开发高离子导电性固体导体相当具有挑战性。因此，采用高通量计算技术从各种可能性中筛选候选者。研究发现，K$_2$Al$_2$Sb$_2$O$_7$、K$_4$V$_2$O$_7$、K$_2$CdO$_2$ 和 Al 掺杂的 K$_2$CdO$_2$ 具有较低的钾离子迁移能，是固态钾离子电池的理想选择。在 300K 时，掺 Al 的 K$_2$CdO$_2$ 导体的离子电导率约为 2.2×10^{-5} S/cm。最近，Yuan 等成功地合成了一种新的 3D 开放框架钾铁氧体 K$_2$Fe$_4$O$_7$，使钾离子能够快速通过通道，并在室温下获得了 5.0×10^{-2}S/cm 的离子电导率。这种固态导体还具有高达 5V（*vs.* K$^+$/K）的宽电压窗，并且对金属 K 具有化学稳定性。因此，证明了 K | K$_2$Fe$_4$O$_7$ | KFeFe-PBA 的全固态 K 电池在 50 次循环中具有良好的可循环性，在 10C 的高速率下保持了 78% 的初始容量。此外，

Yoshinari 等提出了一种新型水合碱金属离子导体 A_6 [$rh_4Zn_{40}O$ (l-半胱氨酸)$_{12}$]·nH_2O ($A=Li^+$、Na^+、K^+),其中碱金属离子在其框架内无序分布在大的开放通道中。导体的电导率高度依赖于阳离子,其顺序为 Li^+ ($1.9×10^{-6}$S/cm) < Na^+ ($5.0×10^{-4}$S/cm) < K^+ ($1.3×10^{-2}$S/cm)。这种优异的钾离子电导率与液体电解质相似,使全固态钾离子电池的实际应用成为可能。

然而,由于离子传输与原子结构之间的复杂关系,开发具有高离子电导率的固体导体是相当具有挑战性的。理想的无机固体电解质需要高离子电导率。Eremin 等[171]通过高通量几何拓扑方法和精确的 DFT 建模,获得了 K^+ 迁移能较低的 $K_2Al_2Sb_2O_7$ 和 $K_4V_2O_7$,非常适合于固态钾电池的制备。此外,Wang 等[172]还为 PIBs 开发了新型无机固体电解质 KNH_2。该电解质在 100℃ 和 150℃ 时的电导率分别达到 $0.9×10^{-4}$S/cm 和 $3.56×10^{-4}$S/cm。后来,他们发现离子电导率与电解质的氮缺陷浓度有关。Chen 小组[172]也开发了无机酰胺作为新的钾离子固体电解质。经机械化学处理后,离子电导率可达 $3.56×10^{-4}$S/cm。KC_8‖KNH_2‖石墨纽扣电池的恒流测试验证了 K^+ 插入石墨,体现在逐渐降低的电压上。

8.4.4 固态聚合物电解质

PEO 基电解质已经发展到金属离子电池的各个研究领域。Chandra 等[173]利用快速无溶剂/干法热压技术制备了 SPE 薄膜 [($1-x$) PEO:xKBr ($0<x<50$wt%)]。随着 KBr 浓度的逐渐增加,SPE 膜的电导率逐渐增大。因为随着盐和电解质络合度的增加,聚合物的结晶度降低,节段链运动变得更容易。当 PEO/KBr 质量比为 70:30 时,获得了最大电导率 ($5.0×10^{-7}$S/cm)。随着浓度继续增加,电导率下降,可能归因于离子结合。此外,当 KBr 的质量比大于 50% 时,制备的电解质膜易碎[174]。同样,KumAr 等[175]研究了醋酸钾 (CH_3COOK) 浓度对 PEO 基聚合物电导率的影响。

这一现象说明不同的盐对同一聚合物体的作用可能不同。在常见的有机溶剂中发现,阴离子较大的金属盐晶格能较低,溶解度较强,有利于提高离子电导率[176]。在此基础上,Feng 等利用具有较大阴离子基团的 KFSI 盐制备了不同摩尔比 ($m=n$[PEO]/n[KFSI]) 的 (PEO_m-KFSI)。在 40℃ 时,当 (EO)/K^+ 摩尔比为 10 时,离子电导率达到峰值 ($1.14×10^{-5}$S/cm)。进一步将 SPE 组装成一个结构为 K‖PEO-50% KFSI‖Ni_3S_2@Ni 的全电池。在 40℃ 的 0.01~3V 电压范围内,电池具有高的初始可逆容量 (25mA/g 时 312mAh/g) 和稳定的循环性能 (25mAh/g 时 100 次循环后容量保持 98%)。在 EC/DEC (v/v, 1:1) 中使用 1mol/L KFSI 的常规有机电解液进行对比实验,经过 20 次循环后,容量降至 24mAh/g。研究表明,PE 的应用不仅提高了有机液体电解质的安全性,还限制了硫化物在有机电解质中的扩散,提高了PIB的循环性能[177]。

PVP也是PE的典型聚合物基体。Rao等[178]制备了PVP/KIO₃聚乙烯。室温下,PVP/KIO₃质量比为70:30时,离子电导率仅为1×10^{-9}S/cm。PVP基PE虽然能促进金属盐的解离,但离子电导率较差,可通过共混等方法解决。PVA碳链骨架上的羟基可以作为氢键的来源。Ravi等采用溶液浇铸法制备了PVA/KCl和PVA/KBr PE薄膜。在室温下,盐浓度为15wt%时离子电导率最高,分别为9.68×10^{-7}S/cm和1.23×10^{-5}S/cm。两种盐水电解质的离子电导率相差近一个数量级[179]。由于其天然来源、良好的生物降解性、低毒性和低成本等优点,多糖聚合物也被用于PIB中的PEs。西米淀粉是一种由无水葡萄糖(AHG)聚合形成的多糖聚合物[173]。Rhee等用西米淀粉和碘化钾(KI)制备了一种质量比为50:50的生物聚合物电解质,室温下离子电导率为1.59×10^{-4}S/cm。虽然成功合成了这种具有高离子电导率的环境友好型生物聚合物电解质,但其在PIB中的实际应用还有待进一步研究。基于多糖聚合物在SIB中的良好进展,相信它可以在PIB中进一步发展。虽然部分单体聚合物基电解质具有良好的性能,但大多数单体聚合物基电解质的性能(主要是离子电导率)仍难以满足应用要求。例如,纯聚乙烯基聚乙烯的离子电导率只有10^{-7}S/cm。因此,研究人员采用了一些方法来提高电解质的性能。

为了满足PE对PIB的性能要求,研究人员通过聚合物共混、共聚[180]、引入无机填料[181],以及添加增塑剂[182]等方法来提高离子电导率,这些方法的重点是降低聚合物基体的结晶度,增加链的移动。

8.4.5 水系电解质

水性PIB的性能主要受K盐和K浓度的影响。通常,硝酸钾(KNO_3)、硫酸钾(K_2SO_4)、乙酸钾(KAc)、KCF_3SO_3或氢氧化钾(KOH)用作K盐,去离子水用作PIB水溶液的溶剂。由于K金属的活性,铂、Ag/AgCl和活性炭通常用作水电池的对电极。然而,析氢电位和析氧电位限制了电极材料的选择。崔等[183]证明了在1mol/L KNO_3基电解质中,六氰化高铁镍(NiHCF)中K^+的插入/萃取行为。研究发现,K金属与NiHCF的反应电位为0.69V。另一方面,由于NiHCF的开放式框架结构和离子在水溶液中的快速扩散,该电池表现出高容量(在C/6时为59mAh/g)、高倍率(在41.7C时保持66%)和稳定的循环性能(容量衰减率为0.00175%)。Liu等[184]报道称,采用3mol/L KOH基电解质,以Fe_3O_4-C为负极和碳纳米管(CNTs)纳米膜为正极的水性PIB。电压曲线在低电流密度下呈现明显的放电平台,在高电流密度下呈现线性状态。可能的原因是正极和负极在水电解质中的速率能力差异很大。$K_2Fe^{II}[Fe^{II}(CN)_6]\cdot2H_2O$纳米立方作为水性PIB正极显示出120mAh/g的放电容量和长期循环寿命,在

21.4℃、0.5mol/L K_2SO_4 基电解质中，500 次循环的容量保持率>85%[185]。

为了拓宽水溶液电解质的电化学电位窗口，发现了 K (PTFSI)$_{0.12}$ (TFSI)$_{0.08}$ (OTF)$_{0.8}$·$2H_2O$ 水合物熔体，其最低含水量为 2.0[186]。这种盐得益于不对称亚胺阴离子（PTFSI$^-$），它提供了低密度、低黏度和低熔点。这使得盐具有良好的水溶性，在水中不受 S—F 键的影响。因此，K 盐水合物熔体的电化学电位窗口显著延长至 2.5V。这是因为所有的水分子都与阳离子配位，而氢键几乎不存在。由于不对称亚胺盐的使用，大大增加了碱金属水合物熔体的种类，这将促进安全高压电池电解质的发展。

除了 K 盐的影响外，电解质浓度还影响离子电导率和离子速率能力。例如，盐中水电解质（WiSE）因其改善了电池的电化学性能和提高了电池的安全性而受到广泛关注。据报道，30mol/L KAc 基 WiSE 用于具有 3.2V 宽电位窗口的水性 PIB[187]。在这种电解质中实现了 $KTi_2(PO_4)_3$ 负极的可逆氧化还原行为，避免了稀电解质中析氢反应（HER）的干扰。此外，在相同浓度下，KAc 基电解质的离子电导率高于 LITFSI 基电解质，这可能是由于 K$^+$ 的弱 Lewis 酸性，或者是由于乙酸盐的优势。此外，30mol/L KAc 基电解质的极化小于非水电解质。然而，碱性电解质与许多电极不兼容，这使得开发兼容电解质变得非常重要。最近，Hu 等[188]提出了一种使用 22mol/L KCF_3SO_3 基电解质的全水 PIB 系统。水溶性 PIB 具有 80Wh/kg 的高能量密度和在 4℃下超过 2000 次的长期循环稳定性，这与高浓度的 KCF_3SO_3 基电解质具有宽电压窗、高离子电导率和低黏度有关。此外，由于电压窗较宽，22mol/L 电解液中的氧化还原电位低于 1mol/L 电解液中的氧化还原电位。此外，高浓度电解液有效地抑制了 3，4，9，10-苝四羧基二亚胺负极的溶解。这一现象归因于水合 K$^+$ 在高浓度电解质中占主导地位，导致自由运动的水分子较少。

综上所述，水性 PIBs 具有安全、低成本、环保等优点，在储能领域具有广阔的应用前景。然而，水性电池面临着一个亟待解决的重大问题，即电池电压的降低[189]。狭窄的电化学窗口极大地限制了电极材料的选择。设计浓缩电解质可以被认为是一种有效的策略，但会大大增加电池的成本。因此，通过一些简单有效的策略开发低成本、高稳定性的水性电解质对水性 PIB 至关重要。

参 考 文 献

[1] Zheng J, Hu C, Nie L J, et al. Recent advances in potassium-ion batteries: from material design to electrolyte engineering [J]. Advanced Materials Technologies, 2023, 8 (8): 2201591.

[2] Eftekhari A. Potassium secondary cell based on Prussian blue cathode [J]. Journal of Power Sources, 2004, 126 (1-2): 221-228.

[3] He G, Nazar L F. Crystallite size control of Prussian white analogues for nonaqueous potassium-

ion batteries [J]. Acs Energy Letters, 2017, 2 (5): 1122-1127.

[4] Zhang C L, Xu Y, Zhou M, et al. Potassium Prussian blue nanoparticles: a low-cost cathode material for potassium-ion batteries [J]. Advanced Functional Materials, 2017, 27 (4): 1604307.

[5] Chong S K, Chen Y Z, Zheng Y, et al. Potassium ferrous ferricyanide nanoparticles as a high capacity and ultralong life cathode material for nonaqueous potassium-ion batteries [J]. Journal of Materials Chemistry A, 2017, 5 (43): 22465-22471.

[6] Bie X F, Kubota K, Hosaka T, et al. A novel K-ion battery: hexacyanoferrate (Ⅱ) /graphite cell [J]. Journal of Materials Chemistry A, 2017, 5 (9): 4325-4330.

[7] Lu Y H, Wang L, Cheng J G, et al. Prussian blue: a new framework of electrode materials for sodium batteries [J]. Chemical Communications, 2012, 48 (52): 6544-6546.

[8] Gao H C, Xin S, Xue L G, et al. Stabilizing a high-energy-density rechargeable sodium battery with a solid electrolyte [J]. Chem, 2018, 4 (4): 833-844.

[9] Zhu K J, Li Z P, Jin T, et al. Low defects potassium cobalt hexacyanoferrate as a superior cathode for aqueous potassium ion batteries [J]. Journal of Materials Chemistry A, 2020, 8 (40): 21103-21109.

[10] Deng L Q, Qu J L, Niu X G, et al. Defect-free potassium manganese hexacyanoferrate cathode material for high-performance potassium-ion batteries [J]. Nature Communications, 2021, 12 (1): 2167.

[11] Qian J F, Wu C, Cao Y L, et al. Prussian blue cathode materials for sodium-ion batteries and other ion batteries [J]. Advanced Energy Materials, 2018, 8 (17): 1702619.

[12] Ye M, Hwang J Y, Sun Y K. A 4V class potassium metal battery with extremely low overpotential [J]. Acs Nano, 2019, 13 (8): 9306-9314.

[13] Jansen M, Chang F M, Hoppe R. Zur kenntnis von $KMnO_2$ [J]. Zeitschrift für anorganische und allgemeine Chemie, 1982, 490 (1): 101-110.

[14] Liu C L, Luo S H, Huang H B, et al. Low-cost layered $K_{0.45}Mn_{0.9}Mg_{0.1}O_2$ as a high-performance cathode material for K-ion batteries [J]. Chemelectrochem, 2019, 6 (8): 2308-2315.

[15] Delmas C, Fouassier C. Les phases K_xMnO_2 ($x \leqslant 1$) [J]. Zeitschrift für anorganische und allgemeine Chemie, 1976, 420 (2): 184-192.

[16] Vaalma C, Giffin G A, Buchholz D, et al. Non-aqueous K-ion battery based on layered $K_{0.3}MnO_2$ and hard carbon/carbon black [J]. Journal of The Electrochemical Society, 2016, 163 (7): A1295.

[17] Kim K H S D-H, JC Bo S-H, Liu L, et al. Investigation of potassium storage in layered P3-type $K_{0.5}MnO_2$ cathode [J]. Advanced Materials, 2017, 29 (37): 1702480.

[18] Ma X H, Chen H L, Ceder G. Electrochemical properties of monoclinic $NaMnO_2$ [J]. Journal of the Electrochemical Society, 2011, 158 (12): A1307-A1312.

[19] Yabuuchi N, Hara R, Kajiyama M, et al. New O2/P2-type Li-excess layered manganese oxides as promising multi-functional electrode materials for rechargeable Li/Na batteries [J]. Advanced Energy Materials, 2014, 4 (13): 301453.

[20] Lei K X, Zhu Z, Yin Z X, et al. Dual interphase layers *in situ* formed on a manganese-based oxide cathode enable stable potassium dtorage [J]. Chem, 2019, 5 (12): 3220-3231.

[21] Zhao S Q, Yan K, Munroe P, et al. Construction of hierarchical $K_{1.39}Mn_3O_6$ spheres via AlF_3 coating for high-performance potassium-ion batteries [J]. Advanced Energy Materials, 2019, 9 (10): 1803757.

[22] Hironaka Y, Kubota K, Komaba S. P2- and P3- K_xCoO_2 as an electrochemical potassium intercalation host [J]. Chemical Communications, 2017, 53 (26): 3693-3696.

[23] Kim H, Kim J C, Bo S H, et al. K-ion batteries based on a P2-type $K_{0.6}CoO_2$ cathode [J]. Advanced Energy Materials, 2017, 7 (17): 1700098.

[24] Deng T, Fan X, Luo C, et al. Self-templated formation of P2-type $K_{0.6}CoO_2$ microspheres for high reversible potassium-ion batteries [J]. Nano letters, 2018, 18 (2): 1522-1529.

[25] Kim H, Kim J C, Bo S H, et al. K-ion batteries based on a P2-type KCoO cathode [J]. Advanced Energy Materials, 2017, 7 (17): 1700098.

[26] Kim H, Seo D H, Urban A, et al. Stoichiometric layered potassium transition metal oxide for rechargeable potassium batteries [J]. Chemistry of Materials, 2018, 30 (18): 6532-6539.

[27] Hwang J Y, Kim J, Yu T Y, et al. Development of P3-$K_{0.69}CrO_2$ as an ultra-high-performance cathode material for K-ion batteries [J]. Energy & Environmental Science, 2018, 11 (10): 2821-2827.

[28] Naveen N, Han S C, Singh S P, et al. Highly stable P'3- $K_{0.8}CrO_2$ cathode with limited dimensional changes for potassium ion batteries [J]. Journal of Power Sources, 2019, 430: 137-144.

[29] Zhu Y H, Zhang Q, Yang X, et al. Reconstructed orthorhombic V_2O_5 polyhedra for fast ion diffusion in K-ion batteries [J]. Chem, 2019, 5 (1): 168-179.

[30] Deng L Q, Niu X G, Ma G S, et al. Layered potassium vanadate $K_{0.5}V_2O_5$ as a cathode material for nonaqueous potassium ion batteries [J]. Advanced Functional Materials, 2018, 28 (49): 1800670.

[31] Jo J H, Hwang J Y, Choi J U, et al. Potassium vanadate as a new cathode material for potassium-ion batteries [J]. Journal of Power Sources, 2019, 432: 24-29.

[32] Liu C L, Luo S H, Huang H B, et al. Fe-doped layered P3-type $K_{0.45}Mn_{1-x}Fe_xO_2$ ($x \leqslant 0.5$) as cathode materials for low-cost potassium-ion batteries [J]. Chemical Engineering Journal, 2019, 378: 122167.

[33] Wang X P, Xu X M, Niu C J, et al. Earth abundant Fe/Mn-based layered oxide interconnected nanowires for advanced K-ion full batteries [J]. Nano Letters, 2017, 17 (1): 544-550.

[34] Sada K, Barpanda P. P3-type layered $K_{0.48}Mn_{0.4}Co_{0.6}O_2$: a novel cathode material for potassium-ion batteries [J]. Chemical Communications, 2020, 56 (15): 2272-2275.

[35] Weng J Y, Dian J, Sun C L, et al. Construction of hierarchical $K_{0.7}Mn_{0.7}Mg_{0.3}O_2$ microparticles as high capacity & long cycle life cathode materials for low-cost potassium-ion batteries [J]. Chemical Engineering Journal, 2020, 392: 123649.

[36] Xiao Z T, Meng J S, Xia F J, et al. K$^+$ modulated K+/vacancy disordered layered oxide for high-rate and high-capacity potassium-ion batteries [J]. Energy & Environmental Science, 2020, 13 (9): 3129-3137.

[37] Liu C L, Luo S H, Huang H B, et al. K$_{0.67}$Ni$_{0.17}$Co$_{0.17}$Mn$_{0.66}$O$_2$: a cathode material for potassium-ion battery [J]. Electrochemistry Communications, 2017, 82: 150-154.

[38] Deng Q, Zheng F H, Zhong W T, et al. P3-type K$_{0.5}$Mn$_{0.72}$Ni$_{0.15}$Co$_{0.13}$O$_2$ microspheres as cathode materials for high performance potassium-ion batteries [J]. Chemical Engineering Journal, 2020, 392: 123735.

[39] Dang R B, Li N, Yang Y Q, et al. Designing advanced P3-type K$_{0.45}$Ni$_{0.1}$Co$_{0.1}$Mn$_{0.8}$O$_2$ and improving electrochemical performance via Al/Mg doping as a new cathode Material for potassium-ion batteries [J]. Journal of Power Sources, 2020, 464: 228190.

[40] Zhang X Y, Yu D X, Wei Z X, et al. Layered P3-type K$_{0.4}$Fe$_{0.1}$Mn$_{0.8}$Ti$_{0.1}$O$_2$ as a low-cost and zero-strain electrode material for both potassium and sodium storage [J]. Acs Applied Materials & Interfaces, 2021, 13 (16): 18897-18904.

[41] Wang Q C, Meng J K, Yue X Y, et al. Tuning P2-structured cathode material by Na-site Mg substitution for Na-ion batteries [J]. Journal of the American Chemical Society, 2019, 141 (2): 840-848.

[42] Liu L Y, Liang J J, Wang W L, et al. A P3-type K$_{1/2}$Mn$_{5/6}$Mg$_{1/12}$Ni$_{1/12}$O$_2$ cathode material for potassium-ion batteries with high structural reversibility secured by the Mg-Ni pinning effect [J]. Acs Applied Materials & Interfaces, 2021, 13 (24): 28369-28377.

[43] Sada K, Senthilkumar B, Barpanda P. Electrochemical potassium-ion intercalation in Na$_x$CoO$_2$: a novel cathode material for potassium-ion batteries [J]. Chemical Communications, 2017, 53 (61): 8588-8591.

[44] Sada K, Senthilkumar B, Barpanda P. Potassium-ion intercalation mechanism in layered Na$_2$Mn$_3$O$_7$ [J]. Acs Applied Energy Materials, 2018, 1 (10): 5410-5416.

[45] Mathew V, Kim S, Kang J W, et al. Amorphous iron phosphate: potential host for various charge carrier ions [J]. Npg Asia Materials, 2014, 6 (10): e138.

[46] Cai Y, Chua R, Huang S Z, et al. Amorphous manganese dioxide with the enhanced pseudocapacitive performance for aqueous rechargeable zinc-ion battery [J]. Chemical Engineering Journal, 2020, 396: 125221.

[47] Mathew V, Kim S, Kang J, et al. Amorphous iron phosphate: potential host for various charge carrier ions [J]. Npg Asia Materials, 2014, 6 (10): e138.

[48] Sultana I, Rahman M M, Mateti S, et al. Approaching reactive KFePO$_4$ phase for potassium storage by adopting an advanced design strategy [J]. Batteries & Supercaps, 2020, 3 (5): 450-455.

[49] Senthilkumar B, Murugesan C, Sada K, et al. Electrochemical insertion of potassium ions in Na$_4$Fe$_3$(PO$_4$)$_2$P$_2$O$_7$ mixed phosphate [J]. Journal of Power Sources, 2020, 480: 228794.

[50] Park H, Kim H, Ko W, et al. Development of K$_4$Fe$_3$(PO$_4$)$_2$(P$_2$O$_7$) as a novel Fe-based

cathode with high energy densities and excellent cyclability in rechargeable potassium batteries [J]. Energy Storage Materials, 2020, 28: 47-54.

[51] Han J, Li G N, Liu F, et al. Investigation of $K_3V_2(PO_4)_3$/C nanocomposites as high-potential cathode materials for potassiumion batteries [J]. Chemical Communications, 2017, 53 (11): 1805-1808.

[52] Lian R Q, Wang D S, Ming X, et al. Phase transformation, ionic diffusion, and charge transfer mechanisms of $KVOPO_4$ in potassium ion batteries: first-principles calculations [J]. Journal of Materials Chemistry A, 2018, 6 (33): 16228-16234.

[53] Zhang L, Zhang B W, Wang C R, et al. Constructing the best symmetric full K-ion battery with the NASICON-type $K_3V_2(PO_4)_3$ [J]. Nano Energy, 2019, 60: 432-439.

[54] Liao J Y, Hu Q, He X D, et al. A long life span potassium-ion full battery based on $KVPO_4F$ cathode and VPO_4 anode [J]. Journal of Power Sources, 2020, 451: 227739.

[55] Han J, Niu Y B, Bao S J, et al. Nanocubic $KTi_2(PO_4)_3$ electrodes for potassium-ion batteries [J]. Chemical Communications, 2016, 52 (78): 11661-11664.

[56] Fedotov S S, Luchinin N D, Aksyonov D A, et al. Titanium-based potassium-ion battery positive electrode with extraordinarily high redox potential [J]. Nature Communications, 2020, 11 (1): 1484.

[57] Dai S Y, Feng T T, Chen C, et al. Communication-phosphate $K(Mo_2PO_6)(P_2O_7)$ as a novel cathode material for potassium ion batteries: structure and electrochemical properties [J]. Journal of the Electrochemical Society, 2020, 167 (11): 110517.

[58] Fan L, Ma R F, Wang J, et al. An ultrafast and highly stable potassium-organic battery [J]. Advanced Materials, 2018, 30 (51): 1805486.

[59] Gao H C, Xue L G, Xin S, et al. A high-energy-density potassium battery with a polymer-gel electrolyte and a polyaniline cathode [J]. Angewandte Chemie-International Edition, 2018, 57 (19): 5449-5453.

[60] Jian Z L, Liang Y L, Rodriguez-Perez I A, et al. Poly(anthraquinonyl sulfide) cathode for potassium-ion batteries [J]. Electrochemistry Communications, 2016, 71: 5-8.

[61] Slesarenko A, Yakuschenko I K, Ramezankhani V, et al. New tetraazapentacene-based redox-active material as a promising high-capacity organic cathode for lithium and potassium batteries [J]. Journal of Power Sources, 2019, 435: 226-724.

[62] Tang M, Wu Y C, Chen Y, et al. An organic cathode with high capacities for fast-charge potassium-ion batteries [J]. Journal of Materials Chemistry A, 2019, 7 (5): 2423.

[63] Tian B B, Zheng J, Zhao C X, et al. Carbonyl-based polyimide and polyquinoneimide for potassium-ion batteries [J]. Journal of Materials Chemistry A, 2019, 7 (20): 12900.

[64] Xue Q, Li D N, Huang Y X, et al. Vitamin K as a high-performance organic anode material for rechargeable potassium ion batteries [J]. Journal of Materials Chemistry A, 2018, 6 (26): 12559-12564.

[65] Zhang C, Qao Y, Xiong P X, et al. Conjugated microporous polymers with tunable electronic

structure for high-performance potassium-ion batteries [J]. Acs Nano, 2019, 13 (1): 745-754.

[66] Yang S Y, Chen Y J, Zhou G, et al. Multi-electron fused redox centers in conjugated aromatic organic compound as a cathode for rechargeable batteries [J]. Journal of the Electrochemical Society, 2018, 165 (7): A1422-A1429.

[67] Zhao Q, Wang J B, Lu Y, et al. Oxocarbon salts for fast rechargeable batteries [J]. Angewandte Chemie-International Edition, 2016, 55 (40): 12528-12532.

[68] Zhao J, Yang J X, Sun P F, et al. Sodium sulfonate groups substituted anthraquinone as an organic cathode for potassium batteries [J]. Electrochemistry Communications, 2018, 86: 34-37.

[69] Wang C, Tang W, Yao Z Y, et al. Potassium perylene-tetracarboxylate with two-electron redox behaviors as a highly stable organic anode for K-ion batteries [J]. Chemical Communications, 2019, 55 (12): 1801-1804.

[70] Liang Y J, Luo C, Wang F, et al. An organic anode for high temperature potassium-ion batteries [J]. Advanced Energy Materials, 2019, 9 (2): 1802986.

[71] Geng X M, Guo Y F, Li D F, et al. Interlayer catalytic exfoliation realizing scalable production of large-size pristine few-layer graphene [J]. Scientific Reports, 2013, 3 (1): 1134.

[72] Zhu Y W, Murali S, Stoller M D, et al. Carbon-based supercapacitors produced by activation of graphene [J]. Science, 2011, 332 (6037): 1537-1541.

[73] Wang H B, Maiyalagan T, Wang X. Review onrecent progress in nitrogen-doped graphene: synthesis, characterization, and its potential applications [J]. Acs Catalysis, 2012, 2 (5): 781-794.

[74] Ma G Y, Huang K S, Ma J S, et al. Phosphorus and oxygen dual-doped graphene as superior anode material for room-temperature potassium-ion batteries [J]. Journal of Materials Chemistry A, 2017, 5 (17): 7854-7861.

[75] Shan H, Li X F, Cui Y H, et al. Sulfur/nitrogen dual-doped porous graphene aerogels enhancing anode performance of lithium ion batteries [J]. Electrochimica Acta, 2016, 205: 188-197.

[76] Kwon S, Ko J H, Jeon K J, et al. Enhanced nanoscale friction on fluorinated graphene [J]. Nano Letters, 2012, 12 (12): 6043-6048.

[77] Ju Z C, Zhang S, Xing Z, et al. Direct synthesis of few-layer F-doped graphene foam and its lithium/potassium storage properties [J]. Acs Applied Materials & Interfaces, 2016, 8 (32): 20682-20690.

[78] Share K, Cohn A P, Carter R, et al. Role of nitrogen-doped graphene for improved high capacity potassium ion battery anodes [J]. Acs Nano, 2016, 10 (10): 9738-9744.

[79] Jian Z L, Luo W, Ji X L. Carbon electrodes for K-ion batteries [J]. Journal of the American Chemical Society, 2015, 137 (36): 11566-11569.

[80] Luo W, Wan J Y, Ozdemir B, et al. Potassium ion batteries with graphitic materials [J].

Nano Letters, 2015, 15 (11): 7671-7677.

[81] Komaba S, Hasegawa T, Dahbi M, et al. Potassium intercalation into graphite to realize high-voltage/high-power potassium-ion batteries and potassium-ion capacitors [J]. Electrochemistry Communications, 2015, 60: 172-175.

[82] Xie K Y, Yuan K, Li X, et al. Superior potassium ion storage via vertical MoS_2 "nano-rose" with expanded interlayers on graphene [J]. Small, 2017, 13 (42): 1701471.

[83] Xing Z Y, Qi Y T, Jian Z L, et al. Polynanocrystalline graphite: a new carbon anode with superior cycling performance for K-ion batteries [J]. Acs Applied Materials & Interfaces, 2017, 9 (5): 4343-4351.

[84] Zhang H G, Yu X D, Braun P V. Three-dimensional bicontinuous ultrafast-charge and discharge bulk battery electrodes [J]. Nature Nanotechnology, 2011, 6 (5): 277-281.

[85] Cohn A P, Muralidharan N, Carter R, et al. Durable potassium ion battery electrodes from high-rate cointercalation into graphitic carbons [J]. Journal of Materials Chemistry A, 2016, 4 (39): 14954-14959.

[86] Yang J L, Ju Z C, Jiang Y, et al. Enhanced capacity and rate capability of nitrogen/oxygen dual-doped hard carbon in capacitive potassium-ion storage [J]. Advanced Materials, 2018, 30 (4): 1700104.

[87] Zhang W, Jiang X F, Zhao Y Y, et al. Hollow carbon nanobubbles: monocrystalline MOF nanobubbles and their pyrolysis [J]. Chemical Science, 2017, 8 (5): 3538-3546.

[88] Huang Z, Chen Z, Ding S S, et al. Enhanced conductivity and properties of SnO_2-graphene-carbon nanofibers for potassium-ion batteries by graphene modification [J]. Materials Letters, 2018, 219: 19-22.

[89] Zhao X X, Xiong P X, Meng J F, et al. High rate and long cycle life porous carbon nanofiber paper anodes for potassium-ion batteries [J]. Journal of Materials Chemistry A, 2017, 5 (36): 19237-19244.

[90] Jiao L, Seow J Y R, Skinner W S, et al. Metal-organic frameworks: structures and functional applications [J]. Materials Today, 2019, 27: 43-68.

[91] An Y L, Fei H F, Zhang Z, et al. A titanium-based metal-organic framework as an ultralong cycle-life anode for PIBs [J]. Chemical Communications, 2017, 53 (59): 8360-8363.

[92] Hao M Y, Xiao N, Wang Y W, et al. Pitch-derived N-doped porous carbon nanosheets with expanded interlayer distance as high-performance sodium-ion battery anodes [J]. Fuel Processing Technology, 2018, 177: 328-335.

[93] Guo Y, Shi Z Q, Chen M M, et al. Hierarchical porous carbon derived from sulfonated pitch for electrical double layer capacitors [J]. Journal of Power Sources, 2014, 252: 235-243.

[94] Ni D, Sun W, Wang Z H, et al. Heteroatom-doped mesoporous hollow carbon spheres for fast sodium storage with an ultralong cycle life [J]. Advanced Energy Materials, 2019, 9 (19): 1900036.

[95] Jiang T C, Bu F X, Feng X X, et al. Porous Fe_2O_3 nanoframeworks encapsulated within three-

dimensional graphene as high-performance flexible anode for lithium-ion battery [J]. Acs Nano, 2017, 11 (5): 5140-5147.

[96] Samanta A, Das S, Jana S. Doping of Ni in α-Fe$_2$O$_3$ nanoclews to boost oxygen evolution electrocatalysis [J]. Acs Sustainable Chemistry & Engineering, 2019, 7 (14): 12117-12124.

[97] Qin M L, Zhang Z L, Zhao Y Z, et al. Optimization of von mises stress distribution in mesoporous α-Fe$_2$O$_3$/C hollow bowls synergistically boosts gravimetric/volumetric capacity and high-rate stability in alkali-ion batteries [J]. Advanced Functional Materials, 2019, 29 (34): 1902822.

[98] Liu Y, He D L, Tan Q W, et al. A synergetic strategy for an advanced electrode with Fe$_3$O$_4$ embedded in a 3D N-doped porous graphene framework and a strong adhesive binder for lithium/potassium ion batteries with an ultralong cycle lifespan [J]. Journal of Materials Chemistry A, 2019, 7 (33): 19430-19441.

[99] Jiang H Y, An Y L, Tian Y, et al. Scalable and controlled synthesis of 2D nanoporous Co$_3$O$_4$ from bulk alloy for potassium ion batteries [J]. Materials Technology, 2020, 35 (9-10): 594-599.

[100] Wen J W, Xu L, Wang J X, et al. Lithium and potassium storage behavior comparison for porous nanoflaked Co$_3$O$_4$ anode in lithium-ion and potassium-ion batteries [J]. Journal of Power Sources, 2020, 474: 228491.

[101] Li N, Zhang F, Tang Y B. Hierarchical T-Nb$_2$O$_5$ nanostructure with hybrid mechanisms of intercalation and pseudocapacitance for potassium storage and high-performance potassium dual-ion batteries [J]. Journal of Materials Chemistry A, 2018, 6 (37): 17889-17895.

[102] Tong Z Q, Yang R, Wu S L, et al. Surface-engineered black niobium oxide @ graphene nanosheets for high-performance sodium-/potassium-ion full batteries [J]. Small, 2019, 15 (28): 1901272.

[103] Li F F, Wang G W, Zheng D, et al. Controlled prelithiation of SnO$_2$/C nanocomposite anodes for building full lithium-ion batteries [J]. Acs Applied Materials & Interfaces, 2020, 12 (17): 19423-19430.

[104] Chen Z, Yin D G, Zhang M. Sandwich-like MoS$_2$@SnO$_2$@C with high capacity and stability for sodium/potassium ion batteries [J]. Small, 2018, 14 (17): 1703818.

[105] Wang Z Y, Dong K Z, Wang D, et al. Ultrafine SnO$_2$ nanoparticles encapsulated in 3D porous carbon as a high-performance anode material for potassium-ion batteries [J]. Journal of Power Sources, 2019, 441: 227191.

[106] Qiu H L, Zhao L, Asif M, et al. SnO$_2$ nanoparticles anchored on carbon foam as a free standing anode for high performance potassium-ion batteries [J]. Energy & Environmental Science, 2020, 13 (2): 571-578.

[107] Zhang Q, Didier C, Pang W K, et al. Structural insight into layer gliding and lattice distortion in layered manganese oxide electrodes for potassium-ion batteries [J]. Advanced Energy Materials, 2019, 9 (30): 1900568.

[108] Bai P L, Jiang K Z, Zhang X P, et al. Ni-doped layered manganese oxide as a stable cathode for potassium-ion batteries [J]. Acs Applied Materials & Interfaces, 2020, 12 (9): 10490-10495.

[109] Zhang W Y, Jin H X, Du Y Q, et al. Hierarchical lamellar-structured MnO_2@graphene for high performance Li, Na and K ion batteries [J]. Chemistryselect, 2020, 5 (40): 12481-12486.

[110] Nithya C, Vishnuprakash P, Gopukumar S. A Mn_3O_4 nanospheres@rGO architecture with capacitive effects on high potassium storage capability [J]. Nanoscale Advances, 2019, 1 (11): 4347-4358.

[111] Cao K Z, Liu H Q, Li W Y, et al. CuO nanoplates for high-performance potassium-ion batteries [J]. Small, 2019, 15 (36): 1901775.

[112] Han Y, Li W L, Zhou K H, et al. Bimetallic sulfide Co_9S_8/N-C@MoS_2 dodecahedral heterogeneous nanocages for boosted Li/K storage [J]. Chemnanomat, 2020, 6 (1): 132-138.

[113] Yu Q Y, Hu J, Qian C, et al. CoS/N-doped carbon core/shell nanocrystals as an anode material for potassium-ion storage [J]. Journal of Solid State Electrochemistry, 2019, 23 (1): 27-32.

[114] Yang J, Xi L H, Tang J J, et al. There-dimensional porous carbon network encapsulated SnO_2 quantum dots as anode materials for high-rate lithium ion batteries [J]. Electrochimica Acta, 2016, 217: 274-282.

[115] Wang R H, Han M, Zhao Q N, et al. Construction of 3D CoO quantum dots/graphene hydrogels as binder-free electrodes for ultra-high rate energy storage applications [J]. Electrochimica Acta, 2017, 243: 152-161.

[116] Peng C X, Chen B D, Qin Y, et al. Facile ultrasonic synthesis of CoO quantum dot/graphene nanosheet composites with high lithium storage capacity [J]. Acs Nano, 2012, 6 (2): 1074-1081.

[117] Gao H, Zhou T F, Zheng Y, et al. CoS quantum dot nanoclusters for high-energy potassium-ion batteries [J]. Advanced Functional Materials, 2017, 27 (43): 1702634.

[118] Miao W F, Zhang Y, Li H T, et al. ZIF-8/ZIF-67-derived 3D amorphous carbon-encapsulated CoS/NCNTs supported on CoS-coated carbon nanofibers as an advanced potassium-ion battery anode [J]. Journal of Materials Chemistry A, 2019, 7 (10): 5504-5512.

[119] Hu J, Wang B, Yu Q Y, et al. Amorphous cobalt sulfide/N-doped carbon core/shell nanoparticles as an anode material for potassium-ion storage [J]. Journal of Materials Science, 2020, 55 (31): 15213-15221.

[120] Zhu H L, Zhang F, Li J R, et al. Penne-like MoS_2/carbon nanocomposite as anode for sodium-ion-based dual-ion battery [J]. Small, 2018, 14 (13): 1703951.

[121] Li Z Y, Zhang L Y, Zhang L, et al. ZIF-67-derived CoSe/NC composites as anode materials

for lithium-ion batteries [J]. Nanoscale Research Letters, 2019, 14: 1-11.

[122] Huang Q H, Fan X M, Ou X, et al. Fabrication of CoSe@ NC nanocubes for high performance potassium ion batteries [J]. Journal of Colloid and Interface Science, 2021, 604: 157-167.

[123] Liu Y Z, Deng Q, Li Y P, et al. CoSe@ N-doped carbon nanotubes as a potassium-ion battery anode with high initial coulombic efficiency and superior capacity retention [J]. Acs Nano, 2021, 15 (1): 1121-1132.

[124] Hu J, Wang B, Yu Q Y, et al. CoSe$_2$/N-doped carbon porous nanoframe as an anode material for potassium-ion storage [J]. Nanotechnology, 2020, 31 (39): 395403.

[125] Yang S H, Park S K, Kang Y C. MOF-derived CoSe$_2$@ N-doped carbon matrix confined in hollow mesoporous carbon nanospheres as high-performance anodes for potassium-ion batteries [J]. Nano-Micro Letters, 2021, 13: 1-15.

[126] Suo G Q, Zhang J Q, Li D, et al. N-doped carbon/ultrathin 2D metallic cobalt selenide core/sheath flexible framework bridged by chemical bonds for high-performance potassium storage [J]. Chemical Engineering Journal, 2020, 388: 124396.

[127] Yuan F, Zhang W X, Zhang D, et al. Recent progress in electrochemical performance of binder-free anodes for potassium-ion batteries [J]. Nanoscale, 2021, 13 (12): 5965-5984.

[128] Zhao W, Tan Q W, Han K, et al. Achieving fast and stable lithium/potassium storage by *in situ* decorating FeSe$_2$ nanodots into three-dimensional hierarchical porous carbon networks [J]. Journal of Physical Chemistry C, 2020, 124 (23): 12185-12194.

[129] Liu Y Z, Yang C H, Li Y P, et al. FeSe$_2$/nitrogen-doped carbon as anode material for potassium-ion batteries [J]. Chemical Engineering Journal, 2020, 393: 124590.

[130] Gabaudan V, Berthelot R, Stievano L, et al. Inside the alloy mechanism of Sb and Bi electrodes for K-ion batteries [J]. Journal of Physical Chemistry C, 2018, 122 (32): 18266-18273.

[131] Fan L, Ma R F, Zhang Q F, et al. Graphite anode for a potassium-ion battery with unprecedented performance [J]. Angewandte Chemie-International Edition, 2019, 58 (31): 10500-10505.

[132] Huang H W, Wang J W, Yang X F, et al. Unveiling the advances of nanostructure design for alloy-type potassium-ion battery anodes via *in situ* TEM [J]. Angewandte Chemie-International Edition, 2020, 59 (34): 14504-14510.

[133] Gabaudan V, Touja J, Cot D, et al. Double-walled carbon nanotubes, a performing additive to enhance capacity retention of antimony anode in potassium-ion batteries [J]. Electrochemistry Communications, 2019, 105: 106493.

[134] McCulloch W D, Ren X D, Yu M Z, et al. Potassium-ion oxygen battery based on a high capacity antimony anode [J]. Acs Applied Materials & Interfaces, 2015, 7 (47): 26158-26166.

[135] Wang L, Jia J J, Wu Y, et al. Antimony/reduced graphene oxide composites as advanced anodes for potassium ion batteries [J]. Journal of Applied Electrochemistry, 2018, 48 (10):

1115-1120.

[136] Liu Q, Fan L, Ma R F, et al. Super long-life potassium-ion batteries based on an antimony@carbon composite anode [J]. Chemical Communications, 2018, 54 (83): 11773-11776.

[137] Zhao R Z, Di H X, Wang C X, et al. Encapsulating ultrafine Sb nanoparticles in Na$^+$ pre-intercalated 3D porous Ti$_3$C$_2$T$_x$ MXene nanostructures for enhanced potassium storage performance [J]. Acs Nano, 2021, 15 (3): 5773-5773.

[138] Muench S, Wild A, Friebe C, et al. Polymer-based organic batteries [J]. Chemical Reviews, 2016, 116 (16): 9438-9484.

[139] Aragon M J, Leon B, Vicente C P, et al. Cobalt oxalate nanoribbons as negative-electrode material for lithium-ion batteries [J]. Chemistry of Materials, 2009, 21 (9): 1834-1840.

[140] Fan C, Zhao M J, Li C, et al. Investigating the electrochemical behavior of cobalt (II) terephthalate (CoC$_8$H$_4$O$_4$) as the organic anode in K-ion battery [J]. Electrochimica Acta, 2017, 253: 333-338.

[141] Kishore B, Venkatesh G, Munichandraiah N. K$_2$Ti$_4$O$_9$: a promising anode material for potassium ion batteries [J]. Journal of the Electrochemical Society, 2016, 163 (13): A2551-A2554.

[142] Han J, Xu M W, Niu Y B, et al. Exploration of K$_2$Ti$_8$O$_{17}$ as an anode material for potassium-ion batteries [J]. Chemical Communications, 2016, 52 (75): 11274-11276.

[143] Liu C, Wang H L, Zhang S Y, et al. K$_2$Ti$_6$O$_{13}$/carbon core-shell nanorods as a superior anode material for high-rate potassium-ion batteries [J]. Nanoscale, 2020, 12 (21): 11427-11434.

[144] Wei Z X, Wang D X, Li M L, et al. Fabrication of hierarchical potassium titanium phosphate spheroids: a host material for sodium-ion and potassium-ion storage [J]. Advanced Energy Materials, 2018, 8 (27): 1801102.

[145] Li Y B, Deng W J, Zhou Z Q, et al. An ultra-long life aqueous full K-ion battery [J]. Journal of Materials Chemistry A, 2021, 9 (5): 2822-2829.

[146] Zhang R D, Huang J J, Deng W Z, et al. Safe, low-cost, fast-kinetics and low-strain inorganic-open-framework anode for potassium-ion batteries [J]. Angewandte Chemie-International Edition, 2019, 58 (46): 16474-16479.

[147] Zhao S Q, Dong L B, Sun B, et al. K$_2$Ti$_2$O$_5$@C microspheres with enhanced K$^+$ intercalation pseudocapacitance ensuring fast potassium storage and long-term cycling stability [J]. Small, 2020, 16 (4): 1906131.

[148] Zhu P P, Zhang Z, Zhao P F, et al. Rational design of intertwined carbon nanotubes threaded porous CoP@carbon nanocubes as anode with superior lithium storage [J]. Carbon, 2019, 142: 269-277.

[149] Chang Q Q, Jin Y H, Jia M, et al. Sulfur-doped CoP@nitrogen-doped porous carbon hollow tube as an advanced anode with excellent cycling stability for sodium-ion batteries [J]. Journal of Colloid and Interface Science, 2020, 575: 61-68.

[150] Liu Y, Que X, Wu X, et al. ZIF-67 derived carbon wrapped discontinuous Co$_x$P nanotube as anode material in high-performance Li-ion battery [J]. Materials Today Chemistry, 2020, 17: 100284.

[151] Bai J, Xi B J, Mao H Z, et al. One-step construction of N,P-codoped porous carbon sheets/CoP hybrids with enhanced lithium and potassium storage [J]. Advanced Materials, 2018, 30 (35): 1802310.

[152] Zhou D, Yi J G, Zhao X D, et al. Confining ultrasmall CoP nanoparticles into nitrogen-doped porous carbon via synchronous pyrolysis and phosphorization for enhanced potassium-ion storage [J]. Chemical Engineering Journal, 2021, 413: 127508.

[153] Yi Y Y, Zhao W, Zeng Z H, et al. ZIF-8@ZIF-67-derived nitrogen-doped porous carbon confined CoP polyhedron targeting superior potassium-ion storage [J]. Small, 2020, 16 (7): 1906566.

[154] Hosaka T, Kubota K, Kojima H, et al. Highly concentrated electrolyte solutions for 4V class potassium-ion batteries [J]. Chemical Communications, 2018, 54 (60): 8387-8390.

[155] Zhang W C, Wu Z B, Zhang J, et al. Unraveling the effect of salt chemistry on long-durability high-phosphorus-concentration anode for potassium ion batteries [J]. Nano Energy, 2018, 53: 967-974.

[156] Lei K X, Wang C C, Liu L J, et al. A porous network of bismuth used as the anode material for high-energy-density potassium-ion batteries [J]. Angewandte Chemie-International Edition, 2018, 57 (17): 4687-4691.

[157] Chong S K, Yang J, Sun L, et al. Potassium nickel iron hexacyanoferrate as ultra-long-life cathode material for potassium-ion batteries with high energy density [J]. Acs Nano, 2020, 14 (8): 9807-9818.

[158] Wang L, Zhang B, Wang B, et al. *In-situ* nano-crystallization and solvation modulation to promote highly stable anode involving alloy/de-alloy for potassium ion batteries [J]. Angewandte Chemie-International Edition, 2021, 60 (28): 15381-15389.

[159] Deng L Q, Zhang Y C, Wang R T, et al. Influence of KPF$_6$ and KFSI on the performance of anode materials for potassium-ion batteries: a case study of MoS$_2$ [J]. Acs Applied Materials & Interfaces, 2019, 11 (25): 22449-22456.

[160] Hosaka T, Matsuyama T, Kubota K, et al. Development of KPF$_6$/KFSA binary-salt solutions for long-life and high-voltage K-ion batteries [J]. Acs Applied Materials & Interfaces, 2020, 12 (31): 34873-34881.

[161] Zhao J, Zou X X, Zhu Y J, et al. Electrochemical intercalation of potassium into graphite [J]. Advanced Functional Materials, 2016, 26 (44): 8103-8110.

[162] Wu Z B, Liang G M, Pang W K, et al. Coupling topological insulator SnSb$_2$Te$_4$ nanodots with highly doped graphene for high-rate energy storage [J]. Advanced Materials, 2020, DOI: 10.1002/ADMA.201905632.

[163] Li B F, Zhao J, Zhang Z H, et al. Electrolyte-regulated solid-electrolyte interphase enables

long cycle life performance in organic cathodes for potassium- ion batteries [J]. Advanced Functional Materials, 2019, 29 (5): 1807137.

[164] Wang L P, Yang J Y, Li J, et al. Graphite as a potassium ion battery anode in carbonate-based electrolyte and ether- based electrolyte [J]. Journal of Power Sources, 2019, 409: 24-30.

[165] Moyer K, Donohue J, Ramanna N, et al. High-rate potassium ion and sodium ion batteries by co-intercalation anodes and open framework cathodes [J]. Nanoscale, 2018, 10 (28): 13335-13342.

[166] de Souza R M, de Siqueira L J A, Karttunen M, et al. Molecular dynamics simulations of polymer-ionic liquid (1-ethyl-3-methylimidazolium tetracyanoborate) ternary electrolyte for sodium and potassium ion batteries [J]. Journal of Chemical Information and Modeling, 2020, 60 (2): 485-499.

[167] Yamamoto T, Matsumoto K, Hagiwara R, et al. Physicochemical and electrochemical properties of K[N(SO$_2$F)$_2$]-[N-methyl-N-propylpyrrolidinium][N(SO$_2$F)$_2$] ionic liquids for potassium- ion batteries [J]. Journal of Physical Chemistry C, 2017, 121 (34): 18450-18458.

[168] Yoshii K, Masese T, Kato M, et al. Sulfonylamide- based ionic liquids for high- voltage potassium-ion batteries with honeycomb layered cathode oxides [J]. Chemelectrochem, 2019, 6 (15): 3901-3910.

[169] Yamamoto T, Matsubara R, Nohira T. Highly conductive ionic liquid electrolytes for potassium-ion batteries [J]. Journal of Chemical and Engineering Data, 2021, 66 (2): 1081-1088.

[170] Yamamoto T, Yadav A, Nohira T. Charge-discharge behavior of graphite negative electrodes in FSA-based ionic liquid electrolytes: comparative study of Li-, Na-, K-ion systems [J]. Journal of the Electrochemical Society, 2022, 169 (5): 050507.

[171] Eremin R A, Kabanova N A, Morkhova Y A, et al. High- throughput search for potential potassium ion conductors: a combination of geometrical- topological and density functional theory approaches [J]. Solid State Ionics, 2018, 326: 188-199.

[172] Wang J, Lei G T, He T, et al. Defect-rich potassium amide: a new solid-state potassium ion electrolyte [J]. Journal of Energy Chemistry, 2022, 69: 555-560.

[173] Singh R, Baghel J, Shukla S, et al. Detailed electrical measurements on sago starch biopolymer solid electrolyte [J]. Phase Transitions, 2014, 87 (12): 1237-1245.

[174] Pavani Y, Ravi M, Bhavani S, et al. Characterization of poly (vinyl alcohol)/potassium chloride polymer electrolytes for electrochemical cell applications [J]. Polymer Engineering and Science, 2012, 52 (8): 1685-1692.

[175] Kesharwani P, Sahu D K, Sahu M, et al. Study of ion transport and materials properties of K$^+$-ion conducting solid polymer electrolyte (SPE): [(1-x) PEO: xCH$_3$COOK] [J]. Ionics, 2017, 23 (10): 2823-2827.

[176] Yang J F, Zhang H R, Zhou Q, et al. Safety- enhanced polymer electrolytes for sodium

batteries: recent progress and perspectives [J]. Acs Applied Materials & Interfaces, 2019, 11 (19): 17109-17127.

[177] Fei H F, Liu Y N, An Y L, et al. Safe all-solid-state potassium batteries with three dimentional, flexible and binder-free metal sulfide array electrode [J]. Journal of Power Sources, 2019, 433: 226697.

[178] Kumar J S, Reddy M J, Rao U V S. Ion transport and battery studies of a new (PVP+KIO$_3$) polymer electrolyte system [J]. Journal of Materials Science, 2006, 41 (18): 6171-6173.

[179] Pavani Y, Ravi M, Bhavani S, et al. Physical investigations on pure and KBr doped poly (vinyl alcohol) (PVA) polymer electrolyte films for solid state battery applications [J]. Journal of Materials Science-Materials in Electronics, 2018, 29 (7): 5518-5524.

[180] Lee K J, Park J T, Koh J H, et al. Graft polymerization of poly (epichlorohydrin-g-poly ((oxyethylene) methacrylate)) using ATRP and its polymer electrolyte with KI [J]. Ionics, 2009, 15 (2): 163-167.

[181] Kesharwani P, Sahu D K, Mahipal Y K, et al. Conductivity enhancement in K$^+$-ion conducting dry solid polymer electrolyte (SPE): [PEO: KNO$_3$]: a consequence of KI dispersal and nano-ionic effect [J]. Materials Chemistry and Physics, 2017, 193: 524-531.

[182] Jyothi N K, Venkataratnam K K, Murty P N, et al. Preparation and characterization of PAN-KI complexed gel polymer electrolytes for solid-state battery applications [J]. Bulletin of Materials Science, 2016, 39 (4): 1047-1055.

[183] Wessells C D, Peddada S V, Huggins R A, et al. Nickel hexacyanoferrate nanoparticle electrodes for aqueous sodium and potassium ion batteries [J]. Nano Letters, 2011, 11 (12): 5421-5425.

[184] Li R Z, Wang Y M, Zhou C, et al. Carbon-stabilized high-capacity ferroferric oxide nanorod array for flexible solid-state alkaline battery-supercapacitor hybrid device with high environmental suitability [J]. Advanced Functional Materials, 2015, 25 (33): 5384-5394.

[185] Su D W, McDonagh A, Qiao S Z, et al. High-capacity aqueous potassium-ion batteries for large-scale energy storage [J]. Advanced Materials, 2017, 29 (1): 1604007.

[186] Zheng Q F, Miura S, Miyazaki K, et al. Sodium- and potassium-hydrate melts containing asymmetric imide anions for high-voltage aqueous batteries [J]. Angewandte Chemie-International Edition, 2019, 58 (40): 14202-14207.

[187] Leonard D P, Wei Z X, Chen G, et al. Water-in-salt electrolyte for potassium-ion batteries [J]. Acs Energy Letters, 2018, 3 (2): 373-374.

[188] Jiang L W, Lu Y X, Zhao C L, et al. Building aqueous K-ion batteries for energy storage [J]. Nature Energy, 2019, 4 (6): 495-503.

[189] Liu Z X, Huang Y, Huang Y, et al. Voltage issue of aqueous rechargeable metal-ion batteries [J]. Chemical Society Reviews, 2020, 49 (2): 643-644.

第 9 章 机 器 学 习

9.1 概 述

长期以来，新材料的发现一直依赖于试错过程，这种方法耗时且成本高，无法满足对更先进材料的要求。随着理论化学和计算化学的发展，量子力学和分子动力学成为可以预测结构-性质关系的成熟方法。研究人员可以在量子力学方法的基础上计算出含有数千个相互作用的离子和电子的化合物。然而，基于量子力学的方法的高计算成本限制了其在大规模复杂系统中的应用。人工智能（AI）的出现为科学和工程的突破提供了新的机会。人工智能与大数据的结合被誉为"科学的第四范式"。机器学习（ML）是人工智能的核心，是使计算机智能化的基础，早期发展可以追溯到20世纪50年代和60年代，直至80年代随着数据库的扩充和计算机技术的进步开始了快速发展。如图9-1所示，ML作为计算机科学中一个热门话题，也是一门与潮流关系密切的交叉学科。机器学习允许计算机在没有明确编程的情况下发现隐藏的见解，它采用计算机算法通过模拟材料特性与相关因素之间的线性或非线性关系，从经验数据中学习。在过去的20年里，与材料科学相关的计算活动已经从技术开发和纯粹的材料计算研究稳步转向在计算结果、机器学习和数据挖掘或计算预测与实验验证之间密切合作的指导下发现和设计新材料。

先进的材料表征技术，随着数据采集和存储能力的不断增长，对现代材料科学提出了挑战，需要新的程序来快速评估和分析收集到的数据，对大数据的有效管理和利用是加快材料设计的关键。随着材料基因组计划的推进，材料大数据时代的到来，人们越来越多地收集材料的特性，建立更多的材料数据库。通用的共享平台和数据管理为加速材料的发现和设计提供强大的推动力。如何快速有效地对大数据进行评估和分析，发现隐藏的规律，是当前材料科学领域面临的挑战。近年来，机器学习技术和大数据方法成功地解决了材料性能与复杂物理因素之间关系建模的困难，使得机器学习在很多方面成功应用，如筛选材料成分、预测材料性能等[1]。因此，机器学习被视为材料开发的一种创新模式，为通过性质筛选所有可能材料的方法来提供了可能性。近年来，随着材料数据库的快速增长，ML工具包（如TensorFlow、Pytorch和Scikit-learn）的逐渐普及，工作流工具包（如Atomate）的开发以及算法的进步，ML在材料科学中的应用也越来越多。机器学习技术结合大数据，在电池材料等储能转化材料领域取得多项突破。

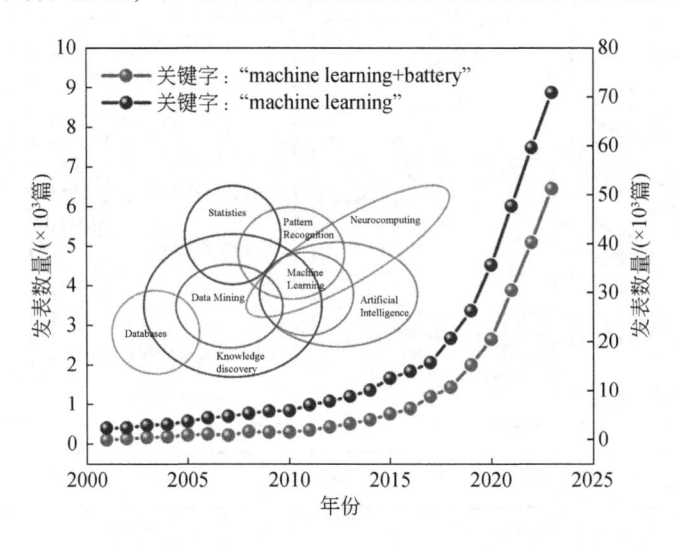

图 9-1 文献统计从 2001 年到 2023 年，通过在"Web of Science"数据库中搜索获得，分别以"machine learning + battery"和"machine learning"为关键词；插图为机器学习与当下一些热门词汇关系[2]

9.2 机器学习流程

机器学习预测模型可以针对第一性原理模拟中的热力学、电子或机械输出或离子动力学进行训练，以快速筛选大量未经测试的材料，并找到新的候选阳极、阴极、电解质、添加剂或电池涂层。机器学习流程包括收集数据、特征工程、模型建立和模型应用等流程，如图 9-2 所示。

9.2.1 电池材料数据库的构建

现代材料研究策略的优势在于能够在合理的实验要求和低错误率之间找到一个很好的平衡，充分利用现有的大量数据，从而加快材料研究进程。通过将传统实验方法与智能数据分析技术相结合，开发更适合的实验方法，提高实验效率，降低实验错误率。机器学习可以有效地与理论计算方法相结合，解决材料科学相关的各种问题，相应的实验结果也被证明是可靠的[5]。值得注意的是，机器学习模型的成功是建立在广泛可用数据的基础上的。也就是说，充分利用大量数据的能力是机器学习应用于材料科学研究的关键。此外，从大数据的角度来看，许多失败的实验仍然提供了有价值的信息，可以用来确定成功与失败的界限，也可以用于新材料的发现。此外，智能数据分析方法在材料科学研究中的应用，可以极

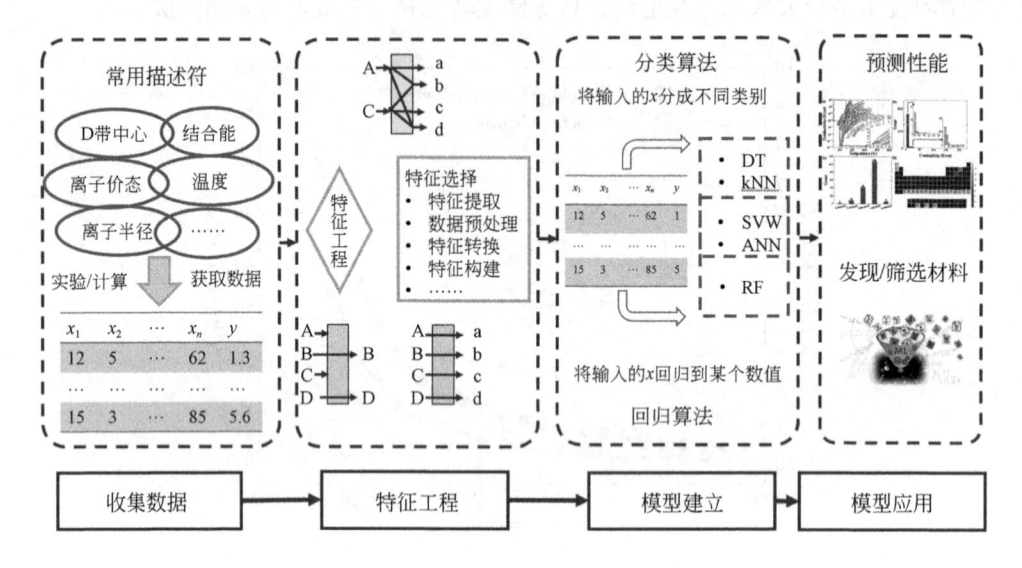

图 9-2　机器学习一般流程[3,4]

大地帮助优化新材料的虚拟筛选空间，大大加快筛选速度。

1. 数据来源

随着材料基因组计划的推进，材料大数据时代已经到来，人们越来越多地收集材料的特性，并建立更多的材料数据库。对大数据的有效管理和利用是加快材料设计的关键依据。目前对于特征的选择主要靠研究人员根据自身对专业知识和经验来选择，而数据的来源主要有三个途径：公开数据库、实验获得、已发表文献。

（1）公开数据库。随着时间推移，人们逐渐意识到大数据的重要性。公开数据库包含了过去一个世纪积累的材料，为材料科学中的 ML 带来了极大的便利。这些数据库部分来自组合实验而主要来自利用量子力学方法的高通量计算，例如密度泛函理论（DFT）。无机晶体结构数据库（ICSD）是应用最广泛的材料数据库之一，它包含了超过 21 万个晶体结构，但是它并非开源数据库，需要购买权限后使用，而开源的 Crystallography Open Database（COD）作为数据源也被广泛应用，拥有超过 40 万条数据可供选择。另外为了扩大共享信息，还有 Materials Project（MP）、AFLOWLIB、OQMD 和 MG 等计算材料数据库。尤其在 MG 中的能带结构采用 Heyd-Scuseria-Ernzerhof（HSE）混合泛函数计算，提高了能带结构的准确性。此外，还有许多针对特定应用的材料数据库，如 Materials Web 在线数据库、计算材料库、材料云平台用于二维（2D）材料等。资料数据库是数据快速收集的关键条件。因此，大多数材料数据库都提供了 API（application programming interface，应用程序编程接口），如 Materials Project RESTful API，可以使用户直接访问 MP 数据，并以编程方式查询材料信息。如图 9-3～图 9-6 所示为多种数据库搜索示例。

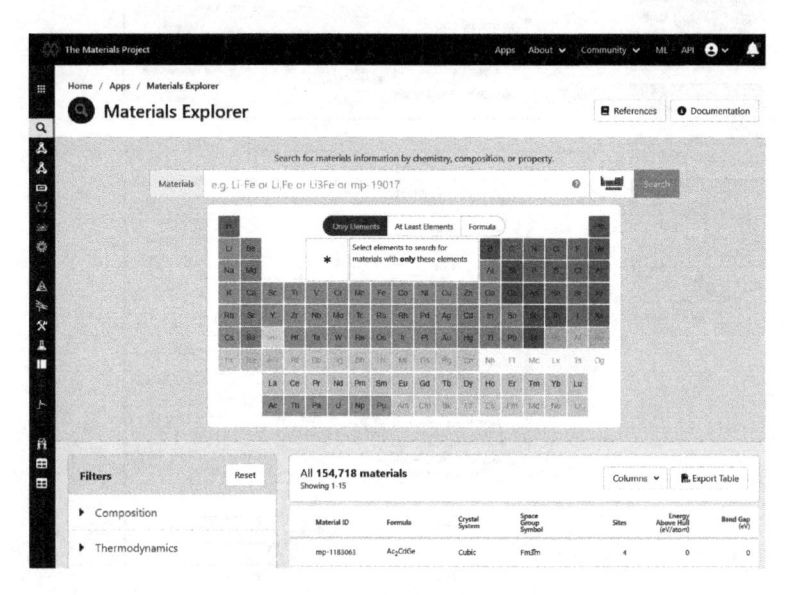

图 9-3　MP 材料搜索（https://next-gen.materialsproject.org/materials）

图 9-4　Springer Materials 材料搜索（https://materials.springer.com/）

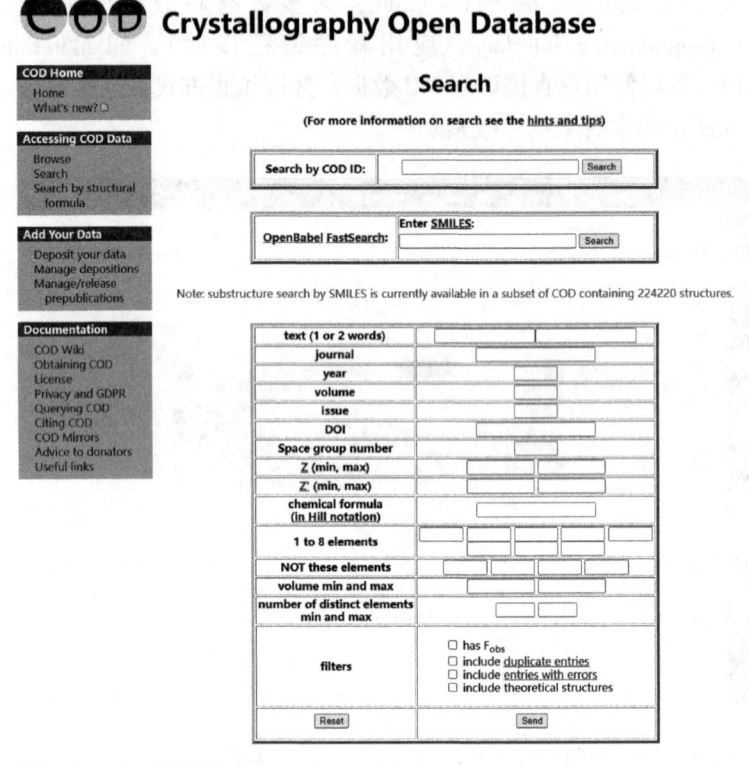

图 9-5　COD 材料搜索(http://www.crystallography.net/cod/search.html)

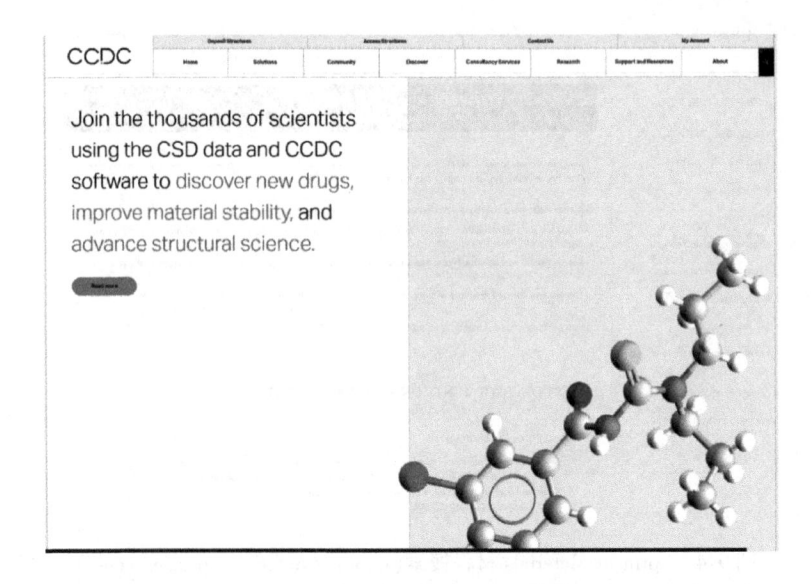

图 9-6　The Cambridge Crystallographic Data Centre (CCDC) 搜索(https://www.ccdc.cam.ac.uk/)

值得注意的是，现在机器学习入门的门槛越来越低，对于新手非常友好。过去，非 ML 专家很难运行 ML 程序并训练模型。如今，机器学习框架的进步，如 TensorFlow（Python）、Pytorch（Python）、scikit-learn（Python）、Torch（Lua）、Caffe（Protobuf）和 Deeplearning4J（JAVA），确保研究人员更容易构建高质量的机器学习模型。这些框架的性能在速度和精度上有所不同，研究人员可以根据需要选择。

（2）实验获得。对于超出电子结构的属性并不能完全使用计算数据库中数据模拟出，特别是涉及电极-电解质界面、无序晶体、无定形或纳米级材料成分、离子或聚合物电解质的材料，这些情况需要一些相互作用模型（例如原子间势）和大量第一性原理计算或者实验得出的数据作为描述符进行训练。研究人员通过实验获得的数据集可以更好的统一数据标准，在数据类型上也更加灵活多样[6]。此外，在数据集中还可以增加失败案例，这对于机器学习的效果的提升也有显著的作用。然而无论是实验获得还是第一性原理计算获得的数据组成的数据集都需要消耗大量资源。因此，此种数据集主要限于研究人员的目标材料或者材料集，这成为限制机器学习在材料科学领域大规模发展的另一个原因。

（3）已发表文献。目前，全球每天都会发表大量电池方面文献，这些文献中也包含大量其他研究人员获得的实验数据。如果可以有效地利用这些文献中的数据，则可以迅速扩大数据集。不幸的是，在材料研究领域，电化学数据通常不共享，或者穿插在文字中或隐藏在图片中，这给实验数据的收集造成巨大障碍。此外，到目前为止对实验数据还没有系统的标准，导致大量实验数据无法直接使用。当然，人们已经意识到这个问题，并且开始采取一些措施以便于实验数据可以重复利用，例如团队做的数据集。虽然一部分已经被收录到数据库中，但是仍有大量文献的数据隐藏在文献中。因此，也促使了一部分研究人员致力于研究从文献中获取有效数据的方法。此外，对于已发表文献中通常只包括成功数据，失败数据并不会放到文章中，这也是从已发表文献中获取数据的一个弊端。

2. 特征工程

机器学习的结果是数据驱动决策，特征的选择和质量对机器学习算法具有极大影响[7]。为了获得优质数据集，选择合适的特征选择方法对于获得实用的 ML 模型至关重要对潜在科学问题和机器学习算法的深入理解是选择合适特征的基础[7,8]。

目前特征工程的作用主要分为以下几个方面：

①数据预处理：是特征工程中的重要步骤之一，帮助清洗和处理原始数据中的噪声、缺失值和异常值，提高模型准确性，常用的算法包括均值填补、中位数填补、基于距离的方法等。

②特征提取：从原始数据中提取有意义的特征，捕捉数据的关键信息，进而降低计算复杂度、减少过拟合，并提高模型的解释性和泛化能力，例如方差选择法、相关系数法等。

③特征转换：对原始特征进行转换，使得每个特征都拥有合适的影响因子。例如对数变换、标准化、归一化等转换可以提高模型的稳定性和收敛速度。

④特征构建：通过组合、交互或衍生原始特征来构建新的特征。这有助于提供更丰富的特征，从而提高模型的性能，例如特征组合法、多项式特征法。

9.2.2 机器学习算法

尽管机器学习的结果在很大程度上取决于所选择的机器学习样本构建，但是没有任何一种机器学习算法可以在所有应用中都取得良好的效果，因此选择合适的机器学习模型也起着关键作用，因为它会显著影响预测的性能，没有适用于所有情况的最佳方法[7]。根据训练数据的特征（输入数据）和相应的标签（输出数据）的数量，机器学习算法可以分为监督学习、半监督学习和无监督学习。对于监督式学习，输入数据与输出数据相对应。通过使用监督模型，计算机可以找到输入和输出之间的关系，并在给定特定的输入值时预测输出值。在半监督学习中，输入数据量大于输出数据量。未标记输入数据和标记输入数据的比例总是很高。模型的质量主要与未标记数据的自动训练有关。对于无监督学习，训练数据的标签是未知的。无监督学习可以用来揭示数据的内在规律性，最广泛的应用是分类，如K-means算法。

在这些方法中，监督学习是目前应用最广泛的有效工具。因此，我们将重点关注下面的监督学习模型。

1. 支持向量机（SVM）算法

支持向量机（support vector machine，SVM）是一种通过找到一个最优的超平面来进行分类或回归的机器学习算法。SVM的核心思想是将数据映射到更高维度的空间中，使得数据在该空间中线性可分或近似线性可分，从而可以找到一个最优的超平面将不同类别的数据完全分开。SVM的主要目标是在所有可能的超平面中找到一个最优的超平面，使得离该超平面最近的点到超平面的距离（称为支持向量距离）最大化。这些最靠近超平面的点被称为支持向量。SVM可以用于二分类或多分类问题，并且可以扩展到非线性分类或回归问题。在非线性情况下，SVM使用核函数将低维空间中的数据映射到高维空间中，从而使得数据在高维空间中线性可分或近似线性可分。常见的核函数包括线性核、多项式核和径向基函数核等。如图9-7（a）所示，当在二维空间时无法使用一条直线将不同类别样本区分开，而通过合适核函数将二维空间转化成三维空间时，可以通过平面使得样本区分开。SVM 具有较强的泛化能力、较好的鲁棒性和可解释性。但是，SVM 对参数和噪声的敏感性、计算复杂度高，通常只能用于小数据集。

2. k-最近邻（kNN）算法

k-最近邻算法是理论上最成熟、最简单的机器学习方法之一。该方法的基本原理是通过特征空间中 k 个近邻的大多数来识别样本。如图 9-7（b）所示，当要被预测的样本在各类别交界位置时，k 的取值不同会导致算法出现相反的结果。kNN 既可以用于分类，也可以用于回归。样本与训练数据在特征空间中的距离是分类的基础。在 n 维实向量空间中，欧几里得距离通常用于更一般的情况，闵可夫斯基距离也可以使用。一旦样本在特征空间中的位置可用，就可以计算距离，不需要显式的训练阶段。也就是说，训练数据的泛化延迟到对系统进行查询，kNN 是一种懒惰学习方法。因此，如果训练数据集很大，kNN 的预测非常耗时，并且内存占用也很大。此外，训练数据的不平衡也会影响 kNN 的性能。k 的选择没有固定的规则，总是根据样本的分布选择一个较小的 k 值，然后通过交叉验证来优化 k 的值。

3. 人工神经网络（ANN）

人工神经网络（artificial neural network，ANN）也称为神经网络（neural network，NN），是一种基于生物学中神经网络原理的 ML 和模式识别的数学模型。该模型通过对大脑结构和反应机制的理解和抽象，在网络拓扑的基础上模拟神经系统处理复杂数据的机制。如图 9-7（c）所示，网络包含一个输入层、一个输出层和 n 个隐藏层（$n \geq 1$），每个节点包含一个特定的输出函数，称为激活函数。两个神经元之间的连接带有一个权重，该权重在训练阶段被修改，然后用测试数据集进行评估。人工神经网络方法具有从大规模数据集中捕获非线性复杂关系的强大能力。然而仍然存在一些局限性：人工神经网络通常需要更多的训练数据，耗时多，而且人工神经网络的结果很难被解释，也被称为"黑匣子"。此外，人工神经网络容易出现过拟合，这种方法需要更加注意模型的验证。

4. 随机森林

决策树（DT）是一个包含节点和有向边的机器学习预测模型。节点包括内部节点和叶节点。内部节点表示特征的区分条件，而叶节点表示不同的类，如图 9-7（d）所示。然而，DT 也有一些限制，例如有时树的非鲁棒性。最大的缺点是这种方法可能会创建过于复杂的树，并导致过拟合。为了避免过拟合和降低树的复杂性，通常采用剪枝方法，即利用统计方法删除不可靠的分支，以提高对新数据的分类速度和能力。在决策树基础上，Breiman 提出了随机森林（random forest，RF）算法。随机森林算法是由多个决策树组合而成，用于分类或回归。森林中的每棵树都是建立在递归划分的基础上。当一个新的实例进入时，每个 DT 都会做出判断。实例将通过多数投票进行分类，或者将计算每个 DT 的平均值进行回归。RF 可以有效地处理具有大量特征的数据集，减少过拟合。

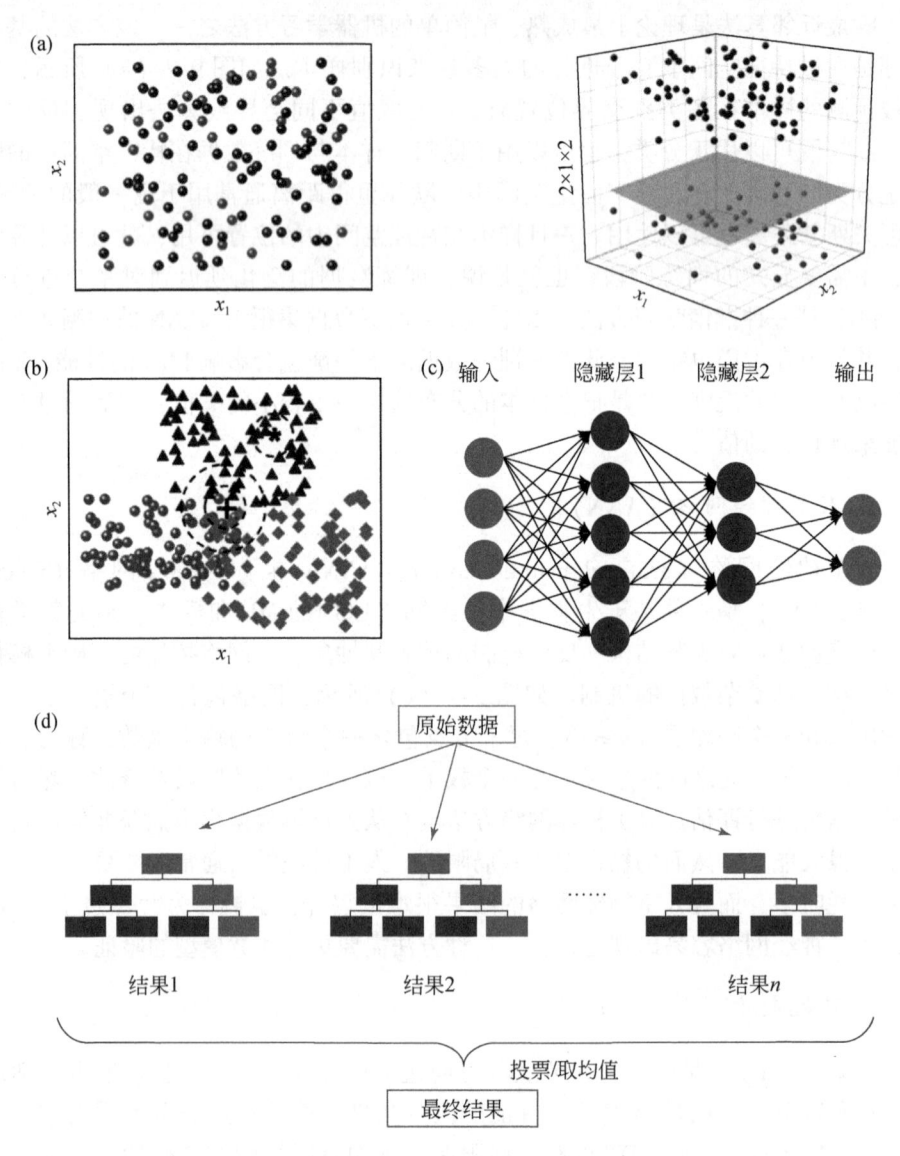

图 9-7　（a）SVM 算法原理示意图；（b）kNN 算法原理示意图；（c）ANN 算法原理示意图；（d）RF 算法原理示意图

9.2.3 模型验证

一个好的机器学习模型应该具有预测性。它既能拟合已知数据，又能泛化未知数据。有必要对 ML 模型进行验证。为了对模型进行评估，一般将整个数据集分为两部分：训练集和测试集。训练集用于训练模型，其输出数据为模型所知，而测试集用于评估模型，不给算法提供相应的输出数据。机器学习模型的参数除了通过学习训练集获得，还可以手动选择的超参数，例如 kNN 中的 k 值和 RF 中的树数。仅基于训练数据构建的模型可能有过拟合的超参数。因此，将一部分训练集作为验证集来优化超参数以获得最佳预测是有帮助和必要的。

另一个重点是选择合适的误差标准。对于分类问题，分别引入了具有对角线和非对角线正确预测和错误预测的混淆矩阵。分类精度由对角线元素的和除以非对角线元素的和计算得到，可以通过分类精度来评价模型的性能。采用受试者工作特征曲线（receiver operating characteristic, ROC）和 ROC 曲线下面积（area under ROC curve, AUC）来评价分类器的准确率。ROC 曲线可以很好地分析分布不均匀的样本分类器的分类性能。AUC 的值反映了模型的能力。ROC 曲线常与精确召回率（PR）曲线结合使用。平均绝对百分比误差（MAPE）、均方根误差（RMSE）、平均绝对误差（AAE）、相关系数（R_2）和交叉验证对偶（Q2）广泛用于评价回归模型的预测精度。

Holdout 检验是最简单也是最直接的验证方法，将原始的样本集合随机划分成训练集和验证集两部分，通常将测试集和训练集的数据分别占 70% 和 30% 或者 80% 和 20%。以 70% 和 30% 为例，将 70% 的样本用于模型训练，同时 30% 的样本用于模型验证，进一步绘制 ROC 曲线、计算精确率和召回率等指标来评估模型性能。但是由于不同样本之间精确度可能有较大的差异，所以在验证集上计算出来的最后评估指标与原始分组有很大关系。

交叉验证（cross-validation）是评估 ML 模型的一种常见而有效的方法。k 折交叉验证是一种广泛使用的交叉验证方法，该方法将数据集等比例分成 k 份，其中一份作为初始测试集，其他 k-1 份数据作为初始训练集。然后循环该过程，直到每一份数据都作为一次测试集，每个样本都将由所建立的模型进行预测，最后把 k 次评估指标的平均值作为最终的评估指标。在实际实验中，k 经常取 10。因此，如果交叉验证误差较低，则该模型可以有效地泛化整个数据集中的所有样本。一种特殊的情况是，样本数量等于 k，这种方法被称为"留一交叉验证"（leave-one-out cross validation），在样本总数较多的情况下，留一验证法的时间开销极大，故这种方法在数据量非常小的情况下使用。

蒙特卡罗交叉验证（Monte Carlo cross validation）是一种渐近一致的模型选择方法，它通过对数据进行随机重采样来评估模型的性能。将原始数据集划分为训练集和测试集；从训练集中随机采样一个子集作为训练数据，剩余数据作为验证数据。使用训练数据训练模型，并使用验证数据评估模型的性能与传统的 k 折交叉验证相比，蒙特卡罗交叉验证可以更好地处理小样本数据。

9.3 机器学习在电池中的应用

图 9-8（a）显示了在器件的两个电极之间可逆地穿梭电解液中的钠离子。为了提高电化学性能，开发合适的电极和电解质材料至关重要 [图 9-8（b）、（c）]。理论上讲，我们可以通过预测其特性来发现新材料。机器学习方法比传统的材料性能预测方法具有更高的准确性和鲁棒性，为材料科学领域提供了有效和新颖的工具，在材料发现、多尺度仿真加速、材料合成规划、工业规模电池制造工艺优化和材料表征方面取得了长足的发展。根据不同 ML 框架中训练的具体目标，ML 在电池领域中的应用主要可以分为两方面，一方面是应用于对电池健康的诊断/预测，另一方面是对于电池材料的选择和设计（包括电解液、电极材料等）。ML 在材料科学中的应用范围从探索材料的微观特性，如能带结构、态密度以及形成能到宏观性能，如氧化还原电位、循环稳定性等，而应用机器学习对电池材料进行筛选和设计的重点在于描述符的选择。

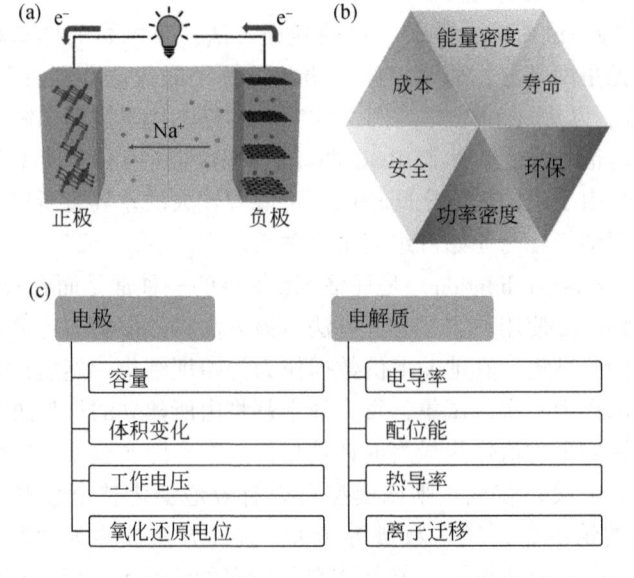

图 9-8 （a）Na 离子电池示意图；（b）钠离子电池在性能方面主要特性；
（c）电极和电解质常用决策属性

9.3.1 机器学习在电池健康领域应用

可充电钠离子电池的容量和内阻会随着其使用和暴露于某些环境条件而逐渐下降和增加（即电池退化）。这会影响它们储存能量和供电的能力，直到达到某个阈值寿命终止。钠离子电池针对其不同应用场景的不同标准和要求，在不适当的条件下使用会导致电池性能不佳，甚至发生爆炸火灾等安全事故。因此，为了实现更长久、更安全、更可持续和更有价值的锂离子电池使用，包括第二次生命在内的整个生命周期都必须实施内部状态评估、健康管理和风险评估。虽然一些文献已经提出了大量传统的基于模型的方法，旨在建立一个描述钠离子电池退化行为的数学模型，但是同时准确、快速和前瞻性地访问电池健康信息仍然具有挑战性。由于 ML 强大的数据挖掘、处理和拟合能力，在电池健康领域蓬勃发展，包括电池诊断/预测，非常有希望灵活地访问以前未公开的电池的潜在健康信息。根据在不同 ML 框架中训练的具体目标，电池健康领域的任务可以进一步分为效果、老化模式、老化机制以及外部原因。

容量/功率衰减是电池健康中最受关注的信息，是直接指示电池性能的指标。电压与容量曲线包含与电池老化特性相关的丰富信息。如图 9-9（a）所示，随着循环次数的增加而向左移动，代表电池放电能量的电压曲线下面积随着电池退化而减小。ML 技术为准确的机载和离线健康状态诊断做出了显著贡献。健康状态（SOH）是基于容量方面任务的关键特征，大量文献都以 SOH 作为目标特征，将多种 ML 算法与多种输入特征相关联，以实现精确的容量估计[10]。这些特性可以进一步分为基于阻抗的、恒流恒压（CCCV）充电曲线特性、差分电压（DV）/增量容量（IC）曲线特性、原始充电数据/段充电曲线几何性质充电特性后的电压松弛曲线、弛豫时间/状态、库仑效率、从电池电压数据中提取的样本熵、基于温度、等电压曲线的时间间隔、机械应力和超声波类型[6,11]。还筛选了基于循环曲线的高通量特征工程，以评估其作为健康指标的性能。然而，对于云平台上的大型数据集，这样的数据输入维度将是巨大的，因此既需要获得曲线的准确信息又需要尽可能少的维数。如图 9-9（b）在电压与 ΔQ 的关系中选择适当的采样频率，既获得了曲线的关键信息，又避免了数据输入维度过多。目前普遍认为电池退化轨迹上的拐点是慢衰减速率过渡到快速衰减速率的点。然而，这种转变并非突然发生，而是通常发生在多个周期内。因此，将容量衰减曲线中的单个点识别为拐点是一项主观任务。现在已经提出了许多方法来识别电池老化轨迹的拐点，其中一种被广泛接受的是通过 Kneedle 法来识别关键拐点 [图 9-9（c）、(d)]。除了通过预测电池 SOH 作为容量预测的目标特征，电池剩余循环寿命也是常用的目标特征[12]。早期准确的预测寿命可以明显缩短产品开发周期，加速在电池寿命的各个阶段的提升技术。功率衰减是衡量电池健康状况的另一个重要指标，通常由电池内阻的变化决定。这可能会导致电动汽车的严重性能下降。由于难以直接测量来自基本循环的阻抗信号，ML 也是一个很好的方法。将单周期数据（电压/电流）作为输入特征，通过将目标曲线表征为几个关键点，建立 ML 模型来生成未来内阻曲线的轨迹，有效的预测了电池中的功率和容量衰减。热效应是电池健康中不可忽略的行为。意外产生的热量有引发热失控的风险。目前，利用电池外部温度、放电深度、标称容量、环境温度、放电倍率等多种特征对 ML 进行训练，实现热效应的预测。由于复杂的退化路径，由 ML 驱动的模型仍然或多或少地受到外推数据超过训练数据的限制。通过考虑特征和目标的更多可能性，并结合机理模型，有望使其灵活而稳健地监测电池健康状况并实现对锂离子电池的系统诊断。

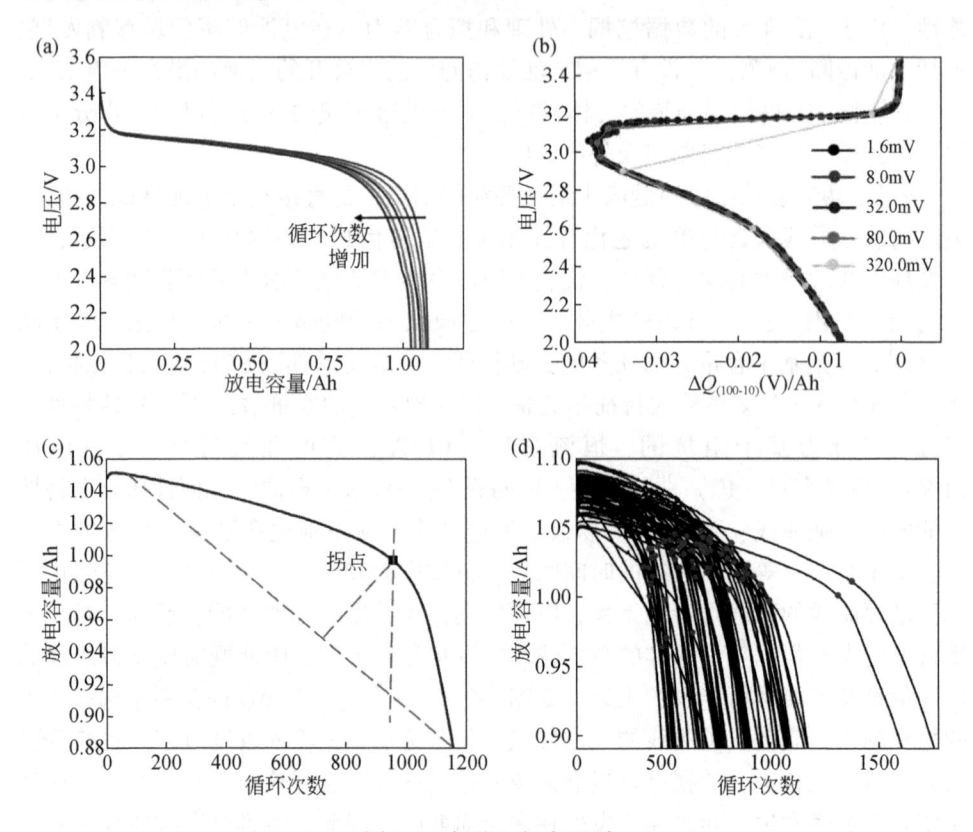

图 9-9 提取和拐点识别

(a) 不同循环的放电容量曲线；(b) 电压与 ΔQ 的关系作为电压点采样频率的函数；(c) Kneedle 方法，该点具有从电池寿命开始到寿命结束所绘制的线的最大距离；(d) 用 Kneedle 方法对某些电池的拐点识别结果[9]

除了对电池健康寿命的关注，最近人们对电池退化模式和退化机理越来越感兴趣[图9-10（a）]。退化结果直接驱动电池容量和功率衰减，监测甚至预测Na离子电池使用中的潜在退化模式和机理，不仅有助于准确预测未来的电池退化轨迹，同时也有利于电池使用条件的下一步优化。由于Na离子电池是多种物理和化学相结合的复杂系统，其退化是一个复杂的非线性过程，由各种内因耦合且与路径相关，其更加复杂且高度相互依存。这使得通过考虑Na离子电池内部系统的所有细节直接限定或量化潜在贡献很困难，建模极具挑战性。一般来说，IC的方法和DV分析用于识别离子电池的退化模式。因此，研究人员从定制的退化数据或可识别的参数通过描述无形特征或目标来从电池模型中获取。尽管通过电池容量或电阻的宏观测量无法揭示相对微观的内部降解模式，但研究人员一直在努力考虑适当的特征和靶标，以更好地解决这项任务。鉴于此，应该进一步探索来自现实世界和合成数据的更多信息特征和目标。可靠的已知真实数据退化模式有利于交叉验证。此外，迄今为止的主要研究都是基于特定工作条件下的电池数据，而这些数据在现场数据中通常无法获得。在最终用途中部署仍然具有挑战性。预计在电池测试数据收集中将应用相对随机和非特异性的循环条件进行模型验证。

固态电解质间相层（SEI）的形成/生长或者碱金属枝晶的形成和生长对于电池的退化具有显著影响。因此，对其机制的研究也成为进一步抑制电池退化的关键一环。尤其对于碱金属枝晶的生长，这往往发生在快速/低温/充电和长时间循环，对电池安全构成威胁，可能导致内部短路甚至热失控。到目前为止，大量的研究都集中在这些老化机制的电化学和物理检测上。近年来，ML还促进了对这种降解机理的非侵入性诊断，以指示电池内部健康。可以将电流电压等电化学特征作为关键特征或者将部分充放电曲线中的一部分与碱金属沉积和SEI的厚度映射出较符合的关系。此外，还有一些退化标准并没有做到统一标准，例如内部短路等，这也是建模时寻找可靠目标的必要考虑因素。

与用于SOH估计的ML任务相比，将ML实施到降解模式/机制诊断中更具挑战性。应该注意的是，数据质量对于ML模型训练至关重要。与SOH估计场景不同，SOH估计场景提供可测量且可靠的容量值作为标签，而识别退化模式/机制作为电池健康的隐藏行为，需要领域知识，模型模拟或拆解实验进行数据验证。这使得老化模式/机制诊断变得复杂。人们仍然相信，借助来自实验或模型数据的基于物理的信息，可以发现更多有趣的特征和可靠的目标，为钠离子电池的可解释性预测做铺垫。

在电芯串联的电池组中，容量均匀的电芯在长时间使用后会急剧失去容量。电池的运行和（或）环境条件是导致复杂降解机制的根本原因，导致其最终衰退[图9-11（b）]。由于离子电池的路径依赖性，基本上电池用户只能在这个水平上干预其退化过程。在合适的情况下，良好的使用习惯使锂离子电池具有更长

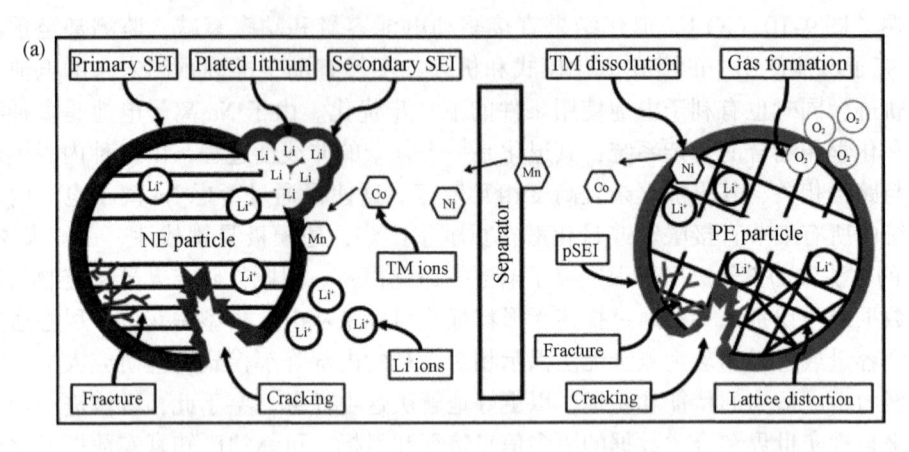

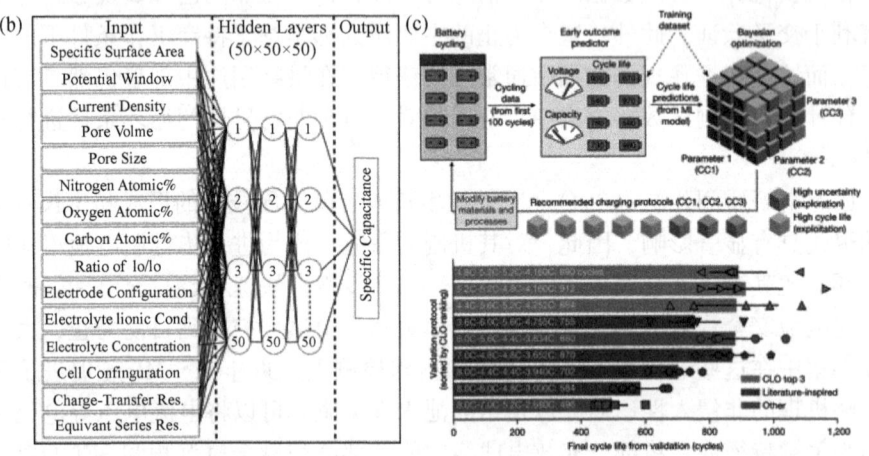

图9-10 (a) LIB电池负极和正极降解机制示意图,包括SEI形成、镀锂、过渡金属溶解、气体形成、晶格变形以及颗粒断裂/开裂[13];(b) ANN模型在容量预测方面的应用[14];(c) 电池循环优化示意图[6]

的使用寿命。电池管理系统(BMS)起到对电池单元的平衡充电和其他充电保护的作用[图9-11(a)],然而,如何找到能够平衡循环寿命的最佳充电协议仍然具有挑战性。ML在数据处理方面具有其他方式难以匹敌的优势,将快充协议开发问题制定为闭环参数优化任务,在之前开发的ML早期预测框架和贝叶斯优化算法的辅助下快速识别高循环寿命充电协议。首先,对电池进行测试。前100个循环的循环数据用作循环寿命早期结果预测的输入。这些来自ML模型的循环寿命预测随后被发送到贝叶斯算法,该算法通过平衡勘探和开发的竞争需求来推荐要测试的下一个协议。此过程将迭代,直到测试预算用尽,寻找出最优的测试协议[15]。在电池安全使用方面,需要检测和更换在电动汽车上使用的具有潜在故障和缺陷的锂离子电池。电池端电压是锂离子电池故障诊断 ML 任务中常见的健康指标，可以筛选出异常值。此外，还预测了电压作为模型目标，然后与运行中的电池的实时电压进行比较，其残差超过阈值表明电动汽车的电池过充电。

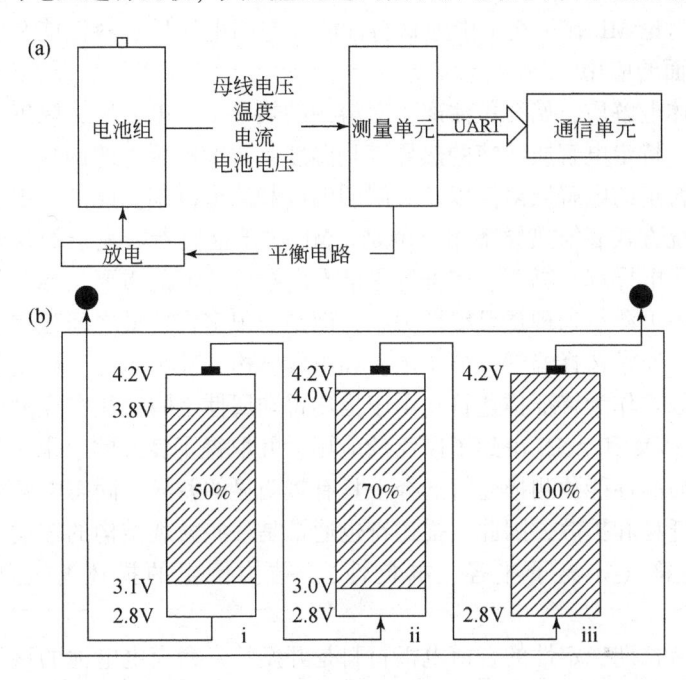

图 9-11 （a）BMS 的一般图；（b）电池组中的电池之间不平衡，电池单元 i、ii 和 iii 的初始容量为 10Ah，经过一段时间运行，电池单元 i、ii 和 iii 剩下容量分别为 10Ah、8Ah 以及 6Ah。为了避免过度充电将电池单元 ii 和 iii 剩下 25% 和 15% 相应的闲置容量。因此，整体电池容量将降低[10]

随着离子电池的广泛应用，电池健康测定成为最严峻的挑战之一。由于电池退化机制复杂、分级衰变性能、降解路径多样，准确获取多级降解态具有挑战性。事实上，先进的数据驱动的 ML 技术在线性/非线性数据处理和拟合方面的强大能力使其在监测和研究电池的健康状况方面具有广阔的前景。

9.3.2　机器学习性能预测

ML 克服了 DFT 计算的计算资源消耗大的缺点，目前研究人员已经提出了各种 ML 方法来建立快速属性预测的模型，其优越性在时间效率和预测精度方面都得到了证明，在可充电电池材料科学中得到了广泛的应用。ML 在可充电电池材料中的应用主要包括性能预测和材料发现。设计路线有正向和后向两种方向，正向可以预测电极材料的性能，反向可以从期望的性能中推断出电池材料。两者的本质都是通过使用 ML 算法在条件属性（描述符）和决策属性（目标属性）之间建立定量映射关系。性能预测将各种材料性能视为决策属性，例如迁移能、离子电导率、电导率、热导率、阴极体积和晶格常数，并且通常采用回归分析方法。本小节重点讨论 ML 在可充电电池材料性能（包括电解质材料性能和电极材料性能）预测方面的应用。

对于液体电解质，始终关注离子对溶剂的热导率、电导率、黏度、密度和配位能。通常，特定电解质溶液的热导率是温度、浓度和压力的函数。传统方法通常建议用于特定的电解质溶液以及有限的温度和浓度范围。此外，由于长程静电效应，以传统方式表征热导率相对困难。ML 对于这些参数复杂的映射关系具有显著的优势。电导率、黏度、密度等是液态电解液性能的重要指标，然而，它们并不会对某一可测量物理量呈线性关系，而是与很多物理量之间存在或大或小的联系。因此，通常选择温度、分子浓度和组成结构，甚至压力、熔点等组分自身性质和环境因素作为特征描述符。由于描述符和属性之间往往存在复杂的非线性关系，因此 SVM 和 ANN 得到了广泛的应用，并取得了良好的效果。固态电解质与液态电解质的性能预测描述符选择上具有较明显的差异。固态电解质的侧重点在于离子的迁移和扩散，因此，描述符也通常是一些微观结构的描述，例如成分衍生的描述符（如离子半径、电负性）、结构衍生的描述符（如键长、键角）等。

寻找具有长期稳定性的合适电极材料是开发长寿命充电电池的重要要求。离子电池的体积变化、电压、氧化还原电位、容量、层厚等电极材料的性能在电极性能预测中受到广泛关注。由于晶体系统对可充电电池电极的物理和化学性质有重大影响，因此有必要对其进行预测以估计其他性质。正极材料的晶体结构对 NBs 的理化性质有显著影响。一般来说，可以选择结构或者元素的空间群、形成能、带隙、位点数、密度和晶胞体积等结构属性作为描述符。对于可充电电池的阴极，主要关注的特性与体积变化、电压和氧化还原电位有关，因此，也作为决策属性。对于阴极，描述符和属性之间通常存在复杂的非线性关系。支持向量机和人工神经网络在这些研究中被广泛应用，它们可以构建各种因素和性质之间的复杂非线性关系。然而，ANN 模型通常需要大量的数据才能显示出良好的预测性能。此外，还需要反复尝试优化这些模型的超参数配置，既费时又费力。因此，ML 模型的复杂性和准确性之间的平衡是另一个棘手的问题。

除了晶体材料和分子结构的微观性质外，ML 方法在宏观性质预测中也发挥着重要作用，如力学性能、热力学性能和其他物理功能。由于宏观性能通常与描述符之间具有难以直接描述的相关关系，而且 DFT 计算通常集中于材料的微观性能计算，机器学习的优势可以更加明显。机器学习与描述符之间不需要显式编程，而仅通过数据的学习获得合适的模型，为宏观性能的预测提供了有效途径。

此外，机器学习方法也被用于预测金属离子电池电极材料和电解液的氧化还原电位、电导率等特征[16-18]。

在材料的制备过程和材料的宏观性能之间建立联系是一项挑战。工艺优化是材料合成过程中工艺参数的设计，例如电池电极的制造、电极材料的制备等。在过去的生产实践中，通过理论分析和经验积累，制定了合理的材料加工程序。然而材料的工艺参数复杂多变，想从生产实践中获得最优工艺参数，必然是一项费时费力的工作。电池电极制造是一个复杂的过程，由多个阶段组成，这些阶段会影响电极的特性和最终电池性能［图9-12（a）］。每个阶段都包括各种控制变量和参数，这些变量和参数会影响中间产物的性质和最终电池的特性。监测这些特性并控制这些变量对于优化所需电池特性（如高能量密度或低内阻）的过程至关重要。然而，这种优化目前是通过反复试验完成的，在时间和材料上都是昂贵的。为了降低这一成本，需要对制造变量对质量的影响进行预测性了解。由于变量高度相互关联，因此无法孤立地研究，因此具有挑战性。图9-12（b）、（c）显示了湿涂层的厚度、容量、孔隙率和涂层密度的建模以及通过RF预测与测量的所有响应变量的数据点的分布，这些图表证实了实验数据与预测结果之间的良好一致性。深度学习是近些年比较流行的机器学习算法，例如模糊神经网络用于推导模糊系统初始规则。利用这些模型，可以快速获得工艺参数与目标性能之间关系，进而快速获得理想目标性能的最佳加工参数。

9.3.3 新电池材料的筛选和设计

发现新材料的目的是寻找具有优异性能的候选材料，这些材料可以合成，以便研究人员可以进行有针对性的探索和合成实验。新材料的合成有两个关键问题，一个是哪些化学成分可能形成新材料，另一个是哪些结构可能与新材料的组成和性质相匹配。因此，一旦确定了可能合成新化合物的组成和结构，就很有可能通过与ML模型的耦合来发现具有优异性能的新型候选材料进行性能预测。对于材料的发现和设计，第一步是生成与感兴趣的材料属性密切相关的关键描述符或特征［图9-13（b）］。第二步是在描述符和目标属性之间构建准确的模型。理论上，基于在给定数据集（材料→属性）中训练的ML模型，可以进行逆向设计，以发现具有预期属性的新材料。目前，新材料发现的实验和计算筛选涉及元素替换和结构转换。然而，不同的材料结构以及不同的元素类的组合可以形成无数种材料[21]。因此，如果想要筛选出优异性能的材料可能需要大量的计算或实验，并且通常导致在"穷举搜索"中将精力导向错误的方向，这消耗了大量的时间和资源[3]。考虑到这一事实和机器学习的优势，提出了一种将机器学习与计算模拟相结合的完全自适应的方法，用于评估和筛选新材料，为新的更好的材料

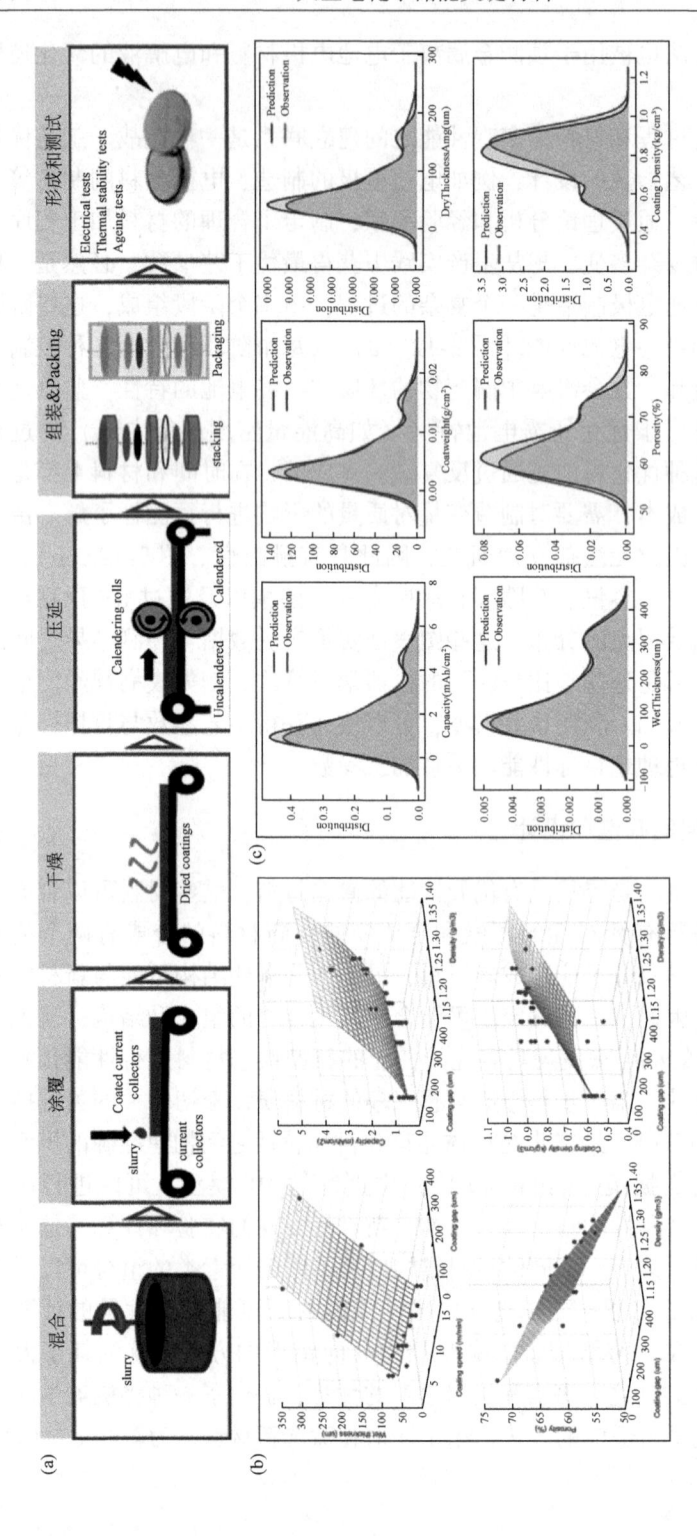

图9-12 (a)电极和电芯制造主要工艺，包括材料和配方的选择、形成浆料、涂覆集流体箔、干燥电极、压延电极、切割电极以及组装电池；(b)湿涂层厚度、容量、孔隙率、涂层密度的实验（点）和线性回归建模结果；(c)容量、涂层质量、干厚度、湿厚度、孔隙率、涂层密度预测和观测观测分布[19]

提供建议［图9-13（a）］。新材料通常通过建议和测试的方法来"预测"：预测系统通过成分推荐和结构推荐来选择候选结构，并使用 DFT 计算或者实验对其推荐的材料进行重点验证。

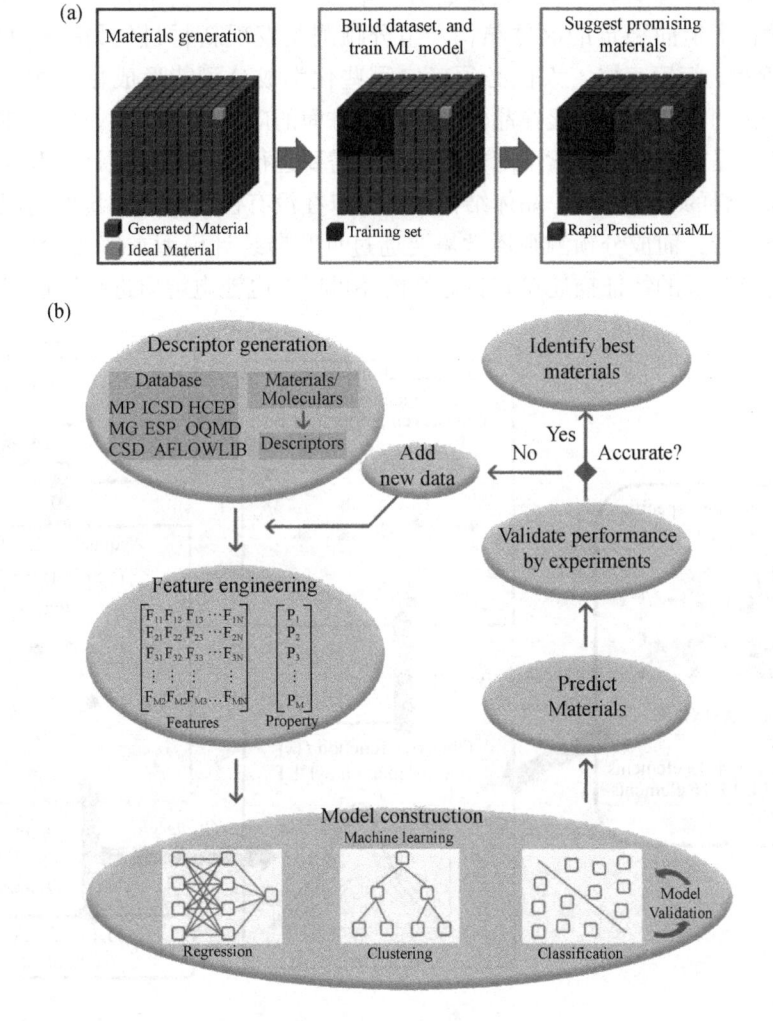

图9-13 （a）广泛用于通过属性预测进行基于机器学习的材料筛选的工作流程[1]；
（b）通过 ML 方法发现和设计电池材料的基本工作流程[20]

目前，用于寻找性能良好的新材料的机器学习方法有多种，主要分为晶体结构预测和成分预测。对于晶体结构的预测重点在于对晶体结构的描述，机器学习与量子力学计算相结合已经被用于晶体结构预测。然而这种机器学习方法的缺点是它只能预测数据库中存在的晶体结构，不能预测新的结构。由于晶体结构是由原子排列及原子之间存在的相互作用力构成，因此可以将电子排布、电负性、原子尺寸和原子位点等信息作为晶体结构的描述符，并且对主导结构预测的物理机制获得进一步的了解。当然也可以从计算或实验数据中提取知识的角度出发构建基于信息学的结构模型，挖掘实验数据中体现的相关性，并利用它们有效地指导量子力学技术走向稳定的晶体结构。组分预测是发现新材料的另一种方法，如图9-14所示。简而言之，人们必须确定哪些化学成分可能形成化合物。机器学习在成分预测方面的应用比在晶体结构预测方面的应用更为广泛。经验或半经验方法的瓶颈是对组分的搜索空间非常有限，需要进行大量的验证计算和实验，严重影响新材料的发现进度。晶体结构预测可以在没有任何先验知识的情况下通过回归分析进行，而成分预测则通常需要通过贝叶斯统计模型求解后验概率进行。此外，选择合适的特征描述符和目标性能还可以对电池电解质进行筛选[23]。

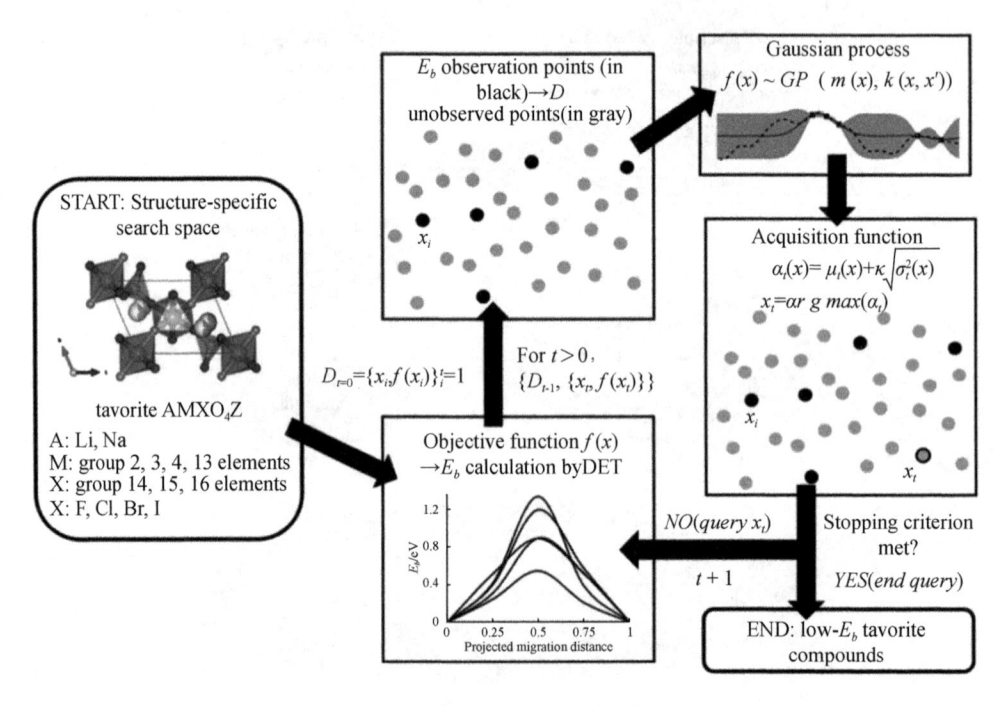

图9-14　BO驱动的DFT搜索$AMXO_4Z$化合物的工作流程示意图[22]

简而言之，可以开发强大的机器学习工具，对于通过晶体结构预测和成分预测来寻找新材料，机器学习是一种方便、高效的工具。然而，在使用机器学习方法进行晶体结构和成分预测时，仍存在一些需要注意的地方。首先需要确定材料筛选标准，无论是宏观性能还是微观性能，都需要确定进行量化的标准；其次对于特征描述符种类的选择也是至关重要的；最后在数据收集阶段一定要注意数据集的统一标准，否则可能会形成不可消除的误差，甚至直接影响机器学习的结果。

参 考 文 献

[1] Gu G H, Noh J, Kim I, et al. Machine learning for renewable energy materials [J]. Journal of Materials Chemistry A, 2019, 7 (29): 17096-170117.

[2] Liu Y, Guo B, Zou X, et al. Machine learning assisted materials design and discovery for rechargeable batteries [J]. Energy Storage Materials, 2020, 31: 434-450.

[3] Moses I A, Joshi R P, Ozdemir B, et al. Machine learning screening of metal-ion battery electrode materials [J]. ACS Appl Mater Interfaces, 2021, 13 (45): 53355-53362.

[4] Pereznieto S, Jaafreh R, Kim J G, et al. Solid electrolytes for Li-ion batteries via machine learning [J]. Materials Letters, 2023, 337: 133926.

[5] Aykol M, Herring P, Anapolsky A. Machine learning for continuous innovation in battery technologies [J]. Nature Reviews Materials, 2020, 5 (10): 725-727.

[6] Attia P M, Grover A, Jin N, et al. Closed-loop optimization of fast-charging protocols for batteries with machine learning [J]. Nature, 2020, 578: 397-402.

[7] Hu X, Che Y, Lin X, et al. Battery health prediction using fusion-based feature selection and machine learning [J]. IEEE Transactions on Transportation Electrification, 2021, 7 (2): 382-398.

[8] Oral B, Tekin B, Eroglu D, et al. Performance analysis of Na-ion batteries by machine learning [J]. Journal of Power Sources, 2022, 549: 232126.

[9] Zhang Y, Zhao M. Cloud-based *in situ* battery life prediction and classification using machine learning [J]. Energy Storage Materials, 2023, 57: 346-359.

[10] Thomas J K, Crasta H R, Kausthubha K, et al. Battery monitoring system using machine learning [J]. Journal of Energy Storage, 2021, 40: 102741.

[11] Li A G, Wang W, West A C, et al. Health and performance diagnostics in Li-ion batteries with pulse-injection-aided machine learning [J]. Applied Energy, 2022, 315: 119005.

[12] Granado L, Ben-Marzouk M, Solano Saenz E, et al. Machine learning predictions of lithium-ion battery state-of-health for eVTOL applications [J]. Journal of Power Sources, 2022, 548: 232051.

[13] Li A G, West A C, Preindl M. Towards unified machine learning characterization of lithium-ion battery degradation across multiple levels: a critical review [J]. Applied Energy, 2022, 316: 119005.

[14] Saad A G, Emad-Eldeen A, Tawfik W Z, et al. Data-driven machine learning approach for predicting the capacitance of graphene-based supercapacitor electrodes [J]. Journal of Energy Storage, 2022, 55: 105411.

[15] Dong J, Yu Z, Zhang X, et al. Data-driven predictive prognostic model for power batteries based on machine learning [J]. Process Safety and Environmental Protection, 2023, 172:

894-907.

[16] Joshi R P, Eickholt J, Li L, et al. Machine learning the voltage of electrode materials in metal-ion batteries [J]. ACS Appl Mater Interfaces, 2019, 11 (20): 18494-18503.

[17] Ma B, Zhang L, Wang W, et al. Application of deep learning for informatics aided design of electrode materials in metal-ion batteries [J]. Green Energy & Environment, 2022, 9 (5): 877-889.

[18] Sendek A D, Ransom B, Cubuk E D, et al. Machine learning modeling for accelerated battery materials design in the small data regime [J]. Advanced Energy Materials, 2022, 12 (31): 2200553.

[19] Faraji Niri M, Reynolds C, Román Ramírez L a A, et al. Systematic analysis of the impact of slurry coating on manufacture of Li-ion battery electrodes via explainable machine learning [J]. Energy Storage Materials, 2022, 51: 223-238.

[20] Lv C, Zhou X, Zhong L, et al. Machine learning: an advanced platform for materials development and state prediction in lithium-ion batteries [J]. Advanced Materials, 2021, 34 (25): 2101474.

[21] Liow C H, Kang H, Kim S, et al. Machine learning assisted synthesis of lithium-ion batteries cathode materials [J]. Nano Energy, 2022, 98: 107214.

[22] Liu Y, Zhou Q, Cui G. Machine learning boosting the development of advanced lithium batteries [J]. Small Methods, 2021, 5 (8): 2100442.

[23] Dave A, Mitchell J, Kandasamy K, et al. Autonomous discovery of battery electrolytes with robotic experimentation and machine learning [J]. Cell Reports Physical Science, 2020, 1 (12): 100264.

第 10 章 未来储能电池展望

能源技术、新材料科学、生物技术、信息技术是现代文明社会的四大支柱。从 18 世纪欧洲的蒸汽机工业文明，到 19 世纪内燃机驱动的机械动力，再到 20 世纪下半叶绿色能源的变革，每一次科学技术的重大进步和社会经济的迅速发展都与能源的应用密切相关。从当前能源格局和演变来看，新能源取代传统化石能源是大势所趋。在全球经济实力迅速发展以及人口迅速增长的趋势下，煤、石油、天然气等有限能源濒临枯竭，并且在大量使用上述化石燃料的同时也会对环境造成破坏，如大气污染、温室效应等。因此，国际能源署提出到 2050 年，可再生的清洁能源将满足全球全部的能源需求。我国"双碳"目标的实现主要依赖于新能源发展以及储能科学的进步。目前我国能源资源的格局仍然是富煤、贫油、少气，因此加大可再生能源比重，开发安全高效发展清洁能源，同时优化能源生产布局是实现我国"双碳"目标的必要条件。然而，能够替代含碳能源的绝大部分新能源需要通过电力形式提供，例如水能、风能、太阳能、地热能、潮汐能等，并且这些新能源仍然存在间歇性和地域性的问题，使其难以直接利用，因此迫切需要高效稳定的储能系统来充分利用这些能源。电化学二次电池，因其高能量转换效率、高安全性能、长循环稳定性和绿色环保的优点，成为当今社会建设电力储能系统的首选。

10.1 储能二次电池商业深度调研

2021 年，我国电池制造行业总营业收入约为 1.2 万亿元，利润约为 687 亿元，与 2020 年同比增长 34.7%，电池行业营业收入利润近 5%。电池总产量约 729.65 亿只，其中锂离子电池约为 232 亿只，占比超过 30% 以上[1]。因此，我国电池制造行业已经形成以锂离子电池为主，氢镍电池、铅蓄电池、锌锰电池、锂原电池、太阳能电池、燃料电池等十个系列为辅的体系（表 10-1）。

在我国电池消费市场中，氢镍电池主要应用于混合动力（hybrid electric vehicle，HEV）、轨道车辆和部分消费电子产品，以及安防和医疗领域；镍镉电池主要应用于航空、轨道车辆等领域，消费领域中已经逐步限制与淘汰镍镉电池；铅蓄电池主要应用于启动方面；扣式氧化银电池主要应用于电子石英手表；扣式锌空气电池主要应用于助听器等医疗器械；锂原电池主要应用于电子石英表以及部分医疗一次性机械仪器；太阳能电池除了应用于航天、宇宙太空高科领域，还在工农业生产方面用途广泛；燃料电池主要应用于氢燃料电动车，2022年北京冬奥会投入816辆氢燃料电池汽车，为历届奥运会之最。

表10-1　2020年和2021年我国电池产销情况

电池分类	2021年/亿只 推估产量	2021年/亿只 出口量	2021年/亿只 进口量	2020年/亿只 推估产量	2020年/亿只 出口量	2020年/亿只 进口量
扣式碱性锌锰电池	50	—		50	13.18	
圆柱型碱性锌锰电池	205	145.05		185	114.92	14.05
其他碱性锌锰电池	4			4	3.53	
其他二氧化锰电池	198	144.99		209	161.76	
氧化银电池	0.1	—		0.3	—	
锂原电池	32.12	19.27		15.5	14.93	
锌空气电池	0.8			0.6		
其他原电池	—			0.12		
启动型铅蓄电池	252	0.48	0.05	227.36	0.37	0.06
其他铅蓄电池	GW·h	1.51		GW·h	1.33	
氢镍电池	6.36	4.45	—	6.08	4.31	
镍镉电池	0.63	0.47		0.57	0.37	
锂离子电池	232.64	34.28	15.4	188.5	22.21	14.22
太阳能电池	234.05GW	32.01	—	157.29GW	27.22	3.92
燃料电池	1777堆					
合计	729.65	382.51	—		364.13	—

目前，小型锂离子二次电池在手机、笔记本电脑以及数码摄像机中的应用已占据垄断性的地位，我国已经成为全球三大锂离子电池的制造国和出口国之一。近十年来，锂离子电池技术发展迅速，比能量由100Wh/kg增加到300Wh/kg，循环寿命达2000次以上。新能源汽车用锂离子动力电池和新能源大规模储能用锂离子电池的生产制造技术已日渐成熟，并占有主导地位。同时锂离子电池在电动自行车的利用也大幅增加，根据国家统计局和中国轻工业联合会数据，2021年我国配套锂离子电池的电动自行车占比已经超过20%；手提锂离子电动工具产量为2.87亿台，同比上涨25%以上；通信基站用储能型锂离子电池上涨至5.1GWh。

最新商业化钠离子电池的比能量高达160Wh/kg，接近锂离子电池的能量密度。钠离子电池的成本比锂离子电池低30%，但由于其能量密度相对较低，因此目前不会大规模取代锂离子电池，预期在相对能量密度需求敏感性较低的两轮车、500km 以下动力汽车、储能电站等应用领域具有较大市场,通过降本实现市场扩容增效。未来钠离子电池与锂离子电池可能会同时存在、部分替代或者互补协同。钾离子电池的功率密度比钠离子电池更高,且倍率性能相比钠离子电池更佳。然而,现阶段钾离子电池工业大规模生产的研究还较少,在商业储能领域仍然处在起步阶段。

10.2 储能电池规模分析

储能二次电池是推动主体能源由化石能源向可再生能源更替的关键技术,是构建能源清洁化发展和系统稳定供应的重点。2017 年 10 月,国家发展改革委员会、财政部、科学技术部、工业和信息化部、国家能源局五部门联合发布《关于促进储能技术与产业发展的指导意见》,这是储能产业第一份国家层面的指导性政策。该意见明确提出储能产业未来十年的发展路径:"十三五"期间,培育一批有竞争力的市场主体,储能产业发展进入商业化初期,储能对于能源体系转型的关键作用初步显现;"十四五"期间,储能产业规模化发展,储能在推动能源变革和能源互联网发展中的作用全面展现。由此拉开我国储能规模化发展序幕。如图 10-1 所示,截至 2018 年底,全国新增投运储能项目 612.8MW,其中电化学储能新增规模首次突破 1GWh,中国电化学储能进入"GWh 时代"。2021 年我国明确提出 2025 年新型储能装机容量达到 3000 万 kW 以上的总体目标。2022 年发布的《"十四五"新型储能发展实施方案》明确提出,到 2030 年,我国实现新型储能全面市场化发展。

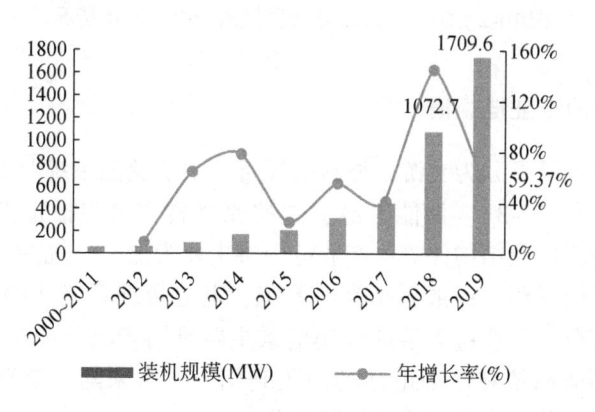

图 10-1 2014～2020 年中国电化学储能累计装机规模(数据来自前沿产业研究院)

锂离子电池具有环境污染小、能量密度高、循环寿命长、倍率性能强等优点,是目前储能市场中最主流的技术路线。随着其成本下降,锂离子电池的经济性开始日益凸显,在电化学储能市场的应用也愈发广泛,目前几乎所有电网规模的电池储能项目都采用锂离子电池技术。如图10-2所示,2015~2021年,我国商业锂离子电池产量从55.98亿只快速上升至230亿只,增长率超过400%[2]。2022年储能锂电池出货量延续了2021年强劲增长的势头,全年出货量达到130GWh,同比增长170.8%。细分领域来看,2022年度,电力储能电池出货量为92GWh,同比增长216.2%;户用储能电池出货量为25GWh,同比增长354.5%;通信储能电池出货量为9GWh,同比下降25%;便携式储能电池出货量为4GWh,同比增长207.7%;新建电池储能设施更加广泛地采用锂离子电池,已投入使用的存量铅酸蓄电池也会逐渐被锂离子电池所取代,因此电化学储能电池市场发展前景仍然十分乐观。

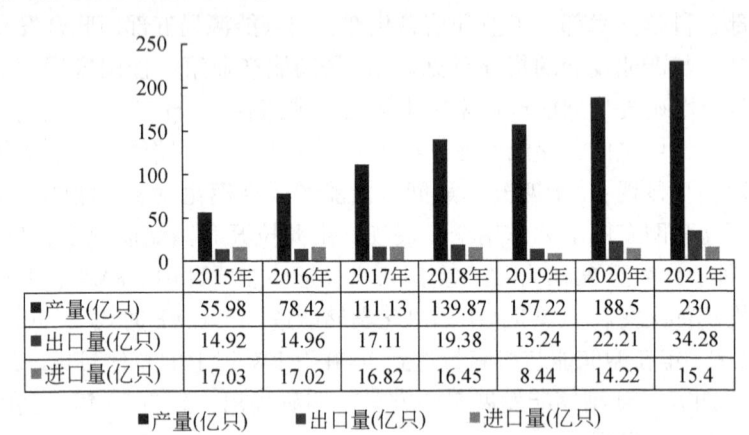

	2015年	2016年	2017年	2018年	2019年	2020年	2021年
产量(亿只)	55.98	78.42	111.13	139.87	157.22	188.5	230
出口量(亿只)	14.92	14.96	17.11	19.38	13.24	22.21	34.28
进口量(亿只)	17.03	17.02	16.82	16.45	8.44	14.22	15.4

图10-2　2015~2021年我国锂离子电池产销情况

10.2.1　储能电池产业链规模

储能电池产业链可分为上游原材料及设备、中游储能系统及集成、下游电力系统储能应用(图10-3)。储能电池上游的原材料主要包括正极材料、负极材料、电解液、隔膜以及结构件等;产业链中游主要为储能系统的集成与制造,对于一个完整的储能模组,一般包括充电系统、电池管理系统(BMS)、电控以及电机四大组成部分。产业链下游的应用场景主要是消费电子和动力电池的安装,以及电力系统储能系统和废旧电池的回收利用等。未来随着上游供给端扩产释能、技术发展成熟化,中下游需求将稳定化。

上游原料是锂电发展基石,市场上原料成本主要包括锂矿相关资源以及电池主材料(包括钴、锂、镍、锰、石墨等)。现阶段我国锂原料仍然供应受限,70%左右的锂仍需进口。目前锂价大致在每吨47万~50万元,突破50万元的概

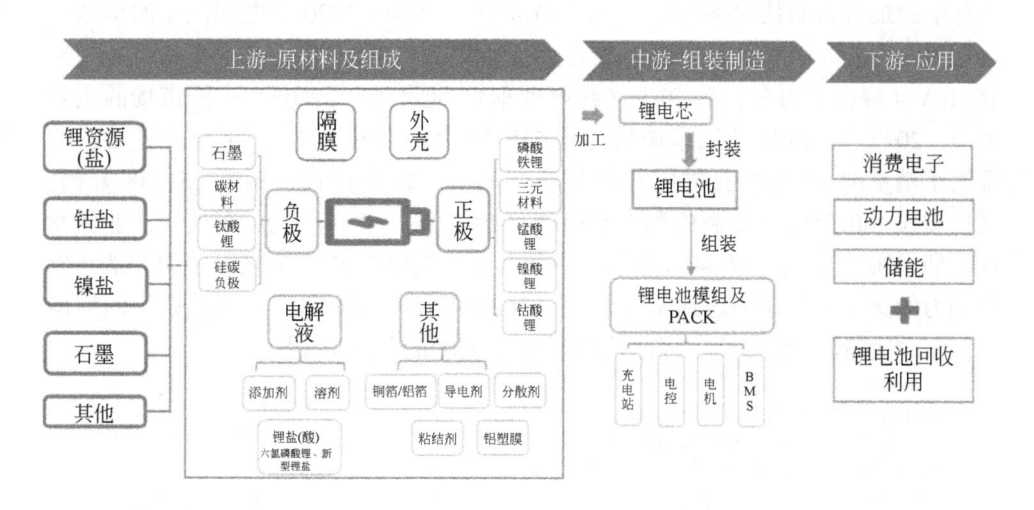

图 10-3 中国储能电池产业链全景图

率不大。同时锂电市场热度过高，导致上游成本在市场需求推动下不断上涨，现阶段主要通过优化前端提锂能力、配套锂盐生产技术以及加速锂电回收技术可以有限缓解上游高成本问题，使上游发展回归理性。我国负极和电解液发展水平和世界领先差距较小，出货量位列前茅，整体市场格局较稳定。锂电上游主要决定电池的性能和安全问题，目前正极材料以磷酸铁锂和三元电池为主，负极材料以石墨碳为主，其能量密度、循环和温度适应能力仍有上升空间，开发新型活性材料是支持电池高性能制造应用的必要条件。

储能电池中游的储能系统及集成主要参与者分为电池公司和软件公司，前者主要以生产锂电池为主；后者主要对储能电池的软件进行研发。这个环节涉及对活性材料的电池组装以及高性能电池管理系统的封装，因此中游企业需要具有对材料的把控能力、成本控制以及制作电池的技术升级迭代等核心竞争能力。目前受到上下游的挤压，中游市场企业的毛利率处于相对低位，例如，宁德时代在2021年动力电池制造领域的毛利率仅为22%，而其他企业则保持到10%~15%左右。未来，这些企业需要通过技术创新和成本控制提高市占率。

目前储能电池的主要应用有三种：消费类、动力电池类和储能类，根据工信部统计，2021年我国消费、动力、储能型锂电产量分别为72GWh、220GWh、32GWh，分别同比增长18%、165%、146%。其中动力电池是储能二次电池下游的主要需求基石，占整体需求市场的68%左右[3]。新能源汽车是目前动力型储能电池产品发展潜力最大的市场之一，中国国内汽车市场保有量持续快速增长，2010年我国汽车产量达到1713.4万辆，同比增长26.7%。随着全球能源危机的挑战越来越严重，国内外石油价格持续走高，汽车的新能源装置将成为未来替代石化能源最有力的技术路线之一。图 10-4 显示 2010~2020 年电动汽车的全球市场规模。新能源汽车目前主要包括电动汽车和燃料电池汽车，其中电动汽车主要有 HEV（混合动力车）和 BEV（纯电动车）。近年来，纯 BEV 占据市场的主导地位。2022 年，纯电动汽车销量达到 535.31 万辆，同比增长 84.55%，占新能源汽车销量的 77.73%；插电式混合动力汽车（含增程式）销量 151.58 万辆，同比增长 150.55%，占新能源汽车销量的 22.01%。燃料电池汽车处于产业化发展初期，2022 年销量仅 3400 余辆，占比极低。预计 2030 年新增新能源、清洁能源动力的交通工具比例达到 40% 左右。2022 年我国新能源汽车销量仅为同期国内汽车总销量的 25.65%，因此动力型储能电池市场空间庞大。

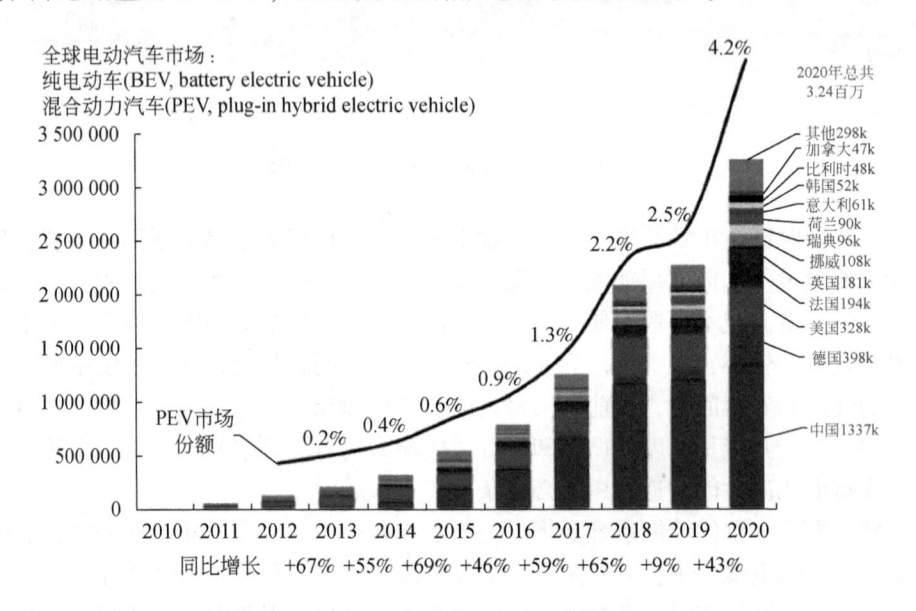

图 10-4　2010~2020 年电动汽车的全球市场规模[4]

随着全球智能手机、笔记本电脑、平板电脑等传统消费类电子产品市场趋于成熟，市场增长速度逐渐趋缓，以蓝牙耳机、可穿戴设备、智能音箱等为代表的新兴消费类电子产品逐渐成为提升消费类电子产品市场景气度的有力支撑。据公开数据显示，全球耳机和移动立体声耳机在 2018 年销售收入约为 140 亿欧元，同比涨幅近 40%。另据调查机构 IDC 发布的数据显示，2019 年全球可穿戴设备出货量达到 3.365 亿部，同比 2018 年大幅增长 89%，随着可穿戴设备新品的不断推出以及越来越多的智能手机制造商推出依附自身手机设备的可穿戴产品，可穿戴设备市场具有很大的增长空间。近几年，新型电子产品市场规模的迅速扩大将在未来一段时期内持续为消费类锂离子电池行业带来巨大市场需求，因此消费类电池会凭借第二增长机会有 6%~8% 小幅度增长。

第10章 未来储能电池展望

储能型电池产业链的发电侧主要由五大发电集团完成,处于提升技术、降本增效阶段,预计未来3~5年迈入规模化发展阶段。随着中国正式步入5G时代,5G基站的爆发也将大幅带动储能锂电的需求。中国电信、联通的5G基站将为目前4G基站数的2倍以上,而中国移动将为目前的4倍以上,据各运营商2018年年报数据推测,中国共有至少1438万个基站需要被新建或改造。由于5G基站能耗大幅上升,将有1438万套后备能源系统需要改进,按照5GC-band单站功耗2700W、应急时常4h来计算,市场至少存在155GWh电池的容纳空间。根据工信部数据显示,截至2020年底,我国已建设超70万个5G基站,2020年我国新建5G基站达到58万个,我国5G终端连接数已超1.8亿。2021~2025年,我国新增5G基站数量分别为80万、110万、85万、60万、45万个。5G单站功耗是4G单站的2.5~3.5倍。按照5GC-band单站功耗2700W、应急时常4h来计算,市场至少存在155GWh电池的容纳空间。电化学储能市场的快速发展和5G基站建设提升通信储能需求,储能锂电市场前景巨大。

目前,我国储能电池行业电池储能安装灵活、地理条件约束小、成本下降速度快,发展优势较大。在政策的支持下,产业链企业纷纷进入该领域,市场竞争日趋白热化,竞争者较多。从电池产业链企业区域分布来看,储能企业主要分布在广东及浙江地区,其次是在福建、河南、北京、山东等地区;从代表性企业分布情况来看,上海、广东、浙江、北京、山东、河南、福建等地区的中大型储能电池企业较多。从整个产业链来看,上游正负极材料、隔膜、电解液等企业基本上供应充足的原材料、且价格较为平稳,上游供应商对储能电池产业的议价能力相对较弱;下游主要是电力电网、新能源汽车等领域,市场规模很大,但议价能力也较弱;而处于中游的储能电池和储能生产系统生产企业则有一定的议价空间。

10.2.2 国内外储能装机规模

按照能量储存方式,储能可分为物理储能、电化学储能、电磁储能三类,其中物理储能主要包括抽水蓄能、压缩空气储能、飞轮储能等,抽水储能占主导地位;电化学储能主要包括铅酸电池、锂离子电池、钠硫电池、液流电池等,以锂离子电池为主;电磁储能主要包括超级电容器储能、超导储能。根据国际能源署对2050年零碳排放情景的预测,储能的总装机量在2020~2030年将会增长35倍,达到585GW。到2030年,新增装机容量将超过120GW,相较于2020年的5GW,年复合增长率为38%。根据Wood Mackenzie能源机构预测,到2030年全球新增装机容量将达到70GW/194GWh。2030年的累计装机容量将达到964GWh。美国将引领储能行业,占据全球储能40%的容量份额;中国位居第二,将占据33%的份额。图10-5显示各类储能技术装机规模的发展趋势,虽然储能技术仍然以蓄水储能为主，但电化学储能的比例不断提高。截至2022年底，全球已投运电力储能项目累计装机规模237.2GW，年增长率15%。抽水蓄能累计装机规模占比首次低于80%，与2021年同期相比下降6.8%；新型储能累计装机规模达45.7GW，是去年同期的近2倍，年增长率80%，锂离子电池仍占据绝对主导地位，年增长率超过85%，其在新型储能中的累计装机占比与2021年同期相比上升3.5%。此外全球平均存储时长将从2021年的2h增加到2.7h。2030年，届时美国将引领长时限储能发展，平均存储时长将高达3.5h。

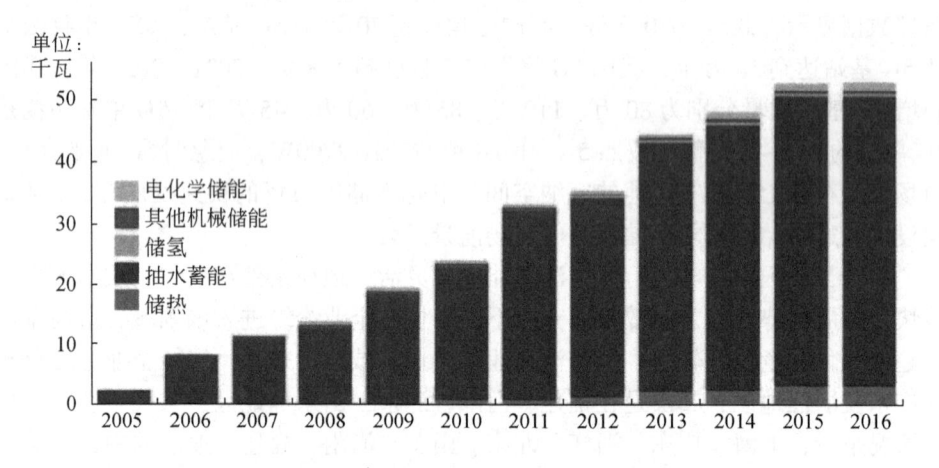

图10-5 各类储能技术装机规模发展趋势

我国近几年储能装机规模不断增大（图10-6），并明确提出2025年实现累计装机30GW的发展目标，未来，新型储能将经历从商业化初期向规模化转变，并在2030年实现全面市场化发展，鼓励储能多元发展。2022年印发《"十四五"新型储能发展实施方案》，到2025年，新型储能由商业化初期步入规模化发展阶段，具备大规模商业化应用的条件。其中电化学储能技术性能将进一步提升，系统成本降低30%以上。截至2020年底，中国已投运储能项目累计装机规模35.59GW，较上年增加3.16GW，同比增长9.8%，占全球市场总规模的18.6%。其中，抽水蓄能的累计装机规模为31.79GW，同比增长4.9%；电化学储能的累计装机规模为3.27GW，同比增长91.2%。

在电化学二次电池储能应用方面，截至2018年末，全球电化学储能累计装机量达6625.4MW，2014～2018年的累计装机量复合增长率达65.02%。到2019年9月末，全球电化学储能累计装机量已经快速增长至7577.1MW，成为储能技术中发展最为迅速的领域。2014年我国电化学储能累计装机规模仅为132.3MW，但到了2016年，储能规模翻了一倍，达到268.9MW；2017年，我国电化学储能装机累计容量为389.8MW，同比增长44.96%，截至2018年末，中国已投运电

第10章 未来储能电池展望

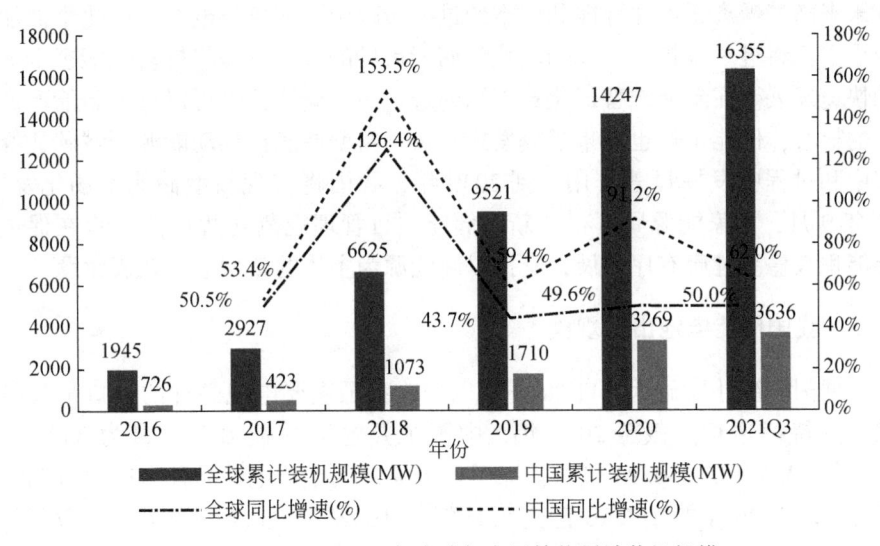

图10-6 2016~2021年全球与中国储能累计装机规模

化学储能项目的累计装机规模为1.07GW，同比增长175.19%，迈入规模化发展阶段。据CNESA数据显示，截至2019年9月底，中国已投运电化学储能项目的累计装机规模为1267.8MW。GGII的调研显示，2018年我国储能锂电池（含通信、电网、家庭、数据中心等储能场景）市场出货量达到7.6GWh，同比增长90.2%，市场规模达99.7亿元，同比增长率38.5%。结合CNESA的统计数据，我国电化学储能规模在2022年突破10GW，据此测算，2019~2022年我国电化学储能装机规模累计增速预计达74.85%，其中锂离子电池的装机规模最大（截至2018年末我国已投运电化学储能项目装机中，锂离子电池装机规模占比约为70.8%，图10-7）。

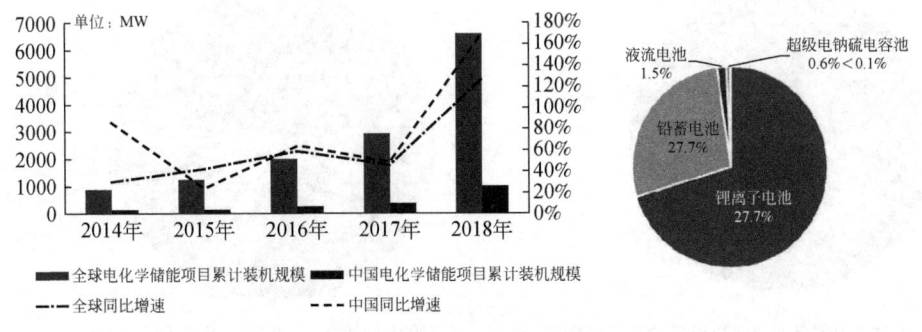

图10-7 2014~2018年全球及我国电化学储能项目累计装机规模及增速，2018年电化学储能中各类储能电池占比

未来随着锂离子电池性能和成本的进一步改善,锂离子电池在电化学储能中的应用占比将进一步扩大,我国电化学储能市场的大力发展将推动储能锂电池市场的快速发展。在新能源替代化石能源的进程中,储能技术可以说是新能源产业革命的核心,储能市场也迎来了爆发式增长。新型储能在推动能源领域碳达峰以及碳中和过程中发挥显著作用。到 2030 年,我国将实现新型储能市场化发展。2021 年 9 月,国家能源局发布《新型储能项目管理规范(暂行)》,旨在促进新型储能积极稳妥健康有序发展,支持以新能源为主体的新型电力系统建设。

10.2.3 我国储能电池出口规模

根据国家统计局显示,自 2016 年以来,我国主要电池品种的出口量及出口金额一直持续增长。截至 2021 年,中国主要电池品种出口总量为 350.50 亿只[5],较 2020 年的 336.94 亿只上涨了 4.02%。而主要电池品种出口额为 349.31 亿美元,较 2020 年的 217.26 亿美元上涨了 60.78%。在海外需求的刺激下,我国储能电池出口额有望突破 400 亿美元。

从电池出口结构来看,由于电池价格在不同品种之间存在较大差异,因此我国储能电池出口数量结构和出口金额结构存在一定差异。2021 年我国各类电池出口数量和出口金额如图 10-8 所示。从出口数量来看,目前,我国干电池(碱锰电池和锌锰电池)产品出口量较大[6],在 2021 年,我国锌锰电池出口量为 144.99 亿只,占电池总出口量的 41.37%;碱锰电池的出口量为 145.05 亿只,占电池总出口量的 41.38%;其他类型电池出口占比均在 10% 以下。然而,从电池出口金额来看,锂离子蓄电池出口金额较高,远超排在其后的铅酸电池出口额。截至 2021 年,我国锂离子电池出口额为 284.28 亿美元,占总出口额的 81.38%;而铅酸电池出口额为 35.78 亿美元,占总出口额的 10.24%。

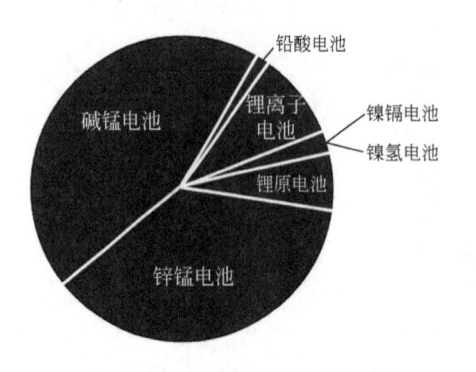

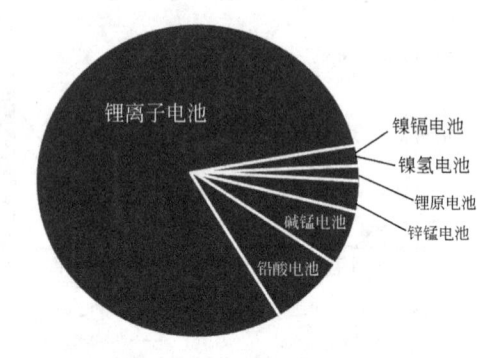

2021年中国电池出口数量按产品类型构成　　2021年中国电池出口金额按产品类型构成

图 10-8　2021 年中国电池出口数量、金额和产品类型构成

如图10-9所示，目前，我国储能电池主要出口到北美和亚洲地区。截至2020年，我国电池出口到美国的金额为56.60亿美元，占中国总出口额的16.20%，仍是我国电池出口第一大目的地。此外，对德国、韩国及越南的电池出口金额也在20亿美元以上，占比分别为11%、9%以及8%。前五大电池出口目的地出口金额合计占比达到51.71%。截至2021年，我国对美出口额为53.1亿美元，占海外市场的16%，位居第一位；对德国出口额为36.9亿美元，占11%的市场份额，列第二位；对韩出口额为30.8亿美元，同比增长108.2%，位居第三。我国储能电池进口来源国主要集中在亚洲地区，其中韩国是我国锂离子电池进口最重要的市场，2020年进口额为8.88亿美元，占比达到25.11%。其次是马来西亚，2020年进口额为5.06亿美元，占比为14.31%。日本的进口额为4.39亿美元，占比为12.41%。

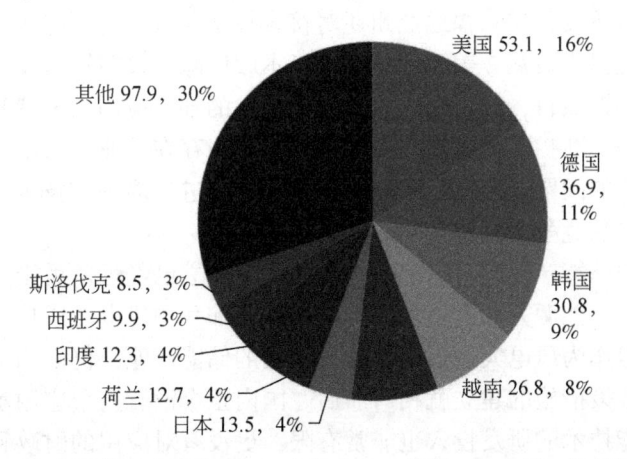

图10-9 2021年我国蓄电池及零件出口市场分布（单位：亿美元，资料源自中国海关）

目前，我国锂离子储能电池出口省市呈现高度集中态势，如图10-10所示，2021年，广东、江苏、福建、浙江、上海、天津、陕西、安徽、湖南和山东是

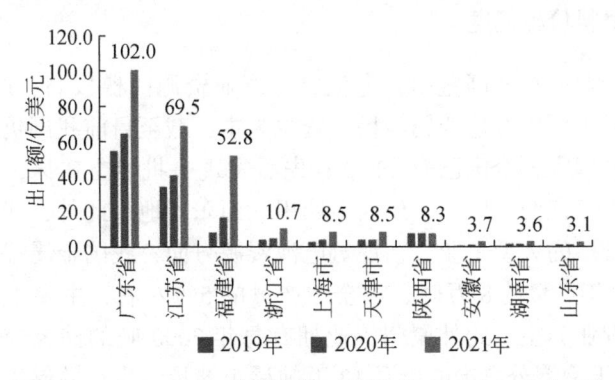

图10-10 2019~2021年我国锂离子电池主要出口省市变化

锂离子电池的前十大出口地区，占整体锂电出口的95.2%。其中广东省的出口额高达102.0亿元，同比增长56.9%，占整体的35.9%；江苏省出口额达到69.5亿美元，同比增长67.8%，占24.4%；福建省的出口额达到52.8亿美元，同比大幅增长199.3%，位居第三。

10.3 储能行业面临的挑战

随着国际先进储能产业的迅速发展，国外相关补贴资助措施日益完善，国际先进储能电池标准正在建设完善中，这无疑为我国相关产业带来机遇，同时也加大了国内外市场竞争压力，国际挑战逐渐凸显。美国政府在2011年将大规模储能技术定位为支撑新能源发展的战略性技术，投资大量资金支持包括大规模储能在内的电池技术研发，加利福尼亚州还对符合技术要求、与风电或燃料电池配套建设的储能系统提供每瓦2美元的补贴；日本政府除直接前期研发外，近年来还扶持了大量示范性项目，以鼓励大容量储能技术的推广应用。虽然我国先进储能产业规模近年来不断扩大，发展速度加快，但普遍存在产业链尚不完整或上下游产业链无法对接的问题。与发达国家相比，我国先进储能平均技术水平偏低、利用成本较高，产品竞争力相对较弱。

此外，我国储能产业政策措施与标准制度的建立已经远落后于产业发展的脚步。我国在可再生能源方面有很多政策铺垫，比如我国风电的成功就得益于电价政策的推进。但作为风电大规模应用瓶颈问题的储能产业，仍面临诸多体制和政策制约，相关政策措施的建立就相对滞后。国内至今没有一个应用示范项目，政府对大容量储能技术的研发投入也非常有限，更没有对应用的财政补贴，导致我国对先进储能电池至今没有强制的流程和技术要求。发电企业自然没有动力采用储能技术，我国如果不加快布局先进储能产业发展规划，抢占技术发展制高点，将在新一轮的技术竞争中丧失先机。

10.3.1 储能材料价格问题

储能材料产业存在较高壁垒，电池材料产业资源门槛极高、产能高度集中。先进储能原材料主要以有色金属与稀土资源为主，截至目前我国仍是世界上稀土资源最为丰富的国家，全国已有22个省先后发现一批稀土矿床，98%的稀土资源分布在内蒙古、江西、广东、广西、四川、山东等地。此外，我国也拥有大量资源开采实力雄厚的大型企业。在镍氢电池资源方面，我国金属镍储量占世界储量总和的2%，年产量约8万吨，占全球产量的5%左右，主要生产镍资源的上市公司以吉恩镍业为主。此外厦门钨业拥有每年3000吨的储氢合金粉产能、每年2000吨的稀土冶炼分离产能以及13万吨稀土储量，生产的储氢合金粉除在国内公司使用之外，还得到了松下、本田等国际公司的认证[7]。

在锂电池资源方面，目前全球已经探明的锂资源还可以使用40~60年，锂矿分为固体矿和液体矿两大类。固体锂矿主要集中分布在南美、澳大利亚等地，我国以液体锂矿为主。我国已探明的含锂盐湖（液体矿）主要为西藏扎布耶和青海盐湖等，储量占到全球液锂的83%。然而地球上的含锂盐湖绝大多数资源都是高镁低锂型，从高镁低锂老卤中提纯分离碳酸锂的工艺技术难度很大，之前这些技术仅掌握在少数国外公司手中，这使得碳酸锂行业具备了技术壁垒，因此造就了碳酸锂行业的全球寡头垄断格局。近几年，在自主研发盐湖提锂、提升提镁技术及生产工艺优化的基础上，我国一些大型工业企业近几年在扎布耶盐湖和柴达木盆地深处开始建设碳酸锂、氢氧化镁等化工产品生产基地。目前国内生产碳酸锂的企业主要集中在西藏矿业、中信国安、西部矿业集团、青海盐湖集团这四家公司，而西藏矿业和中信国安又占了其中绝大部分，这两家公司2008年碳酸锂总计产量不超过4000吨。而国外生产商，比如智利的SQM、美国的FMC和德国的Chemtall，合计年产能为7.8万吨，占全球80%市场份额[7]。自2021年1月以来，碳酸锂这一制备多种锂电池原材料的化合物的价格从5万元/t上涨至50万元/t。根据起点研究院（SPIR）数据显示，电池级碳酸锂价格从2022年1月初的28.8万元/t，涨价到3月底的51.4万元/t，涨幅超过78%，近一年来，碳酸锂价格总体上涨了6倍有余。电池级的氢氧化锂由2022年初16.6万元上涨至23.1万元/t，涨幅超过56.6%，除了电解液产业链相关材料之外，其他环节材料均有不同程度的涨价。另一方面，如图10-11所示，由于生产工艺不断提升，电池管理技术的优化，锂离子电池单位能量密度的成本反而呈下降趋势。根据BloombergNEF统计数据显示，2020年，全球锂离子电池平均价格已降至137美元/kWh，较2013年下降近80%。

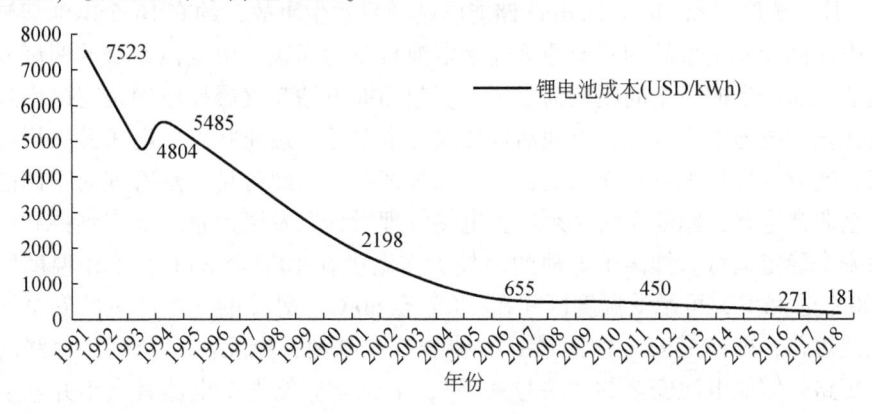

图10-11 全球锂离子电池成本走势

目前，我国在储能相关领域技术掌握十分有限，产业缺乏自主知识产权。国内企业在部分新材料技术一致性、稳定性研究上仍然不如国外先进的技术指标，国内很多企业都在尝试突破国外技术壁垒，例如在开发锂电池隔膜，我国在生产技术方面缺乏自主知识产权，在锂电池隔膜生产的关键材料、配方方面缺乏研究，往往是产品很容易做出来，但合格率低、一致性差，难以进行大规模产业化生产。另一方面，储能电池隔膜工艺对设备要求苛刻，设备加工精度及运行偏差的控制限制了产业化生产的进展。同时，我国先进储能产业的下游市场仍然处于培育期，尚不成熟。下游市场主要以新能源汽车、新能源发电作为新兴市场，但是近年来虽然产业发展速度较快，但关键核心技术仍然有待突破，产品市场化、规模化程度十分有限。只有镍氢电池、锂离子电池真正开始进入商用化阶段，但仍然面临高成本制造费用的问题，而燃料电池、超级电容器、全钒液流电池等下一代储能技术仍然在可研阶段，真正实现商业化大规模应用还有待时日。

10.3.2 储能电池安全问题与技术瓶颈

储能电池的多项技术瓶颈问题主要包括储能容量、寿命、安全系数和电池管理系统。在安全性能方面，例如锂离子动力电池受到能量密度大、工作温度高、工作环境恶劣等因素影响，用户对电池的安全性提出了非常高的要求，燃料电池氢能储存、运输以及燃烧产生热能过程中的安全问题一直是阻碍其发展的核心技术之一。虽然电池储能系统发生火灾很少见，但近些年来事故率有逐年增加的趋势。2021年4月，北京丰台区储能电站发生爆炸，起火直接原因系磷酸铁锂电池发生内短路故障，引发电池失控起火。2021年7月，全球最大的电池储能项目之一：维多利亚大电池储能项目发生火灾，采用的是特斯拉Megapack，电池供应商也来自于特斯拉。2022年，韩国蔚山南区的SK能源公司储能大楼发生火灾事故。2月，美国加州Moss Landing储能电站项目发生事故，约有10个电池架被融化。引发储能安全事故的首要原因还是电池自身的问题，由电池本身的瑕疵或是电池老化而产生的安全问题较为突出。多起储能电站起火爆炸原因是充电中或充电后休止中电池电压较高，电池活性较大，电芯处于过充状态，电压升高形成内短路，造成局部热失控从而引发自燃失火等情况。由此可见，热管理对于储能电站安全非常重要，储能系统必须配置电热管理设计以及温控系统等来维持和保障电站安全稳定运行。锂离子电池的最佳工作温度在10℃至35℃，工作温度区间在-20℃至45℃，可承受温度区间在-40℃至60℃。另外的一个严重的安全问题是电池短路，即使是安全性能最好的磷酸铁锂电池，也无法完全避免短路的风险。短路是储能电池安全的"头号杀手"，电化学储能电站电池具有串并联数量多、规模大、运行功率大等特点，一旦发生短路，将会导致发生热失控，从而引起火灾。短路可由内外两种因素引起：从内部来看，电池在制造过程中，电芯内部在生产制造上可能存在缺陷或隐患，或者电池在长期使用过程中造成电池老化；从外部来看，电池的外部撞击和泡水等因素也可导致电池受损，进而导致短路。全球范围内，储能系统火灾事故中绝大多数项目使用的是三元电池，占比超过50%，其余为磷酸铁锂和其他电池。面对储能市场的巨大红利，如何切实保障安全问题成为储能电池企业聚焦的重点之一。这也将在一定程度上倒逼储能领域的电池技术路线转型，以提高产品的安全性能。

在优化电池组的管理系统方面，由于汽车动力电池的工作电压是12V或24V，而单个动力电池的工作电压是3.7V，因此动力电车一般由多个电池串联而提高电压。然而实际情况下，电池难以做到完全均一的充放电，这导致串联的多个电池组内的单个电池会出现充放电不平衡的状况，电池会出现充电不足和过放电现象，从而导致电池性能的急剧恶化，最终导致整组电池无法正常工作，甚至报废，大大影响电池的使用寿命和可靠性能。

在提高储能电池容量方面，目前有两种技术路线：一种是通过将电池并联增加总体容量，主要采用锂离子电池技术；另一种是专门开发大容量电池，国际上主要采用钠硫电池和液流电池技术。我国储能技术在极少数技术领域具有世界领先的技术，但在总体研究和应用上，与国际先进水平还存有相当的差距。

10.3.3 我国储能电池面临的绿色壁垒与新挑战

通过市场分析，消费类锂离子电池的寿命一般不超过3年，新能源汽车动力电池的使用寿命一般在6~8年。原因是当锂离子电池经过充放电循环几千圈后，会出现容量衰减的失效现象，同时电池性能也将以指数的形式骤降。在我国，当锂离子电池实际容量低于初始容量的80%时即可达到报废标准。在接下来的十年内，预估将有120万吨锂离子电池达到使用寿命期限（图10-12）。Circular Energy Storage公司估计，到2030年，对废旧电池直接回收可以达到125000吨锂、35000吨钴和86000吨镍。根据这些材料的当前市场价格，这将增加一个60亿美元的市场。更为重要的是，可以回收40万~100万吨的生产废料。此外，到2030年，基于45美元/kWh计算，电池的再利用市场将达到1TWh，二次电池应用的净市场价值估计为450亿美元，其中一半的价值将在2027~2030年产生。另一种废旧电池的重要循环回收方式是梯次利用，即使电池无法用于其原始用途，比如废旧的动力电池仍可用于提供备用电网电力、文具储能等[8,9]。

欧盟、美国及日本等发达国家已经建立了相对完善的回收法律体系。例如，欧洲为推动电池产业绿色低碳转型，于2022年通过了《欧盟电池与废电池法规》，根据该法规，从2026年开始，对每个废旧电池关键原材料进行回收，该法规规定至少需要回收90%的镍、铜以及70%的锂。欧盟积极地推进该法的实施，其目标还在于通过主导电池领域全球竞争规则的制定，把握发展主动权。鉴于其

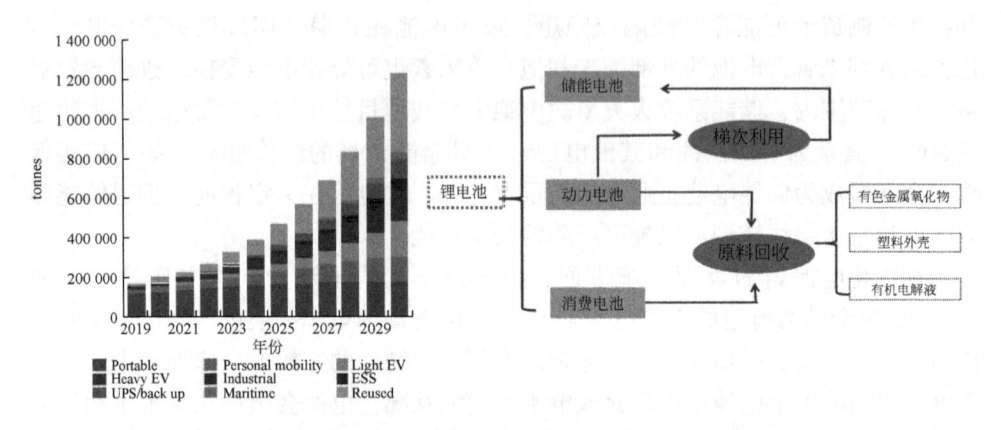

图 10-12　全球锂离子废旧电池的规模，锂离子电池回收与梯次利用的路径

在电池生产规模上的劣势，欧盟通过制定电池相关法规和标准，构筑绿色壁垒来为其电池产业争取有利地位。未来欧盟的碳关税可能会扩展至电池行业，储能电池产品碳足迹认证将成为新的国际战略产业[10]。

我国是世界上最大的电池制造商，预计到 2030 年，我国将产生 57% 的电池废料。在新能源汽车销量快速增长以及我国锂电池原材料对外依存度较高的背景下，回收动力电池实现锂电池金属的再利用将有效缓解我国电池金属的供给困境。虽然我国在储能电池生产技术和制造规模上具有优势，但在电池的环境监管治理方面还需加强。近年来，政府部门也在抓紧制定相应政策以规范即将到来的废旧动力电池报废潮。早在 2016 年 12 月，在我国新能源汽车发展初期，工信部就发布了《新能源汽车动力蓄电池回收利用管理暂行办法》，其中明确规定了新能源汽车生产企业作为动力电池回收利用主体需要承担的责任。2021 年国务院政府工作报告中强调了"加快建设动力回收利用体系"，工信部也正在加快制定《动力电池回收利用管理方法》，以建立网络完善、规范有序、循环高效的动力电池回收利用和处理体系。就目前而言，我国动力电池回收产业仍处于行业发展的初级阶段，缺乏明确的定价机制，真正进入回收企业的电池数量远远低于预期，一些不知名的小作坊在电池回收方面反而具有明显的经济优势。随着废旧电池回收市场的扩大，进入电池回收行业的企业数量呈现大幅增长，废旧动力电池回收市场仍面临诸多问题。

另外，由于 2015 年之前我国的新能源汽车产量较少，截至目前，可回收利用的废旧动力电池资源十分有限，导致回收企业难以形成规模化效应。因此，正规回收企业面临的问题并非产能不足，而是回收不到足够数量的退役电池，越来越难以为继，逐渐陷入盈利难的困境。国内的废旧动力电池回收还没有形成完整的产业化供应链，大部分回收企业在废旧动力电池回收中存在管理经验缺乏、专业能力不足、回收技术不全面、没有专业处理设备等问题，导致回收成本较高，从而形成储能电池回收投入较高、产出不足的现状。

10.4 储能电池发展趋势及展望

目前还没有任何一项储能技术完全符合各种应用领域的要求，因此我国已将大规模储能技术研究及其产业化应用列入国家科技重大专项。在建设的储能项目中，锂离子电池技术占比达到八成以上；同时，国内企业及地方政府在加大对钠离子电池的布局，因为钠离子电池是未来低速交通工具以及储能电站中代替锂离子电池的主流发展方向。储能电池产业作为新兴产业仍然存在资金投入不足，投入产出比不高、技术突破困难、机制体制障碍重重等难题。国际上储能电池产业发展趋势主要集中在以下几个方面：

①科技支持力度不断加大，各个国家正在大力推动企业与高校、科研院所合作，积极推动科技成果转化，全面推进创新能力建设，突破先进储能重点领域的核心技术。

②强化高校学科建设，国内外已有大量相关高等院校开设先进储能领域及关联学科，鼓励科研机构、企业与高校联合建设先进储能人才培养基地，搭建企业技术与科技人才精准对接的平台。

③建立创新研发平台。国际先进储能领域的龙头企业和优势企业已经在储能电池相关领域建设一批重点企业工程研究中心和工程实验室，完善科技创新体系，加大产业化关键技术研发，有效加速技术成果产业化。

④制订储能行业标准、技术规范。在政府的号召下，各级企业（行业协会）积极参与制定新能源汽车、储能电站等一批具有影响力的行业标准和技术规范，构建先进储能产业标准，为先进储能健康发展奠定扎实基础。

储能技术从研发到大规模产业化并非一蹴而就的工程，需要持久创新运营管理的发展周期，也需要政府提供优惠政策的支持。政府将加强储能技术基础研究的投入，切实鼓励创新，以便掌握自主知识产权。同时，储能行业越来越重视环境因素，致力于防治环境污染，充分发挥储能在节能减排方面的作用，加大对废旧电池的回收研发和投入力度。全球政府都在积极地帮助上下游企业协调沟通，推动技术创新成果产业化。重点培育新能源汽车、先进储能等新能源产业，加速推动产业化进程，迅速壮大产业规模，促进新能源产业成为新型支柱产业。

我国虽然有不少大规模的储能企业，但与国外跨国集团相比，其规模仍然较小。仅凭单个企业的产能规模和资本实力，不仅难以提高储能产业的快速发展，而且较难抵御激烈的国际市场竞争，因此需尽快加强集成和布局，进一步提高产业聚集度。另一方面，与国外发展模式不同，国内储能产业技术的研发仍是以科研院所为主,国外专利申请最多的组织机构以大型企业集团为主,特别是汽车、储能等相关跨国集团,国内申请专利最多的组织机构主要是科研院所,其成果转化、技术转移与产学研联盟程度十分有限,相关产学研合作有待进一步深入和加强。

参 考 文 献

[1] 宋文龙,罗秋月,何艺,等. 2021 年我国电池产销情况[J]. 电池工业,2022,26(02):85-89.

[2] 张森. 我国储能行业 2021 年发展情况分析及发展趋势展望[J]. 电气时代,2022,(06):22-25.

[3] 上海艾瑞市场咨询有限公司. 碳中和领域研究及锂电制造市场研究报告[R]. 2022.

[4] Lai X, Huang Y, Gu H, et al. Turning waste into wealth: a systematic review on echelon utilization and material recycling of retired lithium-ion batteries [J]. Energy Storage Materials, 2021,40:96-123.

[5] 国家统计局. 2021 年 12 月电池产量数据[R]. 北京,2022.

[6] 国家海关总署. 2021 年 12 月电池进出口数据[R]. 北京,2022.

[7] 肖雪葵. 我国先进储能产业现状——机遇与挑战并存[J]. 企业技术开发,2012,31(Z2):20-24.

[8] 颜宁,李相俊,张博,等. 基于电池健康度的微电网群梯次利用储能系统容量配置方法[J]. 电网技术,2020,44(05):1630-1638.

[9] 赵伟,袁锡莲,周宜行,等. 考虑运行寿命内经济性最优的梯次电池储能系统容量配置方法[J]. 电力系统保护与控制,2021,49(12):16-24.

[10] 董希青,李成杰,李瑞杰,等. 废旧锂离子动力电池回收:从基础研究到产业化[J]. 当代化工研究,2023,(19):22-25.

后　　记
蓬勃发展的大规模电化学储能器件

新能源作为实现"双碳"目标这一愿景的重要途径，势必加快进入能源体系主流。在众多新能源储能方案中，二次电池以其可重复使用、长寿命和经济高效的特点，赢得了广泛关注。特别是锂离子电池，凭借其卓越的能量密度和出色的循环性能，在科学研究和商业应用中占据了重要地位。然而，锂离子电池的广泛应用受到了其原材料短缺和分布不均的限制，导致成本较高，这在一定程度上不利于其满足对于成本要求较低的大规模储能技术的要求。在这种情况下，钠离子电池因其资源丰富、成本较低、安全性较高以及良好的温度适应性，逐渐成为研究焦点，预示着其在储能市场的广阔前景，展现出成为下一代大规模商业化二次电池的潜力。

最新统计数据显示，2022年全球电动汽车销量占所有新车销量的比例首次达到10%，高于2021年的8.3%。LMC Automotive和EV-Volumes提供的数据显示，2022年全球电动汽车销量总计约780万辆，同比增长68%。2022年，我国汽车产销分别完成2702.1万辆和2686.4万辆，同比增长3.4%和2.1%，产销量连续14年稳居全球第一。其中，新能源汽车全年产销迈入700万辆规模，分别达到705.8万辆和688.7万辆，同比分别增长96.9%和93.4%，市占率为25.6%。除了新能源汽车市场，双碳背景下的储能板块对电池的需求也异常疯狂。2021年上半年，宁德时代储能业务量不断攀升，收入增长近7倍；特斯拉在2021年第二季度，其太阳能电池板和储能业务，收入亦是不断增加。在这种情况下，新能源汽车电池需求量激增和双碳背景下的大规模储能板块对电池需求的叠加，市场对钠离子电池的投入势必呈增大态势。目前钠离子电池的关注度不断提升，各种新闻层出不穷。宁德时代呼吁产业链上下游共同开发，完善产业链，缩短产业链前期时间，只有这样才能将钠离子电池在正极材料和集流体结构的成本优势发挥到最大。当前全球钠离子电池研发有多种路线，各个公司发展路线不一致。普鲁士蓝类化合物、阴离子化合物和层状过渡金属氧化物三种体系齐发展。未来通过材料改进提高材料成熟度以及行业规模化的生产将会使得钠离子电池材料的成本进一步下降。截至2020年，全球已有约二十多家企业致力于钠离子电池的研发，包括英国Faradion公司、法国Tiamat公司、美国Natron Energy，以及我国的中科海纳、钠创新能源等公司，都在进行钠离子电池产业化的相关布局，并取得重要进展。其中，Faradion 是全球首家从事钠电研究的公司，成立于 2011 年，采用镍基层状氧化物/硬碳/有机电解液技术路线，能量密度高达 160 Wh/kg，循环寿命 3000 次以上；中科海钠是国内首家专注于钠电研发的公司，成立于 2017 年，采用钠铜锰铁氧化物/无烟煤基软碳/有机电解液技术路线，能量密度超过 135 Wh/kg；国内另一家技术较为领先的初创公司钠创新能源成立于 2018 年，采用铁酸钠基三元氧化物/硬碳/有机电解液技术路线，能量密度 120 Wh/kg，循环 3000 周保持在 80 % 以上；宁德时代从 2015 年开始研发钠电，2021 年 7 月推出第一代钠电，采用普鲁士白/改性硬碳/有机电解液技术路线，能量密度 160 Wh/kg，常温下充电 15min，电量可达 80 % 以上。各公司采用的材料体系和工艺均有差异，其中，以普鲁士白为正极材料的宁德时代和以层状氧化物为正极材料的 Faradion 和中科海钠，在电池性能上兼具较高的能量密度和循环寿命。由此可见，随着储能需求的不断增加以及世界各国新能源公司不断发展，未来钠离子电池在动力和储能领域会有更广阔的应用前景。

中国是一个能源资源相对短缺的国家，且对外依赖度较高。中国的主要能源消费依赖于煤炭和石油，而这两种能源资源的消费会对环境产生严重影响，同时也容易受到国际市场价格波动和地缘政治的影响。因此，发展钠离子电池技术对中国国家能源安全具有重要意义。钠离子电池作为一种新型储能技术，可以有效提高可再生能源的利用率。中国在可再生能源方面具有丰富的资源，如太阳能和风能等，但这些能源的不稳定性和间歇性导致了其在能源系统中难以大规模应用。钠离子电池具有高能量密度和长循环寿命的特点，可以作为储能设备，平衡可再生能源的波动性，提高能源利用效率，减少对传统能源的依赖，从而增强国家能源安全。其次，发展钠离子电池技术可以促进中国新能源产业的发展。作为一种新兴的清洁能源技术，钠离子电池的发展将带动相关产业链的发展，包括材料研发、电池生产、储能系统建设等领域。这将有助于提升中国在新能源技术领域的国际竞争力，促进经济结构转型升级，推动可持续发展。因此，发展钠离子电池技术有助于减少对进口能源的依赖，降低能源安全风险。中国目前对石油等能源资源的进口依赖度较高，一旦国际市场价格波动或地缘政治因素影响，将对国家能源供应带来较大影响。发展钠离子电池技术可以降低对进口能源的依赖，提高能源自给率，减少能源供应风险，增强国家能源安全。

从产业需求推动的角度来看，钠离子电池在中国储能市场也具有良好的发展前景。中国政府一直致力于推动清洁能源和储能技术的发展，提出了多项政策措施以支持新能源和储能产业。例如，《关于促进储能技术和产业发展的指导意见》明确提出支持钠离子电池等新型储能技术的发展，为其在中国市场的应用提供了政策支持。根据中国市场研究机构的数据显示，中国储能市场规模预计将在未来几年内保持快速增长。据预测，到 2025 年，中国储能市场规模有望达到 500

亿美元以上。这一增长主要受到中国可再生能源的快速发展和储能技术需求增加的推动。钠离子电池作为一种成本效益高、性能优越的储能技术，将在这一市场需求增长的趋势下得到广泛应用。此外，钠离子电池技术在中国近年来取得了显著的进步。例如，钠离子电池的能量密度和循环寿命不断提升，已经能够满足更多应用场景的需求。同时，钠离子电池的成本也在中国持续下降，预计未来几年内将进一步降低，将会进一步提高其在中国储能市场中的竞争力。这些技术进步将为钠离子电池在中国储能市场中的广泛应用打下坚实基础。

总而言之，随着钠离子电池技术的不断发展，对关键材料的需求也在不断提升。未来，需要进一步加大对关键材料的研发投入，提高材料的性能和稳定性，以满足大型电化学储能系统对高性能、长寿命材料的需求。同时，还需要加强材料的可持续性和环境友好性研究，推动钠离子电池技术向更加环保和可持续的方向发展。通过不断地创新和合作，相信我们能够克服关键材料方面的挑战，推动钠离子电池技术在大型电化学储能系统中的广泛应用，为清洁能源和可持续发展作出更大的贡献。愿我们共同努力，开创电化学储能领域的美好未来！